计算机辅助设计案例课堂

AutoCAD 2016 室内设计
基础教程

孙炳江　温培利　编著

清华大学出版社

北 京

内 容 简 介

本书全面、系统地介绍如何使用 AutoCAD 2016 进行图形绘制，是一本指导初学者如何快速入门、怎样通过大量案例结合知识点快速提高，最后达到综合应用 AutoCAD 进行装潢设计目的的书籍。

全书共分为 16 章，主要内容包括初识室内装潢设计、AutoCAD 2016 操作基础、基本二维图形的绘制、二维图形的编辑、文字和表格、图形标注、图层的设置、图块及设计中心、施工图打印与技巧等知识。在本书的后面增加了 7 章项目指导，涉及 AutoCAD 在室内设计行业领域中的多个案例制作，以增强读者或学生就业的实践性。

本书版式新颖，内容浅显易懂，注重"知识+技能"的结合，实用性强。在正文讲解中穿插有大量与实际应用相结合的应用案例以及内容丰富的小栏目。

本书适合 AutoCAD 初、中级用户使用，也可作为大中专院校及各类计算机培训班的 AutoCAD 课程的教材使用。

图书在版编目(CIP)数据

AutoCAD 2016 室内设计基础教程/孙炳江，温培利编著. —北京：清华大学出版社，2017
(计算机辅助设计案例课堂)
ISBN 978-7-302-48071-6

Ⅰ. ①A… Ⅱ. ①孙… ②温… Ⅲ. ① 室内装饰设计—计算机辅助设计—AutoCAD 软件—教材
Ⅳ. ①TU238-39

中国版本图书馆 CIP 数据核字(2017)第 207777 号

责任编辑：张彦青
封面设计：李　坤
责任校对：吴春华
责任印制：李红英
出版发行：清华大学出版社
　　　　　网　　址：http://www.tup.com.cn, http://www.wqbook.com
　　　　　地　　址：北京清华大学学研大厦 A 座　　　邮　　编：100084
　　　　　社 总 机：010-62770175　　　　　　　　 邮　　购：010-62786544
　　　　　投稿与读者服务：010-62776969, c-service@tup.tsinghua.edu.cn
　　　　　质量反馈：010-62772015, zhiliang@tup.tsinghua.edu.cn
　　　　　课件下载：http://www.tup.com.cn, 010-62791865
印 装 者：清华大学印刷厂
经　销：全国新华书店
开　本：185mm×260mm　　印　张：30.25　　字　数：735 千字
　　　　　(附光盘 1 张)
版　次：2017 年 9 月第 1 版　　　　　印　次：2017 年 9 月第 1 次印刷
印　数：1～2500
定　价：69.00 元

产品编号：061431-01

前　　言

1. AutoCAD 2016 中文版简介

AutoCAD 软件是由美国欧特克有限公司(Autodesk)出品的一款自动计算机辅助设计软件，可以用于绘制二维制图和基本三维设计，通过它无须懂得编程，即可自动制图，因此它在全球广泛使用，可以用于土木建筑、装饰装潢、工业制图、工程制图、电子工业、服装加工等多方面领域。

2. 本书内容介绍

全书共分为 16 章，循序渐进地介绍了 AutoCAD 2016 在室内设计中的基本操作和功能，详细讲解了 AutoCAD 2016 的基本操作、二维图形的绘制与编辑、文字表格以及图形标注的操作等其主体内容。

第 1 章主要介绍了 AutoCAD 2016 的基本知识，其中包括 AutoCAD 的发展历史、AutoCAD 的应用领域、室内装潢风格以及家居空间与公共空间的要点，从而为后面的学习做好铺垫。

第 2 章主要讲解 AutoCAD 2016 的一些基础性操作，其中包括 AutoCAD 2016 的安装、启动与退出，AutoCAD 2016 的工作界面，AutoCAD 2016 的绘图环境，AutoCAD 2016 的主要功能，精确绘图的辅助工具，设置坐标系，观察图形以及命令执行方式等基础知识或基本操作方法。

第 3 章主要讲解了 AutoCAD 中二维图形的基本绘制，其中包括点、圆、圆弧、矩形、正多边形和椭圆的绘制方法。

第 4 章主要介绍了二维图形的编辑，为了绘制其他复杂的图形，很多情况下都需要使用图形编辑命令对二维图形进行编辑，在 AutoCAD 中提供了丰富的图形编辑命令，使用这些命令可以修改图形或创建复杂的新图形。

第 5 章主要介绍文本的注释和编辑功能，还介绍了图表的应用，在 AutoCAD 2016 中，文字常用于表达一些与图形相关的重要信息，如标题、标记图形、提供说明或进行注释等。表格用于创建明细表、标题栏等。

第 6 章介绍了如何对图形进行标注，并且 AutoCAD 提供了多种标注类型和设置标注格式的方法。标注类型包括线性标注、半径标注、对齐标注、连续标注、弧长标注等。

第 7 章主要介绍了图层的设置，其中包含图层的新建、重命名和删除等基本操作，图层颜色、线型和线宽等属性的设置方法，以及图层过滤器的使用和图层的管理。

第 8 章主要介绍图块、外部参照和设计中心，其中包括创建块、编辑块、块的属性、附着外部参照等。

第 9 章主要介绍图形输出与打印的相关知识，包括模型空间、图纸空间与布局、打印机的设置、页面设置等，通过对本章内容的学习，希望读者能够学会如何打印一份完美的CAD 图。

第 10 章以一居室小户型平面户型图的设计为出发点，其中讲解了如何绘制墙体、门、窗户以及为绘制完成后的室内平面图添加标注和家具等。

第 11 章讲述了如何绘制三室两厅平面图，其中讲解了如何绘制墙体、门、窗户以及为绘制完成后的室内平面图添加标注和家具等，通过对本章内容的学习，可以使读者掌握绘制平面图的方法。

第 12 章主要介绍了室内立面图的绘制，通过对本章内容的学习可以掌握室内立面图相关绘制方法。

第 13 章主要介绍了室内剖面图及详图的绘制，主要从绘制电视墙剖面图以及室内详图来学习装修详图的绘制方法和具体的绘制过程。

第 14 章主要介绍了酒店房间平面图的绘制，主要根据前面所学的知识来学习一下酒店房间平面图的绘制。

第 15 章主要介绍了服装店平面图的绘制，服装店是专门为大众提供各种衣服的场所，是社会生活的重要组成部分，对人民群众生活起了重要作用，在制作服装店平面图之前，首先要构思好户型的结构布局，然后创建辅助线，最后根据辅助线将户型图的结构布局绘制出来。

第 16 章主要讲解了 AutoCAD 办公室立面图的绘制方法与技巧，通过对本章内容的学习，读者可以进一步了解 AutoCAD 2016 在室内设计中的应用，同时也让读者对不同类型的室内设计有更多的了解。

3．本书约定

为便于阅读理解，本书的写作风格遵从以下约定。

- 书中出现的对话框、窗口、选项以及中文菜单和命令将用【】括起来，以示区分。此外，为了使语句更简洁易懂，所有的菜单和命令之间以竖线(|)分隔。例如，选择【修改】菜单，再选择【移动】命令，就用【修改】|【移动】来表示。
- 用加号(+)连接的两个或 3 个键表示组合键，在操作时表示同时按下这两个或 3 个键。例如，Ctrl+V 是指在按下 Ctrl 键的同时，按下 V 字母键；Ctrl+Alt+F10 是指在按下 Ctrl 和 Alt 键的同时，按下功能键 F10。
- 在没有特殊指定时，单击、双击和拖动是指用鼠标左键单击、双击和拖动，右击是指用鼠标右键单击。

本书内容充实、结构清晰、功能讲解详细、实例分析透彻，适合 AutoCAD 的初级用户全面了解与学习，本书同样可作为各类高等院校相关专业以及社会培训班的教材。

本书由孙炳江、温培利编著，参加本书编写的还有王利、朱晓文、刘涛、刘美玲、刘蒙蒙、徐文秀、高甲斌、任大为、张炜、张紫欣、白文才、刘鹏磊、王玉、李娜、李乐乐、徐伟伟、张云、弥蓬、刘峥，其他参与编写、校对以及排版的还有陈月娟、陈月霞、刘希林、黄健、黄永生、田冰、徐昊，还有北方电脑学校的温振宁、刘德生、宋明、刘景君老师以及山东德州职业技术学院的张锋、相世强老师，谢谢他们在书稿前期材料的组织、版式设计、校对、编排以及大量图片的处理所做的工作。

编　者

目　　录

第1章 初识室内装潢设计

　　AutoCAD 具有良好的用户界面，通过交互菜单或命令行方式便可以进行各种操作。它的多文档设计环境，让非计算机专业人员也能很快地学会使用。在不断实践的过程中更好地掌握它的各种应用和开发技巧，从而不断提高工作效率。AutoCAD 具有广泛的适应性，它可以在各种操作系统支持的微型计算机和工作站上运行。AutoCAD 软件是由美国欧特克有限公司(Autodesk)出品的一款自动计算机辅助设计软件，可以用于绘制二维制图和基本三维设计，通过它无须懂得编程，即可自动制图，因此它在全球广泛使用，可以用于土木建筑、装饰装潢、工业制图、工程制图、电子工业、服装加工等多个领域。本章将简单介绍 CAD 在室内装潢领域的应用。

1.1 AutoCAD 的发展历程

　　CAD(Computer Aided Design，计算机辅助设计)诞生于 20 世纪 60 年代，是美国麻省理工学院(MIT)提出的交互式图形学的研究计划，由于当时硬件设施的昂贵，只有美国通用汽车公司和美国波音航空公司使用自行开发的交互式绘图系统。

　　20 世纪 70 年代，小型计算机费用下降，美国工业界才开始广泛使用交互式绘图系统。

　　20 世纪 80 年代，由于 PC 机的应用，CAD 得以迅速发展，出现了专门从事 CAD 系统开发的公司。当时 VersaCAD 是专业的 CAD 制作公司，所开发的 CAD 软件功能强大，但由于其价格昂贵，故不能普遍应用。而当时的 Autodesk 公司是一个仅有数名员工的小公司，其开发的 CAD 系统虽然功能有限，但因其可免费复制，故在社会上得以广泛应用。同时，由于该系统的开放性使得 CAD 软件升级迅速。

　　AutoCAD 的发展经历了以下几个阶段。

- AutoCAD V(Version)1.0：1982 年 11 月正式出版，容量为一张 360KB 的软盘，无菜单，命令需要背，其执行方式类似于 DOS 命令。
- AutoCAD V1.2：1983 年 4 月出版，具备尺寸标注功能。
- AutoCAD V1.3：具备文字对齐及颜色定义功能，图形输出功能。
- AutoCAD V1.4：图形编辑功能加强。
- AutoCAD V2.0：图形绘制及编辑功能增加，如 MSLIDE VSLIDE DXFIN DXFOUT VIEW SCRIPT 等。至此，在美国许多工厂和学校都有 AutoCAD 副本。
- AutoCAD V2.17-V2.18：1985 年出版，出现了 Screen Menu，命令不需要背，Autolisp 初具雏形，容量为两张 360KB 软盘。
- AutoCAD V2.5：Autolisp 有了系统化语法，使用者可改进和推广，出现了第三开发商的新兴行业，容量为 5 张 360KB 软盘。
- AutoCAD V2.6：新增 3D 功能，AutoCAD 已成为美国高校的调查科目。
- AutoCAD R(Release)9.0：出现了状态行下拉式菜单。至此，AutoCAD 开始在国外加密销售。

- AutoCAD R10.0：进一步完善 R9.0，Autodesk 公司已成为千人企业。
- AutoCAD R11.0：增加了 AME(Advanced Modeling Extension)，但与 AutoCAD 分开销售。
- AutoCAD R12.0：采用 DOS 与 Windows 两种操作环境，出现了工具条。
- AutoCAD R13.0：AME 纳入 AutoCAD 中。
- AutoCAD R14.0：适应 Pentium 机型及 Windows 95/NT 操作环境，实现与 Internet 网络连接，操作更方便，运行更快捷，具有无所不到的工具条，可实现中文操作。
- AutoCAD 2000(AutoCAD R15.0)：提供了更开放的二次开发环境，出现了 VLISP 独立编程环境。同时，3D 绘图及编辑更方便。
- AutoCAD 2005：提供了更为有效的方式来创建和管理包含在最终文档中的项目信息。其优势在于可显著地节省时间、得到更为协调一致的文档并降低了风险。
- AutoCAD 2006：推出最新功能，如创建图形、动态图块的操作、选择多种图形的可见性、使用多个不同的插入点、贴齐到图中的图形、编辑图块几何图形、数据输入和对象选择。
- AutoCAD 2007：拥有强大直观的界面，可以轻松、快速地进行外观图形的创作和修改，2007 版致力于提高 3D 设计效率。
- AutoCAD 2008：提供了创建、展示、记录和共享构想所需的所有功能。将惯用的 AutoCAD 命令和熟悉的用户界面与更新的设计环境结合起来，使用户能够以前所未有的方式实现并探索构想。
- AutoCAD 2009：在该版本中，CAD 更新了图层对话框、ViewCube 与 SteeringWheels 功能、菜单浏览器、快速属性、功能区等功能。
- AutoCAD 2010：于 2009 年 3 月 23 日发布，最新版本的 AutoCAD 中引入了全新功能，其中包括自由形式的设计工具、参数化绘图，并加强 PDF 格式的支持。
- AutoCAD 2011：引入了增强的曲面塑型功能，并加入了建立 NURBS 曲面的功能。此类型的曲面具有控制顶点(CV)，控制顶点可让用户以雕刻实体模型的方式"雕刻"物件。NURBS 曲面以 Bezier 曲线或平滑曲线为基础，这使其成为建立曲线式物件(如汽车、船和吉他) 的理想工具。
- AutoCAD 2012：该版本软件整合了制图和可视化，加快了任务的执行，能够满足了个人用户的需求和偏好，能够更快地执行常见的 CAD 任务，更容易找到那些不常见的命令。新版本也能通过让用户在不需要软件编程的情况下自动操作制图，从而进一步简化了制图任务，极大地提高了效率。
- AutoCAD 2013：在其测试版中点云支持功能已得到显著增强。
- AutoCAD 2014：新增了许多特性，如 Win 8 触屏操作、文件格式命令增强、现实场景中建模等。
- AutoCAD 2015：Autodesk 为插入图块和改变样式添加了图表预览功能。它还增强了模型空间视口，在模型空间中创建了多个视口后，亮蓝色边界会标识活动视口，拖动到边界的边缘来删除另一个视口。通过拖动水平或垂直边界，可以调整任意视口的大小。在拖动边界的同时按住 Ctrl 键，可拆分模型空间视口。

- AutoCAD 2016：添加了许多新功能，使 2D 和 3D 设计、文档编制和协同工作流程更加迅捷，同时赋予了用户更为丰富的屏幕体验，可创造出想象中的任何图形。此外，用户可利用独创的最精准的设计数据存储和交换技术放心地与他人分享自己的作品。

1.2　CAD 技术的应用领域

CAD 技术广泛应用于土木建筑、装饰装潢、城市规划、园林设计、电子电路、机械设计、服装鞋帽、航空航天、轻工化工等诸多领域。

1.2.1　CAD 技术在服装设计中的应用

CAD 技术在推动服装行业的发展中起到了巨大的作用，不断地为服装行业注入新的生机。随着计算机技术和其他高新技术的不断结合和应用，诸多服装元素都会及时、合理地得到应用，更多适应工业信息化时代发展要求的体系也将会有更多新的突破，我国服装业应该密切关注这一技术的进步，将这一技术应用到服装的各个领域，提高服装企业的国际竞争力。

服装 CAD(Computer Aided Design)是集计算机图形学、数据库、网络通信等计算机及其他领域的知识于一体，服装设计师在计算机软硬件系统支持下，通过人机交互手段，在屏幕上进行服装设计的一项专门的现代化高新技术。它将高新科技与服装设计紧密地结合起来，使得计算机技术在服装领域得到了广泛的应用，目前服装 CAD 的运用已经成为服装企业设计水平和产品质量的重要标志，是企业间合作的必要保证，同时也是服装企业在激烈的国际竞争中获胜的法宝。

服装 CAD 技术研究主要是从两个部分进行的，即二维服装 CAD 和三维服装 CAD。随着国内外纺织服装工业中计算机应用技术的巨大发展，二维服装 CAD 技术已相当成熟，应用到服装行业中的软件类系统也占有很大的比例，然而二维服装 CAD 直观性差，缺乏立体感，服装的穿着效果很难表现出来。随着对着装合体性、舒适性要求的提高以及服装款式变化的加快，三维服装 CAD 应运而生。

二维服装 CAD 的内容主要包括服装款式设计系统、服装面料设计及仿真系统、服装纸样设计系统、服装样片制版、推码系统、服装样片排料系统等，如图 1-1 所示。

三维服装 CAD 则是以图形图像数据为信息中心，融合了多媒体信息存储和交换、计算机网络、知识工程、计算机视觉、计算机图形学、专家系统、软件工程、计算几何等各种学科、领域的知识和技术，主要内容包括三维人体测量和数据处理、三维人体计算机模型的建立、三维服装款式设计、三维立体裁剪、三维人体转化为二维衣片、三维立体缝合、计算机试衣以及三维服装效果展示等过程。

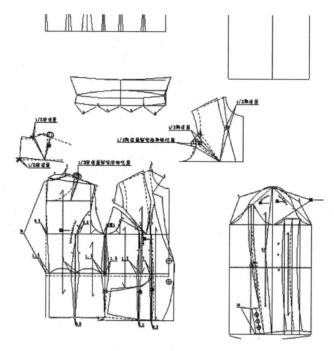

图 1-1   二维服装设计

1.2.2   CAD 技术在电气设计中的应用

电气图又称为电气图样，是电气工程图的简称。电气工程图是按照统一的规范规定绘制的，采用标准图形和文字符号表示的实际电气工程的安装、接线、功能、原理及供配电关系等的简图。

电气图渗透在生活的每一个角落，从家居的小家电到工程项目图，都能接触到各种各样的电气图。

电气 CAD 的应用包含电气工程中的各个环节，如概念设计、优化设计、计算机仿真、施工图及效果图绘制等。电气 CAD 的应用范围非常广泛，涉及电力系统设计、工厂电气、建筑电气、控制电气、电气回路设计等方面，如图 1-2 所示。

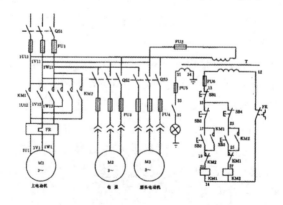

图 1-2   电气图

1.2.3　CAD 技术在机械设计中的应用

　　CAD 技术是随着电子技术和计算机技术的发展而逐步发展起来的，它具有工程及产品的分析计算、几何建模、仿真与试验、绘制图形、工程数据库管理和生成设计文件等功能。近 20 年来，由于计算机硬件性能的不断提高，CAD 技术有了大规模的发展，目前CAD 技术已经应用于许多行业，如机械、汽车、飞机、船舶、电子、轻工、建筑、化工、纺织及服装等。

　　CAD 技术应用于机械类产品设计的比例最大，机械 CAD 在整个工程 CAD 中占有比较重要的位置，如图 1-3、图 1-4 所示。

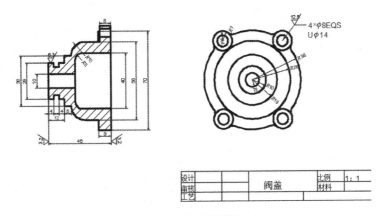

图 1-3　阀盖机械图

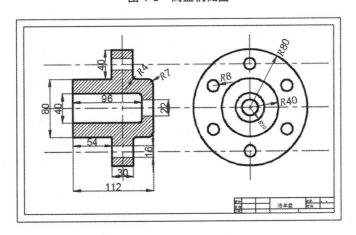

图 1-4　法兰盘机械图

1.2.4　CAD 技术在工程设计中的应用

　　通过多年的设计实践，CAD 技术以简单、快捷、存储方便等优点已在工程设计中承担着不可替代的重要作用。许多工程都应用了计算机辅助设计和辅助绘图，尤其建立了计算机网络辅助设计与管理后，不仅能提高设计质量、缩短设计周期，而且创造了良好的经济效益和社会效益，CAD 技术的应用使工程技术人员如虎添翼，在更加广阔的天地里施展才华。

CAD之所以高效，因其最伟大的功能之一：一些相近、相似的工程设计，图纸只要简单修改一下即可使用，或者直接套用，而用户只需按几下键盘、鼠标。CAD软件可以将建筑施工图直接转成设备底图，使水暖、电气的设计师不必在描绘设备底图上浪费时间。而且现在流行的 CAD 软件大多提供丰富的分类图库、通用详图，设计师需要时可以直接调入。重复工作越多这种优势越明显。结构计算高效，一个普通的框架结构，以往手工计算需要一个星期左右时间，现在用CAD只要一天就可以完成。

1.2.5 CAD 技术在室内装饰设计中的应用

室内装潢设计根据设计的过程通常可以分为 4 个阶段，即设计准备阶段、方案设计阶段、施工图设计阶段和设计实施阶段。

在设计绘图阶段所要做的工作一般是用 CAD 软件绘制正式的装饰设计图和施工图，其中包括平面图、立面图、剖面图、细部节点详图等，如图 1-5、图 1-6 所示。

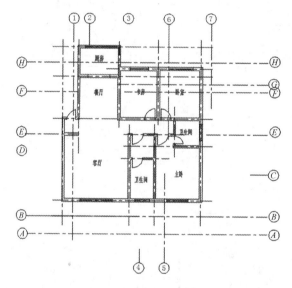

图 1-5 室内平面图

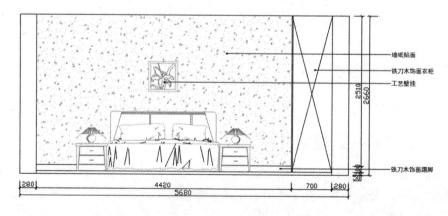

图 1-6 室内立面图

1.2.6　CAD 技术在建筑设计中的应用

在建筑设计中，CAD 技术是发展最快的技术之一，已应用到从基本规划设计到投标报价、施工、数据管理等各个方面。CAD 在建筑设计中的优点是：使劳动强度降低；图面清洁；设计工作高效，设计成果可重复利用；精度提高；资料保管更方便。例如，用 CAD 技术绘制的室外建筑效果图如图 1-7 所示。

图 1-7　室外建筑效果图

1.2.7　CAD 技术在园林绿化设计中的应用

在园林规划设计中，CAD 技术主要用于绘制各类平面图、园林小品三维图和效果表现图，如图 1-8 所示。建模不仅方便、快捷，而且便于与其他专业的规划设计工作接轨，可实现一定的资源共享，尤其对一些需要多个单位参与配套设计的建设项目更可大幅度提高工作效率。

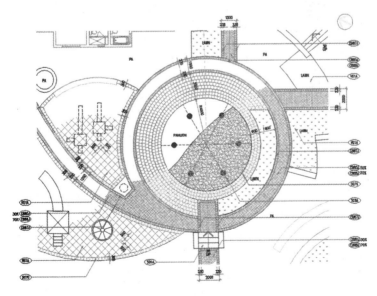

图 1-8　园林景观设计图

1.3　室内装潢的风格

　　室内装潢设计风格是以不同的文化背景及不同的地域特色作依据，通过各种设计元素来营造一种特有的装饰风格，随着单求安的轻装修重装饰理念的提出，风格的表现多在软装上来体现。

　　(1) 古典风范(豪华富裕)。在装修刚兴起的年代，装修大多追求的是较为豪华富裕的风格。尤其是在 20 世纪 80 年代至 90 年代初，室内装修往往是炫耀自己身份的一种特殊形式。业主们会要求把各种象征豪华的设计嵌入装修中，如彩绘玻璃吊顶、壁炉、装饰面板、装饰木角线等，而且基本上以类似于巴洛克风格结合国内存在的材料为主要装饰方式，如图 1-9 所示。

　　(2) 朴素风格(随心所欲)。20 世纪 90 年代，在一些地区出现一股家装热。由于受技术和材料所限，那时还没有真正意义上的设计师来进行家装指导，因此随心所欲就是当时的最真实写照。业主们开始追求一种整洁明亮的室内效果。时至今日，这种风格仍然是大多数初次置业者装修的首选，如图 1-10 所示。

图 1-9　古典风范

图 1-10　朴素风格

　　(3) 精致风格(高贵庄重)。经过近 10 年的摸索，随着国内居民生活水平的提高、对外开放的扩大，人们开始向往和追求高品质的生活。大约自 20 世纪 90 年代中期开始，人们逐渐在装修中使用精致的装饰材料和家具，尤其是在这个时候，国内的设计师步入家装设计行列，从而带来了一种新的装饰理念，如图 1-11 所示。

　　(4) 自然风格(艺术化)。20 世纪 90 年代开始的装修热潮，带给人们众多的装饰观念。市面上大量出现的台湾、香港地区的装饰杂志让人们大开眼界，以前大家不敢想象的(如小花园、文化石装饰墙和雨花石等)装饰手法纷纷出现在现实的设计之中。尤其是大家看惯了红榉大量使用所造成的"全国装修一片黄"的装饰现象之后，亲近自然也就成了人们追求的目标之一，如图 1-12 所示。

图 1-11　精致风格

图 1-12　自然风格

(5) 轻快风格(豪爽大方)。自 20 世纪 90 年代中期开始，家居的设计思想得到了很大的解放，人们开始追求各种各样的设计方式，其中现代主义、后现代主义等一系列较为完整的设计体系在室内设计中形成。人们在谈及装修时，这些"主义"频繁地出现在嘴边。这种风格基本上以樱桃木作为主要的木工饰面，如图 1-13 所示。

(6) 柔和风格(平稳独立)。在 20 世纪末 21 世纪初，一种追求平稳中带点豪华的仿会所式的设计开始在各式房地产楼盘的样板房和写字楼中出现，继而大量出现在普通的家居装饰之中。这种风格强调一种较为简单但又不失内容的装饰形式，逐步形成了以黑胡桃为主要木工装饰面板的风格。其中，简约主义和极简主义开始浮出水面，如图 1-14 所示。

图 1-13　轻快风格

图 1-14　柔和风格

(7) 优雅风格(恬静温柔)。这是出现在 20 世纪末 21 世纪初的一种设计风格，它基本上基于以墙纸为主要装饰面材、结合混油的木工做法。这种风格强调比例和色彩的和谐。人们开始会把一堵墙的上部分与天花同色，而墙面使用一种带有淡淡纹理的墙纸。整个风格显得十分优雅和恬静，不带有一丝的浮躁，如图 1-15 所示。

(8) 都市风格(独立个性)。进入 21 世纪，随着房改的进行和众多年轻的初次置业者的出现，为这种风格的产生注入了动力。年轻人刚刚买了房子，很多都囊中羞涩，而这个时候的房地产基

图 1-15　优雅风格

本上又都是以毛坯房(一种不带基本装修的风格)为主，这些年轻人被迫进行了装修的革命。受财力所限，人们开始通过各种各样的形式来强调已经"装修"的观感，其中大量使用明快的色彩就是一种典型的例子。人们会在家居中大量使用各种各样的色彩，有时甚至在同一个空间中使用 3 种或 3 种以上的色彩，如图 1-16、图 1-17 所示。

图 1-16　都市风格(1)　　　　　　　　图 1-17　都市风格(2)

(9) 清新风格(轻淡写意)。这是一种在简约主义影响下衍生出来的一种带有"小资"味道的室内设计风格。尤其是随着众多的单身贵族的出现，这种小资风格大量地出现在各式的公寓装修之中。由于很多时候这些居住者中没有老人和小孩之类的成员，所以在装修中不必考虑众多的功能问题。他们往往强调一种随意性和平淡性。轻飘的白色纱帘配着一张柔软的布艺沙发，再堆放着一堆各种颜色的抱枕，就形成了一个充满懒洋洋氛围的室内空间，如图 1-18 所示。

(10) 中式风格(复古)。随着众多现代派主义的出现，国内又兴起了一股复古风，那就是中式装饰风格的复兴。国画、书画及明清家具构成了中式设计的最主要元素。但这些复古家私价格不菲，成为爱好者的一大障碍，如图 1-19 所示。

图 1-18　清新风格　　　　　　　　　图 1-19　中式风格

(11) 简约风格。现代简约风格在处理空间方面一般强调室内空间宽敞、内外通透，在空间平面设计中追求不受承重墙限制的自由。墙面、地面、顶棚以及家具陈设乃至灯具器皿等均以简洁的造型、纯洁的质地、精细的工艺为其特征。并且尽可能不用装饰和取消多余的东西，认为任何复杂的设计，没有实用价值的特殊部件及任何装饰都会增加建筑造价，强调形式应更多地服务于功能，如图 1-20 所示。

(12) 古典风格。欧式古典风格在空间上追求连续性，追求形体的变化和层次感。室内外色彩鲜艳，光影变化丰富。室内多用带有图案的壁纸、地毯、窗帘、床罩、帐幔以及古典式装饰画或物件；为体现华丽的风格，家具、门、窗多漆成白色，家具、画框的线条部位饰以金线、金边。古典风格是一种追求华丽、高雅的欧洲古典主义，典雅中透着高贵，深沉里显露豪华，具有很强的文化感受和历史内涵，如图 1-21 所示。

图 1-20　简约风格

图 1-21　古典风格

(13) 田园风格。如今的现代人，生活水平不断提高，所以生活节奏不断加快，尤其是在一个生活忙碌、紧张的城市中，那么家无疑成了下班后的最佳休息、放松的场所。所以家的装饰设计风格也是不可忽视的。田园风格的装饰可以让一个人在休息时无形中进入一个安静、自然、清新、身心舒畅的幻觉环境。这样可以让人把一天的紧张、疲惫感完全释放。而且在就餐时也会让人的胃口大开、食欲大增，或在看书时也可以使人大脑清醒、思路开阔，如图 1-22 所示。

图 1-22　田园风格

(14) 法式风格。源自法国文化，如图 1-23、图 1-24 所示，其特点如下。

①浪漫气息浓郁。法国人的浪漫不仅表现在行为上，也表现在思想上。室内装饰的形状、线条都是富有一种柔美而有型的味道，色调也是浓郁而淡雅，这就是浪漫。

② 在房屋的结构和布局上很明显地强调了轴线的对称，显现出恢宏的气势，使得整个室内有一股强烈的富贵气质，高雅奢华。

③ 不仅是在结构和布局上宏伟，在细节处理上也运用了法式廊柱、雕花、线条等，装饰工艺非常讲究且精细。

④ 造型多变，但是轮廓都比较清晰、夺目。

图 1-23　法式风格(1)　　　　　　　　　　图 1-24　法式风格(2)

(15) 地中海风格。地中海风格具有独特的美学特点。一般选择自然的柔和色彩，在组合设计上注意空间搭配，充分利用每一寸空间，集装饰和应用于一体，在组合搭配上避免琐碎，显得大方、自然，散发出古老尊贵的田园气息和文化品位；其特有的罗马柱般的装饰线简洁明快，流露出古老的文明气息。在色彩运用上，常选择柔和高雅的浅色调，映射出它田园风格的本义。地中海风格多用有着古老历史的拱形玻璃，采用柔和的光线，加之原木的家具，用现代工艺呈现出别有情趣的乡土格调，如图 1-25 和图 1-26 所示。

图 1-25　地中海风格(1)　　　　　　　　　图 1-26　地中海风格(2)

(16) 东南亚风格。东南亚风格的家居设计以其来自热带雨林的自然之美和浓郁的民族特色风靡世界，尤其在气候与之接近的珠三角地区更是受到热烈追捧。东南亚式的设计风格之所以如此流行，正是因为它独有的魅力和热带风情而盖过正大行其道的简约风格。几家富有浓郁东南亚风情的品牌家居曾经登陆吉盛伟邦名家设计国际馆四楼，原汁原味，注重手工工艺而拒绝同质的乏味，在盛夏给人们带来东南亚风雅的气息。取材自然是东南亚家居最大的特点，同时色彩搭配斑斓高贵，生态饰品有着拙朴禅意，布艺饰品则用暖色点缀，如图 1-27 所示。

(17) 伊斯兰风格。伊斯兰风格的特征是东、西方合璧，室内色彩跳跃、对比、华丽，其表面装饰突出粉画，彩色玻璃面砖镶嵌，门窗用雕花、透雕的板材作栏板，还常用石膏浮雕作装饰。砖工艺的石钟乳体是伊斯兰风格最具特色的手法。彩色玻璃马赛克镶嵌，可用于玄关或家中的隔断上，如图 1-28 所示。

图 1-27 东南亚风格

图 1-28 伊斯兰风格

1.4 室内装潢设计概述

室内装潢设计作为环境艺术设计的一个重要组成部分，一直是室内设计专业的重要课程设置。作为现代环境艺术的组成部分，室内装潢设计主要是由室内环境艺术意境、室内环境艺术气氛和室内环境非艺术表现部分等组成，它是在近代社会人们的环境意识的觉醒和环境设计概念的崛起中逐渐独立出来的。

1.4.1 室内装潢设计的分类

室内装潢设计是一门综合性学科，内容广泛，专业面广，大致可分为以下 4 个部分。

1. 空间形象设计

空间形象设计就是对建筑所提供的内部空间进行处理，对建筑所界定的内部空间进行二次处理，并以现有空间尺度为基础重新进行划定。在不违反基本原则和人体工程学原则的前提下，重新阐释尺度和比例关系，并更好地对改造后空间的统一、对比和面线体的衔接问题予以解决。

2. 室内装潢设计

室内装潢设计主要是对建筑内部空间的六大界面，按照一定的设计要求，进行二次处理，也就是对通常所说的天花、墙面、地面的处理，以及分割空间的实体、半实体等内部界面的处理。在条件允许的情况下也可以对建筑界面本身进行处理。

学习室内装潢设计与实际工程结合得比较紧密，同时，这也是将设计师的设计意图变为现实的一个重要步骤。在现代室内装潢设计教育中，它也是结合实践发挥设计思想的突破口。

3. 室内物理环境设计

室内物理环境设计主要是对室内空间环境的质量及调节的设计，涉及室内体感气候：采暖、通风、温度调节等方面的设计处理，是现代设计中极为重要的方面，也是体现设计的"以人为本"思想的组成部分。随着时代的发展，人工环境人性化的设计和营造就成为衡量室内环境质量的标准。

在这一过程中科技的发展和应用起着重大的作用，主要指各种能够改造室内环境质量的方法、方式和仪器设备等。但室内环境质量也包括环境视觉感受的引入，如利用外部自然环境因素的引入而改变室内视觉环境质量。

4. 室内陈设艺术设计

室内陈设艺术设计，主要是对室内家具、设备、装饰织物、陈设艺术品、照明灯具、绿化等方面的设计处理。

以上 4 部分阐明的是室内装潢设计在设计过程中所应包括的内容，而室内装潢设计可大体分为三大类，即人居环境室内装潢设计、限定性公共室内装潢设计及非限定性公共室内装潢设计。在人居环境室内装潢设计中主要指住宅、各式公寓以及集体宿舍等居住环境的设计；限定性公共空间室内装潢设计主要指学校、幼儿园、办公楼及教堂等建筑的内部空间；非限定性公共空间室内装潢设计主要是指旅馆饭店、影视院、娱乐空间、展览空间、图书馆、体育馆、火车站、航站楼、商店以及综合商业设施。

室内装潢设计类型众多，专业内容涵盖面广，如何通过设计协调处理好，要求室内装潢设计师必须具有高度的艺术修养并掌握现代科技与材料、工艺知识以及具有解决处理实际问题的能力。

1.4.2　室内装潢设计的程序

室内装潢设计的程序包括两个方面，即室内装潢设计的图面作业程序和室内装潢设计的项目施工程序。从整体上看，室内装潢设计的最终结果是包括了时间要素在内的四维空间实体，而它是在二维平面作图的过程中完成的。在二维平面作图中完成具有四维要素的空间表现，显然是一个非常困难的任务。所以调动起所有可能的视觉传递工具，就成为室内装潢设计图面作业的必然。设计教育中对于空间的表现就成为设计教育的大部分内容。

图面作业阶段采用的表现方式主要包括徒手画(速写、复制描图)、正投影图(平面图、立面图、剖面图、细部节点详图)、透视图(一点透视、两点透视、三点透视)及轴侧图。徒手画主要用于平面功能布局和空间形象构思的草图作业；正投影图主要用于方案与施工图作业；透视图则是室内空间视觉形象设计方案的最佳表现形式。对图的表现方式现在多采用徒手绘制和计算机制作两种形式，它们都是为了说明空间和表达设计意图的载体。

对于室内装潢设计的图面作业程序基本上是按照设计思维的过程来设置的。它一般要经过概念设计、方案设计和施工设计 3 个阶段。其中，平面功能布局和空间形象构思草图是概念设计阶段图面作业的主题；透视图和平面图是方案设计阶段图面作业的主题；剖面图和细部节点详图则是施工图设计阶段图面作业的主题。每一阶段图面在具体实施中没有严格的控制，图解语言的穿插是图面作业常用的一种方式。

室内装潢设计的项目实施程序是由设计任务书的制定、项目设计内容的社会调研、项目概念设计与专业协调、确定方案与施工图设计、材料选择与施工监理几个步骤组成。其中，项目概念设计确定方案与施工图设计与现行的设计教育结合紧密。

虽然中国室内装潢设计专业已在许多高等院校中设置，但规范化、系统化的教学机制还需要进一步完善和发展。同时随着我国目前经济的迅猛发展，室内装潢设计也进入了一个高速发展时期，大量的建筑诞生，同时也诞生了更多的内部空间。因此需要大量优秀室内装潢设计人员的介入，而自学考试等多种教育方式正顺应了这一时代的需求，体现了它的及时性。

它的目的很明确，即在各种条件的限制内协调人与之相适应的空间的合理性，以使其设计结果能够影响和改变人的生活状态。

这种目的的达到最根本的是设计的概念来源，即原始的创作动力是什么，它是否适应设计方案的要求并且能够解决问题，而取得这种概念的途径则应该是依靠科学和理性的分析以发现问题进而提出解决问题的方案，整个过程是一个循序渐进和自然而然的孵化过程，设计师的设计概念应在他占有相当可观的已知资料的基础上很合理地像流水一样自然流淌出来，并不会像纯艺术活动的突发性个人意识的宣泄。当然在设计中功能的理性分析与在艺术形式上的完美结合要依靠设计师内在的品质修养与实际经验来实现，这要求设计师应该广泛涉猎不同门类的知识，对任何事物都抱有积极的态度和敏锐的观察。纷繁复杂的分析研究过程是艰苦的坚持过程，仅靠一个人的努力是不能完善地完成的，人员的协助与团队协作是关键，单独的设计师或单独的图文工程师或材料师虽然都能独当一面，却不可避免地会顾此失彼，只有一个配合默契的设计小组才能出色完成任务。

1．设计规划阶段

设计的根本首先是：资料的占有率，是否有完善的调查，横向的比较，大量的搜索资料，归纳整理，寻找欠缺，发现问题，进而加以分析和补充，这样的反复过程会让你的设计在模糊和无从下手时渐渐清晰起来。例如，计算机专营店的设计，首先应了解其经营的层次，属于哪一级别的经销商而确定设计规模，确定设计范围。取得公司的人员分配比例、管理模式、经营理念、品牌优势等资料，来确定设计的模糊方向。横向的比较和调查其他相似空间的设计方式，取得已知的存在问题和经验，其位置的优劣状况，交通情况，如何利用公共设施和如何解决不利矛盾，根据顾客的大致范围而确定设计的软件设施，人员的流动和内部工作，线路的合理规划。这些在资料收集与分析阶段都应详细地分析与解决。这一阶段还要提出一个合理的初步设计概念，也就是艺术的表现方向。这一切结束后应提出一个完善的和理想化的空间机能分析图，也就是抛弃实际平面而完全绝对合理的功能规划。不参考实际平面是避免因先入为主的观念束缚了设计师的感性思维。虽然有时感觉不到限制的存在，但原有的平面必然渗透着某种程度的设计思想，在无形中会让你旋入。

2．实质的设计阶段

当基础完善时，便进入了实质的设计阶段，实地考察和详细测量是极其必要的，图纸的空间想象和实际的空间感受差别悬殊，对实际管线和光线的了解有助于缩小设计与实际效果的差距。这时如何将你的理想设计结合入实际的空间中是这个阶段所要做的。室内装潢设计的一个重要特征便是只有最合适的设计而没有最完美的设计，一切设计都存在缺憾，因为任何设计都是有限制的，设计的目的就是在限制的条件下通过设计缩小不利条件对使用者的影响。将理想设计规划从大到小地逐步落实到实际图纸中，并且不可避免地要牺牲一些因冲突而产生的次要空间，全部以整体、合理和以人为主是平面规划的原则。空间的规划完成，向下便是完善家具设备布局。有了一个良好的开端，向下便可极其迅速而自然地进行了。

3. 设计发展阶段

从平面向三维的空间转换，其间要将初期的设计概念完善并将其在三维效果中实现，其实现也就是材料、色彩、采光和照明。

材料的选择首先要考虑设计预算，这是现实的问题，单一的或是复杂的材料是因设计概念而确定。虽然低廉但合理的材料应用要远远强于豪华材料的堆砌，当然好的材料可以更加完美地体现理想设计效果，但并不等于低预算不能创造合理的设计，关键是如何选择。色彩是体现设计理念的不可或缺的因素，它和材料是相辅相成的。说采光与照明是营造氛围的线的艺术虽然有些夸大其词，但也不无道理。艺术的形式最终是通过视觉表达而传达给人的，这些设计的实现最终是依靠三维表现图向业主体现，同时设计师也是通过三维表现图来完善自己的设计。这样也就是表现图的优劣可以影响方案的成功，但并不会是决定性因素，它只是辅助与设计的一种手段、方法，千万不能本末倒置、过分地突出表现效用，起决定性作用的还应该是设计本身。

4. 细部设计阶段

家具设计、装饰设计、灯具设计、门窗/墙面/顶棚连接，这些是依附于发展阶段的完善设计阶段。大部分问题已经在发展阶段完成，这只是更加深入地与施工和预算结合。

施工图设计是设计的最后一项工作，纯技术的表现即可。

1.4.3　室内装潢设计的工作流程

室内装潢设计根据设计的进程，通常可以分为 4 个阶段，即设计准备阶段、方案设计阶段、施工图设计阶段和设计实施阶段。

1. 设计准备阶段

设计准备阶段主要是接受委托任务书、签订合同或者根据标书要求参加投标；明确设计期限并制定设计计划进度安排，考虑各有关工种的配合与协调；明确设计任务和要求，如室内装潢设计任务的使用性质、功能特点、设计规模、等级标准、总造价，根据任务的使用性质所需创造的内涵或艺术风格等；熟悉设计规范和定额标准，收集分析必需的资料和信息，包括对现场的调查踏勘以及对同类型实例的参观等。

在签订合同或制定投标文件时，还包括设计进度安排、设计费率标准，即室内装潢设计收取业主设计费占室内装饰总投入资金的百分比。

2. 方案设计阶段

方案设计阶段是在设计准备阶段的基础上，进一步收集、分析、运用与设计任务有关的资料与信息，构思立意，进行初步方案设计、深入设计，进行方案的分析与比较。

确定初步设计方案，提供设计文件。室内初步方案的文件通常包括以下内容。

- 平面图，常用比例为 1：50，1：100。
- 室内立面展开图，常用比例为 1：20，1：50。

- 平顶图或仰视图，常用比例为 1∶50，1∶100。
- 室内透视图。
- 室内装饰材料实样版面。
- 设计意图说明和造价概算。

初步设计方案需经审定后，方可进行施工图设计。

3．施工图设计阶段

施工图设计阶段需要补充施工所必需的有关平面布置、室内立面和平顶等图纸，还需包括构造节点详细、细部大样图以及设备管线图，编制施工说明和造价预算。

4．设计实施阶段

室内工程在施工前，设计人员应向施工单位进行设计意图说明及图纸的技术交底；工程施工期间需按图纸要求核对施工实况，有时还需根据现场实况提出对图纸的局部修改或补充。

1.4.4　室内装潢设计的基本原则

1．室内装饰设计要满足使用功能要求

室内设计是以创造良好的室内空间环境为宗旨，把满足人们在室内进行生产、生活、工作、休息的要求置于首位，所以在室内设计时要充分考虑使用功能要求，使室内环境合理化、舒适化、科学化；要考虑人们的活动规律，处理好空间关系、空间尺寸、空间比例；合理配置陈设与家具，妥善解决室内通风、采光与照明，注意室内色调的总体效果。

2．室内装饰设计要满足精神功能要求

室内设计在考虑使用功能要求的同时，还必须考虑精神功能的要求(视觉反应、心理感受、艺术感染等)。室内设计的精神就是要影响人们的情感，乃至影响人们的意志和行动，所以要研究人们的认识特征和规律；研究人的情感与意志；研究人和环境的相互作用。设计者要运用各种理论和手段去冲击人的情感，使其升华达到预期的设计效果。室内环境如能突出地表明某种构思和意境，那么，它将会产生强烈的艺术感染力，更好地发挥其在精神功能方面的作用。

3．室内装饰设计要满足现代技术要求

建筑空间的创新和结构造型的创新有着密切的联系，二者应取得协调统一，充分考虑结构造型中美的形象，把艺术和技术融合在一起。这就要求室内设计者必须具备必要的结构类型知识，熟悉和掌握结构体系的性能、特点。现代室内装饰设计，它置身于现代科学技术的范畴之中，要使室内设计更好地满足精神功能的要求，就必须最大限度地利用现代科学技术的最新成果。

4．室内装饰设计要符合地区特点与民族风格要求

由于人们所处的地区、地理气候条件的差异，各民族生活习惯与文化传统的不同，在建筑风格上确实存在着很大的差别。我国是多民族的国家，各个民族的地区特点、民族性格、风俗习惯以及文化素养等因素的差异，使室内装饰设计也有所不同。设计中要有各自不同的风格和特点，要体现民族和地区特点以唤起人们的民族自尊心和自信心。

1.5　家居空间的设计要点

在家居空间的设计中，需要先注意建筑物本身的结构，确定承重墙、非承重墙、管线的铺设、横梁的位置等。然后才能在此基础上进行装饰设计。同时还要注意使用功能的合理性，在功能设计合理的同时，让人感觉赏心悦目，让使用者感觉方便、舒适，这才是好的设计方案。

随着生活品位的提高，人们对于空间会有各自不同的看法，家居空间设计应以简洁、大方为主。在材料的选择上应以环保材料为首选。

家居空间的组成主要有客厅、厨房、卧室、书房、餐厅、卫生间、楼梯、阳台。下面就来具体讲解这些空间的设计原则。

1.5.1　客厅的设计

客厅也叫起居室，是全家起居活动和对外会客的场所，也是房子的门面，其装饰档次在一定程度上能够反映出主人的品位和身份，是装饰美化的重点。客厅的摆设、颜色都能反映主人的性格、特点、眼光、个性等。客厅宜用浅色，让客人有耳目一新的感觉，使来宾消除奔波的疲劳。

客厅有时兼有工作、学习、就餐、游戏、娱乐等功能，在人们的日常生活中使用频率最高。作为整间屋子的中心，客厅值得更多关注。因此，客厅的装潢设计往往被主人列为重中之重，应该精心设计、精选材料，以充分体现主人的品位和意境。在设计过程中，主要采用现代简约风格、现代中式风格、欧式风格、乡村田园风格等，如图1-29～图1-32所示。

图1-29　现代简约风格

图1-30　现代中式风格

图1-31　欧式风格

图1-32　乡村田园风格

1.5.2　卧室的设计

卧室又被称为卧房、睡房，分为主卧和次卧，是供人睡觉、休息的房间，是居住室中最私密的房间，室内设计应营造一个宁静、温馨、和谐的空间。卧室布置的好坏，直接影响到人们的生活、工作和学习，卧室成为家庭装饰设计的重点之一。在设计时，人们首先注重实用，其次是装饰。好的卧室格局不仅要考虑物品的摆放、方位，整体色调的安排以及舒适性也是不可忽视的环节。

主卧布置的原则是如何最大限度地提高舒适和提高主卧的私密性，所以主卧的布置和材质最突出的特点是清爽、隔音、软、柔。床应当尽可能大些，室内遮光性要好，卧室的床头应该朝北，这与人自身磁场指向有关。

次卧室一般用作儿童房、青年房、老人房或客房。不同的居住者对于卧室的使用功能有着不同的设计要求。

儿童房一般由睡眠区、储物区和娱乐区组成，对于学龄期儿童还应设计学习区。儿童房间的家具容易弄脏，装饰时应采用可以清洗及更换的材料，最适合装饰儿童房间的材料是防水漆和塑料板，而高级壁纸及薄木板等不宜使用。儿童房内的家具要平稳、牢固，不易倾倒，不能有玻璃等易碎品，以防止儿童受到意外伤害。游戏区需要很多储藏空间，以放置玩具。

青年房应考虑梳妆区。如果没有书房，在次卧室的设计中就要考虑书桌、计算机桌等组成学习区。

老人房主要满足睡眠和储物功能，老人房的设计应以实用为主。所有家具不应有尖锐的角，地板要防滑，灯光要明亮，色调要素雅。

主卧、儿童房、青年房、老人房装饰效果如图 1-33～图 1-36 所示。

图 1-33　主卧的装饰效果图

图 1-34　儿童房的装饰效果图

图 1-35　青年房的装饰效果图

图 1-36　老人房的装饰效果图

1.5.3　餐厅的设计

餐厅是供吃饭的空间。对于餐厅，最重要的是使用起来要方便，无论安排在何处，都要靠近厨房，餐厅的空间一定要是相对独立的一个部分，如果条件允许，最好能单独开辟出一间餐厅，有些户型较小，无法达到一间独立的餐厅，出于便捷的考虑，可以将其与客厅连接，也可以将其与厨房连接起来，如果与客厅或是厨房连接，可以用一些软装饰方式进行划分，这样既可以让空间显得大，也可以有一个相对独立的餐厅。

餐厅的装饰也要注意色彩，色调要温馨一些，能够增加人的食欲，一些橙色系列的颜色给人一种温馨的感觉，能够促进人的食欲。除了墙面的颜色外，对于餐厅中的窗帘、家具、桌布的色彩也要合理地搭配起来。灯光也是调节餐厅色彩的一种非常好的手段。另外在餐厅中，为了增加食欲，还可以增加一些画，也可以增加一些植物，都可以增加食欲。

餐厅的装饰风格包括现代风格、欧式风格、地中海风格、中式风格等，如图 1-37～图 1-40 所示。

图 1-37　现代风格的餐厅

图 1-38　欧式风格的餐厅

图 1-39　地中海风格的餐厅

图 1-40　中式风格的餐厅

1.5.4　书房的设计

书房又称家庭工作室，是阅读、书写以及工作思考、业余学习的空间，也是主人单独会客的空间。书房是人们结束一天工作之后再次回到办公环境的一个场所。因此，它既是办公室的延伸，又是家庭生活的一部分。书房的双重性使其在家庭环境中处于一种独特的地位。

　　书房的设计应该安静隔音、采光科学，书房的装饰设计能够体现主人的素质修养和情趣爱好。书房的基本设施是桌、椅及书柜，有些书房也会设有计算机。书房应使用冷色调，避免刺激的颜色，有利于促进大脑的思维；学习和工作区应设置特殊照明设施。

　　书房的装饰风格有欧式风格、中式风格、现代简约风格、田园风格等，如图 1-41～图 1-44所示。

图 1-41　欧式风格的书房

图 1-42　中式风格的书房

图 1-43　现代简约风格的书房

图 1-44　韩式田园风格的书房

1.5.5　厨房的设计

　　厨房是准备食物并进行烹饪的房间，一个现代化的厨房包含的设备通常包括炉具或灶具，如电炉、微波炉、烤箱、燃气灶等；洗涤餐具的设备，如洗碗槽或是洗碗机；储存食物的设备，如冰箱；放置餐具的设备，如橱柜、储物柜等。

　　厨房的形式分为敞开式和封闭式两种。敞开式厨房减小了拥挤感，但是房间内容易受油烟污染，不易清洁；封闭式厨房的空间受到限制，但是可以避免油烟污染房间。厨房门最好使用透明玻璃，磨砂玻璃沾染油污后不易清洁。

　　拥有一个精心设计、装饰合理的厨房会使人感觉轻松愉快。厨房装饰首先要注重它的功能性。打造温馨舒适厨房，一要视觉干净清爽，装饰材料应色彩素雅、清淡，厨房吊顶应以素白色塑料扣板和铝合金扣板为主，上挂吸顶灯或普通照明灯；二要有舒适方便的操作中心，橱柜要考虑到科学性和舒适性。灶台的高度，灶台和水池的距离，冰箱和灶台的距离，择菜、切菜、炒菜、熟菜都应有各自的空间；三要有情趣，对于现代家庭来说，厨房不仅是烹饪的地方，更是家人交流的空间、休闲的舞台，工艺画、绿植等装饰品开始走进厨房中，而早餐台、吧台等更加成为打造休闲空间的好办法，做饭时可以交流一天的所见所闻，是晚餐前的一道风景。

厨房的装饰风格有欧式风格、中式风格、现代风格、地中海风格等，如图 1-45～图 1-48 所示。

图 1-45　欧式风格的厨房

图 1-46　中式风格的厨房

图 1-47　现代风格的厨房

图 1-48　地中海风格的厨房

1.5.6　卫生间的设计

卫生间就是厕所、洗手间、浴池的合称，是处理个人卫生的空间，同样具有较强的私密性。住宅的卫生间一般有专用和公用之分。专用的只服务于主卧室；公用的与公共走道相连接，由其他家庭成员和客人公用。根据布局可分为独立型、兼用型和折中型 3 种。根据形式可分为半开放式、开放式和封闭式。目前，比较流行的是区分干湿分区的半开放式。

理想的卫生间应该在 5～8m^2，最好卫浴分区。3m^2 是卫生间的面积底限，刚刚可以把洗手台、坐便器和沐浴设备统统安排在内。3m^2 大小的卫生间选择洁具时，必须考虑留有一定的活动空间，洗手台、坐便器最好选择小巧的；淋浴要靠墙角设置，淋浴器可以采用"一"字形淋浴板或简易花洒。另外，可利用浴室镜达到扩大空间的视觉效果。

卫生间墙面、吊顶和地面的材质要有较好的防水性能，便于清洁，地面防滑尤其重要。地面材料通常使用陶瓷类防滑地砖，墙面为瓷砖或防水涂料，吊顶除需要有防水性能，还要考虑便于管道的检修，如设活络顶格硬质塑胶板和铝合金板等。

卫生间应设置排气扇，使卫生间内形成负压，气流由其他空间流入卫生间。还要注意避免"包裹"，尤其是在临近地面的地方。有人喜欢把管子包裹起来，或者在洗手台下面做个储物柜，这样潮气被包在里面散不出去，很不卫生。

如果卫生间是明卫可以有自然光照射进来，如果卫生间是暗卫所有光线都来自灯光和瓷砖自身的反射。卫生间应选用柔和而不直射的灯光，如果是暗卫而空间又不够大时，瓷砖不要用黑色或深色调的，应选用白色或浅色调的，使卫生间看起来宽敞、明亮。

卫生间的装饰风格有欧式风格、中式风格、现代风格、地中海风格等，如图 1-49～图 1-52 所示。

图 1-49　欧式风格的卫生间

图 1-50　中式风格的卫生间

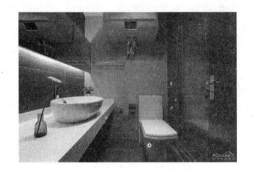

图 1-51　现代风格的卫生间

图 1-52　地中海风格的卫生间

1.5.7　阳台的设计

阳台是建筑物室内的延伸，是多功能的生活和休闲空间，不仅可供居住者接受光照、晾晒衣物、纳凉、观景，如果布置得好，还可以变成宜人的小花园，使人足不出户也能欣赏到大自然中最可爱的色彩，呼吸到清新且带着花香的空气。其设计需要兼顾实用与美观的原则。

阳台地面和饰面材料，应具有抵抗大气和雨水侵蚀、防止污染的性能。砖和钢筋混凝土阳台面可镶嵌大理石、金属板等。阳台底部外缘 80～100mm 以内可用石灰砂浆抹灰，并加设滴水。木扶手应涂油漆防腐，金属构配件应做防锈处理。

设计阳台时要注意排水系统的设置，尤其是水池的排水系统，水池面积也不宜过大；否则会对楼房安全造成危害。当阳台设有洗衣设备时，应设置专用给、排水管线及专用地漏，阳台楼、地面均应做防水。阳台墙面采用的材料最好与地面协调。阳台设计应注意通风透气。

阳台的灯具可以选择壁灯和草坪灯之类的专用室外照明灯。可以选择冷色调的灯，会有夏夜乘凉的感觉。而使用紫色、黄色、粉红色的照明灯会有温暖感觉。

阳台的设计风格有地中海简约风格、现代简约风格、田园风格、北欧风格、美式风格等，如图 1-53～图 1-56 所示。

图 1-53　地中海风格的阳台

图 1-54　现代简约风格的阳台

图 1-55　田园风格的阳台

图 1-56　美式田园风格的阳台

1.5.8　楼梯的设计

楼梯是能让人顺利地上下两个空间的通道。按形式来说可分为单跑式、拐角式、缩径式和旋转式等，如图 1-57～图 1-60 所示。楼梯结构必须设计合理，按照标准，楼梯的每一级踏步的尺寸应该是高为 15cm，宽为 28cm；要求设计师对尺寸有个透彻的了解和掌握，才能使楼梯的设计行走便利，而所占空间最少。根据实际情况显示，楼梯踏步的高度应小于 18cm，宽度应大于 22cm，楼梯的位置要特别留意，避免碰头。从建筑艺术和美学的角度来看，楼梯是视觉的焦点，也是彰显主人个性的一大亮点。

图 1-57　单跑式楼梯

图 1-58　拐角式楼梯

图 1-59　缩径式楼梯

图 1-60　旋转式楼梯

　　楼梯的设计原则应主要遵循以下几点：第一，噪声要小，居家楼梯一般使用木质材料，金属材料的脚感不如木质楼梯，扶手可以为木制、不锈钢、铁艺、石材等，常用的为木质材料。楼梯上要设计合适数量的灯具，以免光线不好发生危险。第二，要使用环保材料。第三，要消除锐角。楼梯的所有部件应光滑、圆润，没有突出的、尖锐的部分，以免对使用者造成伤害。第四，扶手的冷暖要注意。使用金属作为楼梯扶手，最好在金属表面做一下处理，尤其是在北方，金属在冬季时的冰冷感觉会让人感觉不舒服。

　　楼梯的风格包括现代风格、欧式风格、地中海风格、田园风格等，如图 1-61～图 1-64所示。

图 1-61　现代简约风格的楼梯

图 1-62　欧式风格的楼梯

图 1-63　地中海风格的楼梯

图 1-64　田园风格的楼梯

1.6　公共空间的设计要点

公共空间就是集体空间，是指那些供城市居民日常生活和社会生活公共使用的室外及室内空间。室外部分包括街道、广场、居住区户外场地、公园、体育场地等；室内部分包括政府机关、学校、图书馆、商业场所、办公空间、餐饮娱乐场所、酒店民宿等。在本书中讲到的公共空间是指室内公共空间。

1.6.1　公共空间的设计特点

公共空间的设计特点主要有以下几个方面。

1．注重空间使用的大众性

公共空间的设计应当依据人的社会功能需求、审美需求，设立空间主题创意，需要迎合大多数人的需求。

2．应当使用环保材料

公共空间的设计应考虑使用功能、结构、施工、材料、造价等因素。为确保人们的身体健康，在设计公共空间时应尽量采用低辐射、低甲醛释放的环保材料。

3．注意民族特色的融入

不同公共空间的设计，所处的地理位置不同，设计师可以在设计过程中融入民族特色，使人们感受到文化气息与民族特征。

4．技术运用的安全性

随着社会的发展和科技的进步，大量新技术和新材料被逐渐广泛应用，对于设计师来说，围绕为人们创造美好生产、生活室内环境的宗旨，必须保证这些新材料和新技术运用的安全性，保证人们生命财产的安全。

1.6.2　公共空间的设计原则

公共空间的设计原则应遵循以下几点。

1．功能原则

公共空间的设计应注重其实用性，任何设计行为都有特定的功能需要满足，是否达到功能要求，是判定一个设计方案成功与否的先决条件。公共空间设计的实用性是室内设计最基本的一个方面，它建立在物质条件的科学应用基础之上，比如：空间使用的规划；家具的布置；采光、通风设施的安排；管道、电路等管线的铺设。这些物质条件的应用必须符合科学、合理的法则，以提供完善的生活效用，满足人们的多种生活、工作、娱乐、学习等需求。

2．艺术原则

公共空间的设计不应该千篇一律，应当充分体现艺术性，在满足实用性的同时，将文化特色融入空间的构成元素中，创造具有视觉愉悦感和文化内涵的室内环境，从而满足人们的精神需求，提高人们的精神生活质量。

3．经济原则

任何设计都必须科学合理，必须遵循经济原则，都应该在达到其各种要求的同时将成本降至最低。设计应该具有实用和欣赏双重价值。华而不实的设计只能画蛇添足，造成能源浪费和经济损失，甚至可能给人带来危害。

4．科技原则

随着现代科技的快速发展，室内设计往往对计算机控制、自动化、智能化等方面具有新的要求，有的室内设施设备从电器通信、新型装饰材料到五金配件等都要求具有较高的科技含量，如智能大楼、能源自给住宅、计算机控制住宅等。

5．环保原则

现代环境的污染越来越严重，人们也越来越重视环保问题。人的一生中大部分时间是在室内度过的，因此室内环境的优劣直接影响到人们的生活质量，因此室内设计需要更多地从有利于人们身心健康和舒适的角度去考虑。

1.6.3　公共空间的照明设计

不同建筑的公共空间具有不同的照明设计需要，其形式从实用主义到装饰性的都有，需要根据公共空间的使用情况而定。在公共空间中，各种灯具和光源，从简单到复杂、从实用到装饰，都会用到。另外，公共空间照明一定要有紧急情况下的由电池或应急发电设备供电的应急照明系统。

1.7　室内设计制图的国家标准

在本节的内容中将讲解室内设计制图的相关国家标准。

1.7.1　图幅图框的规定

图幅，即图面的大小。根据国家规范的规定，按图面的长和宽的大小确定图幅的等级。室内设计常用的图幅有 A0(也称 0 号图幅，其余依次类推)、A1、A2、A3 及 A4，每种图幅的长宽尺寸如表 1-1 所示。

图标，即图纸的图标栏，它包括设计单位名称、工程名称、签字区、图名区及图号区等内容。

表 1-1　图幅标准 单位：mm

图幅代号 尺寸代号	A0	A1	A2	A3	A4
$b \times l$	841 × 1189	594 × 841	420 × 594	297 × 420	210 × 297
C	10	10	10	5	5
A	25				

1.7.2　图线设置的规定

图线的设置包括线型、线宽和颜色的设置。

1. 线型、线宽设置及用途

粗实线：0.3mm，用于平、剖面图中被剖切的主要建筑构造的轮廓(建筑平面图)、室内外立面图的轮廓和建筑装饰构造详图的建筑物表面线。

中实线：0.15～0.18mm，主要用于平、剖面图中被剖切的次要建筑构造的轮廓线以及室内外平顶、立、剖面图中建筑构配件的轮廓线和建筑装饰构造详图及构配件详图中一般轮廓线。

细实线：0.1mm，用于填充线、尺寸线、尺寸界限、索引符号、标高符号、分隔线。

细虚线：0.1～0.13mm，用于室内平面、顶面图中未剖切到的主要轮廓线、建筑构造及建筑装饰构配件不可见的轮廓线、拟扩建的建筑轮廓线和外开门立面图开门表示方式。

细点划线：0.1～0.13mm，用于中心线、对称线、定位轴线。

细折断线：0.1～0.13mm，用于不需画全的断开界线。

2. 颜色设置及用途

红色(色号为 1)：立、剖面上的水平线，剖切符号上的剖切短线。

品红色(色号为 6)：仅用于图名上的水平线及圆圈。

黄色(色号为 2)：平面上的墙线，立面上的柱线，剖面上的墙线及柱线。

湖蓝色(色号为 4)：物体的轮廓线，剖面上剖切到的线，稍粗一些的线。

白色(色号为 7)：各种文字，平面上的窗线，以及各种一般粗细的线。

绿色(色号为 3)：剖断线，尺寸标注上的尺寸线、尺寸界线、起止符号，大样引出的圆圈及弧线，较为密集的线，最细的线。

1.7.3　绘图比例的规定

绘图所用的比例，应根据图样的用途与被绘对象的复杂程度，从表 1-2 中选用，并优先用表中常用比例。

表 1-2　绘图比例

类　型	常用比例	可用比例
总图	1∶500、1∶1000、1∶2000	
平面图、立面图、剖面图	1∶50、1∶100、1∶150、1∶200	
详图	1∶1、1∶2、1∶5、1∶10、1∶20、1∶50	1∶25、1∶30

1.7.4　尺寸标注的规定

对室内设计图进行标注时，还要遵循下面一些标注原则。

① 尺寸标注应力求准确、清晰、美观大方。在同一张图样中，标注风格应保持一致。

② 尺寸线应尽量标注在图样轮廓线以外，从内到外依次标注从小到大的尺寸，不能大尺寸标注在内，而小尺寸标注在外。

③ 最内一道尺寸线与图样轮廓线之间的距离不应小于 10mm，两道尺寸线之间的距离一般为 7～10mm。

④ 尺寸界限朝向图样的端头，距图样轮廓的距离应不小于 2mm，不宜直接与之相连。

1.7.5　字体的规定

在一幅完整的图样中，用图线方式表现得不充分或无法用图线表示的地方，就需要进行文字说明，如材料名称、图名等。文字说明是图样内容的重要组成部分，制图规范对文字标注中的字体、字号、字体与字号搭配等方面做了一些具体规定。

一般原则：字体端庄，排列整齐，清晰准确，美观大方，避免过于个性化的文字标注。

字体：一般标注推荐采用仿宋字体，标题可用楷体、隶书、黑体字等。

字号：标注的文字高度要适中，同一类型的文字采用同一大小的字，较大的字用于较概括性的说明内容，较小的字用于较细致的说明内容。

字体及字号的搭配注意体现层次感。

思考与练习

1. AutoCAD 的应用领域是什么？

2. 家居空间设计要点是什么？

3. 室内设计制图国家标准是什么？

第 2 章　AutoCAD 2016 的操作基础

AutoCAD 是一种计算机辅助设计软件，主要用于二维绘图、详细绘图、设计文档和基本三维设计。本章主要讲解 AutoCAD 2016 的安装、启动与退出，AutoCAD 2016 的工作界面，AutoCAD 2016 的绘图环境，AutoCAD 2016 的主要功能，精确绘图的辅助工具，设置坐标系，观察图形以及命令执行方式等基础知识或基本操作方法。

2.1　AutoCAD 2016 的安装、启动与退出

在学习如何使用 AutoCAD 2016 软件之前，首先来学习如何安装、启动和退出该软件。

2.1.1　安装软件

安装 AutoCAD 2016 的具体操作步骤如下。

步骤01 将 AutoCAD 2016 光盘放入光驱，在"我的电脑"或者"计算机"中打开光盘，在名为 setup.exe 的安装文件上右击，在弹出的快捷菜单中选择【以管理员身份运行】命令，如图 2-1 所示。弹出安装界面，在安装界面中单击【安装】按钮，如图 2-2 所示。

步骤02 在弹出的【许可协议】对话框中，认真阅读该协议。如果接受该协议，选中【我接受】单选按钮，然后单击【下一步】按钮，继续安装软件，如图 2-3 所示；如果选中【我拒绝】单选按钮，将中止安装软件。

图 2-1　快捷菜单

图 2-2　安装界面

图 2-3　【许可协议】对话框

步骤03 单击【下一步】按钮后，将弹出【产品信息】对话框，安装向导将提示用户输入序列号及产品密钥，如图 2-4 所示，在软件的安装包中找到这些信息并输入到相应的位置。

步骤04 确认序列号和产品密钥正确后，单击【下一步】按钮，弹出【配置安装】对话框，用户可以在该对话框中选择需要的安装程序，单击【浏览】按钮设置安装路径，系统默认的安装路径为 C 盘，这里将其安装在 D 盘，设置完成后单击【安装】按钮，如图 2-5 所示。

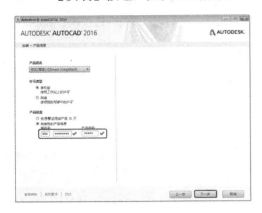

图 2-4　【产品信息】对话框

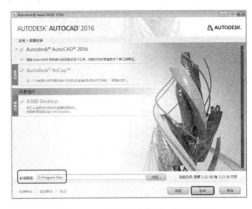

图 2-5　【配置安装】对话框

步骤05 弹出【安装进度】对话框显示安装进度，如图 2-6 所示。

步骤06 如果安装过程正确，将弹出【安装完成】对话框提示已经完成安装，单击【完成】按钮完成安装，如图 2-7 所示；单击【取消】按钮将取消安装。

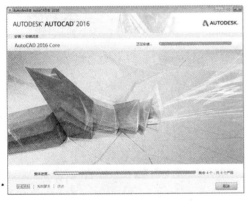

图 2-6　【安装进度】对话框

图 2-7　【安装完成】对话框

提 示

安装软件之前需要断开网络，可以使用拔出网线或禁用网卡的方式断开网络。

2.1.2　启动软件

安装 AutoCAD 2016 后，用户就可以启动该软件并进行相应的操作了。启动 AutoCAD 2016 的方法主要有以下几种。

- 使用快捷图标：双击 Windows 系统桌面上的 AutoCAD 2016 快捷图标，即可启动该软件；也可以在该图标上右击，在弹出的快捷菜单中选择【打开】命令，如图 2-8 所示。

图 2-8　快捷菜单

- 使用标准文件：双击资源管理器中已经存在的任意 AutoCAD 2016 标准图形文件 ，可以启动软件并打开该文件。
- 使用【开始】菜单：单击系统桌面左下角的【开始】按钮 ，在弹出的菜单中选择【所有程序】下的 Autodesk 命令，在弹出的子菜单中选择【AutoCAD 2016-简体中文(Simplified Chinese)】｜【AutoCAD 2016-简体中文(Simplified Chinese)】命令，如图 2-9 所示。

2.1.3 退出软件

常用的退出 AutoCAD 2016 的方式主要有以下几种。

- 使用【菜单浏览器】：在 AutoCAD 2016 应用程序中单击 AutoCAD 2016 软件左上角的【菜单浏览器】按钮 ，在弹出的菜单中单击【退出 Autodesk AutoCAD 2016】按钮，如图 2-10 所示。

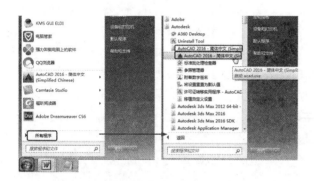

图 2-9　在【开始】菜单中启动软件　　　　图 2-10　在【菜单浏览器】中退出软件

- 使用【关闭】按钮：单击 AutoCAD 2016 应用程序右上角的【关闭】按钮 ，如图 2-11 所示。
- 使用【任务栏】：在系统任务栏中的 AutoCAD 2016 图标上右击，在弹出的快捷菜单中选择【关闭窗口】命令，如图 2-12 所示。
- 使用命令行：在菜单栏中输入 QUIT 命令，按 Enter 键确认。
- 使用组合键：按 Alt+F4 组合键。

图 2-11　【关闭】按钮　　　　　　　　图 2-12　【关闭窗口】命令

2.2　工 作 空 间

在使用 AutoCAD 2016 之前，需要先熟悉该软件的工作空间。AutoCAD 2016 提供了 3

工作空间，分别为【草图与注释】、【三维基础】和【三维建模】，用户可以选择任意工作空间进行操作。

切换工作空间的方法有以下几种。

- 使用快速访问工具栏：单击快速访问工具栏中的右三角按钮，然后选择弹出的【草图与注释】命令，如图 2-13 所示。
- 使用菜单栏：选择菜单栏中的【工具】|【工作空间】命令，在弹出的子菜单中选择需要的工作空间，如图 2-14 所示。
- 使用状态栏：单击状态栏中的【切换工作空间】按钮，在弹出的菜单中选择需要的工作空间，如图 2-15 所示。

图 2-13　在快速访问工具栏中切换工作空间

图 2-14　在菜单栏中切换工作空间

下面将对三种工作空间分别进行简单介绍。

2.2.1　【草图与注释】工作空间

在系统默认情况下，启动的工作空间是【草图与注释】空间，该工作空间的界面主要由标题栏、功能区选项板、快速访问工具栏、绘图区、命令行和状态栏等元素组成，如图 2-16 所示。在【草图与注释】工作空间中，用户可以很方便地绘制二维图形。

图 2-15　在状态栏切换工作空间

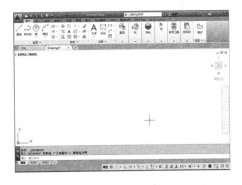

图 2-16　【草图与注释】工作空间

2.2.2　【三维基础】工作空间

【三维基础】工作空间和【草图与注释】工作空间的组成元素基本相同，不同的是命令和绘图工具等，在【三维基础】工作空间中可以绘制简单的三维图形，如长方体、圆柱体、圆锥体、球体等，并且可以对这些三维图形进行简单的操作，如拉伸、放样、旋转等。【三维基础】工作空间如图 2-17 所示。

2.2.3 【三维建模】工作空间

在【三维建模】工作空间中，各种命令和工具为用户绘制三维图形、创建动画、设置光源等提供了很好的便利条件。在【三维建模】工作空间中，用户可以使用实体、曲面和网格对象创建更加复杂的图形，【三维建模】工作空间如图 2-18 所示。

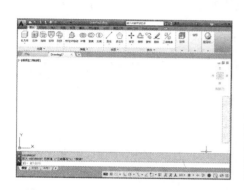

图 2-17 【三维基础】工作空间

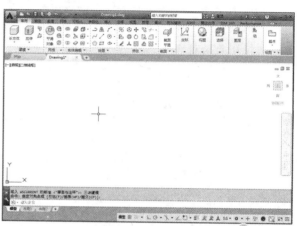

图 2-18 【三维建模】工作空间

> **提 示**
>
> 单击快速访问工具栏中的右三角按钮，然后单击 草图与注释 右侧的 按钮，在弹出的下拉菜单中选择【显示菜单栏】命令，如图 2-19 所示，可以显示菜单栏。

图 2-19 显示菜单栏

2.3 工 作 界 面

本节将以【草图与注释】工作空间为例讲解 AutoCAD 2016 的工作界面。AutoCAD 2016 的工作界面主要由快速访问工具栏、菜单栏、标题栏、选项卡、绘图区、十字光标、坐标系图标、命令行和状态栏等部分组成，如图 2-20 所示。

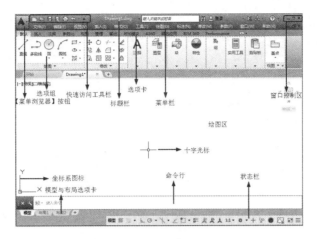

图 2-20　工作界面

2.3.1　【应用程序】菜单

单击 AutoCAD 2016 工作界面左上角的【菜单浏览器】按钮，可以打开【应用程序】菜单，如图 2-21 所示。执行【应用程序】菜单中的命令可以对图形文件进行新建、打开、保存、输出、打印和发布等操作。【应用程序】菜单左侧为用户可以执行的命令，右侧主要显示最近使用的文档。

在【应用程序】菜单右侧的【搜索命令】文本框中用户可以搜索菜单命令、基本工具提示和命令提示文字等，如图 2-22 所示。单击下方的 选项 按钮，可以打开【选项】对话框，如图 2-23 所示，在该对话框中可以进行相应的设置。

图 2-21　【应用程序】菜单

图 2-22　搜索命令

图 2-23　【选项】对话框

2.3.2　快速访问工具栏

在【菜单浏览器】按钮右侧的上部为快速访问工具栏，默认状态下，快速访问工具栏包含【新建】、【打开】、【保存】、【另存为】、【打印】、【返回】、【重做】按钮。如果要添加其他按钮，可以单击右侧的右三角按钮，然后在弹出的【工作空间】按钮 草图与注释 右侧单击按钮，在弹出的下拉菜单中选择要添加的命令按钮，如图 2-24 所示，添加的按钮将显示在按钮 的左侧，如图 2-25 所示。

图 2-24　选择命令　　　　　　　　　　　　　图 2-25　添加按钮

2.3.3　标题栏及其右侧区域

标题栏及其右侧区域如图 2-26 所示。下面将分别对这些选项进行讲解。

图 2-26　标题栏及其右侧区域

- Drawing1.dwg：标题栏主要显示了图形文件的名称及其扩展名。

- 搜索栏 键入关键字或短语 ：在左侧的文本框中输入需要查找的内容后单击右侧的 (搜索)按钮，可以打开【Autodesk AutoCAD 2016-帮助】对话框，显示该对话框中的搜索结果。

- 登录 ：单击该下拉列表框，从中选择【登录到 A360】选项，将弹出【Autodesk-登录】对话框，如图 2-27 所示，在该对话框中可以注册并登录 Autodesk A360 联机访问与桌面软件集成的服务。

- (交换)按钮：单击该按钮可以启动 Autodesk Exchange 应用程序网站。

- (保持连接)按钮：单击该按钮，在弹出的下拉菜单中可以选择相应命令，如图 2-28 所示。该按钮用于与 Autodesk 联机社区连接。

- (帮助)按钮：单击其左边部分的【帮助】按钮，弹出【Autodesk AutoCAD 2016-帮助】对话框，在该对话框中可以查找需要的内容，单击其右边部分的 按钮，在弹出的下拉菜单中可以选择相应的命令，如图 2-29 所示。

图 2-27　【Autodesk-登录】对话框　图 2-28　【保持连接】下拉菜单　图 2-29　【帮助】下拉菜单

- 窗口控制区 ：该区域包括【最小化】按钮、【最大化】按钮和【关闭】

按钮▣。各按钮的作用如下。

- ◆ ▬按钮：该按钮用于将程序窗口最小化到 Windows 任务栏中。
- ◆ ▣按钮：该按钮用于将窗口最大化，即占满整个 Windows 桌面，此时该按钮将变为▣按钮，单击该按钮窗口将还原到原来大小。
- ◆ ▣按钮：该按钮用于退出 AutoCAD 2016 应用程序。

2.3.4　菜单栏

在 AutoCAD 2016 的菜单栏中可以执行用户所需要的几乎全部命令，菜单栏如图 2-30 所示。

| 文件(F) | 编辑(E) | 视图(V) | 插入(I) | 格式(O) | 工具(T) | 绘图(D) | 标注(N) | 修改(M) | 参数(P) | 窗口(W) | 帮助(H) |

图 2-30　菜单栏

单击菜单栏中的任意菜单项，可以弹出其下拉菜单，下拉菜单中的命令有以下几种形式，下面对这些命令分别进行介绍。

- 组合键：在菜单栏中某菜单项的下拉菜单中可以看到有的命令后面显示有组合键，这种形式的命令表示按相应的组合键可以不使用菜单栏中的菜单就可以执行该命令，如图 2-31 所示。
- 黑三角标记：有的命令后面带有黑三角形标记，这种形式的命令表示将鼠标指针移到该命令上后，会显示该命令的下一级子菜单，在子菜单中可以选择相应的命令，如图 2-32 所示。
- 省略号：有的命令后面带有省略号，单击该命令将弹出对话框，在弹出的对话框中用户可以进行相应的设置，如图 2-33 所示。

图 2-31　带有组合键的命令

图 2-32　带有黑三角标记的命令

- 灰色显示：有的命令呈灰色显示，表示该命令在当前状态下不可用，如图 2-34 所示。

图 2-33　带有省略号的命令　　　　　　图 2-34　灰色显示的命令

- 快捷键：有的菜单后含有快捷键，如图层(L)，表示弹出下拉菜单后，不用鼠标，直接在键盘上按命令后括号内的字母，即可执行该命令。

2.3.5　选项卡

AutoCAD 2016 提供了执行各种命令的选项卡，如图 2-35 所示。

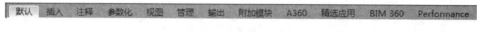

图 2-35　选项卡

单击某个选项卡，其下方将显示该选项卡包含的选项组，在这些选择组中可以单击相应的按钮，如图 2-36 所示。

图 2-36　选项卡包含的命令按钮

一般情况下，选项卡显示完整的功能区，如图 2-36 所示。单击选项卡右侧按钮的下三角按钮，在弹出的下拉菜单中选择相应的命令，可以切换选项卡及其所包含命令的显示形式，如图 2-37～图 2-39 所示。

图 2-37　最小化为选项卡

图 2-38　最小化为面板标题

图 2-39　最小化为面板按钮

进行以上操作后，随时单击【显示完整的功能区】按钮，即可显示如图 2-36 所示的功能区。

最小化为选项卡后，单击选项卡，将显示该选项卡包含的选项组即面板，从中可以选择相应的命令，鼠标指针离开选项组后，该选项卡的所有选项组将再次隐藏。

最小化为面板标题后，鼠标指针放在选项组即面板的标题上，将显示该选项组包含的命令，用户可以从中选择相应的命令，鼠标指针离开命令后，该选项组中的命令将再次隐藏。

最小化为面板按钮后，鼠标指针放在选项组即面板按钮上，将显示该选项组包含的命令，用户可以从中选择相应的命令，鼠标指针离开命令后，该选项组中的命令将再次隐藏。

2.3.6　绘图区域

AutoCAD 2016 工作界面中绘制图形的中间空白区域为绘图区域，该区域可以无限放大或缩小，绘制图形后，将十字光标(即呈十字形的鼠标指针)放在绘图区域，向前滚动鼠标中间的滚轮，图形将放大，向后滚动鼠标中间的滚轮，图形将缩小。按住滚轮，当十字光标呈 ● 形状时，拖动鼠标可以移动图形。

当显示菜单栏时，单击菜单栏右侧相应的控制按钮，可以改变绘图窗口的显示方式，如图 2-40 所示；当隐藏菜单栏时，窗口控制按钮在绘图区的右上角，如图 2-41 所示。

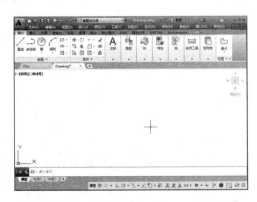

图 2-40　窗口控制按钮位于菜单栏右侧

图 2-41　窗口控制按钮位于绘图区右上角

单击【最小化】按钮，绘图区将在工作界面左下方以最小化显示，如图 2-42 所示，按住其标题区域拖动鼠标可以移动位置，单击【向上还原】按钮可以将窗口还原。单击【最大化】按钮 ，可以使窗口最大化显示。单击【关闭】按钮 ，可以将图形文件关闭。

单击【恢复窗口大小】按钮 ，绘图区将以浮动窗口显示，如图 2-43 所示。按住标题栏空白区域拖动鼠标可以移动窗口位置。将鼠标指针放在窗口边缘区域，当鼠标指针变为 形状时，按住鼠标左键拖动鼠标，可以调整窗口大小。

单击【关闭】按钮 ，将关闭图形文件。

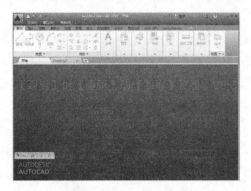
图 2-42　最小化绘图窗口

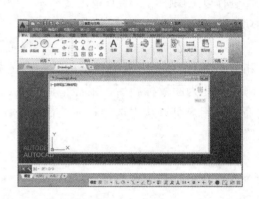
图 2-43　恢复窗口大小

2.3.7　十字光标

在绘图区中，鼠标指针呈十字形状，即为十字光标，执行相应的绘图命令时，十字光标呈＋形状，十字的中心点处为光标的当前位置；当执行修改命令时，光标呈 形状，即拾取框，用户可以在绘图区选择修改对象；当选择命令时，光标呈 形状。在【选项】对话框中可以设置十字光标的大小和拾取框大小。

打开【选项】对话框的方法有以下几种。

- 使用【菜单浏览器】按钮：单击【菜单浏览器】按钮，在弹出的菜单中单击右下方的【选项】按钮 ，如图 2-44 所示。
- 使用菜单栏：选择菜单栏中的【工具】|【选项】命令，如图 2-45 所示。
- 使用命令行：在命令行任意位置右击，在弹出的快捷菜单中选择【选项】命令，如图 2-46 所示。
- 使用绘图区：在绘图区空白区域任意位置右击，在弹出的快捷菜单中选择【选项】命令，如图 2-47 所示。

执行上述任意命令后，打开【选项】对话框，切换至【显示】选项卡，在【十字光标大小】区域通过拖动滑块可以设置光标大小，也可以在文本框中直接输入数值设置光标大小，如图 2-48 所示。

切换至【选择集】选项卡，在【拾取框大小】区域通过滑动滑块可以调整拾取框大小，如图 2-49 所示，图 2-50 所示为增大拾取框大小的效果。

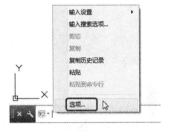

图 2-44　菜单浏览器中的【选
项】按钮

图 2-45　【工具】菜单中的【选
项】命令

图 2-46　命令行快捷菜单

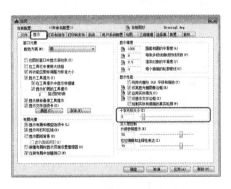

图 2-47　绘图区快捷菜单

图 2-48　调整光标的大小

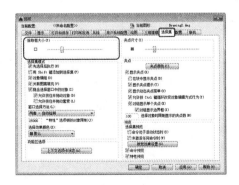

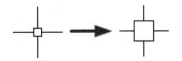

图 2-49　调整拾取框的大小

图 2-50　增大拾取框的效果

2.3.8　坐标系图标

默认状态下，坐标系图标位于绘图区的左下角，为世界坐标系，图 2-51 左侧所示为模型选项卡中的坐标系状态，右侧所示为在【布局】选项卡中的坐标系状态。坐标系图标主要用于显示当前使用的坐标系以及 X 轴和 Y 轴的正方向等。

单击坐标系图标，使其显示夹点，将十字光标放置在夹点上，将自动弹出相应的快捷菜单，在这些快捷菜单中可以对坐标系图标进行相应的设置，并且可以移动坐标系图标，如图 2-52 所示。

图 2-51　坐标系　　　　　　　　　　　　　　　图 2-52　快捷菜单

2.3.9　命令窗口

命令窗口分为命令行和命令历史区两部分。命令行是用户输入命令并执行命令的区域，历史区显示用户执行过的命令以及系统自动显示的当前设置等内容。

有时会感觉命令行显示的内容太少，如果想同时查看更多命令行的信息，可以调整命令行高度，用户可以将光标放在命令窗口和绘图区的交界处，当光标变为 ╪ 形状时，按住鼠标左键并拖动鼠标即可改变命令行高度。

用户可以将命令历史区单独显示出来，按 F2 键可以打开 AutoCAD 文本窗口，在该窗口中显示了命令历史区的内容，拖动右侧的滚动条可以调节显示内容，如图 2-53 所示。

图 2-53　AutoCAD 文本窗口

2.3.10　状态栏

AutoCAD 2016 工作界面的最下方是状态栏，状态栏中显示了十字光标的坐标值，提供了执行某些命令的按钮，在其左上角是模型和布局选项卡，如图 2-54 所示。

图 2-54　状态栏

如果用户需要的按钮或命令未出现在状态栏中，可以单击最右侧的【自定义】按钮，在弹出的菜单中选择相应的命令，即可显示用户需要的按钮或命令，拖动右侧的滑块，可以上下移动菜单，如图 2-55 所示。

图 2-55　【自定义】菜单

2.4　绘图环境的设置

在绘制图形之前，首先应对绘图环境进行设置，包括选项参数的设置、图形单位的设置、图形界面的设置、工作空间的设置等。

2.4.1　图形单位的设置

在绘图窗口中创建的所有对象都是根据图形单位进行测量绘制的。图形单位直接影响绘制图形的大小，设置图形单位的方法如下。

- 使用菜单栏：选择菜单栏中的【格式】|【单位】命令，如图 2-56 所示。
- 使用【菜单浏览器】按钮：单击工作界面左上角的【菜单浏览器】按钮 ，在弹出的下拉菜单中选择【图形实用工具】|【单位】命令，如图 2-57 所示。
- 使用命令行：在命令行中输入 UNITS、DDUNITS 或 UN 命令，按 Enter 键确认。

执行上述命令后，弹出【图形单位】对话框，如图 2-58 所示。在该对话框中可以设置长度和角度的单位与精度，以及单位的显示格式等参数。一个单位可以代表 1m、1cm、1mm、1 英寸(1in)等。

【图形单位】对话框中各选项的含义如下。

- 【长度】选项组：在该选项组中可以设置长度的类型和精度，单击【类型】下拉按钮，在弹出的下拉列表中可选择长度单位的类型，如分数、工程、建筑、科学和小数等，如图 2-59 所示；在【精度】下拉列表框中可选择长度单位的精度，如图 2-60 所示。

图 2-56 【格式】菜单中【单位】命令	图 2-57 菜单浏览器中的【单位】命令	图 2-58 【图形单位】对话框

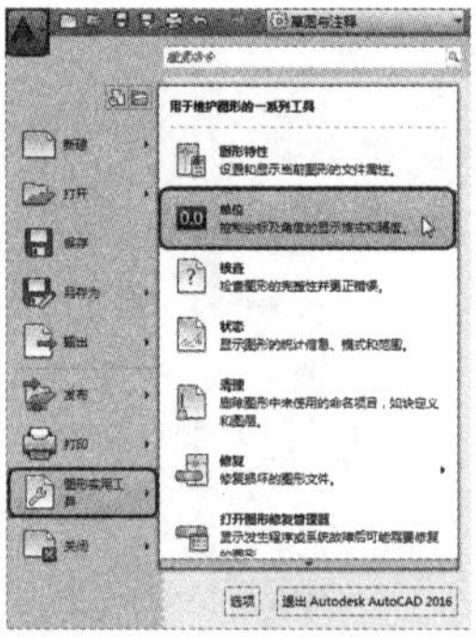

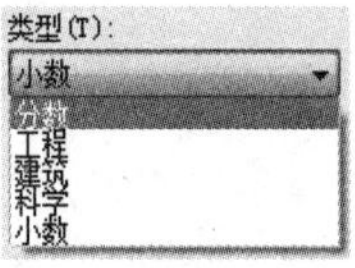

图 2-59 【类型】下拉列表 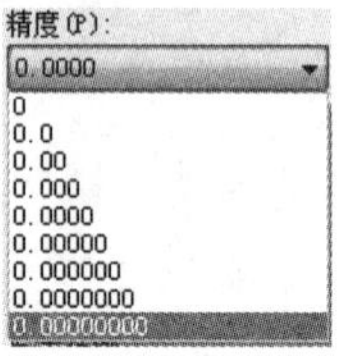　　　　　图 2-60 "精度"下拉列表

- 【角度】选项组：在【角度】选项组中的【类型】下拉列表中可以选择角度类型，如百分度、度/分/秒、弧度、勘测单位和十进制度数等，如图 2-61 所示；在【精度】下拉列表中可选择角度单位的精度，如图 2-62 所示；【角度】选项组中的顺时针复选框 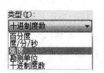 可以设置角度正值的方向，系统默认不选中该复选框，即以逆时针方向计算正的角度值；若选中该复选框，则以顺时针方向计算正的角度值。

图 2-61 【类型】下拉列表　　　图 2-62 角度的【精度】下拉列表

- 【插入时的缩放单位】选项组：在【插入时的缩放单位】选项组中【用于缩放插入内容的单位】下拉列表框中可选择插入当前图形中的图块和图形的测量单位，如果插入块时不按指定单位缩放，则选择【无单位】选项。

- 方向(D)... 按钮：单击【图形单位】对话框中的【方向】按钮，弹出【方向控制】对话框，如图 2-63 所示。在该对话框中可以设置基

图 2-63 【方向控制】对话框

准角度。例如，在【基准角度】选项组中选中【北】单选按钮，绘图时的 0° 实际在 90° 方向上。

下面通过实例讲解设置图形单位的具体操作。

步骤01 启动 AutoCAD 2016，单击【菜单浏览器】按钮 ▲，在弹出的下拉菜单中选择【新建】命令，如图 2-65 所示，弹出【选择样板】对话框，选择 acadiso.dwt 选项，单击【打开】按钮，如图 2-66 所示，新建空白文件。

图 2-65　选择【新建】命令　　　　　　图 2-66　【选择样板】对话框

步骤02 选择菜单栏中的【格式】|【单位】命令，弹出【图形单位】对话框，在【长度】选项组中将【类型】设置为【小数】，【精度】设置为 0，图形单位的类型和精度即设置完成，如图 2-67 所示。

步骤03 在【角度】选项组中将【类型】设置为【十进制度数】，【精度】设置为 0.00，选中【顺时针】复选框，如图 2-68 所示。

步骤04 单击【插入时的缩放单位】选项组中的【用于缩放插入内容的单位】下拉按钮，在弹出的下拉列表中选择【毫米】选项，如图 2-69 所示。

步骤05 单击【图形单位】对话框中的【方向】按钮，弹出【方向控制】对话框，在该对话框中选中【西】单选按钮，如图 2-70 所示。

步骤06 设置完成后，单击【确定】按钮，即完成了图形单位的设置。

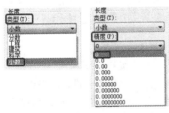

图 2-67　设置【长度】的【类型】和【精度】　　图 2-68　设置【角度】的【类型】和【精度】

提 示

在【方向控制】对话框中也可以在选中【其他】单选按钮后，单击下面的【拾取角度】按钮 ，返回绘图区拾取角度，也可以在【角度】文本框中直接输入角度进行设置，如图 2-71 所示。

图 2-69　选择【毫米】选项　　　　图 2-70　设置【方向】　　　　图 2-71　选中【其他】单选按钮

2.4.2　绘图界限的设置

在 AutoCAD 中，图形界限是图形的一个不可见边框，默认情况下，图形界限无限大，通过设置图形界限，可以保证图形按指定比例在指定大小的纸上打印，绘制的图形不会超过图纸大小。

在 AutoCAD 中，设置图形界限的方法有以下几种。

- 使用菜单栏：选择菜单栏中的【格式】|【图形界限】命令，如图 2-72 所示。
- 使用命令行：在命令行中输入 LIMITS 命令，按 Enter 键确认。

下面通过实例讲解设置图形界限的具体操作步骤。

图 2-72　选择【图形界限】命令

步骤 01　启动 AutoCAD 2016，单击【菜单浏览器】按钮 ，在弹出的下拉菜单中选择【新建】命令，如图 2-65 所示，弹出【选择样板】对话框，选择 acadiso.dwt 选项，单击【打开】按钮，如图 2-66 所示，新建空白文件。

步骤 02　选择菜单栏中的【格式】|【图形界限】命令，如图 2-72 所示。

命令行提示及含义如下。

```
命令:LIMITS                                              //执行命令
重新设置模型空间界限:                                      //提示将要进行的操作
指定左下角点或 [开(ON)|关(OFF)] <0.0000,0.0000>:   //提示用户设置图形界限左下角点
的位置，默认值为(0,0)，可以重新输入坐标值作为新的图形界限左下角点，这里接受默认值，直
接按 Enter 键
指定右上角点 <420.0000,297.0000>:        //提示用户设置图形界限右上角点的位置，默认值
为(420,297)，可以输入坐标值作为新的图形界限右上角点，这里接受默认值，直接按 Enter 键
```

命令行中相关选项的含义如下。

- 开(ON)：选择该选项，表示打开界限检查功能，选择该项后，在绘图过程中如果超出了图形界限，系统将会提示"**超出图形界限"。

- 关(OFF)：选择该选项，表示关闭界限检查功能，选择该项后，在绘图过程中如果超出了图形界限，系统将不会给出提示。

步骤 **03**　至此，图形界限设置完成。

提示

设置图形界限后，可以使用 ZOOM 命令，然后选择【全部(A)】选项，可以使图形界限最大限度显示。

2.4.3　绘图区颜色的设置

工作界面中央绘制图形的空白区域称为绘图区。默认情况下，AutoCAD 2016 的绘图区是黑色背景，绘制的图形是白色线条，如果用户不习惯，可以重新设置绘图区的颜色，具体操作如下。

步骤 **01**　在绘图区中任意位置右击，在弹出的快捷菜单中选择【选项】命令，如图 2-73 所示。

步骤 **02**　弹出【选项】对话框，切换至【显示】选项卡，在【窗口元素】选项组中单击 **颜色(C)...** 按钮，如图 2-74 所示。

图 2-73　选择【选项】命令

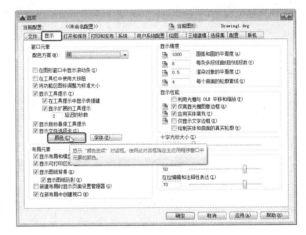

图 2-74　单击【颜色】按钮

步骤 **03**　弹出【图形窗口颜色】对话框，单击【颜色】下拉按钮，在弹出的【颜色】下拉列表中选择需要的颜色即可。若在下拉列表中没有用户需要的颜色，可以选择【选择颜色】选项，如图 2-75 所示。

步骤 **04**　弹出【选择颜色】对话框，在该对话框中选择需要的颜色，这里在文本框中输入 35，如图 2-76 所示，然后单击 **确定** 按钮。

步骤 **05**　返回【图形窗口颜色】对话框，单击 **应用并关闭(A)** 按钮，如图 2-77 所示，返回【选项】对话框，单击 **确定** 按钮，返回绘图区即可看到绘图区颜色改为了绿色，如图 2-78 所示。

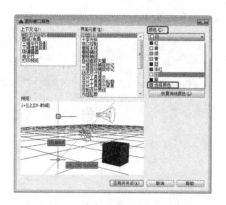

图 2-75　选择【选择颜色】选项

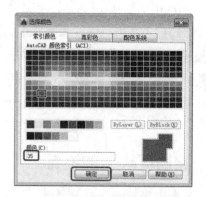

图 2-76　设置颜色

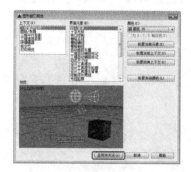

图 2-77　单击【应用并关闭】按钮

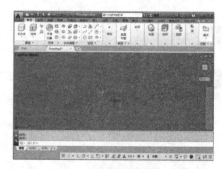

图 2-78　设置绘图区颜色效果

2.4.4　设置及保存工作空间

下面讲解如何设置及保存工作空间。

步骤01　单击状态栏中的【切换工作空间】按钮 ，在弹出的菜单中选择【工作空间设置】命令，如图 2-79 所示。

步骤02　弹出【工作空间设置】对话框，如图 2-80 所示。

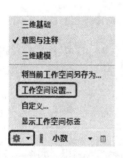

图 2-79　选择【工作空间设置】命令

图 2-80　【工作空间设置】对话框

【工作空间设置】对话框中各选项的含义如下。

- 【我的工作空间】：在【我的工作空间】下拉列表框中可以选择要指定给【我的工作空间】工具栏按钮的工作空间。
- 【菜单显示及顺序】：该列表框中显示了在系统中存在的工作空间名称，以及这些工作空间名称的排列顺序，还可以显示各个空间名称之间是否有分隔线。无论如何设置显示，该列表框以及工作空间工具栏和菜单中显示的工作空间均包括当前工作空间(在工具栏和菜单中显示选中标记)以及在【我的工作空间=】选项中定义的工作空间。选中某工作空间复选框，该工作空间将一定出现在工作空间工具栏和菜单的工作空间列表中。

- 【上移】：选中某工作空间，单击该按钮，选中的工作空间名称将上移。
- 【下移】：选中某工作空间，单击该按钮，选中的工作空间名称将下移。
- 【添加分隔符】：选中某工作空间，单击该按钮，在选中工作空间的上方将添加分隔符，如图 2-81 所示。

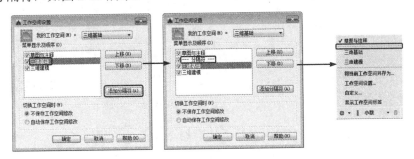

图 2-81　添加分隔符

- 【不保存工作空间修改】：选择该选项，切换到另一个工作空间时，不保存对工作空间所做的更改。
- 【自动保存工作空间修改】：选择该选项，将保存对工作空间的修改。

工作空间设置完成后，如果用户希望下次使用同样的工作空间，可以对工作空间进行保存。

步骤 01 单击状态栏中的【切换工作空间】按钮 ⚙ ▾，在弹出的菜单中选择【将当前工作空间另存为】命令，如图 2-82 所示。

步骤 02 弹出【保存工作空间】对话框，在【名称】下拉列表框中输入名称"1"，然后单击 保存(S) 按钮，保存设置的工作空间，如图 2-83 所示。

图 2-82　选择【将当前工作空间另存为】命令

图 2-83　保存工作空间

提　示

如果要删除保存的工作空间，可以单击状态栏中的【切换工作空间】按钮 ⚙ ▾，在弹出的菜单中选择【自定义】命令。弹出【自定义用户界面】对话框，在该对话框中切换至【自定义】选项卡，在要删除的工作空间上右击，在弹出的快捷菜单中选择【删除】命令，如图 2-84 所示，弹出 AutoCAD 对话框，单击【确定】按钮，如图 2-85 所示，即可将该工作空间删除。

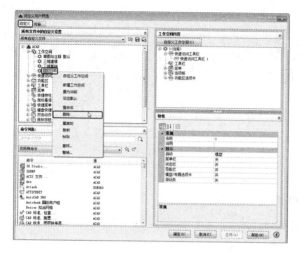

图 2-84 【自定义用户界面】对话框　　　　图 2-85 AutoCAD 对话框

2.5 AutoCAD 2016 的主要功能

　　从 AutoCAD 的不同版本中可以看到，每一个新的版本功能都进行了相应的升级，AutoCAD 2016 版本的主要功能有绘制与编辑图形、标注图形尺寸、渲染三维图形、控制图形显示、绘图实用工具、数据库管理功能、Internet 功能和输出与打印图形等。

　　下面将对其主要功能进行详细说明。

2.5.1 绘制与编辑图形

　　在 AutoCAD 2016 中包含多种绘图命令，如直线、构造线、圆、矩形、多边形和椭圆等，用户不仅可以使用这些命令绘制多种图形，也可以将绘制的图形转换为面域，并对其进行填充。同时，也可以使用相应的修改或编辑命令对图形进行修改和编辑。在【特性】选项板中可以对选中的图形特性进行修改。对于一些三维图形，用户也可以在【三维基础】或【三维建模】工作空间中通过拉伸、设置标高和厚度等操作轻松地将其转换为三维图形。

　　新建文件后，可以随时设置图形元素的图层、线型、线宽、颜色以及尺寸标注样式和文字标注样式，还可以对所标注的文字进行拼写检查。

2.5.2 标注图形尺寸

　　尺寸标注是完整图纸中必不可少的一部分，也是现场施工中最为重要的施工依据。标注图形尺寸就是为图形添加尺寸测量注释的过程。

　　AutoCAD 2016 的【标注】菜单中包含了一套完整的尺寸标注和编辑命令，使用它们可以在图形的各个方向上创建各种类型的标注，也可以方便、快速地以一定格式创建符合行业或项目标准的标注。在 AutoCAD 中，系统提供了线性标注、对齐标注、弧长标注、半径标注、角度标注、直径标注等标注工具。此外，还可以进行引线标注、公差标注以及自定义粗糙度标注。标注的对象可以是二维图形，也可以是三维图形，图 2-86 所示为二维图形标注，图 2-87 所示为三维图形标注。

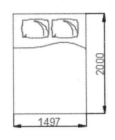

图 2-86　二维图形标注

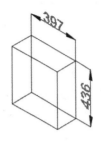

图 2-87　三维图形标注

2.5.3　控制图形显示

在 AutoCAD 中，可以使用 ZOOM 命令或者滚动鼠标中间的滚轮放大或缩小图形，也可以按住滚轮移动图形。在绘制三维图形的过程中，不但可以通过改变观察视点，从不同的角度显示与观察图形，也可以将绘图区设置为多个视口，从而能够在各个视口中以不同的角度显示和观察同一图形。此外，AutoCAD 还提供了三维动态观察器，利用它可以动态地观察图形。

2.5.4　AutoCAD 2016 的其他功能

AutoCAD 提供了极为强大的 Internet 工具，使设计者之间能够共享信息和资源，同步进行设计、讨论、演示和发布消息，即时获得业界新闻，并得到相关帮助。用户可以在 AutoCAD 2016 中访问联机服务，还可以发送反馈。

另外，AutoCAD 不仅允许将所绘图形以不同的样式通过绘图仪或打印机输出，还能将某些格式的图形文件导入 AutoCAD 中。当图形绘制完成后，可以使用多种方法将其输出。例如，可以将图形打印在图纸上或创建成其他格式的文件，以供其他应用程序使用。

在 AutoCAD 中，还可以将图形对象与独立于 AutoCAD 的其他应用程序的数据库(如 Access、Oracle 和 FoxPro 等)相关联。

2.6　图形文件的基本操作

在这一节的内容中，将讲解图形文件的基本操作，包括如何新建、打开、保存和关闭图形文件。

2.6.1　新建图形文件

在使用 AutoCAD 2016 绘图之前，首先要新建图形文件。新建图形文件的方法有以下几种。

● 使用【菜单浏览器】按钮 ：单击工作界面左上角的【菜单浏览器】按钮 ，

在弹出的菜单中选择【新建】命令，或者在【新建】子菜单中选择【图形】命令，如图 2-88 所示。

- 使用菜单栏：选择菜单栏中的【文件】|【新建】命令，如图 2-89 所示。
- 使用工具栏：单击快速访问工具栏中的【新建】按钮，如图 2-90 所示。
- 使用组合键：按 Ctrl+N 组合键。
- 使用命令行：在命令行中输入 NEW 命令，按 Enter 键确认。

图 2-88　新建文件　　　　图 2-89　选择【新建】命令　　　图 2-90　【新建】按钮

执行上述任意命令，弹出【选择样板】对话框，在【名称】列表框中显示了可以选择的样板，默认选项为 acadiso.dwt 样板，也可以选择其他样板，选择完成后，右侧的【预览】框中将显示所选样板的预览图像，单击【打开】按钮，如图 2-91 所示，即可创建新的图形文件。

在【选择样板】对话框中单击 打开(0) 按钮右侧的倒三角按钮，弹出如图 2-92 所示的菜单，各个命令的含义如下。

- 【打开】：用于在选择样板后新建图形文件。
- 【无样板打开–英制】：以英制度量衡系统新建图形文件。默认图形界限为 12 英寸×9 英寸。
- 【无样板打开–公制】：以公制度量衡系统新建图形文件。默认图形界限为 420 毫米×297 毫米。

图 2-91　【选择样板】对话框　　　　　图 2-92　【打开】下拉菜单

2.6.2　打开图形文件

打开已经存在的图形文件可以使用以下几种方法。

- 使用【菜单浏览器】按钮：单击工作界面左上角的【菜单浏览器】按钮，在弹出的菜单中选择【打开】命令，或者在【打开】子菜单中选择【图形】命令，如图 2-93 所示。
- 使用命令工具栏：单击快速访问工具栏中的【打开】按钮，如图 2-94 所示。
- 使用菜单栏：选择菜单栏中的【文件】|【打开】命令，如图 2-95 所示。
- 使用组合键：按 Ctrl+O 组合键。
- 使用命令行：在命令行中输入 OPEN 命令，按 Enter 键确认。

图 2-93　打开文件

图 2-94　【打开】按钮

图 2-95　选择【打开】命令

执行上述任意操作后，弹出【选择文件】对话框，单击【查找范围】下拉按钮，在弹出的下拉列表中选择要打开图形文件的路径，在【名称】列表框中选择要打开的文件，右侧的【预览】框中将显示所选文件的预览图形，单击 打开(O) 按钮，即可打开选择的图形文件，如图 2-96 所示。

在【选择文件】对话框中单击 打开(O) 按钮右侧的倒三角按钮，弹出如图 2-97 所示的下拉菜单，在该菜单中提供了 4 种打开文件的方式，其中各命令含义如下。

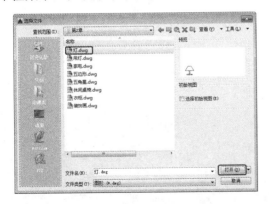

图 2-96　打开图形文件

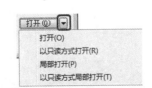

图 2-97　【打开】下拉菜单

- 【打开】：直接打开所选择的图形文件。
- 【以只读方式打开】：所选择的图形文件将以只读方式打开。用此方式打开的图形文件进行编辑修改后保存时不能直接以原文件名保存，即原文件不会被修改，只能选择【另存为】方式保存图形文件。
- 【局部打开】：选择该命令后，弹出【局部打开】对话框，如果图形文件中包含不同的图层，可以选择其中某些图层用【局部打开】方式打开。该命令通常在图形文件很大的情况下使用，可以提高工作效率。
- 【以只读方式局部打开】：该命令用于使用只读方式打开图形的部分图层。

提 示

在【选择文件】对话框中，可以双击图形文件直接将其打开，不用单击 打开(O) 按钮。

选择【查看】选项，在弹出的下拉列表中可以以不同的排列方式查看图形文件，如图 2-98 所示。

另外，选择文件后，单击文件名，文件名处于可编辑状态，用户可以对该文件进行重命名。

图 2-98 【查看】下拉列表

2.6.3 保存图形文件

在 AutoCAD 中进行操作时，应该随时对图形文件进行保存，防止断电或其他意外情况发生时图形文件丢失。保存当前图形文件的方法主要有以下几种。

- 使用【菜单浏览器】按钮▲：单击工作界面左上角的【菜单浏览器】按钮▲，在弹出的菜单中选择【保存】命令，如图 2-99 所示。
- 使用工具栏：单击快速访问工具栏中的【保存】按钮 🖫，如图 2-100 所示。
- 使用菜单栏：选择菜单栏中的【文件】|【保存】命令，如图 2-101 所示。
- 使用命令行：在命令行中输入 SAVE 命令，按 Enter 键确认。
- 使用组合键：按 Ctrl+S 组合键。

图 2-99 保存文件

图 2-100 【保存】按钮

图 2-101 选择【保存】命令

执行上述任意命令后，弹出【图形另存为】对话框，单击【保存于】下拉按钮，在弹出的下拉列表中选择要保存图形文件的路径，在【文件名】下拉列表框中输入文件名，也可以使用默认文件名，单击 保存(S) 按钮，如图 2-102 所示，保存文件并关闭对话框。返回到工作界面，即可看到标题栏中新的文件名。

单击【文件类型】下拉按钮，在弹出的下拉列表中用户可以选择保存图形文件的文件类型，如图 2-103 所示。可以将图形保存为较低版本的类型，这样就可以在该版本中打开；否则较高版本的图形文件无法在较低版本的图形中打开。

图 2-102　【图形另存为】对话框　　　　图 2-103　【文件类型】下拉列表

用户也可以使用【另存为】命令保存图形文件，使用该命令保存图形文件时，原文件不受影响。使用【另存为】命令保存图形文件的方法有以下几种。

- 使用【菜单浏览器】按钮▲：单击工作界面左上角的【菜单浏览器】按钮▲，在弹出的菜单中选择【另存为】命令或者选择【另存为】子菜单中的【图形】命令，如图 2-104 所示。
- 使用菜单栏：选择菜单栏中的【文件】|【另存为】命令，如图 2-105 所示。
- 使用命令行：在命令行中输入 SAVEAS 命令，按 Enter 键确认。
- 使用组合键：按 Ctrl+Shift+S 组合键。

图 2-104　另存为图形文件　　　　　　图 2-105　选择【另存为】命令

执行上述操作，弹出如图 2-102 所示的【图形另存为】对话框，接下来的操作与执行【保存】命令弹出【图形另存为】对话框后的操作过程相同，这里不再赘述。

在绘制图形过程中，用户也可以通过一定的设置定时自动保存图形文件，这样可以防止由于忘记保存文件造成数据丢失。

下面将通过具体操作步骤讲解如何进行定时自动保存的设置。

步骤01 在菜单栏中选择【工具】|【选项】命令。

步骤02 弹出【选项】对话框，切换至【打开和保存】选项卡。

步骤03 在【文件安全措施】选项组中选中【自动保存】复选框，在该选项下面的文本框中输入自动保存的间隔时间，这里输入 10，然后单击 确定 按钮，完成设置，如图 2-106 所示。

图 2-106 设置自动保存间隔时间

2.6.4 关闭图形文件

完成图形的绘制与编辑后，可以关闭图形文件，关闭图形文件的方法有以下几种。

- 使用菜单栏：选择菜单栏中的【文件】|【关闭】命令，如图 2-107 所示。
- 使用标题栏：单击标题栏中的【关闭】按钮 ，如图 2-108 所示。
- 使用标题栏：在标题栏上右击，在弹出的快捷菜单中选择【关闭】命令，如图 2-109 所示。
- 使用名称选项卡：单击文件名称选项卡右侧的【关闭】按钮 ，如图 2-110 所示。
- 使用组合键：按 Alt+F4 组合键。
- 使用命令行：在命令行中输入 CLOSE 命令，按 Enter 键确认。

图 2-107 关闭图形文件

图 2-108 标题栏上的【关闭】按钮

图 2-109 快捷菜单中的【关闭】命令

图 2-110 名称选项卡右侧的【关闭】按钮

执行【关闭】命令后，如果图形文件已经保存，则直接关闭该图形文件，如果没有提前进行保存，系统将弹出如图 2-111 所示的提示对话框。

图 2-111　提示对话框

在提示对话框中有 3 个选项可以选择，各选项的含义如下。

- 【是】：单击该按钮，将弹出【图形另存为】对话框，用户可以在该对话框中对文件保存路径、文件名和文件类型进行设置，单击【保存】按钮保存并关闭图形文件。
- 【否】：单击该按钮，将直接关闭该图形文件，对图形文件所做的修改将不进行保存。
- 【取消】按钮：单击该按钮将关闭提示对话框，返回工作界面，不关闭图形文件。

2.7　精确绘图的辅助工具

精确性是施工图的一个硬性指标，用户在利用 AutoCAD 进行绘图时可以利用捕捉、追踪和动态输入等精确绘图的辅助工具进行精确绘图，同时也可以提高绘图效率。状态栏中提供了多种绘图辅助工具，单击相应的功能按钮，即可打开或关闭这些工具。

在如图 2-112 所示的【草图设置】对话框中可以设置某些绘图辅助工具。打开【草图设置】对话框的方法有以下几种。

- 使用菜单栏：选择菜单栏中的【工具】|【绘图设置】命令，如图 2-113 所示。

图 2-112　【草图设置】对话框

图 2-113　选择【绘图设置】命令

- 使用命令行：在命令行中输入 DSETTINGS 命令或 SE 命令，按 Enter 键确认。
- 使用快捷菜单：在状态栏中的【显示图形栅格】、【捕捉模式】、【动态输入】、【极轴追踪】、【对象捕捉追踪】、【选择循环】、【快捷特性】和【对象捕捉】8 个切换按钮之一上右击，在弹出的快捷菜单中选择相应的命令，即可打开【草图设置】对话框，图 2-114 所示为在【捕捉模式】按钮上右击弹出的快捷菜单。

图 2-114　【捕捉模式】右键快捷菜单

在【草图设置】对话框中，用户可以设置相应的精确绘图辅助工具。下面将对这些辅助工具进行详细讲解。

2.7.1 栅格和捕捉

栅格和捕捉工具可以使用户精确地在绘图区捕捉点，栅格是按照设置的间距显示在绘图区域中的点，设置栅格并将其显示后，能够使光标只落在栅格的某个节点上，这样用户就可以高精确度地捕捉和选择这个节点。如果放大或缩小图形，可能需要调整栅格间距，使其更适合新的比例。虽然栅格在屏幕上是可见的，但它并不是图形对象，因此它不会被打印成图形中的一部分，也不会影响在什么位置绘图。它是由用户控制的是否可见的精确定位的网格与坐标值，当栅格和捕捉配合使用时，对于提高绘图精确度有重要作用，显示栅格的效果如图 2-115 所示。

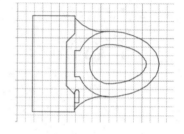

图 2-115 显示栅格效果

1. 打开与关闭栅格

在绘制图形的过程中，用户可以随时打开和关闭栅格，栅格只显示在用户设置的绘图界限内。

打开和关闭栅格的方法有以下几种。

- 使用状态栏：状态栏上的【显示图形栅格】按钮 ▦ 控制着栅格的开关，如果该按钮的状态为蓝色按钮 ▦，则表示栅格为打开状态，单击该按钮可以关闭栅格。如果为灰色显示，单击该按钮则打开栅格显示，图 2-116 所示为【显示图形栅格】按钮。

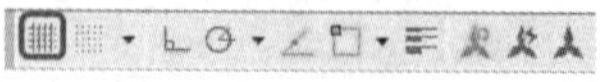

图 2-116 【显示图形栅格】按钮

- 使用快捷键：按 F7 键，可以打开或关闭栅格显示。
- 使用【草图设置】对话框：通过上面讲过的方式打开【草图设置】对话框，切换至【捕捉和栅格】选项卡，选中【启用栅格】复选框，然后单击【确定】按钮，如图 2-117 所示，即可打开栅格。

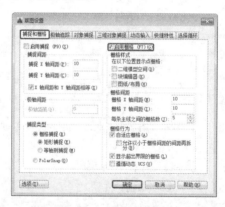

图 2-117 打开栅格

- 使用命令行：在命令行中输入 GRID 命令，按 Enter 键确认，根据命令行提示，输入 ON，按 Enter 键确认，打开栅格；如果输入 OFF，按 Enter 键确认，将关闭栅格，命令行提示如图 2-118 所示。

图 2-118　命令行提示

- 使用命令行：在命令行中输入 GRIDMODE 命令，按 Enter 键确认，根据命令行提示输入 GRIDMODE 的新值，输入 1，按 Enter 键确认，将显示栅格，输入 0，按 Enter 键确认，将关闭栅格，命令行提示如图 2-119 所示。

图 2-119　命令行提示

提示

打开栅格后，如果绘图区中看不到栅格，可以输入 ZOOM 命令，按 Enter 键确认，然后根据命令提示输入 A，按 Enter 键确认，显示栅格的图形界限区域将最大化显示。

2．打开与关闭捕捉

捕捉功能和栅格功能通常是配合使用的，栅格和捕捉间距一般需要设置相同的数值，也可以设置栅格间距为捕捉间距的倍数。启用栅格捕捉功能后，栅格的显示才有实际的意义。

打开或关闭捕捉功能的方法有以下几种。

- 使用状态栏：状态栏上的【捕捉模式】按钮控制着捕捉的开关，如果该按钮的状态为蓝色按钮，则表示捕捉为打开状态，单击该按钮可以关闭捕捉。如果呈灰色显示，单击该按钮则打开捕捉并显示，如图 2-120 所示为【捕捉模式】按钮。

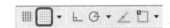

图 2-120　【捕捉模式】按钮

- 使用快捷键：按 F9 键，可以打开或关闭捕捉模式。
- 使用【草图设置】对话框：通过上面讲过的方式打开【草图设置】对话框，切换至【捕捉和栅格】选项卡，选中【启用捕捉】复选框，然后单击【确定】按钮，如图 2-121 所示，即可打开捕捉模式。
- 使用命令行：在命令行中输入 SNAP 命令，按 Enter 键确认，根据命令行提示输入 ON 命令，按 Enter 键确认，打开捕捉模式；如果输入 OFF 命令，按 Enter 键确认，将关闭捕捉模式。命令行提示如图 2-122 所示。

图 2-121　启动捕捉模式

图 2-122　命令行提示

- 使用命令行：在命令行中输入 SNAPMODE 命令，按 Enter 键确认，根据命令行提示输入 1，按 Enter 键确认，将打开捕捉模式，如果输入 0，按 Enter 键确认，将关闭捕捉模式，命令行提示如图 2-123 所示。

图 2-123　命令行提示

提示

用户在命令行中输入 SNAP 命令并按 Enter 键确认后，除了可以选择【打开】、【关闭】选项，还可以选择【纵横向间距】、【传统】、【样式】和【类型】4 个选项，这 4 个选项的含义如下。

【纵横向间距】：选择该选项后，命令行将陆续提示【指定水平间距】、【指定垂直间距】，即提示用户指定 X 轴间距和 Y 轴间距。

【传统】：选择该选项后，命令行将提示【保持始终捕捉到栅格的传统行为吗？[是(Y)|否(N)] <否>:】，选择【是】选项光标将始终捕捉到栅格。选择【否】选项光标仅在操作正在进行时捕捉到栅格。

【样式】：选择该项后，命令行将提示【输入捕捉栅格类型 [标准(S)|等轴测(I)] <S>:】，即用户可以在命令行提示下选择标准的矩形(平面)捕捉栅格样式或等轴测捕捉栅格样式。

【类型】：选择该选项后，命令行将提示【输入捕捉类型 [极轴(P)|栅格(G)] <栅格>:】，即用户可以按绘图需要来选择极轴捕捉或栅格捕捉。

3．设置栅格和捕捉

在使用栅格和捕捉功能之前，一般需要先对其进行设置，在【草图设置】对话框中的【捕捉和栅格】选项卡中不仅可以打开和关闭栅格显示和捕捉功能，也可以对这两项功能进行设置。

【草图设置】对话框中【捕捉和栅格】选项卡中各选项含义如下。

- 【启用捕捉】：该复选框用于打开或关闭捕捉模式。
- 【捕捉间距】：该选项用于设置捕捉间距，以限制光标在一定的 X 和 Y 间隔内移动。
  - 【捕捉 X 轴间距】：在该选项文本框中可以设置 X 轴方向的捕捉间距，在不改变 X 轴和 Y 轴方向的情况下表示水平方向的间距，输入的数值必须是正实数。
  - 【捕捉 Y 轴间距】：在该选项文本框中可以设置 Y 轴方向的捕捉间距，不改变 X 轴和 Y 轴方向的情况下表示垂直方向的间距，输入的数值必须是正实数。
  - 【X 轴间距和 Y 轴间距相等】：选中该复选框后，系统将强制使捕捉间距和栅格间距 X 轴和 Y 轴方向的间距相等，改变任意方向的间距值，另一个方向的间距值将与该值相等。
- 【极轴间距】：该选项组只有选择了【捕捉类型和样式】下的 PolarSnap(极轴捕捉)选项时才可以，用于设定捕捉增量距离。如果该值设置为 0，则极轴捕捉距离采用【捕捉 X 轴间距】文本框的值。【极轴距离】设置与极坐标追踪和(或)对象捕捉追踪结合使用。如果两个追踪功能都未启用，则【极轴距离】设置无效。

- 【捕捉类型】：该选项组可以设置捕捉类型，包括【栅格捕捉】和 PolarSnap(极轴捕捉)两种捕捉类型。
  - ◆ 【栅格捕捉】：选中该单选按钮，将设置捕捉类型为栅格捕捉。只有选中该单选按钮后才可以设置【捕捉间距】。选中【矩形捕捉】单选按钮时，可将捕捉样式设置为标准矩形捕捉模式，当捕捉类型设定为【栅格捕捉】并且打开【捕捉模式】时，光标可以捕捉一个矩形栅格；选中【等轴测捕捉】单选按钮时，可将捕捉样式设置为等轴测捕捉模式，当捕捉类型设定为【栅格捕捉】并且打开【捕捉模式】时，光标将捕捉等轴测捕捉栅格。
  - ◆ PolarSnap：选中该单选按钮，将设置捕捉样式为极轴捕捉。如果启用了捕捉模式并在极轴追踪打开的情况下指定点，光标将沿着在【极轴追踪】选项卡上相对于极轴追踪起点设置的极轴对齐角度进行捕捉。
- 【启用栅格】：该复选框用于打开或关闭栅格的显示。
- 【栅格样式】：该选项组用于设置在哪些位置显示点栅格。
  - ◆ 【二维模型空间】：选中该复选框，将二维模型空间的栅格样式设定为点栅格。
  - ◆ 【块编辑器】：选中该复选框，将块编辑器的栅格样式设定为点栅格。
  - ◆ 【图纸/布局】：选中该复选框，将图纸和布局的栅格样式设定为点栅格。
- 【栅格间距】：该选项区用于设置栅格间距。
  - ◆ 【栅格 X 轴间距】：该文本框中用于指定 X 轴方向的栅格间距，如果该值设置为 0，则栅格采用【捕捉 X 轴间距】的数值集。
  - ◆ 【栅格 Y 轴间距】：该文本框用于指定 Y 轴方向的栅格间距，如果该值设置为 0，则栅格采用【捕捉 Y 轴间距】的数值集。
  - ◆ 【每条主线之间的栅格数】：该微调框用于指定主栅格线相对于次栅格线的频率。
- 【栅格行为】：该选项组用于设置栅格线的外观。
  - ◆ 【自适应栅格】：选中该复选框后，可以选中【允许以小于栅格间距的间距再拆分】复选框，此时放大图形时将生成更多间距更小的栅格线。主栅格线的频率确定这些栅格线的频率。
  - ◆ 【显示超出界限的栅格】：选中该复选框后，打开栅格，将显示超出图形界限之外的栅格。
  - ◆ 【遵循动态 UCS】：选中该复选框，将使栅格平面跟随动态 UCS 的 XY 平面。

提 示

选中【X 轴间距和 Y 轴间距相等】复选框时，系统也将强制【栅格 X 轴间距】和【栅格 Y 轴间距】相等，设置时只设置其中一项即可，另一项将自动与已设置的一项数值相等。

2.7.2　对象捕捉

AutoCAD 给所有的图形对象都定义了关键几何点，对象捕捉是指在绘图过程中，通过捕捉这些特征点，迅速、准确地将新的图形对象定位在现有对象的精确位置上，如线段的端点、线段的中点、圆的圆心和两个图形对象的交点等。在使用 AutoCAD 绘制图形时，通过对象捕捉这一功能可快速捕捉到对象上的这些关键几何点。因此，对象捕捉是一个十分有用的工具，它可以将十字光标强制性地、准确地定位在图形对象上的某些特定点或特定位置上。因此，使用 AutoCAD 可以绘制出非常精确的工程图。高精确度是 AutoCAD 绘图的优点之一，而【对象捕捉】又是 AutoCAD 绘图中用来控制精确性，使误差降到最低的有效工具之一。

1. 对象捕捉的设置

在使用【对象捕捉】功能之前，先来了解一下如何设置对象捕捉，设置对象捕捉的方式有以下两种。

1） 设置临时对象捕捉

临时对象捕捉就是在绘制图形过程中随时设置捕捉对象，使用这种方式不用退出命令，即可设置捕捉对象，如果在绘制图形之前未设置对象捕捉可以使用这种方式。

设置临时对象捕捉的方式主要有以下几种。

① 使用【状态栏】：单击【状态栏】中的【将光标捕捉到二维参照点-(关)】按钮🔲右侧的三角按钮▾，弹出【对象捕捉】下拉菜单，如图 2-124 所示，在该下拉菜单中可以选择需要设置的捕捉对象。设置完成后，必须确定【将光标捕捉到二维参照点-(关)】按钮处于【开】的状态，即呈亮色显示，设置的对象捕捉才可用。

② 使用【命令行】：在命令行提示指定某个点时，直接在该命令提示之后输入 TT 命令，按 Enter 键确认，然后在绘图区任意位置单击，指定一个临时对象捕捉点。命令行提示如图 2-125 所示。该点上将出现一个小的加号 ＋，移动鼠标指针，将相对于这个临时对象捕捉点显示自动追踪对齐路线。如果想取消该点，只需将鼠标指针移回到加号 ＋ 附近。

③ 使用【快捷菜单】：在执行命令过程中，按住 Shift 键或 Ctrl 键的同时右击，在弹出的快捷菜单中选择需要设置的捕捉点，如选择【中点】，如图 2-126 所示，选择后，命令行中将会出现提示【-mid 于】，这时将返回绘图区，直接捕捉点即可，命令行提示如图 2-127 所示。

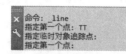

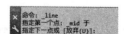

图 2-124　对象捕捉下拉菜单　　图 2-125　命令行提示　　图 2-126　快捷菜单　　图 2-127　命令行提示

在状态栏中设置临时捕捉对象后，必须确定【将光标捕捉到二维参照点-（关）】按钮处于【开】的状态，即呈亮色显示，设置的对象捕捉才可用，并且用户可以一直使用该点的对象捕捉功能，直到将该功能关闭。

2）设置自动对象捕捉

在绘制图形的过程中，使用对象捕捉的频率非常高，如果使用临时设置对象捕捉方式，将使工作效率大大降低。如果启用自动捕捉功能，当光标距指定的捕捉点较近时，光标会自动精确地捕捉到这些关键几何点，并显示出相应的标记以及该捕捉点的提示。用户可以在绘图过程中一直使用自动对象捕捉功能，除非将对象捕捉功能关闭。

在绘制图形之前设置自动捕捉功能需要在【草图设置】对话框中进行。使用前面讲过的方法打开【草图设置】对话框，切换至【对象捕捉】选项卡，在【对象捕捉模式】选项组中选择需要设置的捕捉对象点，设置完成后，选中【启用对象捕捉】复选框，然后单击【确定】按钮完成设置，如图 2-128 所示。

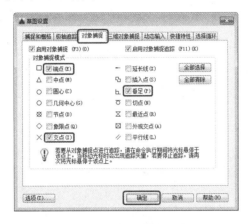

图 2-128 设置捕捉对象

直接在命令行中输入 OSNAP 命令，按 Enter 键确认，也能够打开【草图设置】对话框，同时自动切换到【对象捕捉】选项卡。

2. 打开与关闭自动对象捕捉

打开和关闭自动捕捉功能的方法有以下几种。

- 使用状态栏：单击状态栏上的【将光标捕捉到二维参照点-(关)】按钮 ，即可打开或关闭自动对象捕捉功能。
- 使用快捷键：按 F3 键或 Ctrl+F 组合键，即可打开或关闭自动对象捕捉功能。
- 使用【草图设置】对话框：打开【草图设置】对话框，切换至【对象捕捉】选项卡，【启用对象捕捉】复选框的选中与不选中状态可以控制对象捕捉功能的打开与关闭，如图 2-129 所示。

图 2-129 【启用对象捕捉】功能

3. 对象捕捉模式

打开【草图设置】对话框，切换至【对象捕捉】选项卡，可以看到在【对象捕捉模式】选项组中提供了 14 种对象捕捉模式，各捕捉模式的含义如下。

- 【端点】：选择该选项后，光标将捕捉实体的端点，该端点既可以是一段直线或一段圆弧的端点，也可以是线宽、实体或三维面域的最近角点。例如，当用户要捕捉立方体的端点(顶点)时，只需将光标移动至该端点附近，即可看到该端点的显示标记。图 2-130 所示为使用端点捕捉模式的显示标记和工具提示。
- 【中点】：选择该选项后，光标将捕捉到圆弧、直线、多线、实体、样条曲线等图形对象或三维对象的边的中点。捕捉时只需将光标放在图形对象靠近中点的位置即可显示中点的显示标记。如果给定了多段线的宽度，便可捕捉多段线的边的中点。图 2-131 所示为使用中点捕捉模式的显示标记和工具提示。
- 【圆心】：选择该选项后，光标可以捕捉到圆弧、圆、椭圆弧或椭圆的圆心。圆心捕捉模式也可以捕捉三维实体中体或面域的圆的圆心。要捕捉圆心，只需将光标移动到靠近图形对象的位置，这时会在圆心处出现显示标记，图 2-132 所示为使用圆心捕捉模式的显示标记和工具提示。

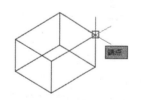 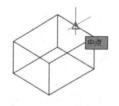

图 2-130 【端点】捕捉模式   图 2-131 【中点】捕捉模式   图 2-132 【圆心】捕捉模式

- 【几何中心】：选择该选项后，光标可以捕捉到多段线、二维多段线和二维样条曲线的几何中心点。图 2-133 所示为使用几何中心捕捉模式的显示标记和工具提示。
- 【节点】：选择该选项后，光标可以捕捉多点对象、标注定义点和标注文字原点。图 2-134 所示为使用节点捕捉模式的显示标记和工具提示。

- 【象限点】：选择该选项后，光标可以捕捉到圆弧、圆、椭圆和椭圆弧的象限点，即位于这些图像对象上 0°、90°、180°和 270°处的点。圆弧、圆、椭圆和椭圆弧象限点的捕捉位置关键在于当前用户坐标系(UCS)的方向。要显示象限点捕捉，圆或圆弧的法线方向必须与当前用户坐标系的 Z 轴方向一致。如果块中包含圆弧、圆、椭圆或椭圆弧，当块旋转时，那么象限点也会随着块进行旋转。图 2-135 所示为使用象限点捕捉模式的显示标记和工具提示。

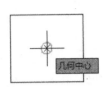

图 2-133　【几何中心】捕捉模式　　图 2-134　【节点】捕捉模式　　图 2-135　【象限点】捕捉模式

- 【交点】：使用交点捕捉模式，可捕捉两个图形对象的交点，这些对象包括圆弧、圆、椭圆、椭圆弧、直线、多线、多段线、射线、面域、样条曲线或构造线等，【延伸交点】不能用作执行对象捕捉模式。图 2-136 所示为使用交点捕捉模式的显示标记和工具提示。
- 【延长线】：延长线捕捉模式即为范围捕捉模式，该捕捉模式用来捕捉直线或圆弧延长线上的点，方便用户在延长线或圆弧上指定点。图 2-137 所示为使用延长线(范围)捕捉模式的显示标记和工具提示。

提示

在透视视图中绘制图形过程中，不能使用延长线捕捉模式。

- 【插入点】：该捕捉模式用来设置捕捉一个文本、图块或文字的插入点。对于文本来说，就是捕捉其定位点。图 2-138 所示为使用插入点捕捉模式的显示标记和工具提示。

图 2-136　【交点】捕捉模式　　图 2-137　【延长线】捕捉模式　　图 2-138　【插入点】捕捉模式

- 【垂足】：选择该选项后，光标可以捕捉到圆弧、圆、构造线、椭圆、椭圆弧、直线、多段线、射线、实体或样条曲线等图形对象的垂足，也可以捕捉对象的外观延伸垂足。图 2-139 所示为使用垂足捕捉模式的显示标记和工具提示。
- 【切点】：选择该选项后，光标可以捕捉到圆

图 2-139　【垂足】捕捉模式

弧、圆、椭圆弧、椭圆和样条曲线的切点，该点与上一点的连线将与图形对象相切。图 2-140 所示为使用切点捕捉模式的显示标记和工具提示。

- 【最近点】：选择该选项后，当光标接近图形对象时，将显示光标与该图形对象的最近点，这些图形对象包括圆弧、圆、椭圆、椭圆弧、直线、点、多段线、射线、样条曲线或参照线等。当用户只需要某一个对象上的点而不要求有确定位置的时候，可以使用这种捕捉方式。图 2-141 所示为使用最近点捕捉模式的显示标记和工具提示。

- 【外观交点】：该选项用于设置捕捉在三维视图中不相交但在当前视图中可能相交的两个图形对象的视觉交点。

- 【平行线】：该选项用于将直线段、多段线线段、射线或构造线限制为与其他线性对象平行。指定线性对象的第一点后，指定平行对象捕捉。与在其他对象捕捉模式中不同，用户可以将光标悬停移至其他线性对象，直到获得角度，然后将光标移回正在创建的对象上。如果对象的路径与上一个线性对象平行，则会显示对齐路径，用户可将其用于创建平行对象。图 2-142 所示为使用平行线捕捉模式的显示标记和工具提示。

图 2-140　【切点】捕捉模式　　图 2-141　【最近点】捕捉模式　　图 2-142　【平行线】捕捉模式

2.7.3　对象捕捉追踪

对象捕捉追踪是一种自动追踪方式，是指从对象捕捉点沿着垂直对齐路径和水平对齐路径追踪光标。使用对象捕捉追踪，在绘图过程中指定点时，光标可以沿基于其他对象捕捉点的对齐路径进行追踪。使用该项功能的前提是打开一个或多个对象捕捉模式。

1. 打开或关闭对象捕捉追踪

打开或关闭对象捕捉追踪的方法有以下几种。

- 使用快捷键：按 F11 键可以快速打开或关闭对象捕捉追踪。
- 使用状态栏：单击状态栏上的【对象追踪】按钮∠，可以打开或关闭对象捕捉追踪。
- 使用【草图设置】对话框：在【草图设置】对话框的【对象捕捉】选项卡中选中【启用对象捕捉追踪】复选框，即可打开对象捕捉追踪功能；取消选中该复选框即可关闭该功能，如图 2-143 所示。
- 使用命令行：在命令行中输入 Autosnap 命令，按 Enter 键确认，根据命令行提示输入 16，按 Enter 键确认，即可打开对象捕捉追踪功能。但是该方法不能用于关闭对象捕捉追踪功能。

图 2-143　选中【启用对象捕捉追踪】复选框

2．对象捕捉追踪的使用方法

打开对象捕捉追踪功能后，需要使用该功能时，将光标移动到一个对象捕捉点附近时，会显示对象捕捉追踪点的标记，即一个小加号(+)，如图 2-144 所示，继续移动鼠标，可以同时获取多个对象捕捉追踪点，不要单击该追踪点，沿着需要追踪的方向移动光标，将显示相对点的水平、垂直或极轴对齐路径，图 2-145 所示为显示的垂直对齐路径，可以在这些对齐路径上拾取点，也可以输入数值来确定需要拾取的点与对象捕捉追踪点的距离，即可获取下一个点。

图 2-144　对象捕捉追踪点标记

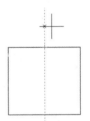

图 2-145　垂直对齐路径

3．清除已获取的对象捕捉追踪点

获取对象捕捉追踪点后，有时需要清除该点的显示，下面就讲解如何清除已经获取的对象捕捉追踪点标记，主要方法有以下两种。

- 移动光标：将光标再次移动到出现的追踪标记上，该方法可以逐个清除对象捕捉追踪点。
- 使用状态栏：在状态栏上单击【对象追踪】按钮 ∠，该方法会一次性将所有对象捕捉追踪点清除。

> **提示**
>
> 打开垂足、端点和中点对象捕捉模式的同时打开对象捕捉追踪功能，在绘制图形时可以以对象端点或中点为垂足进行绘制。例如，先绘制一条线段，捕捉该线段的中点，出现追踪点标记时，沿直线垂足方向移动光标，将出现与该线段垂直的对齐路径，并出现工具提示，如图 2-146 所示。在对齐路径上拾取一点，该点与线段中点的连线与该线段垂直。

打开切点和端点对象捕捉的同时打开对象捕捉追踪功能,在绘制图形时可以以对象端点为切点进行绘制。例如,先绘制一段圆弧,捕捉圆弧的端点,出现追踪点标记时,沿切点方向移动光标,将出现与该圆弧相切的对齐路径,如图 2-147 所示,在该路径上拾取一点,该点与圆弧的连线与该圆弧相切。

图 2-146 出现垂直对齐路径

图 2-147 出现相切对齐路径

在绘图区或命令行任意位置右击,在弹出的快捷菜单中选择【选项】命令,弹出【选项】对话框。切换至【绘图】选项卡,在该选项卡中可以选择对齐点获取的方式:【自动】和【按 Shift 键获取】,如图 2-148 所示。默认的对齐点获取方式为【自动】。如果选中【按 Shift 键获取】单选按钮,则绘图前按 Shift 键可以打开或关闭对象捕捉追踪。

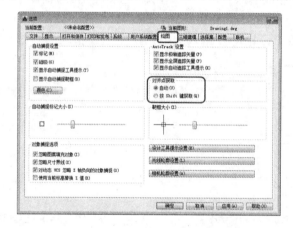

图 2-148 设置对齐点获取方式

2.7.4 极轴追踪

在绘制图形前,如果知道追踪的角度,用户可以使用极轴追踪功能。在 AutoCAD 中使用极轴追踪(polar)功能,可以实时显示光标所处位置的极坐标,同时可以追踪极坐标并捕捉极坐标上的点。使用极轴追踪功能时,对齐路径是由指定点和增量角决定的,是一条无限延长的虚线,在追踪过程中,系统会自动显示工具提示和极轴角度与光标距离,如图 2-149 所示。当光标从对齐路径移开时,对齐路径和工具提示将消失。

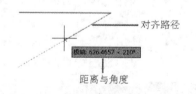

图 2-149 极轴追踪

1. 极轴追踪的设置

打开【草图设置】对话框,切换至【极轴追踪】选项卡,在该选项卡中可以对极轴追踪进行设置，如图 2-150 所示。

图 2-150　【极轴追踪】选项卡

【极轴追踪】选项卡中各选项的含义如下。

- 【启用极轴追踪】：选中该复选框，打开极轴追踪；取消选中，将关闭极轴追踪。
- 【极轴角设置】：在该选项组中可以设置极轴追踪角度。单击【增量角】下拉按钮，弹出【增量角】下拉列表，在该下拉列表中可以选择系统预设的角度，如图 2-151 所示；如果该下拉列表中的角度不能满足用户的需要，可以选中【附加角】复选框，然后单击【新建】按钮，在【附加角】列表框中设置新的增量角，如图 2-152 所示。如果要删除附加角，在【附加角】列表框中选中该角度，单击【删除】按钮，即可将其删除，如图 2-153 所示。

 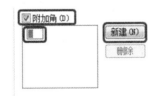 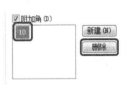

图 2-151　【增量角】下拉列表　　　图 2-152　新建附加角　　　图 2-153　删除附加角

- 【对象捕捉追踪设置】：该选项组用于设置对象捕捉追踪。选中【仅正交追踪】单选按钮，在使用对象捕捉追踪功能时，只显示对象捕捉点的正交对象捕捉追踪路径，即水平或垂直追踪路径；选中【用所有极轴角设置追踪】单选按钮，可以将极轴追踪设置应用到对象捕捉追踪。使用对象捕捉追踪时，光标将从获取的对象捕捉点起沿极轴对齐角度进行追踪。

> **提 示**
>
> 极轴追踪和正交追踪不能同时打开，若一个打开，另一个将自动关闭。因为打开正交追踪，光标将被强制沿水平或垂直方向进行追踪。

- 【极轴角测量】：该选项组用于设置极轴追踪对齐角度的测量基准。选中【绝对】单选按钮，表示根据当前用户坐标系(UCS)计算极轴追踪角度；选中【相对上一段】单选按钮，可以根据上一步骤绘制的线段计算极轴追踪角度。

2．打开或关闭极轴追踪

下面讲解打开或关闭极轴追踪的方法。

- 使用状态栏：在状态栏上单击【极轴追踪】按钮⊙，当按钮呈灰色显示时，单击该按钮，将启动极轴追踪，反之将关闭极轴追踪，如图 2-154 所示。

图 2-154　【极轴追踪】按钮

- 使用快捷键：按 F10 键，可以打开或关闭极轴追踪。

- 使用【草图设置】对话框：打开【草图设置】对话框，切换至【极轴追踪】选项卡，选中或取消选中【启用极轴追踪】复选框，即可打开或关闭极轴追踪。

- 使用命令行：在命令行中输入 POLARMODE，按 Enter 键确认。根据命令行提示输入 2，按 Enter 键确认。

> **提示**
>
> 系统变量 POLARMODE 的初始值为 1，可以对其进行以下设置：在极轴角的测量方式下，选择 0，表示根据当前用户坐标系(UCS)测量极轴角(绝对角度)，选择 1 表示根据上一步绘制的线段确定极轴角(相对角度)；在对象捕捉追踪方式下，选择 0 表示仅打开正交追踪，选择 2 表示在对象捕捉追踪中使用极轴追踪；在使用其他极轴追踪角度方式下，选择 0 表示不使用极轴追踪，选择 4 表示使用极轴追踪；在获取对象捕捉追踪点的方式下，选择 0 表示自动获取追踪点，选择 8 表示按 Shift 键获取追踪点。

3．临时设置极轴追踪角

在绘制图形过程中，可以临时设置极轴追踪角，也称为【角度替代】。例如，要在 12° 方向上绘制一条直线，选择【直线】工具后，先在绘图区指定直线的第一个点，当命令行提示【指定下一点】时，在该命令后输入"<12"，按 Enter 键确认，在绘图区中发现光标只能沿 12° 方向移动，并且会出现工具提示和角度与距离值，如图 2-155 所示。命令行提示如图 2-156 所示。

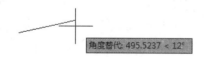

图 2-155　工具提示和角度与距离值

图 2-156　命令行提示

极轴追踪功能可以协助用户精确地定位并绘制图形，下面通过具体实例来讲解设置并打开极轴追踪的具体操作步骤。

步骤01 按 Ctrl+N 组合键，在弹出的【选择样板】对话框中选择 acadiso.dwt 选项，单击【打开】按钮，新建空白文件，如图 2-157 所示。

步骤02 在菜单栏中选择【工具】|【绘图设置】命令，如图 2-158 所示。

图 2-157　【选择样板】对话框

图 2-158　选择【绘图设置】命令

步骤 03　弹出【草图设置】对话框，切换至【极轴追踪】选项卡，选中【启用极轴追踪】复选框，单击【增量角】下拉按钮，弹出【增量角】下拉列表，在该下拉列表中选择极轴角度增量的模数 22.5，如图 2-159 所示。

步骤 04　选中【附加角】复选框，单击【新建】按钮，在【附加角】列表框中出现的方框内输入 11，按 Enter 键确认，如图 2-160 所示。

图 2-159　选中【启用极轴追踪】复选框
　　　　　并选择角度增量模数

图 2-160　新建附加角

步骤 05　其他设置保持默认，单击【确定】按钮，完成设置，在绘图区中绘制图形时可以以 22.5°的倍数为极轴角度进行追踪，也可以以 11°的倍数为极轴追踪的角度。

提 示

选择极轴角度增量的模数为 22.5 时，极轴追踪的角度将为 23°及其奇数倍的角度和 22.5°偶数倍的角度，即追踪的极轴角度都为整数。

除了在【草图设置】对话框中选择极轴角度增量的模数外，还有一种方法可以选择极轴角度增量的模数，在状态栏上的【极轴追踪】按钮上右击，或者单击该按钮的下拉按钮，在弹出的下拉列表中可以选择极轴角度增量的度数，如图 2-161 所示。在该下拉列

表中也包含了附加角中设置的极轴追踪角度，使用这种
方法可以单独选择附加角中设置的极轴追踪角度。

2.7.5 正交模式

在 AutoCAD 中绘制图形时，经常需要绘制水平方
向和垂直方向的直线，为了避免其他设置的干扰，可以
使用正交模式。打开正交模式后，在绘图区中指定一个
点，移动光标时，光标只能沿垂直方向和水平方向移
动，此时只需要指定距离即可。

图 2-161　【极轴追踪】下拉列表

打开或关闭正交模式的方法有以下几种。

- 使用状态栏：单击状态栏的【正交模式】按钮 ⌐。当该按钮呈灰色显示时，表明
正交模式处于关闭状态，单击该按钮即可打开正交模式；反之即可关闭正交模
式，处于打开状态的按钮呈亮色显示 ⌐，如图 2-162 所示。

- 使用快捷键：按 F8 键，可以打开或关闭正交模式。

- 使用命令行：在命令行中输入 ORTHO 命令，按 Enter 键确认，根据命令行提示
输入 ON 命令，将打开正交模式；输入 OFF，按 Enter 键确认，将关闭正交模
式，该命令也可透明使用，使用透明命令的方法在下边的内容中将进行讲解。命
令行提示如图 2-163 所示。

图 2-162　单击【正交模式】按钮

```
命令: ORTHO
输入模式 [开(ON)/关(OFF)] <开>: off
```

图 2-163　命令行提示

- 使用命令行：在命令行中输入 ORTHOMODE，根据命令行提示输入 0，按 Enter
键确认，将关闭正交模式，输入 1 并确认，将打开正交模式。

> **提示**
>
> 打开正交模式，光标将在水平或垂直方向上移动，这种情况是相对于当前用户坐标系
> (UCS)而言，并且 X 轴方向为水平方向。如果 X 轴方向不是水平方向，那么用户在正交模式
> 下绘制出来的直线将不是水平或垂直方向。

2.8　AutoCAD 中的坐标系

在 AutoCAD 2016 中，坐标系包括世界坐标系(WCS)和用户坐标系(UCS)两种，用户可
以在这两种坐标系中通过输入坐标值来确定点的位置。

2.8.1 世界坐标系

系统默认的坐标系是世界坐标系(World Coordinate System，WCS)。一般情况下，绘制
新图形时，当前坐标系为世界坐标系统，它由 X 轴、Y 轴和 Z 轴组成，每两个轴决定一个
平面，Z 轴垂直于屏蔽指向用户。世界坐标系统是 AutoCAD 的基本坐标系统。在绘制和

编辑图形的过程中，世界坐标系的原点和坐标轴方向都不会改变，但是可以从任何角度、任意方向观察或旋转坐标系。

世界坐标系位于绘图窗口的左下角，3 个坐标轴的交汇处显示方形标记，原点位于 3 个轴的交点处。在二维平面图中，水平向右的方向为 X 轴正方向，垂直向上的方向为 Y 轴正方向，如图 2-164 所示。【三维建模】工作空间中的坐标系如图 2-165 所示，其中两个轴决定了一个平面，另一个轴垂直于该平面。

图 2-164　世界坐标系

图 2-165　【三维建模】中的世界坐标系

2.8.2　用户坐标系

在 AutoCAD 中绘制图形过程中，有时需要改变坐标系的原点和坐标方向，以方便绘图，改变了坐标系原点和坐标方向的坐标系称为用户坐标系(User Coordinate System，UCS)。

图 2-166　用户坐标系

在用户坐标系中，可以重新指定原点或移动原点，也可以重新选择坐标轴，甚至可以基于图形中某个图形对象来设置坐标系。用户坐标系的坐标轴交汇处没有方形标记，如图 2-166 所示。

如果用户要移动坐标系图标即原点的位置，在命令行中输入 UCS 命令，按 Enter 键确认，根据命令行提示在绘图区指定坐标原点的新位置，然后根据命令行提示指定 X 轴方向上的一点，再根据命令行提示在绘图区拾取一点确定 XY 平面上的一点，即完成了坐标的改变。命令行提示如图 2-167 所示。

如果要将用户坐标系改为世界坐标系，在命令行中输入 UCS 命令，然后根据命令行提示直接按 Enter 键，选择默认的【世界】选项即可改变为世界坐标系，也可以单击选中坐标系，将光标移动至原点处，在弹出的右键快捷菜单中选择【世界】命令，即可将用户坐标系改变为世界坐标系，如图 2-168 所示。

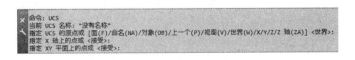

图 2-167　命令行提示

图 2-168　选择【世界】命令

2.8.3　坐标格式与坐标值的显示

在绘图过程中经常需要以坐标系作为参照，指定拾取点的位置，以便精确定位某个点，并进行精确的设计与绘图。

在指定点时，可以使用相对于原点的 X 轴和 Y 轴长度的绝对直角坐标，也可以使用相对于上一点的距离的相对直角坐标。还可以使用通过角度和距离进行确定的绝对极坐标和相对极坐标。

1. 绝对直角坐标

绝对直角坐标是相对于原点并用 X 轴方向的距离、Y 轴方向的距离以及 Z 轴方向的距离来表示的坐标值，距离可以使用小数、分数或科学记数等形式，数值之间用逗号隔开，如二维图形中原点的坐标值为(0,0)，三维图形中原点的坐标值为(0,0,0)。

2. 相对直角坐标

相对直角坐标是相对于某一点的 X 轴、Y 轴和 Z 轴方向上的距离，其表示方法是在坐标值前加@符号。如(@100,200)。例如，绘制一条直线时，先在绘图区指定任意一点为第一个点，然后输入相对坐标值(@100,0)，按两次 Enter 键确认，则绘制的该直线是水平长度为100 的直线，X 轴方向与第一个点的距离为 100，Y 轴方向和第一个点 Y 轴方向上的距离相等，命令行提示如图 2-169 所示。

图 2-169　命令行提示

3. 绝对极坐标

绝对极坐标是相对于极点来表示的，使用的是某一点相对于极点的角度和距离，其表示方法为(距离<角度)。例如，点(30<90)，表示该点在 90° 方向，即垂直方向，与 X 轴垂直距离为 30。角度以 X 轴正方向为 0，逆时针方向为正，顺时针方向为负。

4. 相对极坐标

相对极坐标是相对某一点的角度和距离，其表示方法是在绝对极坐标值前加@符号。例如，点(@40<120)，该点表示与上一个点的连线为 120°，距离为 40。

下面通过实例来讲解如何使用输入坐标的方式绘制五边形，具体操作步骤如下。

步骤01　首先单击快速访问工具栏上的【新建】按钮▢，在弹出的【选择样板】对话框中选择 acdiso.dwt 选项，单击【打开】按钮，新建空白文件。

步骤02　在命令行中输入 Line 命令，按 Enter 键确认，在绘图区任意一点单击，确定第一个点，根据命令行提示输入相对坐标值(@300,0)，按 Enter 键确认，绘制一条长度为 300 的水平直线，如图 2-170 所示。

步骤03　根据命令行提示输入(@300<72)，按 Enter 键确认，确定下一点，如图 2-171所示。

步骤04　使用同样的方法，绘制其他的线段，每次角度增量为 72°，命令行提示及含义如下：

```
命令:_line                              //执行命令
指定第一个点:                            //在绘图区拾取一点确定第一个点
指定下一点或 [放弃(U)]:@300,0            //输入下一个点的相对直角坐标
指定下一点或 [放弃(U)]:@300<72           //输入下一点的相对极坐标
指定下一点或 [闭合(C)|放弃(U)]:@300<144  //输入下一点的相对极坐标
指定下一点或 [闭合(C)|放弃(U)]:@300<216  //输入下一点的相对极坐标
指定下一点或 [闭合(C)|放弃(U)]:@300<288  //输入下一点的相对极坐标
```

指定下一点或 [闭合(C)|放弃(U)]: 　　　　　　//按 Enter 键确认完成绘制

绘制的五边形如图 2-172 所示。

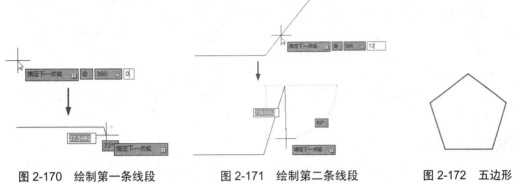

图 2-170　绘制第一条线段　　　　图 2-171　绘制第二条线段　　　　图 2-172　五边形

2.9　控制图形显示

在绘图过程中，用户可以缩放和平移视图，也可以全屏显示视图、重画与重生成图形，还可以进行鸟瞰视图等操作。这些功能的使用过程中只是改变图形的显示方式或放大或缩小图形，不会改变图形的实际尺寸，便于用户对绘制的图形进行观察，协助用户更方便地设计和绘制图形。下面将对这些功能分别进行讲解。

2.9.1　重画与重生成图形

在使用 AutoCAD 绘制图形过程中，屏幕上有时会出现一些残留的不需要的点，如果想清除这些点，用户可以使用重画与重生成功能来完成。

重生成图形是重生成整个图形。下面分别对重画图形和重生成图形进行讲解。

1．图形的重画

重画命令可以删除图形中不需要的残留点标记，还可以编辑绘制图形过程中留下的标记。调用【重画】命令的方法主要有以下两种。

- 使用菜单栏：选择菜单栏中的【视图】|【重画】命令，如图 2-173 所示。
- 使用命令行：在命令行中输入 REDRAW 或 REDRAWALL 命令，按 Enter 键确认。

使用 REDRAW 命令，可以删除当前视图中编辑命令留下来的点标记；使用 REDRAWALL 命令，将删除所有视口中编辑命令留下来的点标记。

图 2-173　选择【重画】命令

2．图形的重生成

在 AutoCAD 中编辑图形时，如果看不出变化或感觉显示的图形不正确，可以使用【重生成】命令，即可显示图形的变化。例如，绘制的图形为多边形，但是在绘图区显示圆形，这时就可以使用【重生成】命令使图形重生成，即可看到图形显示为多边形。

执行【重生成】命令的方式有以下几种。

- 使用菜单栏：选择菜单栏中的【视图】|【重生成】命令，将重生成当前视图，如图 2-174 所示。

图 2-174 【重生成】和【全部重生成】命令

- 使用命令行：在命令行中输入 REGEN 命令，按 Enter 键确认，可以重生成当前视口；输入 REGENALL 命令，按 Enter 键确认，可以同时重生成所有视口。

- 使用鼠标：使光标位于绘图区，向后滚动鼠标中间的滚轮，在缩小图形的同时会重生成图形，同时命令行中会出现提示【正在重生成模型】。

提 示

【重生成】命令比【重画】命令执行的时间长，因为【重画】命令只是刷新图形，而【重生成】命令要把图形文件的原始数据进行全部重新计算。

2.9.2 视图的缩放

在使用 AutoCAD 绘制工程图等大型图形对象时，由于图形太大，在屏幕中无法显示整个图形，这时就必须使用视图的缩放、平移等控制视图显示的工具，以便更清楚地显示并观察图形的某个部位，进而方便绘图。

在 AutoCAD 2016 中，选择菜单栏中的【视图】|【缩放】命令，弹出【缩放】子菜单，如图 2-175 所示，在该子菜单中可以选择相应的命令。

在命令行中执行 ZOOM 命令后，根据命令行中的提示也可以选择相应的命令。命令行提示如图 2-176 所示。

1. 窗口缩放视图

使用【窗口缩放】命令可以使图形中选择的矩形区域放大显示。

调用【窗口缩放】命令的方法有以下几种。

- 使用菜单栏：在菜单栏中选择【视图】|【缩放】|【窗口】命令，如图 2-175 所示。
- 使用工具栏：单击【缩放】工具栏或【标准】工具栏上的【窗口缩放】按钮，如图 2-177 所示。
- 使用命令行：在命令行中输入 ZOOM 命令，按 Enter 键确认，然后根据命令行提示输入 A，按 Enter 键确认。

图 2-175 【缩放】子菜单

图 2-176 命令行提示

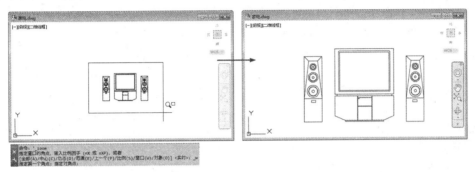

【缩放】工具栏　　　　　　　　　　【标准】工具栏

图 2-177 【缩放】工具栏和【标准】工具栏上的【窗口缩放】按钮

执行上述任意操作后，光标呈现 🔍▯ 状态，同时命令行将提示【指定第一个角点】、【指定对角点】，用户根据命令行提示指定角点后即可完成操作。操作完成效果及命令行提示如图 2-178 所示。

图 2-178 窗口缩放效果即命令行提示

> **提 示**
>
> 如果【缩放】或【标准】工具栏未显示，可以选择菜单栏中的【工具】|【工具栏】|AutoCAD|【缩放】|【标准】命令显示【缩放】工具栏或【标准】工具栏，如果 AutoCAD 的子菜单没有显示出【缩放】命令，可以多次单击其下方的下三角按钮，即可显示出【缩放】选项，如图 2-179 所示。
>
> 在【标准】工具栏上，按住 🔍 按钮不放，可以弹出下拉按钮，可以从中选择相应的按钮执行操作，如图 2-180 所示。

图 2-179 显示【缩放】工具栏和【标准】工具栏

图 2-180 【缩放】按钮

2. 实时缩放视图

调用【实时缩放】命令的方法有以下几种。

- 使用菜单栏：在菜单栏中选择【视图】|【缩放】|【实时】命令。
- 使用工具栏：单击【标准】工具栏或【缩放】工具栏中的【实时缩放】按钮。
- 使用命令行：在命令行中输入 ZOOM 命令，直接按 Enter 键，选择默认的【实时】选项。
- 使用快捷键：在绘图区右击，在弹出的快捷菜单中选择【缩放】命令，如图 2-181 所示。

执行上述任意命令后，光标将呈现 🔍 状态，按住鼠标左键向下移动时，光标呈现 🔍⁻ 状态，同时图形缩小；按住鼠标左键向下上移动时，光标呈现 🔍⁺ 状态，同时图形放大，释放鼠标左键后停止缩放。

图 2-181　快捷菜单

提示

通过单击工具栏中的【放大】按钮⁺🔍或【缩小】按钮🔍，也可以对视图进行实时缩放，只是单击一次缩放一次。

---

3. 动态缩放视图

动态缩放，顾名思义，就是以动态方式缩放视图。

调用【动态缩放】命令的方法有以下几种。

- 使用菜单栏：在菜单栏中选择【视图】|【缩放】|【动态】命令。
- 使用工具栏：单击【标准】工具栏或【缩放】工具栏中的【动态缩放】按钮🔍。
- 使用命令行：在命令行中输入 ZOOM 命令，按 Enter 键确认，根据命令行提示选择【动态(D)】命令，按 Enter 键确认。

执行上述操作后，屏幕上显示两个虚线框和一个实线框，蓝色虚线框表示图形能达到的最大视图区域，绿色虚线框表示当前屏幕上显示的图形区域。黑色的实线框表示当前需要设置的区域，如图 2-182 所示。这时在黑色实线框中显示一个"×"号，单击窗口中心的"×"消失，显示一个位于右边框的方向箭头，如图 2-183 所示。拖动鼠标可调整视图的大小，若再次单击，将再次出现"×"，可以重新调整黑色实线框的位置，单击，显示右边框的方向箭头，并将黑色的实线框调整到合适的位置后，按 Enter 键即可缩放图形。

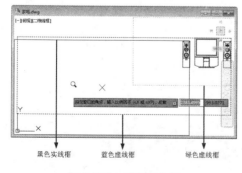

图 2-182　显示 3 个框

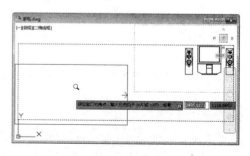

图 2-183　显示箭头

4．比例缩放视图

比例缩放是指按指定的比例缩放视图。

调用【比例缩放】命令的方法有以下几种。

- 使用菜单栏：在菜单栏中选择【视图】|【缩放】|【比例】命令。
- 使用工具栏：单击【标准】工具栏或【缩放】工具栏中的【比例缩放】按钮。
- 使用命令行：在命令行中输入 ZOOM 命令，按 Enter 键确认，根据命令提示选择【比例(S)】命令，按 Enter 键确认。

执行上述命令后，命令行将提示【输入比例因子】，输入比例因子后按 Enter 键确认即可。

在输入比例因子时，可以输入以下 3 种格式。

- 直接输入正数值，图形将以实际尺寸的倍数显示。
- 输入正数值后，数值后加上 X，图形将以当前视图的倍数显示。
- 输入正数值后，数值后加上 XP，图形将以当前图纸空间的倍数显示。

> **提 示**
>
> 除了用上述方法可以调用【实时缩放】命令外，还有下面三种常用的方法。
>
> 方法 1：选择菜单栏中的【视图】|【缩放】|【实时】命令。
>
> 方法 2：选择菜单栏中的【工具】|【工具栏】|AutoCAD|【标准】命令，弹出【标准】工具栏，单击【实时缩放】按钮。
>
> 方法 3：在绘图区中右击，在弹出的快捷菜单中选择【缩放】命令。

5．中心缩放视图

中心缩放是指按照重新指定的中心来缩放视图。

调用【中心缩放】命令的方法有以下几种。

- 使用菜单栏：在菜单栏中选择【视图】|【缩放】|【圆心】命令。
- 使用工具栏：单击【标准】工具栏或【缩放】工具栏中的【中心缩放】按钮。
- 使用命令行：在命令行中输入 ZOOM 命令，按 Enter 键确认，根据命令提示选择【中心(C)】命令，按 Enter 键确认。

执行上述操作后，命令行将提示【指定中心点】，指定中心点后提示【输入比例或高度】，这时输入比例或高度并确认即可完成操作。如果在输入的数值后加 X，表示输入值为缩放倍数；如果未加 X，表示输入值为新视图高度。

6．缩放对象

缩放对象是指将选择的图形对象在绘图窗口中最大化显示。

调用【对象】命令的方法有以下几种。

- 使用菜单栏：在菜单栏中选择【视图】|【缩放】|【对象】命令。
- 使用工具栏：单击【标准】工具栏或【缩放】工具栏中的【缩放对象】按钮。
- 使用命令行：在命令行中输入 ZOOM 命令，按 Enter 键确认，根据命令提示选择【对象(O)】命令，按 Enter 键确认。

执行上述命令后，绘图区将出现一个"口"字形，命令行提示【选择对象】，在绘图区选择图形对象后，按 Enter 键完成操作，完成效果即命令行提示，如图 2-184 所示。

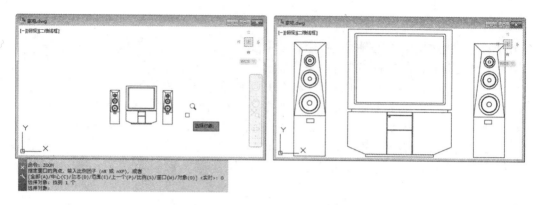

图 2-184 缩放对象效果及命令行提示

7.全部缩放

全部缩放是指在当前图形界限内显示整个图形。如果图形全部位于图形界限之内，将按图形界限尺寸显示全部图形；如果图形中有处于图形界限之外的部分，将以图形范围尺寸显示全部图形。

调用【全部缩放】命令的方法有以下几种。

- 使用菜单栏：在菜单栏中选择【视图】|【缩放】|【全部】命令。
- 使用工具栏：单击【标准】工具栏或【缩放】工具栏中的【全部缩放】按钮。
- 使用命令行：在命令行中输入 ZOOM 命令，按 Enter 键确认，根据命令提示选择【全部(A)】命令，按 Enter 键确认。

8.范围缩放

该项功能可以使所有图形以尽可能大的尺寸在屏幕上显示。

调用【范围缩放】命令的方法有以下三种。

- 使用菜单栏：在菜单栏中选择【视图】|【缩放】|【范围】命令。
- 使用工具栏：单击【标准】工具栏或【缩放】工具栏中的【范围缩放】按钮。
- 使用命令行：在命令行中输入 ZOOM 命令，按 Enter 键确认，根据命令提示选择【范围(E)】命令，按 Enter 键确认。

2.9.3 平移视图

平移视图就是沿上、下、左、右方向移动视图，从而能够更加方便地观察图形的不同部分，该操作不会改变图形，只是移动图形。

1.实时平移视图

使用实时平移功能用户可以在绘图区随意移动图形。

调用【实时平移】的方法有以下几种。

- 使用菜单栏：选择菜单栏中的【视图】|【平移】|【实时】命令，如图 2-185 所示。
- 使用工具栏：单击【标准】工具栏上的【实时平

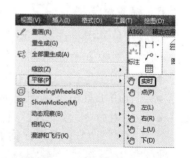

图 2-185 选择【实时】命令

移】按钮，如图 2-186 所示。

- 使用命令行：在命令行中输入 PAN 或 P 命令，按 Enter 键确认。

执行上述操作后，光标会变成手的形状，这时按住鼠标左键，光标会显示抓握状态，这时移动光标，视图中的图形将随着抓握状态的手形移动，释放鼠标左键将停止移动，按 Enter 键或 Esc 键将退出该命令。

图 2-186　【标准】工具栏中的【实时平移】工具

2．定点平移视图和方向平移视图

定点平移指通过指定两个点来设置平移位置。

调用【定点平移】命令的方法有以下两种。

- 使用菜单栏：选择菜单栏中的【视图】|【平移】|【点】命令。
- 使用工具栏：单击【标准】工具栏上的【实时平移】按钮，如图 2-186 所示。
- 使用命令行：在命令行中输入-PAN 命令，按 Enter 键确认。

执行定点平移命令后，命令行提示及含义如下。

```
命令：-PAN                //执行命令
指定基点或位移：           //指定平移的基准点或位移的距离
指定第二点：              //在绘图区指定位移的第二个点或者直接输入数值指定平移距离
```

指定的第二点相对于第一点的方向决定了视图位移的方向。如果在命令行提示指定第二点时直接按 Enter 键，视图将按照指定的基点的坐标值进行位移，即在 X 轴方向移动 X 距离，在 Y 轴方向移动 Y 距离。

选择菜单栏中的【视图】|【平移】命令，在弹出的子菜单中可以看到【上】、【下】、【左】、【右】4 个选项，这 4 个选项的使用方法相同。例如，选择【上】选项，视图将直接向上移动一段距离，选择该命令的同时即执行了平移操作。单击一次只能执行一次。

2.9.4　使用命名视图

在绘制图形过程中，有时需要返回之前某个使用过的视图状态中进行查看，尤其是对图形进行大量修改时。如果将整个图形显示出来，则需要很长时间。使用命名视图功能就可以解决这个问题。

1．命名视图的创建

命名视图是指将视图的某个状态命名后进行保存，在需要时直接恢复到该视图状态，这样可以提高操作效率。

调用【命名视图】命令的方法有以下几种。

- 使用菜单栏：选择菜单栏中的【视图】|【命名视图】命令，如图 2-187 所示。

图 2-187　选择【命名视图】命令

- 使用工具栏：单击【视图】工具栏上的【命名视图】按钮，如图 2-188 所示。
- 使用命令行：在命令行中输入 VIEW 或 V 命令，按 Enter 键确认。

图 2-188 【视图】工具栏上的【命名视图】按钮

执行上述任意命令后，弹出【视图管理器】对话框，如图 2-189 所示。在该对话框左上角的【当前视图】右侧显示了当前视图的名称，在左侧的【查看】列表框中显示了已经命名的视图和可以作为当前视图的类别，中间部分内容显示了左侧选择的视图特性。

图 2-189 【视图管理器】对话框

【视图管理器】对话框中各选项的含义如下。

- 【当前】：该选项显示的是当前视图。
- 【模型视图】：显示模型空间中的命名视图和相机视图类列表。
- 【布局视图】：显示在布局空间中创建的命名视图。
- 【预设视图】：该选项显示正交视图和
  等轴测视图。
- 【置为当前】：该按钮用于将选定的视
  图置为当前。
- 【新建】：该按钮用于新建一个新的命
  名视图。单击该按钮，弹出【新建视图/
  快照特性】对话框，如图 2-190 所示，在
  该对话框中可以对新建的命名视图进行
  设置。设置完成后，单击【确定】按
  钮，即可完成新建命名视图。
- 【更新图层】：该按钮用于更新与选定
  的视图一起保存的图层信息，使图层与
  当前模型空间和布局视口中的图层可见
  性匹配。
- 【编辑边界】：该按钮用于指定视图的

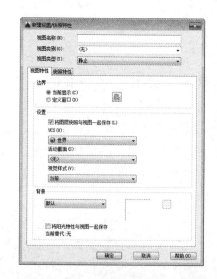

  边界，单击该按钮将返回当前视图，并

图 2-190 【新建视图/快照特性】对话框

提示用户指定第一个角点和指定对角点，同时光标呈"十"字形显示，指定两个角点后，框选的视图区域和其他部分的区域显示不同颜色，如图 2-191 所示。编辑完成后，按 Enter 键返回【视图管理器】对话框。

● 【删除】：该按钮用于删除选定的图层。

【删除】按钮下方的预览框显示了新建视图的预览效果。

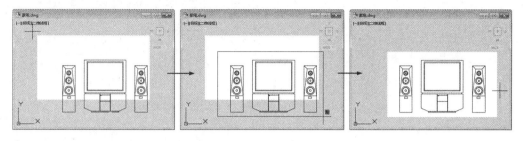

图 2-191　编辑边界

2. 恢复命名视图

如果想恢复某个已经保存过的命名视图，可以选择菜单栏中的【视图】|【命名视图】命令，弹出【视图管理器】对话框，在【查看】列表框中选中已经命名的视图，单击【置为当前】按钮，然后单击【确定】按钮，即可恢复命名视图，如图 2-192 所示。

图 2-192　恢复命名视图

2.9.5　设置视口

通过进行平铺视口操作，可以将屏幕划分为若干个矩形区域，即显示多个视口，每个视口中可以显示图形的不同部分。各个视口中可以同时包含图形中某一个相同的部分。在任何一个视口中进行的操作都会自动出现在其他每一个视口中，并且可以在命令执行的过程中切换视口，即在其中一个视口中开始执行命令，在另一个视口中结束该命令。

1. 设置平铺视口

在菜单栏中选择【视图】|【视口】命令，在弹出的子菜单中可以对视口进行设置，如图 2-193 所示；也可以单击绘图区左上角的【视口控件】按钮[-]，将鼠标指针放置于【视口配置列表】选项上，在自动弹出的子菜单中可以选择相应选项，如图 2-194 所示。

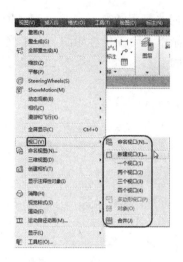

图 2-193 【视口】子菜单

图 2-194 【视口控件】菜单及子菜单

另外，还可以在【视口】对话框中设置平铺视口，打开该对话框的方法有以下几种。

- 使用菜单栏：选择菜单栏中的【视图】|【视口】|【新建视口】命令，如图 2-193 所示。

- 使用工具栏：单击【视口】工具栏中的【显示视口对话框】按钮，如图 2-195 所示。

图 2-195 【显示视口对话框】按钮

- 使用命令行：在命令行中输入 VPORTS 命令，按 Enter 键确认。

执行上述命令后，弹出【视口】对话框，图 2-196 所示为在该对话框中切换至【命名视口】选项卡和【新建视口】选项卡。

图 2-196 【视口】对话框

在【视口】对话框中各选项含义如下。

- 【新名称】：在该文本框中可以设置新建视口的名称。

- 【标准视口】：在该列表框中显示了 12 种类型的标准视口，可以从中选择一种视口。

- 【预览】：在预览框中显示了预设视口和新建视口的预览效果。

- 【应用于】：该选项用于设置将当前模型空间视口配置应用于整个显示窗口或当

前视口，其下拉列表如图 2-197 所示。

- 【设置】：该选项用于指定二维或三维，其下拉列表如图 2-198 所示。
- 【修改视图】：在其下拉列表中选择新的视图替换当前视图。
- 【视觉样式】：在其下拉列表中可以选择视觉样式以应用于选中的视口，其下拉列表如图 2-199 所示。

图 2-197　【应用于】下拉列表　　图 2-198　【设置】下拉列表　　图 2-199　【视觉样式】下拉列表

设置平铺视口效果如图 2-200 所示。

【命名视口】选项卡左侧的【命名视口】列表框中显示了图形中保存的模型视口配置，右侧的预览区域显示选定视口配置的预览图像以及其中的视图。

2．合并视口

在屏幕中有多个视口时，如果想将其中的一个视口合并到另一个视口，可以选择菜单栏中的【视图】|【视口】|【合并】命令，根据命令行提示选择主视口，然后选择要合并的视口，选择完成后，即可合并选中的两个视口。

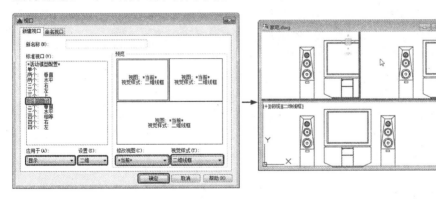

图 2-200　设置平铺视口效果

> **提 示**
>
> 　　如果选择视口时，鼠标拾取的视口中的点超出了图形界限，将不能合并视口，如果开启了图形界限检查功能，命令行中将提示【**超出图形界限】。
>
> 　　除了上述讲解的设置视口方法，在【视图】选项卡中的【模型视口】选项组的【视口配置】下拉列表框中也可以对视口进行相应的设置，如图 2-201 所示。在【模型视口】选项区中，还可以单击【命名】按钮，弹出【视口】对话框，也可以合并视口和恢复视口。

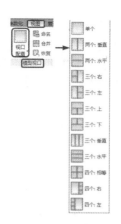

图 2-201 【模型视口】选项组和【视口配置】下拉列表

2.9.6 可见元素的控制

在绘制图形的过程中，通过控制图形的可见元素，可以加快在 AutoCAD 中进行各种操作的速度，进而提高绘图效率。这些可见因素包括线宽、填充、文字等。下面将讲解如何控制这些可见因素。

1. 填充显示的控制

填充显示包括多段线线宽的显示、图案填充的显示等，在命令行中输入 FILL 命令并确认，根据命令行提示输入 ON 并确认，将打开填充显示；输入 OFF 并确认将关闭填充显示。再次绘制图形时，只显示图形的框架，如果图形中已经存在显示填充的图形对象，在执行 FILL 命令后，需要执行【重生成】命令才能看到取消填充显示的效果。【重生成】命令的执行方法在前面的内容已经讲过，这里不再赘述。关闭填充模式后，填充不能被打印。填充显示设置效果即命令行提示如图 2-202 所示。

> **提示**
> FILL 命令也可以作为透明命令使用。

图 2-202 效果及命令行提示

2. 线宽显示的控制

在 AutoCAD 中也可以通过关闭线宽显示来提高图形的显示处理速度。

打开和关闭线宽显示的方法有以下几种。

- 使用状态栏：单击状态栏上的【显示/隐藏线宽】按钮 ，如图 2-203 所示。该按钮呈亮色显示时表示线宽显示处于开的状态，当该按钮呈灰色显示时，表示线宽显示呈关的状态。

图 2-203 【显示/隐藏线宽】按钮

- 使用【线宽设置】对话框：选择菜单栏中的【格式】|【线宽】命令，弹出【线宽设置】对话框，在该对话框中选中或取消选中【显示线宽】复选框，将打开或关闭线宽显示，设置完成后，单击【确定】按钮即可完成操作，如图 2-204 所示。

无论是否显示线宽，线宽都将以实际尺寸打印，在【模型】选项卡中，线宽如果超过了一个像素，就有可能降低 AutoCAD 的显示处理速度。线宽显示打开和关闭效果如图 2-205 所示。

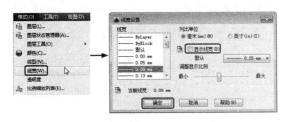

图 2-204　弹出【线宽设置】对话框　　　　　　图 2-205　线宽显示效果

3. 文字快速显示的控制

在 AutoCAD 中，通过控制文字快速显示也可以提高图形的显示处理速度。在命令行中输入 QTEXT 命令并确认，根据命令行提示输入 ON 并确认，将取消文字显示，输入 OFF 并确认将重新显示文字。打开快速文字模式后，将只显示文字框架，不显示具体内容。重新设置快速文字模式后，必须通过执行【重生成】命令才能显示绘图区已经存在的文字效果，重新创建的文字将自动反映新的设置。设置文字快速显示效果及命令行提示如图 2-206 所示。

图 2-206　效果及命令行提示

提 示

打印快速文字时，只打印文字框架而不打印文字内容。

2.10　执行命令的方式

AutoCAD 2016 执行命令的方式有多种，用户主要是通过使用鼠标操作和键盘输入的方式向 AutoCAD 下达命令。执行命令的方式主要包括使用菜单执行命令、使用工具栏按钮执行命令、通过命令行执行命令等。

一个命令往往有多种执行方式。不论使用哪一种方式执行命令，命令行都会显示该命令的名称以及操作过程中的提示信息，直到结束该命令的操作。

2.10.1　通过菜单执行命令

用户可以在菜单栏中选择相应的菜单来执行命令，选择主菜单后，将弹出该主菜单的下拉菜单，在下拉菜单中选择需要的命令，然后根据命令行提示执行操作。调用菜单栏中的命令是 AutoCAD 2016 提供的功能最全、最强大的命令调用方法，AutoCAD 绝大部分常用命令都分门别类地放置在菜单栏中。菜单中有的命令名称后带有右三角标记，表示该命令包含子菜单；有的带有省略号标记，表示单击该命令可以打开对话框。例如，在菜单栏中调用【圆心、半径】命令，选择菜单栏中的【绘图】菜单，在弹出的下拉菜单中选择【圆】命令，然后在弹出的子菜单中选择【圆心、半径】命令，选择完成后，即可根据命令行提示在绘图区绘制圆，如图 2-207 所示。

还有一种通过菜单执行命令的方法就是使用快捷菜单，在某个区域或对象上右击，将会弹出相应的快捷菜单，如在绘图区空白区域右击将会弹出默认快捷菜单，如图 2-208 所示。使用快捷菜单是比较快速的命令执行方式，可以提高工作效率，但是有的命令不包含在快捷菜单中。

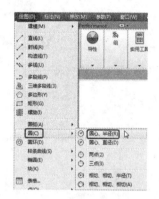

图 2-207 选择【圆心、半径】命令

图 2-208 右键快捷菜单

2.10.2 通过按钮执行命令

工具按钮上一般都显示了描述该命令的图标或者文字，使命令看起来更加直观，用户可以快速地找到并使用该命令。单击要执行命令相应的工具按钮，即可调用该命令，然后根据命令行提示进行操作即可。例如，可以单击快速访问工具栏中的【打开】按钮，打开【选择文件】对话框，选择文件后，单击【打开】按钮，打开图形文件，如图 2-209 所示。

图 2-209 单击【打开】按钮

2.10.3 通过键盘执行命令

通过键盘执行命令包括使用快捷键、组合键执行命令，也包括在命令行中执行命令，还包括使用键盘输入文本对象、数值参数、点的坐标或是对参数进行选择等。

在没有执行任何命令的情况下，AutoCAD 工作界面的底部命令行中将显示【输入命令】提示，表示处于准备接受命令的状态。此时可以在命令行中输入命令，按 Enter 键确认，命令行将提示下一步的操作，用户根据命令行提示进行操作，最后按 Enter 键结束操作。

下面通过实例讲解使用键盘输入的方式执行命令的具体操作步骤。

步骤01 打开随书附带光盘中的"CDROM\素材\第 2 章\吊灯.dwg"素材文件，如图 2-210 所示。

步骤02 在命令行中输入 ARC 命令，按 Enter 键确认，根据命令行提示在绘图区单击图形上的 A 点指定圆弧的起点，然后根据命令行提示输入 E，按 Enter 键确认，在绘图区单击图形上的 B 点指定圆弧端点，根据命令行提示输入 R，按 Enter 键确认，在命令行中输入 360，指定圆弧半径，按 Enter 键确认，完成绘制，效果如图 2-211 所示。命令行提示及含义如下：

命令:ARC	//在命令行中执行命令
指定圆弧的起点或 [圆心(C)]:	//在绘图区单击 A 点指定圆弧起点
指定圆弧的第二个点或 [圆心(C)|端点(E)]:E	//选择下一步操作中输入端点
指定圆弧的端点:	//在绘图区单击 B 点指定圆弧端点
指定圆弧的中心点(按住 Ctrl 键以切换方向)或 [角度(A)|方向(D)|半径(R)]:R	//选择下一步操作中输入半径
指定圆弧的半径(按住 Ctrl 键以切换方向):360	//设置圆弧半径为 360 并按 Enter 键确认

图 2-210　打开素材文件

图 2-211　绘制圆弧效果

2.10.4　重复执行命令

用户在绘图过程中，经常需要重复执行命令，通过一些快捷方式可以加快重复执行命令的速度，进而提高工作效率。

1．执行上一次的命令

如果要执行上一次的命令，可以直接按 Enter 键或空格键，也可以在绘图区中右击，在弹出的快捷菜单中选择【重复】命令，如图 2-212 所示。例如，绘制完成一条直线后，如果需要再次绘制直线，可以通过上述任意方法重复执行【直线】命令，同时命令行中将显示【直线】命令名称以及进行下一步操作的提示。

2．执行使用过的任何命令

如果想执行使用过的任意命令，可以使用以

图 2-212　快捷菜单中的【重复】命令

下方法。

- 使用【命令】窗口：将鼠标指针移动到【命令】窗口的右侧，单击【向上】按钮 ▲、【向下】按钮 ▼ 或者拖动滑块，找到使用过的命令，将其选中，复制、粘贴 到命令行中，按 Enter 键或空格键就可以执行该命令。

- 使用 AutoCAD 文本窗口：按 F2 键，弹出 AutoCAD 文本窗口，在该窗口中将鼠标指针移动到右侧，单击【向上】按钮 ▲、【向下】按钮 ▼ 或者拖动滑块，找到使用过的命令，将其选中，复制并粘贴到命令行中，按 Enter 键或空格键就可以执行该命令，如图 2-213 所示。

3．执行最近使用的命令

在绘图区中右击，在弹出的快捷菜单中选择【最近的输入】命令，在弹出的子菜单中可以选择最近 20 次执行过的命令，如图 2-214 所示。

> **提 示**
> 只有将鼠标指针定位在【命令】窗口或【AutoCAD 文本窗口】窗口右侧才会显示【向上】按钮 ▲、【向下】按钮 ▼ 和滑块。

图 2-213　【AutoCAD 文本窗口】窗口

图 2-214　选择命令

2.10.5　放弃与重做命令

在使用 AutoCAD 绘制图形过程中，执行了错误的操作是不可避免的。用户可以使用【放弃】命令逐步取消执行的操作。

执行【放弃】命令的方法有以下几种。

- 使用菜单栏：选择菜单栏中的【编辑】|【放弃】命令，如图 2-215 所示。

- 使用工具栏：单击【标准】工具栏中的【放弃】按钮 ⟲，如图 2-216 所示。

图 2-215　选择【放弃】命令

图 2-216　【标准】工具栏上的【放弃】按钮

- 使用工具栏：单击快速访问工具栏中的
  【放弃】按钮 🔄，如图 2-217 所示。
- 使用命令行：在命令行中输入 UNDO 命
  令，按 Enter 键确认。
- 使用组合键：按 Ctrl+N 组合键，可以逐步放弃操作。
- 使用快捷键：在绘图区空白区域右击，在弹出的快捷菜单中选择【放弃】命令，
  如图 2-218 所示。

图 2-217　快速访问工具栏上的【放弃】按钮

除了以上方法，还可以单击【放弃】按钮右侧的下三角按钮，从弹出的下拉菜单中选
择要放弃的多步操作，如图 2-219 所示。

图 2-218　快捷菜单

图 2-219　【放弃】按钮的下拉菜单

在命令行中执行 UNDO 命令后，根据命令行提示输入要放弃的操作数目可以放弃前面
进行的多步操作。例如，输入 5 并按 Enter 键确认，即可放弃最近执行的 5 步操作，命令
行提示及含义如下。

```
命令:UNDO                                        //执行【放弃】命令
当前设置:自动 = 开,控制 = 全部,合并 = 是,图层 = 是       //显示当前设置
输入要放弃的操作数目或 [自动(A)|控制(C)|开始(BE)|结束(E)|标记(M)|后退(B)] <1>:5
                                                //输入放弃操作的数目
夹点编辑 INTELLIPAN 夹点编辑 夹点编辑 INTELLIZOOM    //显示放弃的操作名称
```

命令行中各选项含义如下。

- 【自动】：该选项用于将宏(如菜单宏)中的命令编组到单个动作中，使这些命令
  可以通过单个 U 命令反转。如果【控制】选项关闭或者限制了 UNDO 功能，
  【自动】将不可用。选择该选项后命令行将提示【输入 UNDO 自动模式[开(ON)|
  关(OFF)] <开>:】，根据需要进行设置即可。
- 【控制】：该选项用于限制或关闭 UNDO。执行该选项后命令行将提示【输入
  UNDO 控制选项[全部(A)|无(N)|一个(O)] <全部>:】，根据需要进行选择即可。
- 【开始】：该选项和【结束】选项一起使用，将一系列操作编组为一个集合，选
  择该项后，所有后续操作将成为此集合的一部分，直至使用【结束】选项，这个
  集合由 UNDO 命令统一处理。

- 【结束】：用于设置集合的结束操作。
- 【标记】：该选项一般和【后退】选项一起使用，在放弃信息中放置标记，在以后的操作过程中可使用 UNDO 命令返回到这一标记位置。
- 【后退】：该选项用于放弃直达标记为止所做的全部操作。如果一次放弃一个操作，到达该标记时程序会给出通知。

2.10.6 重复绘图命令

在 AutoCAD 中可以在选择【放弃】命令后立即使用 REDO 命令取消放弃操作，执行【重做】命令的方法有以下几种。

图 2-220 选择【重做】命令

- 使用菜单栏：选择菜单栏中的【编辑】|【重做】命令，如图 2-220 所示。
- 使用工具栏：单击快速访问工具栏中或【标准】工具栏中的【重做】按钮，或者单击按钮右侧的下三角按钮，从弹出的下拉菜单中选择重复的命令。
- 使用组合键：按 Ctrl+Y 组合键。
- 使用命令行：在命令行中输入 REDO 命令，按 Enter 键确认。

2.10.7 透明命令的使用

透明命令是指在执行命令的过程中可以执行的命令，执行透明命令后，将重新返回原命令。常用的透明命令为修改图形设置或控制图形辅助绘图工具的命令，如 ZOOM、GRID、SNAP、ORTHO 等。

执行透明命令的方法有以下几种。

- 使用按钮：单击需要执行透明命令的按钮。
- 使用菜单栏：在菜单栏中选择相应的命令。
- 使用命令行：在命令行输入单引号"'"，然后输入要执行的透明命令。

> **提 示**
>
> 在使用一个透明命令的过程中，不能再使用其他透明命令。

在命令行中执行透明命令后，命令行前端将出现">>"符号，下面将通过实例讲解在命令行中使用透明命令的具体操作步骤。

步骤01 在命令行中输入命令 RECTANG，按 Enter 键确认。

步骤02 根据命令提示输入透明命令'GRID，按 Enter 键确认。

步骤03 根据命令行提示按 Enter 键选择默认设置，此时将恢复执行【矩形】命令。

步骤04 根据命令行提示输入(0,0)，指定第一个角点。根据命令行提示输入 D，按 Enter 键确认。

步骤05 根据命令行提示输入 100，按 Enter 键确认，指定矩形的长度。

步骤06 根据命令行提示输入 200，按 Enter 键确认，指定矩

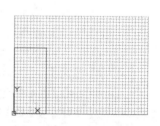

图 2-221 绘制的矩形

形的宽度。在绘图区 X 轴、Y 轴正方向区域内即第一象限内单击鼠标左键结束操
作，效果如图 2-221 所示。

命令行提示及含义如下。

```
命令:_rectang                                              //执行命令
指定第一个角点或 [倒角(C)|标高(E)|圆角(F)|厚度(T)|宽度(W)]: 'grid  //输入透明命令
>>指定栅格间距(X) 或 [开(ON)|关(OFF)|捕捉(S)|主(M)|自适应(D)|界限(L)|跟随(F)|纵
横向间距(A)] <10.0000>:                                    //设置透明命令
正在恢复执行 RECTANG 命令.                                  //提示恢复命令
指定第一个角点或 [倒角(C)|标高(E)|圆角(F)|厚度(T)|宽度(W)]:0,0   //将原点指定为矩
                                                              形第一个角点
指定另一个角点或 [面积(A)|尺寸(D)|旋转(R)]:d               //选择 D 选项
指定矩形的长度 <100.0000>:100                               //设置矩形长度
指定矩形的宽度 <200.0000>:200                               //设置矩形宽度
指定另一个角点或 [面积(A)|尺寸(D)|旋转(R)]:                  //按 Enter 键结束命令
```

2.11　上 机 练 习

2.11.1　绘制钢琴

本实例通过绘制钢琴来学习【矩形】、【偏移】、【对象捕捉】、【分解】、【修
剪】、【图案填充】和【图层】功能的应用以及某些命令执行方式。具体操作步骤如下。

步骤01　按 Ctrl+N 组合键，弹出【选择样板】对话框，选择 acadiso.dwt 选项，单击
【打开】按钮，新建一个空白文件，如图 2-222 所示。

图 2-222　【选择样板】对话框

步骤02　按 F7 键取消栅格显示。在命令行中执行 LAYER 命令，弹出【图层特性管
理器】对话框，单击【新建图层】按钮，在新建图层的名称中输入【钢
琴】，按 Enter 键确认，使用同样的方法新建【填充】图层，如图 2-223 所示。

步骤03　选中【钢琴】图层，单击【置为当前】按钮，将其设置为当前图层。在
命令行中执行 RECTANG 命令，根据命令提示输入 D，按 Enter 键确认，然后根

据命令提示输入 1575 并按 Enter 键确认，指定矩形的长度，在命令行中输入 356 并按 Enter 键确认，指定矩形的宽度，在绘图区任意位置单击完成绘制。绘制效果如图 2-224 所示。

步骤04 在命令行中执行 EXPLODE 命令，选中矩形按 Enter 键确认，将绘制的矩形分解。然后在命令行中执行 OFFSET 命令，根据命令提示输入 51，然后选中矩形最下方的水平线，在该水平线上方任意位置单击，将水平线向上偏移 51，偏移效果如图 2-225 所示。

图 2-223 新建并命名图层

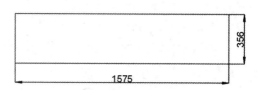

图 2-224 绘制矩形

步骤05 在命令行中执行 RECTANG 命令，绘制一个长度为 1524、宽度为 305 的矩形。然后再在命令行中执行 MOVE 命令，将绘制的矩形移动到图 2-226 所示的位置。

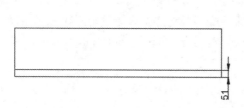

图 2-225 偏移的效果

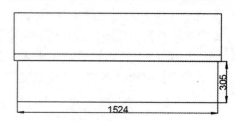

图 2-226 绘制并调整位置

步骤06 在命令行中执行 EXPLODE 命令，将新绘制的矩形分解。然后在命令行中执行 OFFSET 命令，将矩形最下方的水平线向上偏移 25、152、203、254 的距离，偏移效果如图 2-227 所示。

步骤07 继续在命令行中执行 OFFSET 命令，将新绘制矩形的左侧边向右偏移，以偏移得到的对象为基线分别向右偏移 51、254、914、254 的距离，偏移效果如图 2-228 所示。

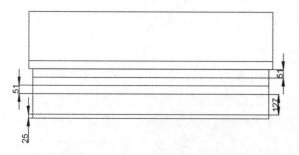

图 2-227 向上偏移线段的效果

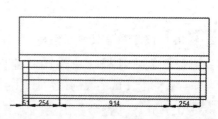

图 2-228 向下偏移的效果

步骤08 在命令行中执行 TRIM 命令，对偏移线段进行修剪，修剪效果如图 2-229 所示。

步骤09 在命令行中执行 OFFSET 命令，偏移图 2-230 所选中的线段，将偏移距离设置为 44.5，并以偏移得到的对象为基线分别向右偏移，共偏移 31 次，偏移效果如图 2-230 所示。

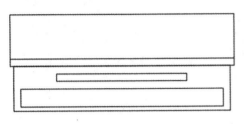

图 2-229　修剪的效果

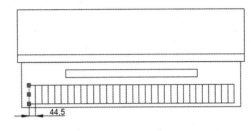

图 2-230　偏移线段的效果

步骤10 将【填充】图层置为当前图层，在命令行中执行 RECTANG 命令，绘制一个长度为 38、宽度为 76 的矩形，并将新绘制的矩形移动到如图 2-231 所示的位置。

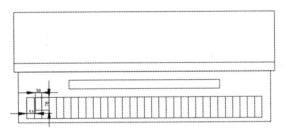

图 2-231　绘制矩形并移动位置

步骤11 在命令行中执行 HATCH 命令，根据命令行的提示输入 T，弹出【图案填充和渐变色】对话框，单击【图案填充】选项卡中【图案】右侧 按钮，弹出【填充图案选项板】对话框，在【其他预定义】选项卡中选择 SOLID 图案，并单击 **确定** 按钮，如图 2-232 所示。在【图案填充和渐变色】对话框右侧的【边界】选项区中单击【拾取：拾取点】按钮 ，然后拾取刚绘制矩形的内部点即可填充图案，填充效果如图 2-233 所示。

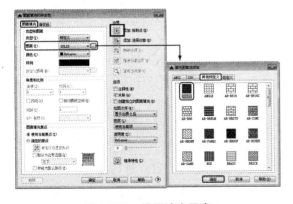

图 2-232　设置填充图案

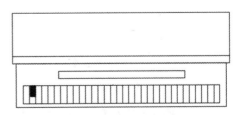

图 2-233　填充的效果

步骤12 在命令行中执行 COPY 命令，将填充矩形进行复制，复制效果如图 2-234 所示。

步骤13 将【家具】图层置为当前图层，在命令行中执行 RECTANG 命令，绘制一个长度为 914、宽度为 356 的矩形，并将其调整到如图 2-235 所示的位置。到此，钢琴的绘制就完成了。

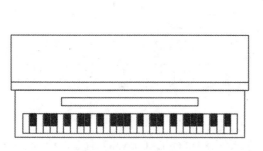

图 2-234　复制效果

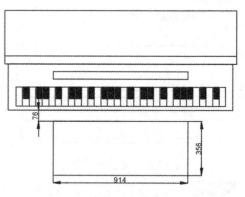

图 2-235　绘制矩形

2.11.2　绘制鞋柜

鞋柜是每个家庭中必不可少的室内家具，其立面图主要是指鞋柜的立面造型图，下面将通过绘制鞋柜一起学习【图层】、【直线】、【正交】、【偏移】、【修剪】和【图案填充】命令的使用方法及某些命令执行方式。

步骤01 首先按 Ctrl+N 组合键，新建一个空白文件。

步骤02 在命令行中执行 LAYER 命令，弹出【图层特性管理器】对话框，单击【新建图层】按钮 ，在新建图层的名称中输入"填充"，按 Enter 键确认，使用同样的方法新建【家具】图层，如图 2-236 所示。

步骤03 选中【家具】图层，单击【置为当前】按钮 ，将其设置为当前图层。在命令行中执行 RECTANG 命令，在空白图纸中绘制一个长度为 1000、宽度为 1090 的矩形，绘制效果如图 2-237 所示。

图 2-236　重命名图层

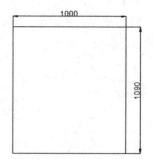

图 2-237　绘制矩形

步骤04 在命令行中执行 EXPLODE 命令，将绘制的矩形分解。然后在命令行中执行 OFFSET 命令，将新绘制矩形的左侧边向右偏移，以偏移得到的对象为基线分别向右偏移 10、390、40、120、40、390 的距离，偏移效果如图 2-238 所示。

步骤 05　在命令行中执行 OFFSET 命令，将新绘制矩形的上边向下偏移，以偏移得到的对象为基线分别向下偏移 20、60、260、300、280、40 的距离，偏移效果如图 2-239 所示。

步骤 06　在命令行中执行 TRIM 命令，对偏移线段进行修剪，修剪效果如图 2-240 所示。

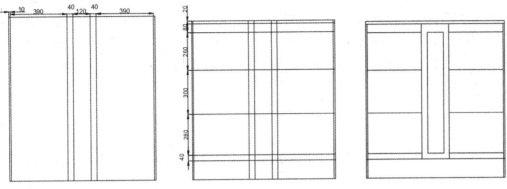

图 2-238　偏移的效果　　　　图 2-239　偏移的效果　　　　图 2-240　修剪的效果

步骤 07　将【填充】图层置为当前图层，在命令行中执行 HATCH 命令，根据命令行的提示输入 T，弹出【图案填充和渐变色】对话框，单击【图案填充】选项卡中【图案】右侧的██按钮，弹出【填充图案选项板】对话框，在【其他预定义】选项卡中选择 AR-RROOF 图案，将【图案填充角度】设置为 45°，将【图案填充比例】设置为 1.5，并单击　确定　按钮，如图 2-241 所示。在【图案填充和渐变色】对话框右侧的【边界】选项区中单击【拾取：拾取点】按钮，然后拾取刚绘制矩形的内部点即可填充图案，填充效果如图 2-242 所示。

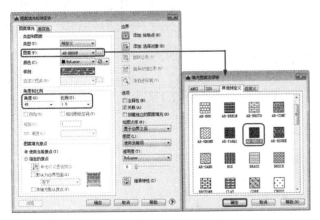

图 2-241　设置填充图案

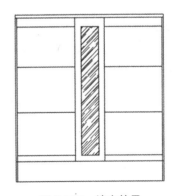

图 2-242　填充效果

思考与练习

1. AutoCAD 2016 的安装过程是怎样的？
2. AutoCAD 2016 有哪几种工作空间？
3. 命令执行方式有哪些？

第3章　基本二维图形的绘制

二维图形是指在二维平面空间绘制的图形，在 AutoCAD 2016 中提供了一系列基本的二维绘图命令，以供读者选择，其中提供了大量的绘图工具，可以帮助用户完成二维图形的绘制。本章主要介绍 AutoCAD 2016 二维图形的绘制方法和技巧。

3.1　点对象的绘制

在 AutoCAD 2016 中执行点操作时可以使用【绘图】菜单栏中的相应命令来构建。也可以在功能区选项板中单击【默认】选项卡，然后从【绘图】面板上选择相应的命令来构建，还可以在命令行中输入命令或简化命令来构建。

3.1.1　设置点样式

在 AutoCAD 2016 中，点的样式有很多种，如单点、多点、定数等分、定距等分。选择点样式的方法非常简单，操作步骤如下。

步骤 01 显示菜单栏，在菜单栏中选择【格式】|【点样式】命令，弹出【点样式】对话框，从中选择需要的点样式。

步骤 02 在【点大小】文本框中输入点的大小，然后单击【确定】按钮，保存设置并关闭该对话框，如图 3-1 所示。

> **提　示**
>
> 读者除在菜单栏中选择【点样式】命令外，还可以在命令行中进行设置。例如，在命令行中选择 DDPTYPE 命令，弹出【点样式】对话框，然后对其进行设置。

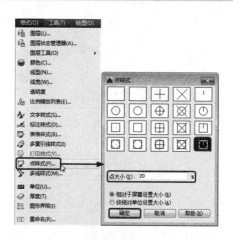

图 3-1　点样式

3.1.2　绘制单点

单击【点】按钮之后，AutoCAD 2016 将显示当前点的模型和大小，此时命令行提示：

命令:point
当前点模式:PDMODE=100　PDSIZE=-20.0000

若要设置点的格式，可执行以下操作。

步骤01　启动软件后，根据上面所介绍的方法，先设置文档中的【点样式】，然后执行菜单栏中的【绘图】|【点】|【单点】命令，如图 3-2 所示。

步骤02　在绘图窗口中的任意位置上单击，即可完成绘制单点的操作，完成后的效果如图 3-3 所示。

图 3-2　选择【单点】命令

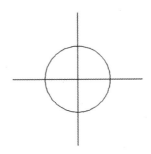

图 3-3　完成后的效果

3.1.3　绘制多点

在 AutoCAD 2016 中，绘制多个点对象可以使绘制多个单点对象操作更加简单。

> **提 示**
>
> 在 AutoCAD 2016 中，虽然【单点】命令和【多点】命令在命令行的提示都是 Point，但输入 Point 命令对应的是菜单栏中的【绘图】|【点】|【单点】命令，而在【AutoCAD 经典】工作界面中【绘图】工具栏上的【点】按钮 对应的是菜单栏中的【绘图】|【点】|【多点】命令。

下面将讲解如何绘制多点对象，其操作步骤如下。

步骤01　打开随书附带光盘中的"CDROM\素材\第 3 章\绘制多点对象.dwg"图形文件，在【功能区】选项板中单击【默认】选项卡，单击【绘图】面板上的 ［绘图 ▼］按钮，在弹出的面板中单击【多点】按钮 ，如图 3-4 所示。

步骤02　在绘图窗口中的任意位置上单击，绘制一个多点对象，多次单击，即可连续绘制多个点对象，完成后的效果如图 3-5 所示。

图 3-4　选择【多点】按钮

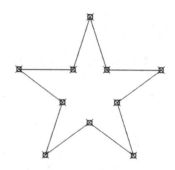

图 3-5　完成后的效果

3.1.4　绘制定数等分

绘制定数等分是指将点对象沿对象的长度或周长等间隔排列。用户可以通过以下几种方式来调用定数等分命令。

- 使用菜单栏：选择【工具】|【点】|【定数等分】菜单命令。
- 使用选项卡：切换至【默认】选项卡，在【绘图】选项组中单击【绘图】下拉按钮，然后在弹出的下拉列表中单击【定数等分点】按钮 。
- 使用命令行：输入 DIVIDE 命令，按 Enter 键进行确认。

执行【定数等分】命令之后，命令行提示：

```
命令:DIVIDE                    //执行 DIVIDE 命令
选择要定数等分的对象:          //拾取要等分的图形对象
输入线段数目或 [块(B)]:        //输入要等分的数目
```

提示

定数等分点所选对象等分为指定数目的相等长度。

下面将通过小实例来讲解如何定数等分线段。

步骤01 启动 AutoCAD 2016 后，打开随书附带光盘中的 "CDROM\素材\第 3 章\定数等分.dwg" 图形文件，如图 3-6 所示。

步骤02 选择菜单栏中的【绘图】|【点】|【定数等分】命令，如图 3-7 所示。

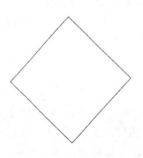

图 3-6　打开图形文件

图 3-7　选择【定数等分】命令

步骤 03 执行完该命令后，此时光标处于 ▯ 状态下，在绘图区域中选择绘制的多边
形，在【输入线段数目或】文本框中输入 4，如图 3-8 所示。

步骤 04 按 Enter 键进行确认，完成后的效果如图 3-9 所示。

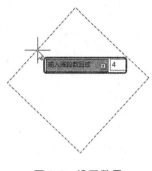

图 3-8　设置数量

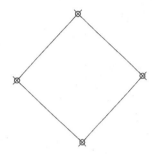

图 3-9　完成后的效果

3.1.5　绘制定距等分点

绘制定距等分点是指沿对象的长度或周长按指定间隔创建点对象或块。绘制定距等分
点有以下几种方法。

- 使用菜单栏：选择【工具】|【点】|【定距等分】菜单命令。
- 使用选项卡：切换至【默认】选项卡，在【绘图】选项组中单击【绘图】下拉按
  钮，然后在弹出的下拉菜单中单击 ⊿ 按钮。
- 使用命令行：输入 ME 命令，按 Enter 键进行确认。

> **提 示**
>
> 使用 DDPTYPE 可设置图形中所有点对象的样式和大小。

执行上述命令后，命令行提示如下。

命令:MEASURE　　　　　　　　//执行 MEASURE 命令
选择要定数等分的对象:　　　　//选择要进行等分的图形对象
输入线段长度或 [块(B)]:　　　//输入线段的距离或指定需要插入的图块

定距等分点可以从选定对象的一个端点划分出相等长度的线段。下面通过实例来讲解
如何定距等分直线。

步骤 01 打开随书附带光盘中的"CDROM\素材\第 3 章\定距等分.dwg"图形文件，
在菜单栏中选择【绘图】|【点】|【定距等分】命令，此时光标呈现出 ▯ 状态，
在绘图区域中选择绘制的圆，输入数值为 250，设置线段长度，如图 3-10 所示。

步骤 02 单击 Enter 键进行确认，完成后的效果如图 3-11 所示。

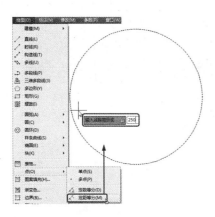

图 3-10　设置数量　　　　　　　　　　　图 3-11　完成后的效果

3.2　直线形对象的绘制

在 AutoCAD 中，直线形是 AutoCAD 中最常见的图形对象之一，其中包括直线、射线、构造线、多线等。

3.2.1　绘制直线

【直线】工具用于绘制直线或折线。在命令行中输入 LINE 命令，可以创建一系列连续的直线段，每条线段都是可以单独进行编辑的直线对象，调用该命令的方法如下。

- 使用菜单栏：选择【绘图】|【直线】命令，如图 3-12 所示。
- 使用选项卡：切换至【默认】选项卡，在【绘图】选项组中单击【直线】按钮 ，如图 3-13 所示。
- 使用命令行：输入 L 命令，按 Enter 键进行确认，如图 3-14 所示。

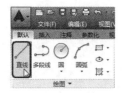

图 3-12　选择【直线】命令　　　　图 3-13　单击【直线】按钮　　　　图 3-14　命令行提示

提　示

在显示动态提示时，按向下箭头键↓可查看和选择选项。按向上箭头键↑可显示最近的输入数值。

下面将通过实例来讲解如何使用直线工具来绘制三角形。

步骤 01 按 Ctrl+O 组合键，弹出【选择文件】对话框，打开随书附带光盘中的 "CDROM\素材\第 3 章\三角形.dwg" 图形文件，单击【打开】按钮，如图 3-15 所示。

图 3-15　选择要打开的素材

步骤 02 打开素材文件，在命令行中输入 L 命令，按空格键进行确认，指定圆 A 的圆心作为直线的起点，按 F8 键关闭正交模式，如图 3-16 所示。

步骤 03 指定圆 B 的圆心作为直线的第二点，如图 3-17 所示。

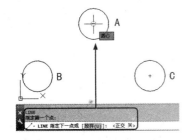

图 3-16　指定直线的起点

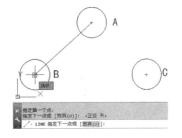

图 3-17　指定圆的第二点

步骤 04 指定圆 C 的圆心作为直线的第三点，如图 3-18 所示。

步骤 05 在命令行中输入 C，将绘制的对象进行闭合，如图 3-19 所示。

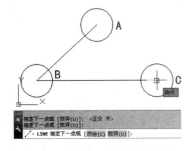

图 3-18　指定圆的第三点

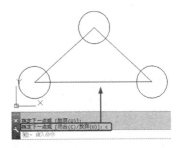

图 3-19　绘制完成后的效果

3.2.2 绘制射线

射线是指创建开始于一点并无限延伸的直线，射线一般作为辅助线使用，在绘图区中绘制完射线后，按 Esc 键即可退出绘制状态。

用户可以通过以下任意一种方法来调用该命令。

- 使用菜单栏：选择【绘图】|【射线】菜单命令。
- 使用功能区：切换至【默认】选项卡，在【绘图】选项组中单击【绘图】下拉按钮，然后在弹出的下拉列表中单击【射线】按钮。
- 使用命令行：输入 RAY 命令，按 Enter 键确认。

执行上述命令后，命令行提示：

```
命令:RAY            //执行 RAY 命令
指定起点：          //指定起点坐标
指定通过点：        //指定通过点确定射线的方向
```

3.2.3 绘制构造线

在 AutoCAD 2016 中，构造线是最简单的一组线性对象，同样也是在绘制复杂二维图形过程中最常用到的基本二维图形元素，用户可以通过以下几种方法来调用该命令。

- 使用菜单栏：选择【绘图】|【构造线】菜单命令。
- 使用功能区：切换至【默认】选项卡，在【绘图】选项组中单击【绘图】下拉按钮，然后在弹出的下拉列表中单击【构造线】按钮。
- 使用命令行：输入 XLINE 命令，按 Enter 键确认。

执行上述命令后，命令行提示如下。

```
命令:XLINE                                        //执行 XLINE 命令
指定点或 [水平(H) /垂直(V) /角度(A) /二等分(B) /偏移(O) ]：
指定通过点：                                      //指定通过点确定构造线的方向
```

在执行命令的过程中，各选项的含义如下。

- 水平：创建一条通过选定点的水平参照线。
- 垂直：创建一条通过选定点的垂直参照线。
- 角度：以指定的角度创建一条参照线。
- 二等分：创建一条参照线，它经过选定的角顶点，并且将选定的两条线之间的夹角平分。
- 偏移：创建平行于另一个对象的参照线。

3.2.4 绘制多线

多线由多条平行线组成，这些平行线称为元素，多线一般用于绘制墙体、平行线对象。

用户可以通过以下几种方式来设置多线。

- 使用菜单栏：选择【格式】|【多线样式】菜单命令，如图 3-20 所示。

● 使用命令行：输入 MLST 命令，按 Enter 键确认，如图 3-21 所示。

通过以上任意一种方式，都可以弹出【多线样式】对话框，通过该对话框，用户可以
设置多线，如图 3-22 所示。

图 3-20　选择【多线样式】命令　　　图 3-21　命令行提示　　　图 3-22　【多线样式】对话框

当用户设置完成后，可以通过以下两种方式来调用【多线】命令。

● 使用菜单栏：选择【绘图】|【多线】菜单命令，如图 3-23 所示。

● 使用命令行：输入 ML 命令，按 Enter 键确认，如图 3-24 所示。

图 3-23　选择【多线】命令　　　　　　图 3-24　命令行提示

命令行提示各选项的含义如下。

● 对正：用于指定绘制多线时的对正方式，其中【对正】方式包括【上】、
【下】、【无】3 种对正方式。

● 上：从左向右绘制多线时，多线上最上端的线会随着鼠标移动，如图 3-25 所示。

● 无：多线的中心将随着鼠标移动，如图 3-26 所示。

● 下：从左向右绘制多线时，多线上最下端的线会随着鼠标移动，如图 3-27 所示。

● 比例：控制多线的全局宽度。该比例不影响线型比例。

● 样式：指定多线的样式。一般情况下，STANDARD 样式为 AutoCAD 默认的多线
样式。用户可根据提示输入所需多线样式名。

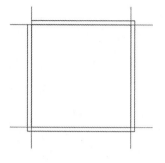
图 3-25 【上】对齐方式

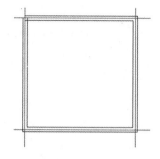
图 3-26 【无】对齐方式

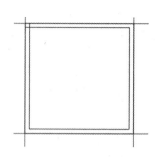
图 3-27 【下】对齐方式

下面将讲解如何使用多线绘制墙体，其操作步骤如下。

步骤01 打开随书附带光盘中的"CDROM\素材\第 3 章\多线.dwg"图形文件，在菜单栏中选择【格式】|【多线样式】命令，如图 3-28 所示。

步骤02 弹出【多线样式】对话框，单击【新建】按钮，弹出【创建新的多线样式】对话框，将【新样式名】设置为【多线 1】，单击【继续】按钮，如图 3-29 所示。

图 3-28 选择【多线样式】命令

图 3-29 创建新多线样式

步骤03 弹出【新建多线样式：多线 1】对话框，在【封口】下方选中【直线】右侧的【起点】和【端点】复选框，将【图元】下方的【偏移】设置为 8 和-8，设置完成后，单击【确定】按钮，如图 3-30 所示。

步骤04 返回至【多线样式】对话框，选择创建的【多线 1】对话框，单击【置为当前】按钮，然后单击【确定】按钮，如图 3-31 所示。

步骤05 在命令行中输入 ML 命令，在命令行中输入 J 命令，按空格键进行确认，在命令行中输入 Z 命令，按空格键进行确认，然后绘制多线对象，如图 3-32 所示。

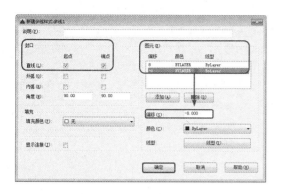

图 3-30　设置多线样式

图 3-31　单击【置为当前】和【确定】按钮

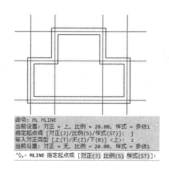

图 3-32　多线对象

3.2.5　绘制多段线

二维多段线是作为单个平面对象创建的相互连接的线段系列，使用多段线命令可以绘制包含多个直线段和曲线段的有宽度线，用户可以通过以下几种方式来绘制多段线。

- 使用菜单栏：选择【绘图】|【多段线】菜单命令，如图 3-33 所示。
- 使用选项卡：切换至【默认】选项卡，在【绘图】选项组中单击【多段线】按钮，如图 3-34 所示。
- 使用命令行：输入 PL 命令，按 Enter 键确认。

图 3-33　选择【多段线】命令

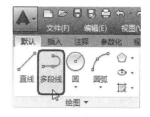

图 3-34　单击【多段线】按钮

执行上述命令后，具体操作过程如下。

```
命令:PLINE                //执行 PLINE 命令
指定起点:                 //指定多段线的起点
当前线宽为 0.0000          //显示当前线宽, 0 线宽即没有线宽
指定下一个点或 [圆弧(A) /半宽(H) /长度(L) /放弃(U) /宽度(W)]:      //指定多点线
的下一点, 在保持默认的情况下, 可创建直线段, 如果在命令行中输入 a, 则可绘制圆弧
指定下一点或 [圆弧(A) /闭合(C) /半宽(H) /长度(L) /放弃(U) /宽度(W)]:   //指定
多段线的下一点的位置或按空格键结束命令
```

多段线命令其他选项的含义如下。

- 圆弧：以多段线的方式绘制圆弧。
- 半宽：指定从宽段线的中心到一边的宽度。
- 长度：定义下一条多段线的长度，若上一段是圆弧，将绘制与此圆弧相切的线段。
- 放弃：取消上一次绘制的一段多段线。
- 宽度：选择该选项，可以设置多段线的宽度值。

提 示

可以使用【分解】命令将多段线分解成单独的线段，不再有线宽信息。

下面将通过实例来练习绘制多段线的方法，具体操作如下。

步骤01 按 Ctrl+N 组合键，弹出【选择样板】对话框，在下方选择 acadiso 样板，单击【打开】按钮，如图 3-35 所示。

图 3-35 【选择样板】对话框

步骤02 使用【多段线】工具，在绘图区中指定第一点，在命令行中输入 W，将【起点宽度】和【端点宽度】设置为 10，向右引导鼠标输入 400，如图 3-36 所示。

步骤03 向下引导鼠标，输入 300，向右引导鼠标，输入 400，向上引导鼠标，输入 300，向右引导鼠标，输入 400，向下引导鼠标，输入 700，向左引导鼠标，输入 1200，在命令行中输入 C，将线段进行闭合，如图 3-37 所示。

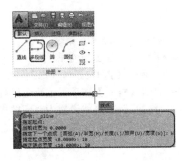

图 3-36　设置起点与端点宽度

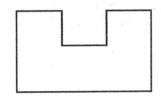

图 3-37　绘制完成后的效果

3.2.6　绘制修订云线

在 AutoCAD 2016 中，用户在检查或用红线圈阅图形时经常用到修订云线功能，以提高工作效率，调用该命令的方法如下。

- 使用菜单栏：选择【绘图】|【修订云线】菜单命令，如图 3-38 所示。
- 使用功能区：在【默认】选项卡，在【绘图】选项组中单击【绘图】按钮，然后在弹出的下拉列表中单击矩形右侧的下三角按钮，在弹出的下拉菜单中单击【徒手画】按钮，如图 3-39 所示。
- 使用命令行：输入 REVCLOUD 命令，按 Enter 键确认，如图 3-40 所示。

图 3-38　选择【修订云线】命令

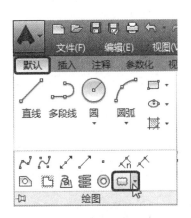

图 3-39　单击【修订云线】按钮

图 3-40　命令行提示

执行上述命令后，具体操作过程如下。

命令：REVCLOUD　　　　　　　　　　　　　　　　　//执行 REVCLOUD 命令
最小弧长：10　最大弧长：10　样式：普通　　　　　　//系统自动显示当前弧长
指定第一个点或 [弧长(A)/对象(O)/矩形(R)/多边形(P)/徒手画(F)/样式(S)/修改(M)] <对象>：S　　　//选择【样式】选项，重新选择对象
选择圆弧样式 [普通(N)/手绘(C)] <普通>：N　　　　　//将【圆弧】样式设置为普通样式
修订云线完成　　　　　　　　　　　　　　　　　　//当光标移动时系统将跟随鼠标自动修
　　　　　　　　　　　　　　　　　　　　　　　　订云线

3.3　多边形对象的绘制

AutoCAD 2016 提供了两种多边形对象，其中包含矩形和多边形。

3.3.1　绘制矩形

在 AutoCAD 中，虽然可以使用直线来绘制矩形，但是不如使用【矩形】工具方便，矩形命令可创建矩形形状的闭合多段线，可以设置【面积】、【尺寸】和【旋转】，它可以绘制具有倒角、圆角等特殊效果的矩形，调用该命令的方法如下。

- 使用菜单栏：选择【绘图】|【矩形】菜单命令，如图 3-41 所示。
- 使用功能区：在【默认】选项卡的【绘图】选项组中单击【矩形】按钮 ，如图 3-42 所示。
- 使用命令行：在命令行中执行 RECTANG 或 REC 命令，按 Enter 键确认。

图 3-41　选择【矩形】命令

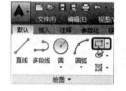

图 3-42　单击【矩形】按钮

执行上述命令后，具体操作过程如下。

命令：REC　　　　　　　　　　　　　　　　　　　　//执行 REC 命令
指定第一个角点或 [倒角(C)/标高(E)/圆角(F)/厚度(T)/宽度(W)]：　　　//在视图中单击任意一点指定第一个角点
指定另一个角点或 [面积(A)/尺寸(D)/旋转(R)]：　　　　//指定第二个角点
位置或坐标值

在执行【矩形】命令的过程中，各选项的含义如下。

- 倒角：设定矩形的倒角距离，对矩形进行倒角，倒角后的矩形效果如图 3-43 所示。
- 标高：指定矩形的标高。
- 圆角：设定矩形的圆角距离，对矩形进行圆角，圆角后的矩形效果如图 3-44 所示。
- 厚度：设置矩形的厚度。
- 宽度：为要绘制的矩形指定多段线的宽度。当宽度为 20 后的效果如图 3-45 所示。

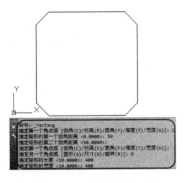

图 3-43　倒角后的矩形

图 3-44　圆角后的矩形

图 3-45　设置宽度后的矩形

- 面积：使用面积与长度或宽度创建矩形。如果【倒角】或【圆角】选项被激活，则区域将包括倒角或圆角在矩形角点上产生的效果。
- 尺寸：设置矩形的长度和宽度。
- 旋转：设置将要绘制的矩形旋转的角度。

3.3.2　绘制正多边形

多边形是一条封闭的等边多段线，调用该命令的方法有以下几种。

- 使用菜单栏：选择【绘图】|【多边形】菜单命令，如图 3-46 所示。
- 使用功能区：在【默认】选项卡的【绘图】选项组中单击【正多边形】按钮 ，如图 3-47 所示。
- 使用命令行：输入 POLYGON 命令，按 Enter 键确认。

图 3-46　选择【多边形】命令

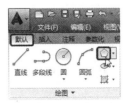

图 3-47　单击【多边形】按钮

执行上述命令后，具体操作过程如下。

命令:POL   //执行 POLYGON 命令
输入边的数目 <4>:   //输入要绘制多边形的边数，按空格或者 Enter
                                            键确定
指定正多边形的中心点或 [边(E)]:   //指定中心点
输入选项 [内接于圆(I)/外切于圆(C)] <I>:   //选择需要的类型
指定圆的半径: //输入圆半径，按空格键确定

在执行命令的过程中，各选项的含义如下。

- 边：指定多边形的边数，可以绘制边数为 3～1024 的正多边形。
- 内接于圆：正多边形的中心到每个顶点的距离等长，效果如图 3-48 所示。
- 外切于圆：正多边形的中心到每条边的垂线长度相等，等于外切圆的半径，效果如图 3-49 所示。

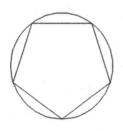   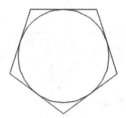

图 3-48　内接于圆   图 3-49　外切于圆

3.4　曲线对象的绘制

AutoCAD 2016 提供了多种曲线对象的绘制，其中包含样条曲线、圆、圆弧、椭圆等对象。

3.4.1　绘制样条曲线

样条曲线是经过或接近影响曲线形状的一系列点的平滑曲线。可以通过指定点来创建样条曲线，也可以封闭样条曲线，使起点和端点重合。这种曲线类型适合于绘制那些具有不规则变化曲率半径的曲线。调用该命令的方法有以下几种。

- 使用菜单栏：选择【绘图】|【样条曲线】菜单命令，如图 3-50 所示。
- 使用功能区：在绘图工具栏中单击【样条曲线】按钮，如图 3-51 所示。
- 使用命令行：在命令行输入 SPLINE 命令，按 Enter 键确认，如图 4-52 所示。
执行上述命令后，具体操作过程如下。

命令:SPLINE   //执行 SPLINE 命令
指定第一个点或 [对象(O)]:   //在绘图区中任意一处单击，作为样条曲线的起点
指定下一点: //指定样条曲线的第二点
指定下一点或 [闭合(C)/拟合公差(F)] <起点切向>://再次指定样条曲线的下一个顶点
指定下一点或 [闭合(C)/拟合公差(F)] <起点切向>://结束绘制后，按 Enter 键结束命令

图 3-50　选择【样条曲线】命令

图 3-51　单击【样条曲线】按钮

图 3-52　命令行提示

3.4.2　绘制螺旋

在 AutoCAD 2016 中，通过编辑螺旋可以创建二维螺旋或三维弹簧，将螺旋用作 SWEEP 命令的扫掠路径以创建弹簧、螺纹和环形楼梯，调用该命令的方法如下。

- 使用菜单栏：选择【绘图】|【螺旋】菜单命令，如图 3-53 所示。
- 使用功能区：在【默认】选项卡的【绘图】选项组中单击【螺旋】按钮，如图 3-54 所示。
- 使用命令行：在命令行中执行 HELIX 命令，按 Enter 键确认，如图 3-55 所示。

图 3-53　选择【螺旋】命令

图 3-54　单击【螺旋】按钮

图 3-55　执行 HELIX 命令

3.4.3　圆的绘制

绘制圆有 6 种方法，在 AutoCAD 中系统默认通过指定圆心和半径进行绘制。调用该命令的方法如下。

- 使用菜单栏：选择【绘图】|【圆】菜单命令，如图 3-56 所示。
- 使用功能区：在【默认】选项卡的【绘图】选项组中单击【圆】按钮。单击【圆】按钮下方的按钮，在弹出的下拉菜单中选择相应的命令绘制圆，如图 3-57 所示。
- 使用命令行：输入 CIRCLE 或 C 命令，按 Enter 键确认，如图 3-58 所示。

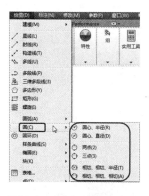

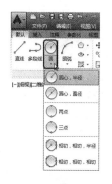

图 3-56　选择【圆】命令　　　图 3-57　【圆】子菜单　　　图 3-58　命令行提示

在执行【圆】命令时，各选项的含义如下。

提 示

圆心：基于圆心和半径或直径值创建圆。

执行该命令，命令行提示如下。

圆心半径：在命令行中输入值，或者在绘图区中直接指定点，如图 3-59 所示。

圆心直径：在命令行中输入值，或者在绘图区中直接指定点，如图 3-60 所示。

两点(2P)：基于直径上的两个端点创建圆，如图 3-61 所示。

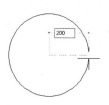

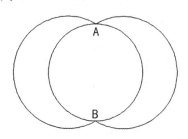

图 3-59　圆心半径　　　　　图 3-60　圆心直径　　　　　图 3-61　创建两点圆

三点(3P)：基于圆周上的三点创建圆，如图 3-62 所示。

切点、切点、半径：基于指定半径和两个相切对象创建圆，如图 3-63 所示。

相切、相切、相切：创建相切于 3 个对象的圆，如图 3-64 所示。

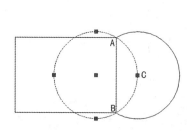

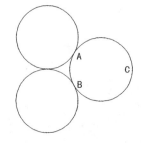

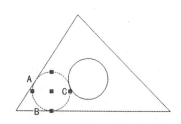

图 3-62　创建三点圆　　　　图 3-63　切点、切点、半径　　　图 3-64　相切、相切、相切

3.4.4　圆弧的绘制

要绘制圆弧，可以指定圆心、端点、起点、半径、角度、弦长和方向值的各种组合形式。默认情况下，以逆时针方向绘制圆弧。按住 Ctrl 键的同时拖动，以顺时针方向绘制圆弧。调用该命令的方法有以下几种。

- 使用菜单栏：选择【绘图】|【圆弧】菜单命令，如图 3-65 所示。
- 使用功能区：在【默认】选项卡的【绘图】选项组中单击【圆弧】按钮 下方的圆弧 按钮，在弹出的下拉菜单中选择相应的命令，绘制圆弧，如图 3-66 所示。
- 使用命令行：输入 ARC 或 A 命令，按 Enter 键确认，如图 3-67 所示。

图 3-65　选择【圆弧】命令　　图 3-66　【圆弧】子菜单　　图 3-67　绘制圆弧的子菜单

下面将通过实例来练习绘制圆弧的方法，具体操作如下。

步骤01　按 Ctrl+O 组合键，弹出【选择文件】对话框，打开随书附带光盘中的 "CDROM\素材\第 3 章\电视机.dwg" 图形文件，单击【打开】按钮，如图 3-68 所示。

步骤02　切换至【默认】选项卡，在【绘图】选项组中单击【圆弧】下方的下拉按钮，在弹出的菜单中选择【起点，端点，方向】命令，如图 3-69 所示。

图 3-68　选择文件　　　　　　　　图 3-69　选择【起点，端点，方向】命令

步骤 03 指定 A 点和 B 点，向下引导鼠标，输入-20，如图 3-70 所示。

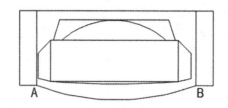

图 3-70　绘制完成后的效果

3.4.5　椭圆的绘制

椭圆与圆的差别在于其圆周上的点到中心的距离是变化的。椭圆由长度不同的两条轴决定其形状，调用该命令的方法有以下 3 种。

- 使用菜单栏：选择【绘图】|【椭圆】菜单命令，在弹出的子菜单中选择所需的命令。
- 使用功能区：在【默认】选项卡中的【绘图】选项组中，单击【圆心】按钮右侧的下三角按钮，然后在弹出的下拉菜单中选择相应的命令。
- 使用命令行：输入 ELLIPSE 或 EL 命令，按 Enter 键确认。

执行上述命令后，具体操作过程如下。

```
命令:ELLIPSE                                    //执行 ELLIPSE 命令
指定椭圆的轴端点或 [圆弧(A) /中心点(C)]:       //指定轴端点
指定轴的另一个端点:                             //指定另一个端点
指定另一条半轴长度或 [旋转(R)]:                 //指定另一条半轴长度
```

下面将通过实例来练习绘制椭圆的方法，具体操作如下

步骤 01 按 Ctrl+O 组合键，弹出【选择文件】对话框，打开随书附带光盘中的"CDROM\素材\第 3 章\洗手池.dwg"图形文件，单击【打开】按钮，如图 3-71 所示。

步骤 02 在【默认】选项卡中，指定圆 A 的象限点为椭圆的中心点，如图 3-72 所示。

图 3-71　选择图形文件

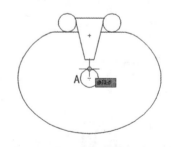

图 3-72　指定椭圆的中心点

步骤 03 向右引导鼠标，开启【正交】模式，输入数值为 250，作为轴的端点，然后输入 200，作为另一条半轴长度，按 Enter 键进行确认，如图 3-73 所示。

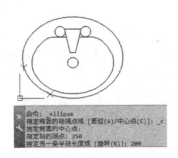

图 3-73　绘制完成后的效果

3.4.6　椭圆弧的绘制

椭圆弧与椭圆的方法比较相似，这里不再赘述，调用该命令的方法有以下几种。

- 使用菜单栏：选择【绘图】|【椭圆】菜单命令。
- 使用功能区：在【默认】选项卡中的【绘图】选项组中，单击【圆心】按钮 右侧的 按钮，然后在弹出的菜单中选择【椭圆弧】命令。
- 使用命令行：输入 ELLIPSE 或 EL 命令，按 Enter 键确认。

执行上述操作后，具体操作过程如下。

命令:ELLIPSE	//执行 ELLIPSE 命令
指定椭圆的轴端点或 [圆弧(A) /中心点(C)]:a	//选择【圆弧】选项
指定椭圆弧的轴端点或 [中心点(C)]:	//在绘图区中任意位置拾取一点作为椭圆弧轴的一个端点
指定轴的另一个端点:	//拾取第二项作为轴的另一个端点
指定另一条半轴长度或 [旋转(R)]:	//指定椭圆弧另一条轴线的半长
指定起始角度或 [参数(P)]:	//指定椭圆弧起点角度值
指定终止角度或 [参数(P) /包含角度(I)]:	//指定椭圆弧端点角度值

下面将通过实例来练习绘制椭圆弧的方法，具体操作如下。

步骤01　新建一个空白图纸，使用【椭圆弧】工具指定任意一点作为轴的第一点，如图 3-74 所示。

步骤02　向右引导鼠标，输入 1000，作为轴的端点，向右引导鼠标，输入 500，作为另一个轴的端点，然后输入 10，作为另一条半轴长度，按 Enter 键进行确认，如图 3-75 所示。

图 3-74　使用【椭圆弧】工具

图 3-75　绘制完成后的效果

3.4.7　圆环的绘制

圆环是填充环或实体填充圆，即带有宽度的实际闭合多段线。调用该命令的方法有以下几种。

- 使用菜单栏：选择【绘图】|【圆环】菜单命令，如图 3-76 所示。
- 使用功能区：在【默认】选项卡的【绘图】选项组中单击【绘图】按钮，然后在弹出的下拉菜单中单击【圆环】按钮 ，如图 3-77 所示。
- 使用命令行：输入 DONUT 或 DO 命令，按 Enter 键确认，如图 3-78 所示。

图 3-76　选择【圆环】命令　　　图 3-77　单击【圆环】按钮　　　图 3-78　命令行提示

执行上述命令后，具体操作过程如下。

命令：DO	//执行 DONUT 命令
指定圆环的内径：	//输入圆环的内径
指定圆环的外径：	//输入圆环的外径
指定圆环的中心点或 <退出>：	//在绘图区中拾取一点即可作为圆环的中心点绘制圆环
指定圆环的中心点或 <退出>：	//在绘图区中创建多个圆环后，按空格键完成绘制

下面将通过实例来练习绘制圆环的方法，具体操作如下。

步骤 01　按 Ctrl+O 组合键，弹出【选择文件】对话框，打开随书附带光盘中的"CDROM\素材\第 3 章\圆环.dwg"图形文件，单击【打开】按钮，如图 3-79 所示。

步骤 02　选择 DONUT 命令，按 Enter 键进行确认，将【圆环】的【半径】设置为 500，将【圆环】的【外径】设置为 200，在图 3-80 中添加两个车轮。

图 3-79　选择图形文件

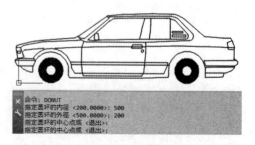

图 3-80　完成后的效果

3.5　图案填充

图案填充是一种使用指定线条图案、颜色来填充指定区域的操作，当用户需要用一个重复的图案填充一个区域时，可以使用 HATCH 命令建立一个相关联的填充阴影对象，下面将讲解图案填充的应用。

3.5.1　填充图案

图案填充的应用非常广泛，在填充图案时，首先要确定待选填充区域的边界，边界由构成封闭区域的对象来确定，并且必须在当前屏幕上全部可见，调用该命令的方法有以下几种。

- 使用菜单栏：选择【绘图】|【图案填充】菜单命令，如图 3-81 所示。
- 使用功能区：在【绘图】选项组中单击【图案填充】按钮，如图 3-82 所示。
- 使用命令行：输入 HATCH 命令，并按 Enter 键，在命令行中输入 T，如图 3-83 所示。

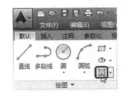

图 3-81　选择【图案填充】命令　　图 3-82　单击【图案填充】按钮　　图 3-83　命令行提示

使用上面任意一种方式，即可打开【图案填充和渐变色】对话框，如图 3-84 所示。在该对话框中单击【图案】右侧的按钮，弹出【填充图案选项板】对话框，如图 3-85 所示，在该对话框中可以选择用户所需的图案。

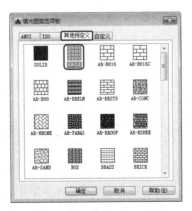

图 3-84　【图案填充和渐变色】对话框　　　图 3-85　【填充图案选项板】对话框

下面将通过实例来练习如何填充图案，具体操作如下。

步骤01 按 Ctrl+O 组合键，弹出【选择文件】对话框，打开随书附带光盘中的"CDROM\素材\第 3 章\柜子.dwg"图形文件，单击【打开】按钮，如图 3-86 所示。

步骤02 选择 HATCH 命令，按 Enter 键进行确认，将【图案填充】设置为 ANSI31，将【角度】设置为 90，将【图案填充比例】设置为 10，如图 3-87 所示。

图 3-86 选择图形文件

图 3-87 设置图案填充

步骤03 然后为对象进行填充，如图 3-88 所示。

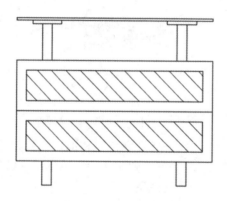

图 3-88 完成后的效果

3.5.2 填充渐变色

CAD 提供了 9 种固定的图案和单色、双色渐变填充。使用渐变色填充，可以创建从一种颜色到另一种颜色平滑过渡的填充，还能体现出光照在平面或三维对象上产生的过渡颜色，增加演示图形的效果。在【渐变色】选项卡中可以设置渐变色图案，如图 3-89 所示。

● 使用菜单栏：选择【绘图】|【渐变色】菜单命令，如图 3-89 所示。

● 使用功能区：在【绘图】选项组中单击【渐变色】按钮，如图 3-90 所示。

● 使用命令行：输入 GRADIENT 命令，并按 Enter 键，在命令行中输入 T，如图 3-91 所示。

图 3-89　执行【渐变色】命令　图 3-90　单击【渐变色】按钮　　图 3-91　命令行提示

使用上面任意一种方式，即可打开图 3-92 所示的对话框，在该对话框中单击【单色】或【双色】右侧的 ┅ 按钮，弹出【选择颜色】对话框，如图 3-93 所示，在该对话框中可以选择用户所需的颜色。

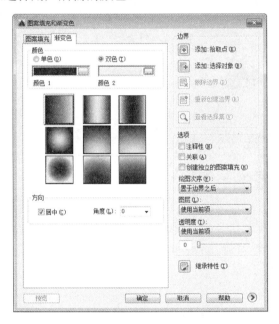

图 3-92　图案填充和渐变色

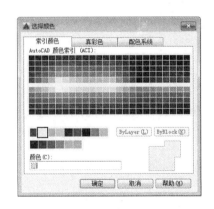

图 3-93　【选择颜色】对话框

下面将通过实例来练习如何为五角星填充渐变图案，具体操作如下。

步骤01　按 Ctrl+O 组合键，弹出【选择文件】对话框，打开随书附带光盘中的"CDROM\素材\第 3 章\五角星.dwg"图形文件，单击【打开】按钮，如图 3-94 所示。

步骤02　输入 GRADIENT 命令，按 Enter 键进行确认，将【图案填充】设置为 GR_LINEAR，将【角度】设置为 50，如图 3-95 所示。

图 3-94　选择图形文件

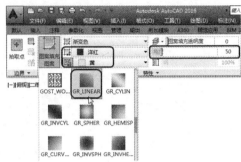

图 3-95　设置图案填充

步骤 03　然后为对象进行填充，如图 3-96 所示。

图 3-96　完成后的效果

3.6　面域的绘制

面域的边界由端点相连的曲线组成，曲线上的每个端点仅连接两条边，面域拒接所有角点和自交曲线。使用 REGION 命令可以将由某些对象围成的封闭区域转换为面域。

3.6.1　创建面域

下面介绍面域的创建。创建面域的方法有两种，下面分别对它们进行简单介绍。

1．使用面域命令创建面域

在 AutoCAD 2016 中，用户可以通过以下 3 种方法调用【面域】命令。

- 使用菜单栏：选择【绘图】|【面域】菜单命令，如图 3-97 所示。
- 使用功能区：切换至【默认】选项卡，在【绘图】选项组中单击【面域】按钮，如图 3-98 所示。
- 使用命令行：输入 REGION 命令，并按 Enter 键确认，如图 3-99 所示。

图 3-97　选择【面域】命令　　　图 3-98　单击【面域】按钮　　　图 3-99　命令行提示

2．使用边界命令创建面域

使用【边界】命令既可以由任意一个闭合区域创建一个多段线的边界，也可以创建一个面域。与【面域】命令不同，使用【边界】命令不需要考虑对象是共用一个端点，还是出现了相交。

【边界】命令将分析由对象组成的【边界集】。在 AutoCAD 2016 中，用户可以通过以下 3 种方法调用【边界】命令。

- 使用菜单栏：选择【绘图】|【边界】菜单命令，如图 3-100 所示。
- 使用功能区：切换至【默认】选项卡，在【绘图】选项组中单击【边界】 按钮，如图 3-101 所示。
- 使用命令行：输入 BOUNDARY 命令，按 Enter 键确认，即可弹出图 3-102 所示的对话框。

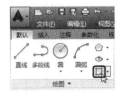

图 3-100　选择【边界】命令　　　图 3-101　单击【边界】按钮　　　图 3-102　命令行提示

3.6.2 编辑面域

创建面域后，可以对面域之间进行布尔运算，生成新的面域。

1．并集

将两个面域执行并集计算后，将合并为一个面域。具体操作步骤如下。

步骤01 启动 AutoCAD 2016 后，使用【圆】工具绘制半径为 500 的圆，如图 3-103 所示。

步骤02 使用【复制】工具，将绘制的圆向右复制 500，如图 3-104 所示。

步骤03 在命令行中输入 REGION 命令，按空格键确认。根据命令行的提示，选择绘制的圆对象，按空格键进行确认，此时已经将【圆】对象转换为面域对象，如图 3-105 所示。

步骤04 选择【修改】|【实体编辑】|【并集】菜单命令，如图 3-106 所示。

步骤05 在绘图区域中框选已经转化为面域的两个对象，按空格键将选择的对象进行并集运算，完成后的效果如图 3-107 所示。

图 3-103　绘制圆

图 3-104　复制圆

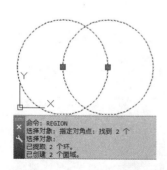

图 3-105　将【圆】对象转换
为面域对象

图 3-106　选择【并集】命令

图 3-107　并集后的效果

2. 差集

将两个面域执行差集计算后，可以得到两个面域相减后的区域。

步骤01 新建一张空白图纸，使用【多边形】工具，将【侧面数】设置为 4，在任意位置处，指定一点作为正多边形的中心点，在命令行中输入 C，将【半径】设置为 500，如图 3-108 所示。

步骤02 使用【圆】工具，以多边形的中心点作为圆的中心点，将【圆】的【半径】设置为 600，如图 3-109 所示。

步骤03 在命令行中输入 REGION 命令，按空格键确认。根据命令行的提示，选择绘制的多边形和圆对象，按空格键进行确认，此时已经将对象转换为面域对象，如图 3-110 所示。

步骤04 选择【修改】|【实体编辑】|【差集】菜单命令，如图 3-111 所示。

步骤05 选择圆对象，按空格键进行确认，然后选择多边形对象，再次按空格键将选择的对象进行差集运算，完成后的效果如图 3-112 所示。

图 3-108　绘制正多边形

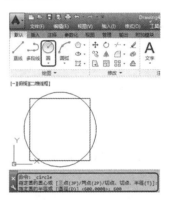

图 3-109　设置【圆】的半径

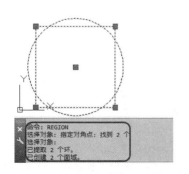

图 3-110　将对象转换为面域对象

图 3-111　选择【差集】命令

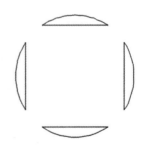

图 3-112　差集运算后的效果

3．交集

将两个面域执行交集计算后，可以得到两个面域的共有区域。具体操作步骤如下。

步骤 01 按 Ctrl+O 组合键，弹出【选择文件】对话框，打开随书附带光盘中的"CDROM\素材\第 3 章\交集.dwg"图形文件，如图 3-113 所示。

步骤 02 在命令行中输入 REGION 命令，按空格键确认。根据命令行的提示，选择所有对象，按空格键进行确认，此时已经将图中的对象转换为面域对象，如图 3-114 所示。

步骤 03 选择【修改】|【实体编辑】|【交集】菜单命令，如图 3-115 所示。

步骤 04 在绘图区域中框选已经转化为面域的两个对象，按空格键将选择的对象进行交集运算，完成后的效果如图 3-116 所示。

图 3-113 打开图形文件

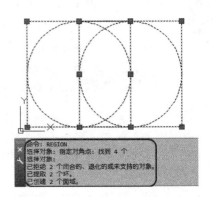

图 3-114 转换完成后的效果

图 3-115 选择【交集】命令

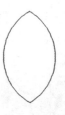

图 3-116 交集运算后的效果

3.6.3　从面域中提取数据

面域对象除了具有一般图形对象的属性外，还具有作为面对象所具备的属性，其中一个重要的属性就是质量特性。用户可以通过相关操作提取面域的有关数据。

从面域中提取数据的执行方式有以下几种。

- 使用菜单栏：选择【工具】|【查询】|【面域/质量特性】菜单命令，如图 3-117 所示。
- 使用命令行：输入 MASSPROP 命令，按 Enter 键确认，如图 3-118 所示。

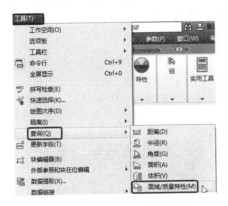

图 3-117　选择【面域/质量特性】命令

图 3-118　命令行提示

下面将介绍【面域/质量特性】的使用方法。

步骤 01　使用【多边形】工具绘制一个半径为 3000 的五边形，如图 3-119 所示。

步骤 02　在命令行中输入 REGION 命令，按空格键确认。根据命令行的提示选择对象，按空格键进行确认，此时已经将图中的对象转换为面域对象，如图 3-120 所示。

步骤 03　在命令行中输入 MASSPROP 命令，选择绘图区域中的多边形面域对象，并按 Enter 键，即可弹出 AutoCAD 文本窗口，如图 3-121 所示。

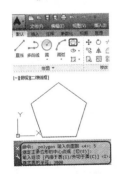

图 3-119　绘制多边形

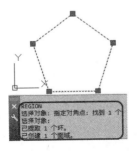

图 3-120　将对象转换为
面域对象

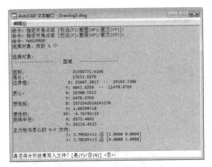

图 3-121　AutoCAD 文本
窗口

3.7 区域覆盖对象的绘制

在 AutoCAD 2016 中，利用【区域覆盖】命令，可以对原有的图形进行覆盖，调用该命令的方法有以下几种。

- 使用菜单栏：选择【绘图】|【区域覆盖】菜单命令，如图 3-122 所示。
- 使用功能区：在【绘图】选项组中单击【绘图】按钮，在下方单击【区域覆盖】按钮，如图 3-123 所示。
- 使用命令行：输入 WIPEOUT 命令，按 Enter 键进行确认。

图 3-122 选择【区域覆盖】命令

图 3-123 单击【区域覆盖】按钮

绘制区域覆盖对象的操作步骤如下。

步骤01 启动 AutoCAD 2016，打开随书附带光盘中的"CDROM\素材\第 3 章\区域覆盖.dwg"图形文件，在命令行中输入 WIPEOUT 命令，并按 Enter 键进行确认，根据命令行的提示，单击鼠标作为区域覆盖的第一点，如图 3-124 所示。

步骤02 根据命令行的提示依次选择其他点，如图 3-125 所示。

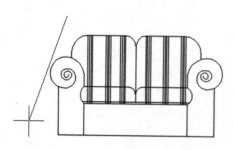

图 3-124 指定第一点

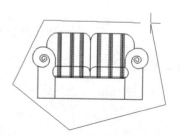

图 3-125 依次选择其他点

步骤 03　在命令行中输入 C，结束绘制，效果如图 3-126 所示。

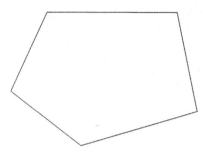

图 3-126　绘制好的区域覆盖对象

3.8　上　机　练　习

通过本章对二维图形基础的学习，对绘制二维图形中的工具和命令有了简单的认识，下面通过实际的上机实践来巩固前面基础知识的学习。

3.8.1　绘制坐便器

坐便器主要应用于室内卫生间，下面将介绍如何绘制坐便器，其具体操作步骤如下。

步骤 01　启动 AutoCAD 2016，新建空白图纸，在命令行中输入 RECTANG 命令，绘制一个长度为 470、宽度为 1020 的矩形，在命令行中输入 OFFSET 命令，将矩形向内偏移 40，如图 3-127 所示。

步骤 02　在命令行中输入 FILLET 命令，在命令行中输入 R 命令，将圆角半径设置为 48，在命令行中输入 M，对其进行多次圆角，如图 3-128 所示。

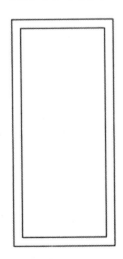

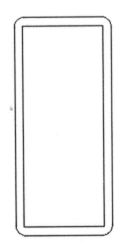

图 3-127　偏移矩形　　　　　　　　　　　　图 3-128　圆角矩形

步骤 03　在命令行中输入 ELLIPSE 命令，在命令行中输入 C，以【中心点】方式绘制椭圆；在命令行中输入 MOVE 命令，将新绘制的椭圆的位置进行调整，如图 3-129 所示。

步骤 04 在命令行中输入 ARC 命令,在下方绘制圆弧并调整图形,如图 3-130 所示。

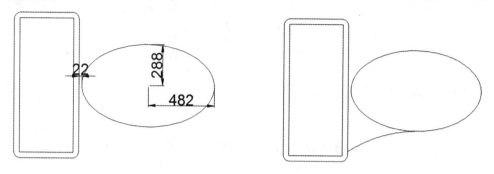

图 3-129 调整椭圆   图 3-130 绘制圆弧

步骤 05 在命令行中输入 MIRROR 命令,选择刚绘制的圆弧作为镜像对象,指定镜像的第一点和第二点,效果如图 3-131 所示。

步骤 06 在命令行中输入 OFFSET 命令,选择椭圆对象向内侧偏移 32,效果如图 3-132 所示。

步骤 07 在命令行中输入 RECTANG 命令,绘制一个长度为 224、宽度为 94 的矩形,在命令行中输入 MOVE 命令,将矩形移动至合适的位置,如图 3-133 所示。

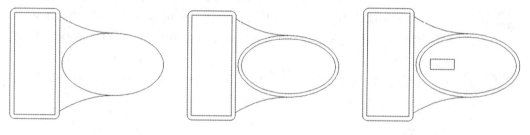

图 3-131 镜像后的效果   图 3-132 偏移对象   图 3-133 移动后的效果

步骤 08 在命令行中输入 PLINE 命令,绘制多段线,如图 3-134 所示。

步骤 09 在命令行中输入 TRIM 命令,对其进行修剪,如图 3-135 所示。

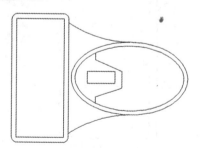 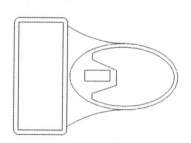

图 3-134 绘制多段线后的效果   图 3-135 修剪后的效果

3.8.2　绘制便池

下面将讲解如何绘制便池，其具体操作步骤如下。

步骤 01　在命令行中输入 RECTANG 命令，在命令行中输入 F，将矩形的圆角半径设置为 45，指定第一个角点，在命令行中输入 D，将矩形的长度设置为 550、宽度设置为 700 的矩形，如图 3-136 所示。

步骤 02　继续使用矩形命令，绘制一个圆角半径为 30、长度为 200、宽度为 450 的矩形，在命令行中输入 FILLET 命令，在命令行中输入 R，将圆角半径设置为 79，按空格键确认，在命令行中输入 M 命令，对矩形进行圆角处理，如图 3-137 所示。

图 3-136　绘制矩形

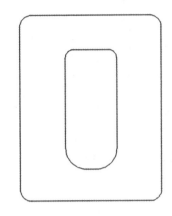

图 3-137　绘制矩形并进行圆角

步骤 03　在命令行中输入 OFFSET 命令，将偏移距离设置为 20，选择上一步绘制的矩形，向内进行偏移，如图 3-138 所示。

步骤 04　在命令行中输入 LINE 命令，绘制直线，然后在命令行中输入 TRIM 命令，对其进行修剪，如图 3-139 所示。

步骤 05　在命令行中输入 CIRCLE 命令，绘制一个半径为 13 的圆形，如图 3-140 所示。

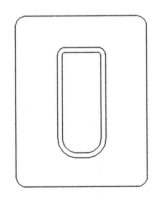

图 3-138　偏移矩形

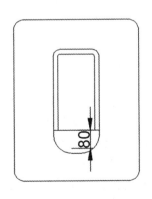

图 3-139　修剪后的效果

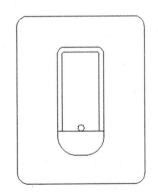

图 3-140　绘制圆形

步骤 06 在命令行中输入 RECTANG 命令，在命令行中输入 D，绘制一个长度为 85、宽度为-20 的矩形，在命令行中输入 COPY 命令，向下复制，将距离设置为 85，如图 3-141 所示。

步骤 07 在命令行中输入 MIRROR 命令，镜像所有复制后的线段，如图 3-142 所示。

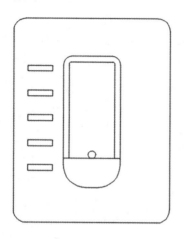

图 3-141　绘制矩形并进行复制

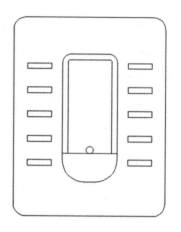

图 3-142　镜像完成后的效果

3.8.3　绘制门

下面讲解如何利用椭圆、矩形、直线和圆以及其他工具绘制一扇门，其具体操作步骤如下。

步骤 01 在命令行中输入 RECTANG 命令，按 Enter 键进行确认，在命令行中输入 W 命令，将矩形线宽的宽度设置为 20，按 Enter 键进行确认，在命令行中输入 (400,400)命令，作为第一个角点，然后在命令行中输入((@800,2000)命令，按 Enter 键进行确认，绘制矩形，如图 3-143 所示。

步骤 02 在命令行中输入 RECTANG 命令，按 Enter 键进行确认，在命令行中输入 W 命令，将矩形的宽度设置为 5，在命令行中输入 C 命令，指定矩形第一倒角的距离数值为 30，指定矩形第二倒角的距离数值为 60，在命令行中输入(500,500)，作为矩形的第一个角点，在命令行中输入((@600,300)，作为矩形的第二个角点，按 Enter 键进行确认，如图 3-144 所示。

步骤 03 在命令行中输入 RECTANG 命令，按 Enter 键进行确认，在命令行中输入 W 命令，将矩形的宽度设置为 5，按空格键进行确认，在命令行中输入 F 命令，将矩形的宽度设置为 30，按空格键进行确认，在命令行中输入(500,2300)，按空格键进行确认，指定矩形的第一点，然后在命令行中输入(1100,1000)，按空格键进行确认，指定第二点的位置，如图 3-145 所示，完成上方矩形的绘制。

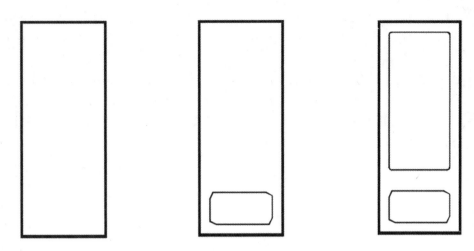

图 3-143　绘制矩形　　　图 3-144　绘制倒角矩形　　　图 3-145　绘制完成后的效果

步骤04　在命令行中输入 ELLIPSE 命令，按 Enter 键，在命令行中输入 C 命令，单击 A 点位置，作为椭圆的中心点，向上引导鼠标，输入数值 500，然后向右引导鼠标，输入数值为 260，按空格键完成操作，如图 3-146 所示。

步骤05　在命令行中输入 ELLIPSE 命令，使用上面的方法，再次绘制一个椭圆，然后在命令行中输入 LINE 命令，按 Enter 键，进行绘制，如图 3-147 所示。

步骤06　在命令行中输入 CIRCLE 命令，按 Enter 键，在命令行中输入数值 (1150,1300)，按空格键进行确认，将圆的半径设置为 20，完成门的把手的绘制，如图 3-148 所示。

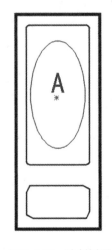 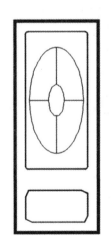 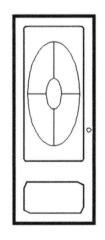

图 3-146　绘制椭圆　　　图 3-147　绘制椭圆和直线　　　图 3-148　绘制完成后的效果

3.8.4　绘制双人床

下面将讲解如何绘制双人床，其中主要用到了【矩形】、【直线】、【圆】、【图案填充】和【多段线】功能的应用。

步骤 01　启动 AutoCAD 2016 软件，新建空白文件，在命令行中输入 RECTANG 命令，指定第一个角点，在命令行中输入 D，绘制一个长度为 686、宽度为 952.5 的矩形，如图 3-149 所示。

步骤 02　在命令行中输入 FILLET 命令，在命令行中输入 R，将圆角半径设置为 76，在命令行中输入 M，对上一步绘制的矩形进行多次圆角，如图 3-150 所示。

步骤 03　使用【矩形】和【移动】工具，开启【对象捕捉】功能，绘制一个长度为 686、宽度为 38 的矩形，如图 3-151 所示。

图 3-149　绘制矩形　　　　　　图 3-150　圆角矩形　　　　　　图 3-151　绘制矩形

步骤 04　在命令行中输入 RECTANG 命令，在绘图区中指定第一点，在命令行中输入 D，将矩形的长度设置为 292、宽度设置为 178，然后使用【移动】工具对其进行调整位置，如图 3-152 所示。

步骤 05　选择【起点，端点，方向】命令，开启【端点捕捉】功能，捕捉新绘制矩形的左侧上、下端点为圆弧起点和端点，设置【半径】为 -60，如图 3-153 所示。

步骤 06　在命令行中输入 MIRROR 命令，镜像绘制的圆弧，对其进行镜像，如图 3-154 所示。

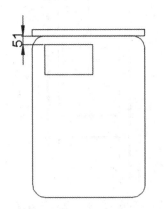 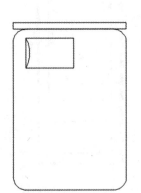 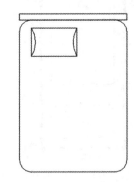

图 3-152　绘制并调整位置　　　图 3-153　绘制圆弧　　　　　　图 3-154　镜像对象

步骤 07　在命令行中输入 RECTANG 命令，绘制一个长度为 225、宽度为 225 的矩形，使用【移动】工具，如图 3-155 所示。

步骤 08　在命令行中输入 OFFSET 命令，将矩形向内偏移 20，如图 3-156 所示。

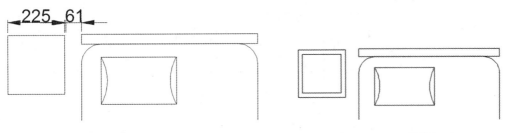

图 3-155　绘制矩形并移动位置　　　　　　　　图 3-156　偏移矩形

步骤09 在命令行中输入 CIRCLE 命令，开启【中点捕捉】和【中点捕捉追踪】功能，分别绘制两个长度为 80、50 的同心圆，然后使用【直线】工具绘制两条相交的直线，如图 3-157 所示。

步骤10 打开随书附带光盘中的"CDROM\素材\第 3 章\素材.dwg"图形文件，将其导入至场景中，并移动至合适的位置，如图 3-158 所示。

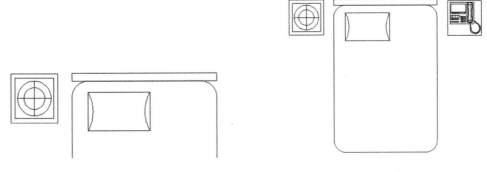

图 3-157　绘制同心圆和直线　　　　　　　　图 3-158　完成后的效果

步骤11 在命令行中输入 COPY 命令，选择枕头作为复制的对象，对其进行适当的调整，如图 3-159 所示。

步骤12 在命令行中输入 ARC 命令，在绘图区中绘制圆弧，如图 3-160 所示。

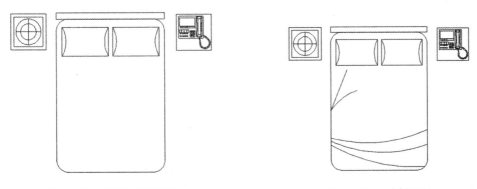

图 3-159　调整后的效果　　　　　　　　图 3-160　绘制圆弧

步骤13 打开随书附带光盘中的"CDROM\素材\第 3 章\素材.dwg"图形文件，将其导入至场景中，并移动至合适的位置，完成后的效果如图 3-161 所示。

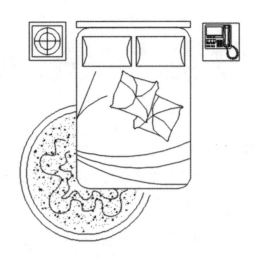

图 3-161　完成后的效果

思考与练习

1. 选择【构造线】命令后命令行有什么功能？各有什么作用？
2. 调用图案渐变色的方法有几种？分别是什么？
3. 创建面域的方法有几种？分别是什么？

第4章 二维图形的编辑

为了绘制其他复杂的图形，很多情况下都需要使用图形编辑命令对二维图形进行编辑，在 AutoCAD 中提供了丰富的图形编辑命令，使用这些命令可以修改图形或创建复杂的新图形。

4.1 选择对象的方法

在 AutoCAD 中，针对图形复杂程度或选取对象数量的不同，有多种选择对象的方法，针对不同的情况，采用最佳的选择方法，能大幅度提高图形的编辑效率，如直接选取、窗口选取、交叉窗口选取及栏选取等。

4.1.1 直接选取

将十字光标移动到需要选择的图像上面单击，将被选中，图像周围出现蓝色的方块，表示选中，这些蓝色的方块称为夹点。如果想选取多个，就依次单击图像。图 4-1 所示为直接选取前后对比效果。

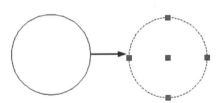

图 4-1 直接选取前后对比效果

4.1.2 窗口选取

窗口选择就是在图像上方单击，向右下角拉动，将需选择的图形框起来(包含作用)，选择区域呈蓝色，由实线框起来，再单击即选中，如图 4-2 所示。

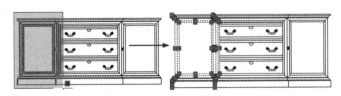

图 4-2 窗口对象选取效果

4.1.3 交叉窗口选取

交叉窗口选择就是在图形下方按下鼠标左键，将鼠标向左上角拖曳，框住的图形和与选择区域相交的图像将被选中，选择区域呈绿色，边框为虚线，如图 4-3 所示。

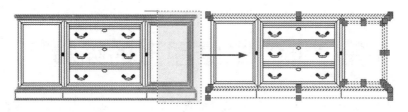

图 4-3　交叉窗口选取对象效果

4.1.4　不规则窗口选取

不规则窗口选取是以指定若干点的方式定义不规则形状的区域来选择对象，包括圈围和圈交两种方式。

1．圈围选取

该方式与矩形窗选方式类似，但该方式可构造任意形状的多边形，只有完全包含在多边形区域的对象才能被选中，如图 4-4 所示。

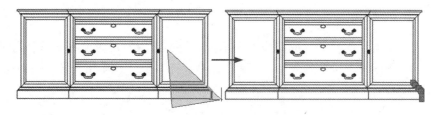

图 4-4　圈围选取对象效果

2．圈交选取

此方式与交叉窗选方式类似，但该方式可构造任意形状的多边形，只要与此多边形相交，在其内部的对象均被选中，如图 4-5 所示。

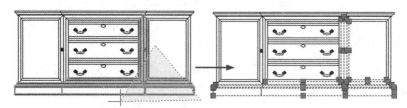

图 4-5　圈交选取对象效果

4.1.5　栏选取

用户可通过栏选方式创建任意折线，凡与折线相交的目标对象均被选中，如图 4-6 所示。

> **提示**
>
> 在绘图区任意位置单击，命令行将提示【指定对角点或 [栏选(F)/圈围(WP)/圈交(CP)]:】，此时即可选择其中需要的命令方式来选择图形对象。

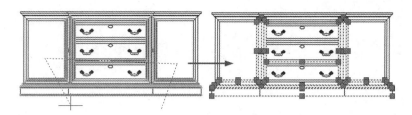

图 4-6　栏选选取对象效果

4.1.6　快速选择

在 AutoCAD 中，当需要选择具有某些共同特性的对象时，可以使用【快速选择】命令，根据指定的过滤条件快速定义选择集，即根据设置的条件查找到符合要求的对象并选择它们。

在 AutoCAD 2016 中，使用【快速选择】工具的常用方法有以下几种。

- 使用菜单栏：选择【工具】|【快速选择】菜单命令，如图 4-7 所示。
- 使用选项卡：在【默认】选项卡中，单击【实用工具】选项组中的【快速选择】按钮，如图 4-8 所示。
- 使用命令行：在命令行中输入 QSELECT 命令，按 Enter 键确认。

图 4-7　选择【快速选择】命令　　　　图 4-8　单击【快速选择】按钮

下面使用【快速选择】命令修改主卧平面图。

步骤 01　按 Ctrl+O 组合键，打开随书附带光盘中的"CDROM\素材\第 4 章\快速选择.dwg"素材文件，如图 4-9 所示。

步骤 02　单击【实用工具】面板中的【快速选择】按钮，打开【快速选择】对话框，在【特性】列表框中选择【图层】选项，在【值】下拉列表框中选择【墙体】选项，如图 4-10 所示。

步骤 03　单击【确定】按钮，即可快速选择对象，如图 4-11 所示。

步骤 04　在【特性】面板中，单击【对象颜色】列表框，选择【白】选项，在【特性】面板中单击【线型】列表框，选择 Continuous 选项，按 Esc 键退出，即可更改选择图形的颜色和线型，如图 4-12 所示。

在【快速选择】对话框中，各选项的含义如下。

- 应用到：选择所设置的过滤条件是应用到整个图形还是当前的选择集。如果当前图形中已有一个选择集，则可以选择【当前选择】。
- 【选择对象】按钮：单击该按钮将临时关闭【快速选择】对话框，允许用户选择要对其应用过滤条件的对象。

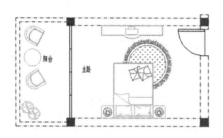

图 4-9　素材文件

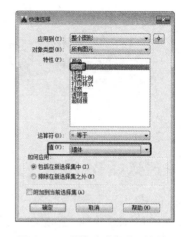

图 4-10　【快速选择】对话框

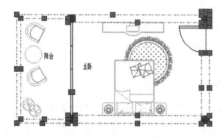

图 4-11　快速选择图形

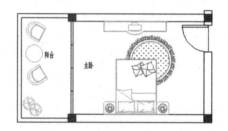

图 4-12　最终效果

- 对象类型：指定包含在过滤条件中的对象类型，如果过滤条件应用到整个图形，则该列表框中将列出整个图形中所有可用的对象类型。如果图形中已有一个选择集，则该列表框中将只列出该选择集中的对象类型。
- 特性：指定过滤器的对象特性。
- 运算符：控制过滤器中对象特性的运算范围。
- 值：指定过滤器的特性值。
- 如何应用：指定是将符合给定过滤条件的对象包括在新选择集内还是排除在外。
- 【附加到当前选择集】复选框：指定创建的选择集替换还是附加到当前选择集。

> **提 示**
>
> 　　如果想从选择集中排除对象，可以在【快速选择】对话框中设置【运算符】为【大于】，然后设置【值】，再选中【排除在新选择集之外】单选按钮，就可以将大于值的对象排除在外。

4.1.7　过滤选择

　　如果需要在复杂的图形中选择某个指定对象，可以采用过滤选择集的方法进行选择。具体操作步骤如下。

步骤01　按 Ctrl+O 组合键，打开随书附带光盘中的"CDROM\素材\第 4 章\过滤选择对象.dwg"素材文件，如图 4-13 所示。

步骤02　在命令行中输入 FILTER 命令并按 Enter 键确认，弹出【对象选择过滤器】

对话框，如图 4-14 所示。

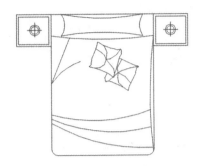

图 4-13　素材文件

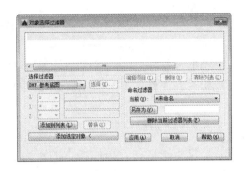

图 4-14　【对象选择过滤器】对话框

步骤 03　在【选择过滤器】选项组中的下拉列表框中选择【** 开始 OR】选项，并单击【添加到列表】按钮，将其添加到过滤器的列表框中，此时，过滤器列表框中将显示【** 开始 OR】选项，如图 4-15 所示。

步骤 04　在【选择过滤器】选项组中的下拉列表框中选择【圆】选项，并单击【添加到列表】按钮，如图 4-16 所示，使用同样的方法，将【直线】选项添加至过滤器列表框中。

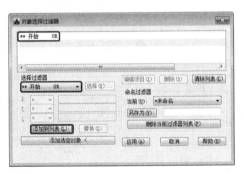

图 4-15　添加【** 开始 OR】选项

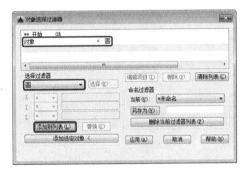

图 4-16　添加【圆】选项

步骤 05　在【选择过滤器】选项组中的下拉列表框中选择【** 结束 OR】选项，并单击【添加到列表】按钮，此时对话框显示如图 4-17 所示。

步骤 06　单击【应用】按钮，在绘图窗口中用窗口方式选择整个图形对象，这时满足条件的对象将被选中，效果如图 4-18 所示。

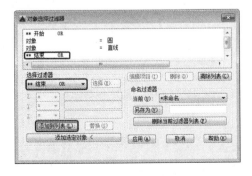

图 4-17　添加【** 结束 OR】选项

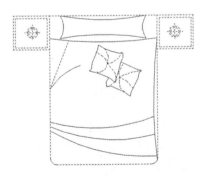

图 4-18　过滤选择后的效果

4.2 移动、旋转和对齐对象

在绘图的过程中，经常需要调整图形对象的位置和摆放角度，这时可以对图形进行移动、旋转和对齐操作，本节将主要介绍这些工具的使用。

4.2.1 移动对象

移动是指将选取的对象以指定的距离从原来位置移动到新的位置，移动过程中图形的大小、形状和角度都是不变的。在 AutoCAD 2016 中，使用【移动】工具的常用方法有以下几种。

- 使用菜单栏：选择【修改】|【移动】菜单命令，如图 4-19 所示。
- 使用选项卡：在【默认】选项卡中，单击【修改】选项组中的【移动】按钮，如图 4-20 所示。
- 使用命令行：在命令行中输入 MOVE 或 M 命令，按 Enter 键确认。

图 4-19 选择【移动】命令

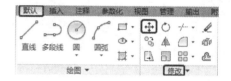

图 4-20 单击【移动】按钮

下面通过使用【移动工具】移动地面拼花。

步骤01 按 Ctrl+O 组合键，打开随书附带光盘中的"CDROM\素材\第 4 章\移动对象.dwg"素材文件，如图 4-21 所示。

步骤02 单击【修改】选项组中的【移动】按钮，根据命令行提示移动图形，效果如图 4-22 所示。命令行提示如下。

```
命令：_move                              //执行【移动】命令
选择对象：找到 61 个，1 个编组           //框选右边所有图形
选择对象：
指定基点或 [位移(D)] <位移>：            //捕捉选择图形的中点
指定第二个点或 <使用第一个点作为位移>：  //捕捉矩形的中点，完成移动
```

以上各项提示的含义和功能说明如下。

- 基点：指定移动对象的开始点。移动对象距离和方向的计算会以起点为基准。
- 位移(D)：指定移动距离和方向的 X、Y、Z 值。

图 4-21　素材文件

图 4-22　移动效果

提 示

用户可借助目标捕捉功能来确定移动的位置。移动对象最好是将【极轴】打开，可以清楚地看到移动的距离及方位。

4.2.2　旋转对象

旋转对象是指把选择的对象在指定的方向上旋转指定的角度。在指定旋转角度时，可直接输入角度值，也可直接在绘图区域通过指定的一个点，确定旋转角度。在 AutoCAD 2016 中，使用【旋转】工具的常用方法有以下几种。

- 使用菜单栏：选择【修改】|【旋转】菜单命令。
- 使用选项卡：在【默认】选项卡中，单击【修改】选项组中的【旋转】按钮◯。
- 使用命令行：在命令行中输入 ROTATE 或 RO 命令，并按 Enter 键确认。

下面通过使用【旋转】工具旋转沙发组合中的单人沙发。

步骤01　按 Ctrl+O 组合键，打开随书附带光盘中的"CDROM\素材\第 4 章\旋转对象.dwg"素材文件，如图 4-23 所示。

步骤02　单击【修改】选项组中的【旋转】按钮◯，根据命令行提示旋转图形，如图 4-24 所示。命令行提示如下。

```
命令:_rotate                                  //执行【旋转】命令
UCS 当前的正角方向:ANGDIR=逆时针  ANGBASE=0
找到 5 个                                      //框选下侧的单人沙发
指定基点:                                      //捕捉图形的左上方角点
指定旋转角度，或 [复制(C)/参照(R)] <90>:-90     //输入角度参数，完成旋转操作
```

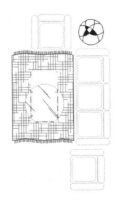

图 4-23　素材文件

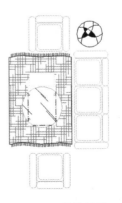

图 4-24　旋转效果

以上各项提示的含义和功能说明如下。

- 旋转角度：指定对象绕指定的点旋转的角度。旋转轴通过指定的基点，并且平行于当前用户坐标系的 Z 轴。
- 复制(C)：在旋转对象的同时创建对象的旋转副本。
- 参照(R)：将对象从指定的角度旋转到新的绝对角度。

> **提示**
>
> 对象相对于基点的旋转角度有正负之分，正角度表示沿逆时针方向旋转，负角度表示沿顺时针方向旋转。

4.2.3　对齐对象

对齐对象可以使当前对象与其他对象对齐，它既适用于二维对象也适用于三维对象。在对齐二维对象时，可以指定一点或两点对齐点。在 AutoCAD 2016 中，使用【对齐】工具的常用方法有以下几种。

- 使用菜单栏：在【修改】菜单栏中，选择【三维操作】|【对齐】命令。
- 使用选项卡：在【默认】选项卡中，单击【修改】选项组中的【对齐】按钮🔲。
- 使用命令行：在命令行中输入 ALIGN 命令，并按 Enter 键确认。

下面通过【对齐】工具对齐图形。

步骤01　按 Ctrl+O 组合键，打开随书附带光盘中的"CDROM\素材\第 4 章\对齐对象.dwg"素材文件，如图 4-25 所示。

步骤02　单击【修改】选项组中的【对齐】按钮🔲，根据命令行提示对齐图形，效果如图 4-26 所示。命令行提示如下。

```
命令:_align                          //执行【对齐】命令
选择对象:找到 1 个                    //选择合适的图形，按 Enter 键
选择对象:
指定第一个源点：                      //单击合适的圆心
指定第一个目标点：                    //继续单击另一个圆心
指定第二个源点：                      //按 Enter 键完成操作
```

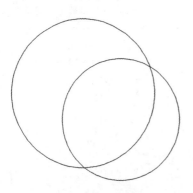

图 4-25　素材文件

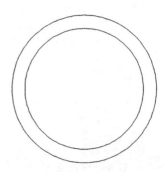

图 4-26　对齐对象后的效果

4.3　复制对象

在 AutoCAD 2016 中，提供了多种复制对象的方法，复制对象的命令包括【复制】命令、【镜像】命令、【偏移】命令和【阵列】命令等。利用这些编辑功能，可以方便地编辑绘制的图形。

4.3.1　复制对象

在用 AutoCAD 进行室内绘图时，有时需要绘制多个相同或相似的实体，最简单的方法是使用图形的复制功能。在 AutoCAD 2016 中，使用【复制】工具的常用方法有以下几种。

- 使用菜单栏：选择【修改】|【复制】菜单命令。
- 使用选项卡：在【默认】选项卡中，单击【修改】选项组中的【复制】按钮。
- 使用命令行：在命令行中输入 COPY 或 CO 命令，并按 Enter 键确认。

下面通过【复制】工具完善沙发。

步骤 01　按 Ctrl+O 组合键，打开随书附带光盘中的"CDROM\素材\第 4 章\复制对象.dwg"素材文件，如图 4-27 所示。

步骤 02　单击【修改】选项组中的【复制】按钮，根据命令行提示复制图形，效果如图 4-28 所示。命令行提示如下。

```
命令:_copy                                    //执行【复制】命令
选择对象:找到 36 个,1 个编组                    //选择沙发对象
选择对象:
当前设置:复制模式 = 多个
指定基点或 [位移(D)/模式(O)] <位移>:            //捕捉沙发的右上角点
指定第二个点或 [阵列(A)] <使用第一个点作为位移>:888   //指定第二点参数,按
                                                  ENTER 键结束即可
```

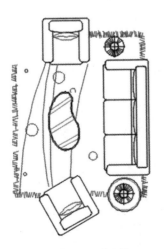

图 4-27　素材文件

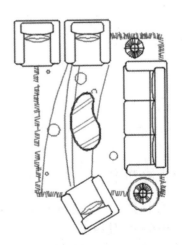

图 4-28　复制图形

以上各项提示的含义和功能说明如下。

- 基点：通过基点和放置点来定义一个矢量，指示复制的对象移动的距离和方向。
- 位移(D)：通过输入一个三维数值或指定一个点来指定对象副本在当前 X、Y、Z 轴的方向和位置。
- 模式(O)：控制复制的模式为单个或多个，确定是否自动重复该命令。

4.3.2 镜像对象

在室内设计中，使用镜像工具可以方便地绘制出对称的图形，在 AutoCAD 2016 中，使用【镜像】工具的常用方法有以下几种。

- 使用菜单栏：选择【修改】|【镜像】菜单命令。
- 使用选项卡：在【默认】选项卡中，单击【修改】选项组中的【镜像】按钮△。
- 使用命令行：在命令行中输入 MIRROR 或 MI 命令，按 Enter 键确认。

下面通过镜像工具完善沙发。

步骤01 按 Ctrl+O 组合键，打开随书附带光盘中的"CDROM\素材\第 4 章\镜像对象.dwg"素材文件，如图 4-29 所示。

步骤02 单击【修改】选项组中的【镜像】按钮△，根据命令行提示镜像图形，效果如图 4-30 所示。命令行提示如下。

```
命令:_mirror                              //执行【镜像】命令
选择对象:指定对角点:找到 17 个             //选择上方的图形
选择对象:指定对角点:找到 3 个,总计 20 个   //选择左侧的图形
选择对象:指定镜像线的第一点:               //指定矩形左侧边的中点
指定镜像线的第二点:                        //指定矩形右侧边的中点
要删除源对象吗? [是(Y)/否(N)] <否>:        //按 Enter 键结束
```

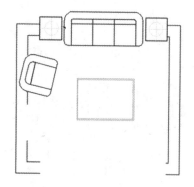

图 4-29　素材文件

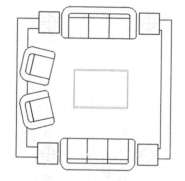

图 4-30　镜像后效果

4.3.3 偏移对象

使用【偏移】工具可以创建与源对象成一定距离的形状相同或相似的新图形对象。在 AutoCAD 2016 中，使用【偏移】工具的常用方法有以下几种。

- 使用菜单栏：选择【修改】|【偏移】菜单命令。
- 使用选项卡：在【默认】选项卡中，单击【修改】选项组中的【偏移】按钮△。

● 使用命令行：在命令行中输入 OFFSET 或 O 命令，并按 Enter 键。

下面通过偏移工具完善沙发。

步骤01　按 Ctrl+O 组合键，打开随书附带光盘中的 "CDROM\素材\第 4 章\偏移对象.dwg" 素材文件，如图 4-31 所示。

步骤02　单击【修改】选项组中的【偏移】按钮 🖳，根据命令行提示偏移图形，效果如图 4-32 所示。命令行提示如下。

```
命令:_offset                                              //执行【偏移】命令
当前设置:删除源=否  图层=源  OFFSETGAPTYPE=0
指定偏移距离或 [通过(T)/删除(E)/图层(L)] <0.0000>:500     //输入偏移参数
选择要偏移的对象,或[退出(E)/放弃(U)] <退出>:              //选择合适的垂直直线
指定要偏移的那一侧上的点,或[退出(E)/多个(M)/放弃(U)] <退出>:  //指定偏移方向
选择要偏移的对象,或[退出(E)/放弃(U)] <退出>:              //选择合适的垂直直线
指定要偏移的那一侧上的点,或[退出(E)/多个(M)/放弃(U)] <退出>:  //指定偏移方向
选择要偏移的对象,或[退出(E)/放弃(U)] <退出>:E             //输入 E 按 Enter 键退出
```

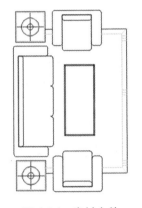

图 4-31　素材文件

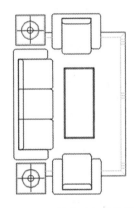

图 4-32　偏移对象后效果

以上各项提示的含义和功能说明如下。

● 偏移距离：在距选取对象的指定距离处创建选取对象的副本。

● 通过(T)：以指定点创建通过该点的偏移副本。

● 拖曳(D)：以拖曳的方式指定偏移距离，创建偏移副本。

● 删除(E)：在创建偏移副本之后，删除或保留源对象。

● 图层(L)：控制偏移副本是创建在当前图层上还是源对象所在的图层上。

4.3.4　阵列对象

使用【阵列】工具可以一次将所选择的实体复制为多个相同的实体，阵列后的对象并不是一个整体，可对其中的每一个实体进行编辑，阵列图形包括矩形阵列图形、路径阵列图形和环形阵列图形。

1．矩形阵列

使用【矩形阵列】命令，可以将对象副本分布到行、列和标高的任意组合。矩形阵列就是将图形按矩形路径进行排列。用于多次重复绘制呈行状排列的图形。在 AutoCAD

2016 中，使用【矩形阵列】工具的常用方法有以下几种。

- 使用菜单栏：选择【修改】|【阵列】|【矩形阵列】菜单命令。
- 使用选项卡：在【默认】选项卡中，单击【修改】选项组中的【矩形阵列】按钮 🔳。
- 使用命令行：在命令行中输入 ARRAY 或 AR 或 ARRAYRECT 命令，并按 Enter 键确认。

下面通过矩形阵列工具完善沙发。

步骤 01 按 Ctrl+O 组合键，打开随书附带光盘中的 "CDROM\素材\第 4 章\矩形阵列对象.dwg" 素材文件，如图 4-33 所示。

步骤 02 单击【修改】选项组中的【矩形阵列】按钮 🔳，根据命令行提示阵列图形，效果如图 4-34 所示。命令行提示如下。

```
命令：_arrayrect                                              //执行【矩形阵列】命令
选择对象：找到 1 个                                    //选择合适的圆角矩形
选择对象：
类型 = 矩形  关联 = 是
选择夹点以编辑阵列或 [关联(AS)/基点(B)/计数(COU)/间距(S)/列数(COL)/行数(R)/
层数(L)/退出(X)] <退出>:COL                          //选择【列数】选项
输入列数或 [表达式(E)] <4>:1                          //设置列数
指定列数之间的距离或 [总计(T)/表达式(E)] <881.9791>:    //保持默认设置
选择夹点以编辑阵列或 [关联(AS)/基点(B)/计数(COU)/间距(S)/列数(COL)/行数(R)/
层数(L)/退出(X)] <退出>:R                            //选择【行数】选项
输入行数或 [表达式(E)] <3>:3                          //设置行数
指定行数之间的距离或 [总计(T)/表达式(E)] <750>:500      //设置行数距离
指定行数之间的标高增量或 [表达式(E)] <0>:               //保存默认设置
选择夹点以编辑阵列或 [关联(AS)/基点(B)/计数(COU)/间距(S)/列数(COL)/行数(R)/
层数(L)/退出(X)] <退出>:X                            //输入 X，按 Enter 键退出
```

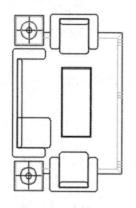

图 4-33　素材文件

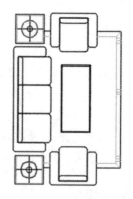

图 4-34　矩形阵列后效果

在【矩形阵列】命令行中各选项的含义如下。

- 关联(AS)：指定阵列中的对象是关联的还是独立的。
- 基点(B)：定义阵列基点和基点夹点的位置。
- 计数(COU)：指定行数和列数并使用户在移动光标时可以动态观察结果。
- 间距(S)：指定行间距和列间距并使用户在移动光标时可以动态观察结果。
- 列数(COL)：编辑列数和列间距。

- 行数(R)：指定阵列中的行数、它们之间的距离以及行之间的增量标高。
- 层数(L)：指定三维阵列的层数和层间距。

2．环形阵列

环形阵列可以将图形以某一点为中心点进行环形复制，在 AutoCAD 2016 中，使用【环形阵列】工具的常用方法有以下几种。

- 使用菜单栏：选择【修改】|【阵列】|【环形阵列】菜单命令。
- 使用选项卡：在【默认】选项卡中，单击【修改】选项组中的【环形阵列】按钮 。
- 使用命令行：在命令行中输入 ARRAYPOLAR 命令，并按 Enter 键确认。

下面通过环形阵列工具完善地面拼花。

步骤01 按 Ctrl+O 组合键，打开随书附带光盘中的"CDROM\素材\第 4 章\环形阵列对象.dwg"素材文件，如图 4-35 所示。

步骤02 单击【修改】选项组中的【环形阵列】按钮 ，根据命令行提示阵列图形，效果如图 4-36 所示。命令行提示如下。

```
命令:_arraypolar                          //执行【环形阵列】命令
选择对象:找到 7 个,1 个编组               //选择合适的图形
选择对象:
类型 = 极轴  关联 = 是
指定阵列的中心点或 [基点(B)/旋转轴(A)]:      //指定圆心点作为阵列的中心点
选择夹点以编辑阵列或 [关联(AS)/基点(B)/项目(I)/项目间角度(A)/填充角度(F)/行
(ROW)/层(L)/旋转项目(ROT)/退出(X)] <退出>:I     //选择【项目】选项
输入阵列中的项目数或 [表达式(E)] <6>:12    //设置项目数
选择夹点以编辑阵列或 [关联(AS)/基点(B)/项目(I)/项目间角度(A)/填充角度(F)/行
(ROW)/层(L)/旋转项目(ROT)/退出(X)] <退出>:X     //输入 X,按 Enter 键退出
```

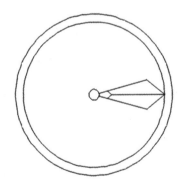
图 4-35　素材文件

图 4-36　环形阵列后效果

在【环形阵列】命令行中各选项的含义如下。

- 旋转轴(A)：指定由两个指定点定义的旋转轴。
- 项目(I)：使用值或表达式指定阵列中的项目数。
- 项目间角度(O)：每个对象环形阵列后相隔的角度。
- 填充角度(F)：对象环形阵列的总角度。
- 旋转项目(ROT)：控制在阵列项时是否旋转项。

　　环形阵列时，阵列角度值若输入正值，则以逆时针方向旋转，若为负值，则以顺时针方向旋转。阵列角度值不允许为 0，选项间角度值可以为 0，但当选项间角度值为 0 时，将看不到阵列的任何效果。

3．路径阵列

　　使用【路径阵列】命令，可以使图形对象均匀地沿路径或部分路径分布。在 AutoCAD 2016 中，使用【路径阵列】工具的常用方法有以下几种。

- 使用菜单栏：选择【修改】|【阵列】|【路径阵列】菜单命令。
- 使用选项卡：在【默认】选项卡中，单击【修改】选项组中的【路径阵列】按钮 。
- 使用命令行：在命令行中输入 ARRAYPATH 命令，并按 Enter 键确认。

下面通过实例练习使用路径阵列工具。

步骤 01　按 Ctrl+O 组合键，打开随书附带光盘中的 "CDROM\素材\第 4 章\路径阵列对象.dwg" 素材文件，如图 4-37 所示。

步骤 02　单击【修改】选项组中的【路径阵列】按钮 ，根据命令行提示阵列图形，效果如图 4-38 所示。命令行提示如下。

```
命令:_arraypath                                   //执行【路径阵列】命令
选择对象:找到 1 个                                 //选择合适的图形
选择对象:
类型 = 路径  关联 = 是
选择路径曲线:                                      //选择合适的图形
选择夹点以编辑阵列或 [关联(AS)/方法(M)/基点(B)/切向(T)/项目(I)/行(R)/层(L)/
对齐项目(A)/z 方向(Z)/退出(X)] <退出>:I           //选择【项目】选项
指定沿路径的项目之间的距离或 [表达式(E)] <936.672>:700  //设置项目之间的距离
最大项目数 = 6                                     //保持默认设置
指定项目数或 [填写完整路径(F)/表达式(E)] <6>:       //保持默认设置
选择夹点以编辑阵列或 [关联(AS)/方法(M)/基点(B)/切向(T)/项目(I)/行(R)/层(L)/
对齐项目(A)/z 方向(Z)/退出(X)] <退出>:X            //输入 X，按 Enter 键退出
```

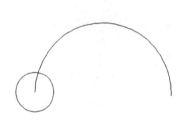

图 4-37　素材文件

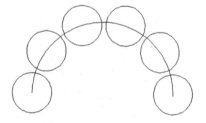

图 4-38　路径阵列后效果

4.4　删除与恢复对象

　　在创建图形的过程中，难免会出现绘制错误或者需要删除已经创建的某些对象的情况，当然，也难免会出现把使用的文件删除而需要恢复文件的情况。

4.4.1 删除对象

使用【删除】工具，可以将绘制的不符合要求的图形对象或不再需要的辅助图形对象删除。在 AutoCAD 2016 中，使用【删除】工具的常用方法有以下几种。

- 使用菜单栏：选择【修改】|【删除】菜单命令。
- 使用选项卡：在【默认】选项卡中，单击【修改】选项组中的【删除】按钮 ✐。
- 使用命令行：在命令行中输入 ERASE 或 E 命令，并按 Enter 键确认。
- 使用快捷键：按 Delete 键。

下面通过删除工具删除辅助线。

步骤01 按 Ctrl+O 组合键，打开随书附带光盘中的"CDROM\素材\第 4 章\删除对象.dwg"素材文件，如图 4-39 所示。

步骤02 单击【修改】选项组中的【删除】按钮 ✐，根据命令行提示删除图形，效果如图 4-40 所示。命令行提示如下。

```
命令:_erase                        //执行【删除】命令
选择对象:找到 1 个                   //选择辅助线
选择对象:找到 1 个，总计 2 个         //继续选择辅助线，按 Enter 键
```

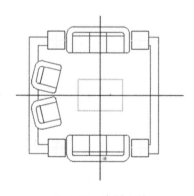

图 4-39 素材文件

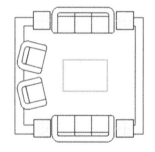

图 4-40 删除对象后的效果

4.4.2 恢复对象

当出现误删除时，可以利用 OOPS 命令恢复最后一次用 ERASE 命令删除的对象。如果要连续向前恢复被删除的对象，则需要使用取消命令 UNDO。

4.5 修 整 对 象

在 AutoCAD 中可以通过【缩放】、【拉伸】、【修剪】、【延伸】和【拉长】等命令对图形对象的大小、长度及线条等进行修改操作。这些命令对绘制复杂的二维图形起着至关重要的作用。

4.5.1　缩放对象

缩放图形对象可以将所选择的图形对象按指定的比例相对于基点放大或缩小，图形被缩放后形状不会改变。在 AutoCAD 2016 中，使用【缩放】工具的常用方法有以下几种。

- 使用菜单栏：选择【修改】|【缩放】菜单命令。
- 使用选项卡：在【默认】选项卡中，单击【修改】选项组中的【缩放】按钮 🔲 。
- 使用命令行：在命令行中输入 SCALE/SC 命令，按 Enter 键确认。

下面通过缩放工具缩放图形。

步骤01　按 Ctrl+O 组合键，打开随书附带光盘中的"CDROM\素材\第 4 章\缩放对象.dwg"素材文件，如图 4-41 所示。

步骤02　单击【修改】选项组中的【缩放】按钮 🔲 ，根据命令行提示缩放图形，效果如图 4-42 所示。命令行提示如下。

```
命令:_scale                             //执行【缩放】命令
选择对象:找到 40 个,1 个编组            //选择合适的图形
选择对象:
指定基点:                               //指定圆心
指定比例因子或 [复制(C)/参照(R)]:0.5   //设置比例数
```

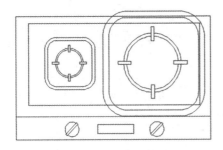

图 4-41　素材文件

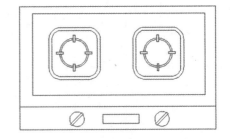

图 4-42　缩放对象后的效果

在命令行提示中各选项含义如下。

- 比例因子：缩小或放大的比例值，比例因子大于 1 时，缩放结果是放大图形；比例因子小于 1 时，缩放结果是缩小图形；比例因子为 1 时图形不变。
- 复制(C)：创建要缩放的对象的副本，即保留源对象。
- 参照(R)：按参照长度和指定的新长度缩放所选对象。

提　示

Scale 命令与 Zoom 命令有区别，前者可改变实体的尺寸大小，后者只是缩放显示实体，并不改变实体的尺寸值。

4.5.2　拉伸对象

拉伸对象是指拖曳选中的对象，通过沿拉伸路径平移图形夹点的位置，使图形产生拉伸变形的效果。在 AutoCAD 2016 中，调用【拉伸】命令的常用方法有以下几种。

- 使用菜单栏：选择【修改】|【拉伸】菜单命令。
- 使用选项卡：在【默认】选项卡中，单击【修改】选项组中的【拉伸】按钮 。
- 使用命令行：在命令行中输入 STRETCH/S 命令，按 Enter 键确认。

下面通过拉伸工具拉伸洗手池立面图。

步骤 01　按 Ctrl+O 组合键，打开随书附带光盘中的"CDROM\素材\第 4 章\拉伸对象.dwg"素材文件，如图 4-43 所示。

步骤 02　单击【修改】选项组中的【拉伸】按钮，根据命令行提示拉伸图形，效果如图 4-44 所示。命令行提示如下。

```
命令:_stretch                        //执行【拉伸】命令
以交叉窗口或交叉多边形选择要拉伸的对象...
选择对象:指定对角点:找到 7 个          //选择合适的图形
选择对象:
指定基点或 [位移(D)] <位移>:            //指定下方的角点
指定第二个点或 <使用第一个点作为位移>: 400   //设置拉伸距离
```

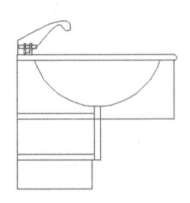

图 4-43　素材文件

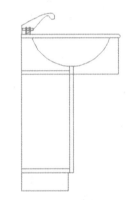

图 4-44　拉伸图形后的效果

4.5.3　修剪对象

修剪对象是指将超出边界的多余部分修剪删除掉，修剪操作可以修剪直线、圆、圆弧、多段线、样条曲线、射线和填充图案等。可以利用对象最近的交叉点进行修剪。在 AutoCAD 2016 中，使用【修剪】工具的常用方法有以下几种。

- 使用菜单栏：选择【修改】|【修剪】菜单命令。
- 使用选项卡：在【默认】选项卡中，单击【修改】选项组中的【修剪】按钮。
- 使用命令行：在命令行中输入 TRIM/TR 命令，按 Enter 键确认。

下面通过修剪工具修剪煤气灶。

步骤 01　按 Ctrl+O 组合键，打开随书附带光盘中的"CDROM\素材\第 4 章\修剪对象.dwg"素材文件，如图 4-45 所示。

步骤 02　单击【修改】选项组中的【修剪】按钮，根据命令行提示修剪图形，效果如图 4-46 所示。命令行提示如下。

```
命令:_trim                          //执行【修剪】命令
```

```
当前设置:投影=UCS,边=无
选择剪切边...
选择对象或 <全部选择>:                              //右击，选择全部对象
选择要修剪的对象,或按住 Shift 键选择要延伸的对象,或
[栏选(F)/窗交(C)/投影(P)/边(E)/删除(R)/放弃(U)]:    //选择需要修剪的图形
选择要修剪的对象,或按住 Shift 键选择要延伸的对象,或
[栏选(F)/窗交(C)/投影(P)/边(E)/删除(R)/放弃(U)]:    //选择需要修剪的对象
选择要修剪的对象,或按住 Shift 键选择要延伸的对象,或
[栏选(F)/窗交(C)/投影(P)/边(E)/删除(R)/放弃(U)]:    //选择需要修剪的对象
选择要修剪的对象,或按住 Shift 键选择要延伸的对象,或
[栏选(F)/窗交(C)/投影(P)/边(E)/删除(R)/放弃(U)]:    //按 Enter 键退出
```

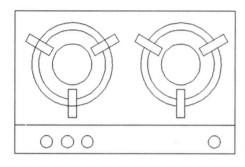
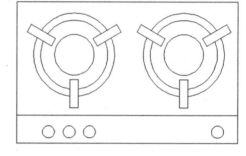

图 4-45　素材文件　　　　　　　　　图 4-46　修剪图形后的效果

命令行提示中各选项含义如下。

- 栏选(F)：创建任意直线，凡与直线相交的目标对象均被修剪。
- 窗交(C)：通过两点创建矩形区域，矩形内部以及与之相交的对象都被修剪。
- 投影(P)：选择该选项后，可以在三维空间内以投影模式修剪对象。
- 边(E)：选择该选项后，可以在修剪对象与剪切边界不相交的情况下进行修剪。
- 删除(R)：使用该选项可以在执行【修剪】命令的过程中删除选定的对象。

4.5.4　延伸对象

延伸工具可以把圆弧、椭圆弧、直线、射线、开放的二维多段线以及三维多段线等端点精确地延长到指定的边界。在 AutoCAD 2016 中，使用【延伸】工具的常用方法有以下几种。

- 使用菜单栏：选择【修改】|【延伸】菜单命令。
- 使用选项卡：在【默认】选项卡中，单击【修改】选项组中的【延伸】按钮⌐⁄。
- 使用命令行：在命令行中输入 EXTEND/EX 命令，按 Enter 键确认。

下面使用延伸工具延伸立面衣柜。

步骤01　按 Ctrl+O 组合键，打开随书附带光盘中的 "CDROM\素材\第 4 章\延伸对象.dwg" 素材文件，如图 4-47 所示。

步骤02　单击【修改】选项组中的【延伸】按钮⌐⁄，根据命令行提示延伸图形，效果如图 4-48 所示。命令行提示如下。

```
命令:_extend                              //执行【延伸】命令
```

当前设置:投影=UCS,边=无
选择边界的边…
选择对象或 <全部选择>:　　　　　　　　　　　　　　//右击,选择全部对象
选择要延伸的对象,或按住 Shift 键选择要修剪的对象,或
[栏选(F)/窗交(C)/投影(P)/边(E)/放弃(U)]:　　　　//单击要延伸的直线
选择要延伸的对象,或按住 Shift 键选择要修剪的对象,或
[栏选(F)/窗交(C)/投影(P)/边(E)/放弃(U)]:　　　　　　　　//按 Enter 键退出

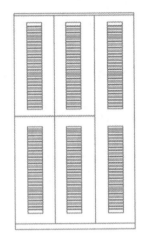

图 4-47　素材文件

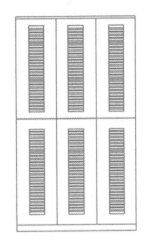

图 4-48　延伸对象后的效果

命令行中各选项的含义如下。

- 栏选(F):创建任意直线,凡与直线相交的目标对象均被延伸。
- 窗交(C):通过两点创建矩形区域,矩形内部以及与之相交的对象都被延伸。
- 投影(P):选择该选项后,可以在三维空间内以投影模式延伸对象。
- 边(E):选择该选项后,可以在修剪对象与剪切边界不相交的情况下进行延伸。
- 放弃(U):放弃上一步操作。

4.5.5　拉长对象

【拉长】命令用于改变线或弧的角度。该命令适用于开放的线、圆弧、开放的多段线、椭圆弧和开放的样条曲线。在 AutoCAD 2016 中,使用【拉长】工具的常用方法有以下几种。

- 使用菜单栏:选择【修改】|【拉长】菜单命令。
- 使用选项卡:在【默认】选项卡中,单击【修改】选项组中的【拉长】按钮。
- 使用命令行:在命令行中输入 LENGHTHEN 命令并按 Enter 键确认。

选择上面的任何一种操作,命令行的提示如图 4-49 所示。系统会显示出当前对象的长度和包含角等信息。

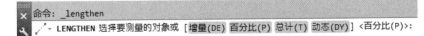

图 4-49　【拉长】命令行提示

在【拉长】命令行中各选项的含义如下。

- 增量(DE)：表示以增量方式修改对象的长度，可以直接输入长度增量来拉长直线或者圆弧，长度增量为正时表示拉长对象，为负时表示缩短对象。也可以输入A，通过指定圆弧的包含角增量来修改圆弧的长度。
- 百分比(P)：通过输入百分比来改变对象的长度或圆心角大小。百分比的数值以原长度为参照。
- 总计(T)：通过输入对象的总长度来改变对象的长度或角度。
- 动态(DY)：用动态模式拖动对象的一个端点来改变对象的长度或角度。

4.6　打断、合并和分解对象

使用【打断】工具可以在两点之间打断对象，从而将对象打断为两个对象。使用【合并】工具可以将相似的对象合并形成一个完整的对象，使用【分解】工具可以将多个组合实体分解成单独的图元对象。下面将介绍【打断】、【合并】与【分解】命令。

4.6.1　打断对象

打断图形对象可以在对象上的两个指定点之间创建间隔。在 AutoCAD 2016 中，使用【打断】工具的常用方法有以下几种。

- 使用菜单栏：选择【修改】|【打断】菜单命令。
- 使用选项卡：在【默认】选项卡中，单击【修改】选项组中的【打断】按钮□或【打断于点】按钮□。
- 使用命令行：在命令行中输入 BREAK/BR 命令并按 Enter 键确认。

下面使用打断工具打断立面衣柜。

步骤01 按 Ctrl+O 组合键，打开随书附带光盘中的"CDROM\素材\第 4 章\打断对象.dwg"素材文件，如图 4-50 所示。

步骤02 单击【修改】选项组中的【打断于点】按钮□，根据命令行提示打断图形。命令行提示如下。

```
命令:_break                              //执行【打断于点】命令
选择对象:                                //选择合适的直线
指定第二个打断点 或 [第一点(F)]:_f
指定第一个打断点:                        //指定打断点
指定第二个打断点:@
命令:_break                              //继续执行【打断于点】命令
```

选择对象:

```
指定第二个打断点 或 [第一点(F)]:_f
指定第一个打断点:                        //指定打断点
指定第二个打断点: @
```

继续单击【修改】选项组中的【删除】按钮✐，删除打断的直线，如图 4-51 所示。

命令行提示如下。

命令:_erase	//执行【删除】命令
选择对象:找到 1 个	//选择打断的直线
选择对象:找到 1 个,总计 2 个	//继续选择打断的直线
选择对象:	//按 Enter 键完成操作

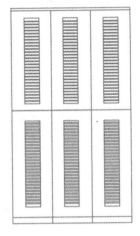

图 4-50　素材文件

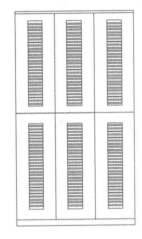

图 4-51　完成后的效果

4.6.2　合并对象

使用【合并】工具可以将独立的图形对象合并成一个完整的对象。其合并的对象包括圆弧、椭圆弧、直线、多段线和样条曲线等。在 AutoCAD 2016 中，使用【合并】工具的常用方法有以下几种。

- 使用菜单栏：选择【修改】|【合并】菜单命令。
- 使用选项卡：在【默认】选项卡中，单击【修改】选项组中的【合并】按钮 ↔。
- 使用命令行：在命令行中输入 JOIN/J 命令并按 Enter 键确认。

下面使用合并工具合并立面衣柜。

步骤01　按 Ctrl+O 组合键，打开随书附带光盘中的"CDROM\素材\第 4 章\合并对象.dwg"素材文件，如图 4-52 所示。

步骤02　单击【修改】选项组中的【合并】按钮 ↔，根据命令行提示合并图形，如图 4-53 所示。命令行提示如下：

命令:_join	//执行【合并】命令
选择源对象或要一次合并的多个对象:找到 1 个	//选择合适的直线
选择要合并的对象:找到 1 个，总计 2 个	//继续选择合适的直线
选择要合并的对象:	//按 Enter 键完成合并
2 条直线已合并为 1 条直线	
命令:JOIN	//继续执行【合并】命令
选择源对象或要一次合并的多个对象:找到 1 个	//选择合适的直线
选择要合并的对象:找到 1 个，总计 2 个	//继续选择合适的直线
选择要合并的对象:	//按 Enter 键完成合并

2 条直线已合并为 1 条直线

图 4-52　素材文件　　　　　　　　图 4-53　合并后的效果

合并对象的每种类型均有不同的限制，其限制如下。

- 【直线】：直线对象必须共线，即在同一条直线上，它们之间可以有间隙。
- 【多线段】：对象可以是直线、多段线或圆弧。各个对象之间不能有间隙，并且都位于同一平面上。
- 【圆弧】：必须位于同一假想的圆上，它们之间可以有间隙。
- 【椭圆弧】：必须位于同一个椭圆上，它们之间可以有间隙。使用【闭合】选项可以将源椭圆弧转换成完整的椭圆。
- 【样条曲线】：样条曲线和螺旋对象必须相接(端点对端点)，合并样条曲线后，其将转换为单个样条曲线。

4.6.3　分解对象

分解对象是指把一个整体图形，如图块、多段线、矩形等分解成单个对象。在AutoCAD 2016 中，使用【分解】工具的常用方法有以下几种。

- 使用菜单栏：选择【修改】|【分解】菜单命令。
- 使用选项卡：在【默认】选项卡中，单击【修改】选项组中的【分解】按钮 。
- 使用命令行：在命令行中输入 EXPLODE/X 命令并按 Enter 键确认。

下面使用分解工具分解图形。

步骤01　按 Ctrl+O 组合键，打开随书附带光盘中的 "CDROM\素材\第 4 章\分解对象.dwg" 素材文件，如图 4-54 所示。

步骤02　单击【修改】选项组中的【分解】按钮 ，根据命令行提示合并图形，如图 4-55 所示。

```
命令:_explode                      //执行【分解】命令
选择对象:找到 1 个                  //选择素材文件
选择对象:                          //按 Enter 键分解图形
```

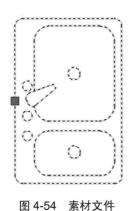

图 4-54　素材文件

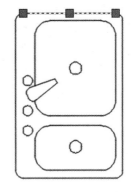

图 4-55　分解图形后的效果

4.7　倒角、圆角对象

倒角与圆角是室内设计中经常用到的绘图手法，在 AutoCAD 2016 中，用户可以使用倒角、圆角命令修改对象使其以平角或者圆角相接，倒角、圆角命令在利用 AutoCAD 绘制图形的过程中经常被用到。

4.7.1　倒角

倒角是在指定的两条直线或者多段线之间产生斜边。在 AutoCAD 2016 中，使用【倒角】工具的常用方法有以下几种。

- 使用菜单栏：选择【修改】|【倒角】菜单命令。
- 使用选项卡：在【默认】选项卡中，单击【修改】选项组中的【倒角】按钮 ◿。
- 使用命令行：在命令行中输入 CHAMFER 命令并按 Enter 键确认。

下面使用倒角工具倒角图形。

步骤01 按 Ctrl+O 组合键，打开随书附带光盘中的"CDROM\素材\第 4 章\倒角对象.dwg"素材文件，如图 4-56 所示。

步骤02 单击【修改】选项组中的【倒角】按钮 ◿，根据命令行提示倒角图形，如图 4-57 所示。

```
命令:_chamfer                              //执行【倒角】命令
("修剪"模式)当前倒角距离 1=0.0000,距离 2=0.0000
选择第一条直线或[放弃(U)/多段线(P)/距离(D)/角度(A)/修剪(T)/方式(E)/多个(M)]:
D  //选择距离
指定 第一个 倒角距离 <0.0000>:270               //指定倒角距离
指定 第二个 倒角距离 <270.0000>:               //指定倒角距离
选择第一条直线或 [放弃(U)/多段线(P)/距离(D)/角度(A)/修剪(T)/方式(E)/多个(M)]:
//选择需要倒角的边
选择第二条直线,或按住 Shift 键选择直线以应用角点或 [距离(D)/角度(A)/方法(M)]:
//继续选择需要倒角的边
```

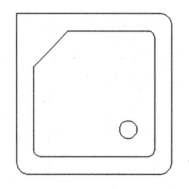

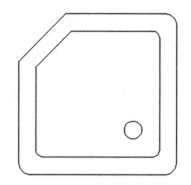

图 4-56　素材文件　　　　　　　　　　　　　　图 4-57　倒角后的对象

以上各项提示的含义和功能说明如下。

- 选取第一个对象：选择要进行倒角处理的对象的第一条边，或要倒角的三维实体边中的第一条边。
- 多段线(P)：为整个二维多段线进行倒角处理。
- 距离(D)：创建倒角后，设置倒角到两个选定边的端点的距离。
- 角度(A)：指定第一条线的长度和第一条线与倒角后形成的线段之间的角度值。
- 修剪(T)：由用户自行选择是否对选定边进行修剪，直到倒角线的端点。
- 方式(M)：选择倒角方式。倒角处理的方式有两种，即"距离-距离"和"距离-角度"。
- 多个(U)：可为多个两条线段的选择集进行倒角处理。

提 示

若要做倒角处理的对象没有相交，系统会自动修剪或延伸到可以做倒角的情况。

若为两个倒角距离指定的值均为 0，选择的两个对象将自动延伸至相交。

用户选择【放弃】选项时，将使用倒角命令为多个选择集进行的倒角处理全部取消。

4.7.2　圆角

圆角(也叫过渡圆角)是指用确定半径的圆弧来光滑地连接两个图形，AutoCAD 可以在指定的两条直线、圆弧、椭圆弧、多段线、构造线和样条曲线等之间建立圆角。在 AutoCAD 2016 中，使用【圆角】工具的常用方法有以下几种。

- 使用菜单栏：选择【修改】|【圆角】菜单命令。
- 使用选项卡：在【默认】选项卡中，单击【修改】选项组中的【圆角】按钮◯。
- 使用命令行：在命令行中输入 FILLET 命令并按 Enter 键确认。

下面使用圆角工具圆角图形。

步骤01　按 Ctrl+O 组合键，打开随书附带光盘中的"CDROM\素材\第 4 章\圆角对象.dwg"素材文件，如图 4-58 所示。

步骤02　单击【修改】选项组中的【圆角】按钮◯，根据命令行提示圆角图形，如

图 4-59 所示。

使用同样的方法，根据命令行提示继续圆角图形，如图 4-60 所示。

```
命令:_fillet                                    //执行【圆角】命令
当前设置:模式=修剪,半径 = 0.0000
选择第一个对象或 [放弃(U)/多段线(P)/半径(R)/修剪(T)/多个(M)]:R   //选择半径选项
指定圆角半径 <0.0000>:70                          //指定圆角距离
选择第一个对象或 [放弃(U)/多段线(P)/半径(R)/修剪(T)/多个(M)]://选择需要圆角的边
选择第二个对象,或按住 Shift 键选择对象以应用角点或 [半径(R)]://继续选择需要圆角的边
命令:FILLET                                      //按 Enter 键继续执行【圆角】命令
当前设置:模式 = 修剪,半径 = 70.0000
选择第一个对象或 [放弃(U)/多段线(P)/半径(R)/修剪(T)/多个(M)]:M   //选择多个选项
选择第一个对象或 [放弃(U)/多段线(P)/半径(R)/修剪(T)/多个(M)]:   //选择需要圆角的边
选择第二个对象,或按住 Shift 键选择对象以应用角点或 [半径(R)]:   //选择需要圆角的边
选择第一个对象或 [放弃(U)/多段线(P)/半径(R)/修剪(T)/多个(M)]:   //选择需要圆角的边
选择第二个对象,或按住 Shift 键选择对象以应用角点或 [半径(R)]:   //选择需要圆角的边
选择第一个对象或 [放弃(U)/多段线(P)/半径(R)/修剪(T)/多个(M)]:   //选择需要圆角的边
选择第二个对象,或按住 Shift 键选择对象以应用角点或 [半径(R)]:   //选择需要圆角的边
选择第一个对象或 [放弃(U)/多段线(P)/半径(R)/修剪(T)/多个(M)]:   //按 Enter 键完成操作
```

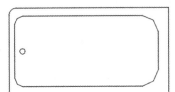

图 4-58　素材文件　　　　图 4-59　圆角图形　　　　图 4-60　完成后的效果

以上各项提示的含义和功能说明如下。

- 选取第一个对象：选择要进行圆角处理的对象的第一条边，或要圆角的三维实体边中的第一条边。

- 多段线(P)：为整个二维多段线进行圆角处理。

- 半径(R)：可以定义圆角圆弧的半径。

- 修剪(T)：由用户自行选择是否对选定边进行修剪，直到圆角线的端点。

- 多个(U)：可为多个两条线段的选择集进行圆角处理。

4.8　使用夹点编辑对象

夹点编辑就是通过图形对象上的控制点对图形进行编辑，这是一种集成的编辑模式，通过该模式可以拖动夹点直接而快速地编辑对象，还可以对图形进行拉伸、移动、旋转等操作。按住 Shift 键可以同时选中多个夹点。

4.8.1　夹点拉伸

选中图形对象后，图形对象上将出现夹点，在默认情况下，夹点的操作模式为拉伸。通过移动选择夹点可以将图形拉伸到新的位置。

下面通过实例讲解如何使用夹点拉伸图形。

步骤01　打开随书附带光盘中的"CDROM\素材\第 4 章\夹点拉伸对象.dwg"素材文件，如图 4-61 所示，该图形为使用【直线】工具绘制的矩形。

步骤02　选中矩形，按住 Shift 键的同时选择右侧的两个夹点，如图 4-62 所示。

图 4-61　打开素材文件

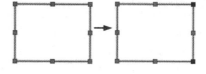

图 4-62　选中夹点

步骤03　按住红色夹点中的一个夹点向右拖曳鼠标拉伸图形，在合适的位置单击完成操作，如图 4-63 所示。

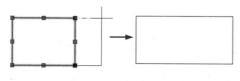

图 4-63　拉伸图形

提 示

夹点未激活时呈蓝色显示，单击未激活的夹点，该夹点将会被激活，呈红色显示。

4.8.2　夹点移动

除了使用【移动】工具移动对象外，也可以使用夹点来移动图形对象。

下面通过实例讲解如何使用夹点移动图形对象。

步骤01　打开随书附带光盘中的"CDROM\素材\第 4 章\夹点移动图形.dwg"素材文件，如图 4-64 所示。

步骤02　选中右侧的窗对象，如图 4-65 所示。

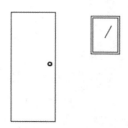

图 4-64　打开素材文件

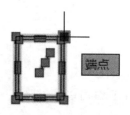

图 4-65　单击夹点

步骤 03 单击窗右上角的夹点，按 Enter 键确认转为移动状态，将窗移动到合适的位置单击完成操作，如图 4-66 所示。

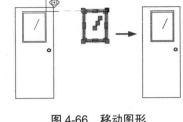

图 4-66　移动图形

4.8.3　夹点旋转

使用夹点可以通过拖动和指定点位置绕基点旋转选定的图形对象。

下面通过实例讲解如何使用夹点旋转图形对象。

步骤 01 打开随书附带光盘中的"CDROM\素材\第 4 章\夹点旋转图形.dwg"素材文件，如图 4-67 所示。

步骤 02 选中所有图形对象，单击左上角的夹点，如图 4-68 所示。

步骤 03 按两次 Enter 键确认转为旋转状态，光标右上角出现旋转符号，如图 4-69 所示。

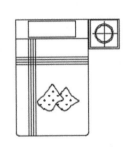

图 4-67　打开素材文件

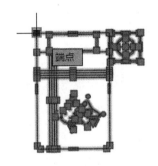

图 4-68　单击夹点

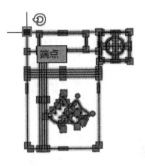

图 4-69　转为旋转状态

步骤 04 根据命令行提示输入 90，按 Enter 键确认，即可将图形旋转 90°，如图 4-70 所示。

4.8.4　夹点比例缩放

通过夹点可以对图形进行缩放操作，需要在夹点模式下按 3 次 Enter 键转为缩放模式。

下面通过实例讲解如何使用夹点缩放图形对象。

步骤 01 打开随书附带光盘中的"CDROM\素材\第 4 章\夹点缩放图形.dwg"素材文件，如图 4-71 所示。

步骤 02 选中所有图形对象，单击左下角的夹点，如图 4-72 所示。

步骤 03 按 3 次 Enter 键确认转为旋转状态，光标右上角出现缩放符号，如图 4-73 所示。

步骤 04 根据命令行提示输入 0.5，按 Enter 键确认，即可将图形缩放为原来的 0.5 倍，如图 4-74 所示。

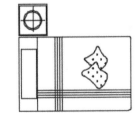

图 4-70　最终效果

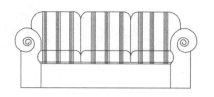

图 4-71　打开素材文件

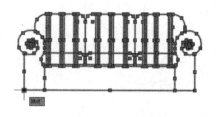

图 4-72　单击夹点

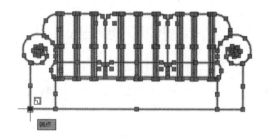

图 4-73　转为缩放状态

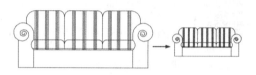

图 4-74　最终效果

4.8.5　夹点镜像

通过夹点镜像图形需要在夹点编辑模式下按 4 次空格键。

下面通过实例讲解如何使用夹点镜像图形对象。

步骤01　打开随书附带光盘中的"CDROM\素材\第 4 章\夹点镜像图形.dwg"素材文件，如图 4-75 所示。

步骤02　选中所有图形对象，单击右下角的夹点，如图 4-76 所示。

步骤03　按 4 次 Enter 键确认转为镜像状态，根据命令行提示输入 C，按 Enter 键确认，在镜像的同时复制图形。光标右上角出现复制符号，如图 4-77 所示。

图 4-75　打开素材文件

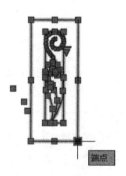

图 4-76　单击夹点

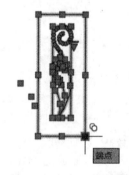

图 4-77　出现复制符号

步骤04　根据命令行提示将光标移动到右上角夹点上单击，如图 4-78 所示，按 Esc 键退出操作，效果如图 4-79 所示。

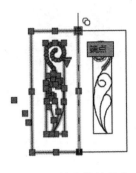

图 4-78　转为缩放状态

图 4-79　最终效果

4.8.6　夹点编辑

在 AutoCAD 2016 中，选中图形后，可以增加夹点，还可以将线段改为圆弧。

选中图形后，将光标移动到夹点上，系统会自动显示一个快捷菜单，选择【添加顶点】命令，光标右上角将出现一个加号 ⊕，在夹点上单击，即可添加一个顶点，如图 4-80 所示。

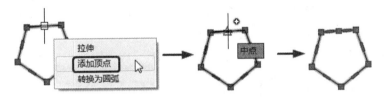

图 4-80　添加夹点

右击某线段，在弹出的快捷菜单中选择【转换为圆弧】命令，光标右上角将出现圆弧符号，移动光标，在合适的位置单击，即可将线段转换为圆弧，如图 4-81 所示。

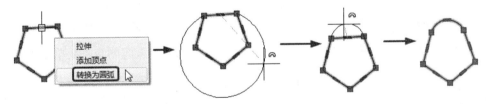

图 4-81　将线段转换为圆弧

4.9　上 机 练 习

下面通过实际操作来练习绘制与编辑二维图形。

4.9.1　绘制煤气灶

下面讲解如何绘制煤气灶。

步骤01　首先新建空白文件。在命令行中输入 RECTANG 命令，按 Enter 键确认。在绘图区任意一点单击，指定矩形第一个角点，然后在命令行中输入 D，按 Enter 键确认，绘制长度为 690、宽度为 405 的矩形，如图 4-82 所示。

步骤02 选择绘制的矩形，在命令行中执行 OFFSET 命令，将上一步绘制的矩形向内偏移 6，如图 4-83 所示。

步骤03 在命令行中执行 FILLET 命令，根据命令行提示输入 R，将半径设置为 20，对矩形进行圆角，如图 4-84 所示。

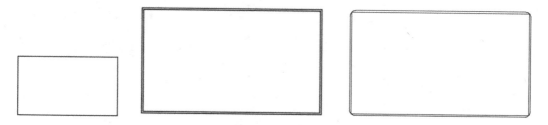

图 4-82　绘制矩形　　　　图 4-83　偏移矩形　　　　　图 4-84　对矩形进行圆角

步骤04 使用同样的方法对内侧矩形的 4 个角进行圆角处理，圆角半径设置为 15，效果如图 4-85 所示。

步骤05 在命令行中输入 EXPLODE 命令，按 Enter 键确认，将内侧的矩形分解。在命令行中执行 OFFSET 命令，将内侧矩形的左侧边向右偏移 150，再次执行 OFFSET 命令，将内侧矩形的下侧边向上偏移 210，如图 4-86 所示。

图 4-85　对矩形进行圆角　　　　　　　　图 4-86　偏移直线

步骤06 在命令行中执行 CIRCLE 命令，在偏移后的两条直线的交点处单击，确定圆心，绘制半径为 16 的圆，如图 4-87 所示。

步骤07 将偏移的直线删除，在命令行中执行 OFFSET 命令，将圆形向外偏移 20，如图 4-88 所示。

步骤08 使用同样的方法将内部的圆向外依次偏移 40、50、70、76、86 的距离，如图 4-89 所示。

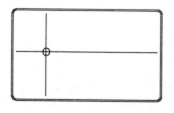

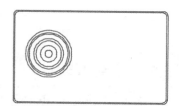

图 4-87　绘制圆　　　　　　图 4-88　偏移圆　　　　　图 4-89　继续偏移圆

步骤 09　在命令行中执行 RECTANG 命令，在绘图区任意一点单击，指定矩形第一个角点，然后在命令行中输入 D，按 Enter 键确认，绘制长度为 8、宽度为 55 的矩形，如图 4-90 所示。

步骤 10　在命令行中执行 FILLET 命令，根据命令行提示输入 R，将圆角半径设置为 4，对矩形进行圆角，如图 4-91 所示。

步骤 11　选中圆角后的矩形，单击右上角的夹点，水平向左引导鼠标，当出现水平引导线时，输入 2，按 Enter 键确认。然后单击左上角的夹点，水平向右引导鼠标，当出现水平引导线时，输入 2，按 Enter 键确认，按 Esc 键退出选择状态，如图 4-92 所示。

步骤 12　在命令行中执行 FILLET 命令，根据命令行提示输入 R，将圆角半径设置为 2，对矩形进行圆角，如图 4-93 所示。

图 4-90　绘制矩形　　　　图 4-91　进行圆角　　　　图 4-92　移动夹点　　　　图 4-93　进行圆角

步骤 13　在命令行中执行 MOVE 命令，将圆角后的矩形移动到合适的位置，如图 4-94 所示。

步骤 14　在命令行中执行 ARRAYPOLAR 命令，选择移动后的圆角矩形，按 Enter 键确认，根据命令行提示选择圆的圆心，然后输入 I，按 Enter 键确认，最后根据命令行提示输入 5，按两次 Enter 键确认，如图 4-95 所示。

步骤 15　在命令行中执行 TRIM 命令，对图形进行修剪，如图 4-96 所示。

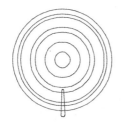　　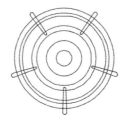　　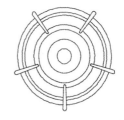

图 4-94　将矩形移动到合适的位置　　　　图 4-95　阵列矩形　　　　图 4-96　修剪图形

步骤 16　在命令行中执行 MIRROR 命令，选择所有的圆和阵列后的矩形，按 Enter 键确认。单击大矩形上侧边的中点作为镜像线的第一点，单击下侧边的中点作为镜像线的第二点，对图形进行镜像，如图 4-97 所示。

步骤 17　在命令行中执行 CIRCLE 命令，在任意一点单击指定圆的圆心。根据命令行提示输入 20，按 Enter 键确认，绘制半径为 20 的圆。继续在命令行中执行 RECTANG 命令，在绘图区任意一点单击，指定矩形第一个角点，然后在命令行中输入 D，按 Enter 键确认，绘制长度为 10、宽度为 40 的矩形，如图 4-98 所示。

步骤18 在命令行中执行 FILLET 命令，根据命令行提示输入 R，将圆角半径设置为 5，对矩形的 4 个角进行圆角处理。在命令行中执行 MOVE 命令，将圆角后的矩形移动到合适的位置，如图 4-99 所示。

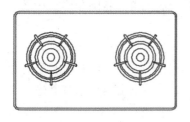

图 4-97　镜像图形

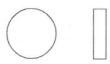

图 4-98　绘制圆和矩形

图 4-99　移动矩形

步骤19 在命令行中执行 MOVE 命令，将前面绘制的图形移动到合适的位置，如图 4-100 所示。

步骤20 在命令行中执行 COPY 命令，将前面绘制的图形进行复制，如图 4-101 所示。至此，煤气灶已绘制完成。

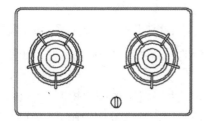

图 4-100　移动图形

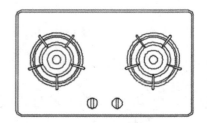

图 4-101　复制图形

4.9.2　绘制洗菜池

下面讲解如何绘制洗菜池。

步骤01 首先新建空白文件。在命令行中执行 RECTANG 命令，在绘图区任意位置单击，指定矩形第一个角点，然后在命令行中输入 D，按 Enter 键确认。在绘图区绘制长度为 670、宽度为 450 的矩形，如图 4-102 所示。

步骤02 在命令行中执行 FILLET 命令，根据命令行提示输入 R，按 Enter 键确认，将圆角半径设置为 30，根据命令行提示输入 M，按 Enter 键确认，对矩形的 4 个角进行圆角处理，如图 4-103 所示。

步骤03 在命令行中执行 RECTANG 命令，在绘图区合适的位置单击，指定矩形第一个角点，然后在命令行中输入 D，按 Enter 键确认，绘制长度为 285、宽度为 335 的矩形，如图 4-104 所示。

步骤04 在命令行中执行 FILLET 命令，根据命令行提示输入 R，按 Enter 键确认，将圆角半径设置为 60，根据命令行提示输入 M，按 Enter 键确认，对矩形的 4 个角进行圆角处理，如图 4-105 所示。

步骤05 在命令行中执行 CIRCLE 命令，在合适的位置绘制两个半径分别为 20、25

的圆形，如图 4-106 所示。

图 4-102　绘制矩形　　　图 4-103　圆角矩形　　　图 4-104　绘制矩形　　　图 4-105　圆角矩形

步骤06 在命令行中执行 MIRROR 命令，选择两个圆形和内部的圆角矩形，按 Enter 键确认。单击大矩形上侧边的中点作为镜像线的第一点，单击下侧边的中点作为镜像线的第二点，按 Enter 键确认，对图形进行镜像，如图 4-107 所示。

步骤07 在命令行中执行 RECTANG 命令，在绘图区空白处单击，指定矩形第一个角点，然后在命令行中输入 D，按 Enter 键确认，绘制长度为 55、宽度为 165 的矩形，如图 4-108 所示。

步骤08 在命令行中执行 FILLET 命令，根据命令行提示输入 R，按 Enter 键确认，将圆角半径设置为 20，根据命令行提示输入 M，按 Enter 键确认，对矩形上侧的两个角进行圆角处理，如图 4-109 所示。

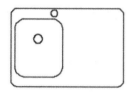 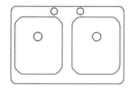

图 4-106　绘制圆形　　　图 4-107　镜像图形　　　图 4-108　绘制矩形　　　图 4-109　圆角矩形

步骤09 选中矩形，单击左下角的夹点，水平向右引导光标，当出现水平引导线时，输入 15，按 Enter 键确认，然后单击右下角的夹点，水平向左引导光标，当出现水平引导线时，输入 15，按 Enter 键确认，如图 4-110 所示。

步骤10 在命令行中执行 ROTATE 命令，选择刚刚绘制的矩形，按 Enter 键确认，单击矩形的左下角点作为基点，根据命令行提示输入-40，按 Enter 键确认，如图 4-111 所示。

步骤11 在命令行中执行 MOVE 命令，将旋转后的矩形移动到合适的位置，如图 4-112 所示。至此，洗菜池已绘制完成。

  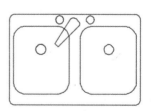

图 4-110　移动夹点　　　　图 4-111　旋转矩形　　　　图 4-112　移动矩形

思考与练习

1. 选择对象的方法有哪些？
2. 修整对象的方法有哪些？
3. 阵列对象包括哪几种形式？

第 5 章　文字和表格

文字注释与表格都是绘制图形过程中非常重要的内容，在进行绘图设计时，不仅要绘制出图形，还要在图形中标注一些注释性的文字，添加明细表和图例表，使图形的含义更加清晰，从而使设计、修改和施工人员对图形的要求一目了然。

文字常用于表达一些与图形相关的重要信息，如标题、标记图形、提供说明或进行注释等。表格用于创建明细表、标题栏等。

5.1　文字样式的设置

在进行文字标注之前，需要先定义合适的文字样式。文字样式是指文字的表现形式和各种参数，如字体、字高、颜色、倾斜角度等，在绘制图形过程中，用户可以使用系统提供的标准(Standard)文字样式输入文字，也可以修改和新建文字样式。

5.1.1　创建文字样式

新建和修改文字样式主要在图 5-1 所示的【文字样式】对话框中进行。

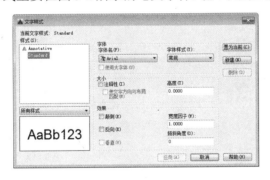

图 5-1　【文字样式】对话框

在 AutoCAD 2016 中，通过以下几种方法可以打开【文字样式】对话框。

● 使用菜单栏：选择菜单栏中的【格式】|【文字样式】命令，如图 5-2 所示。
● 使用选项卡：在功能区选项板中，切换至【默认】选项卡，单击 注释▼ 按钮，在弹出的面板中单击【文字样式】按钮 ，如图 5-3 所示。

图 5-2　选择【文字样式】命令

图 5-3　单击【文字样式】按钮

- 使用选项卡：在功能区选项板中，切换至【默认】选项卡，单击【注释】选项组中的 [注释 ▼] 按钮，在弹出的面板中单击【文字样式】按钮  右侧的 [Standard ▼] 按钮，然后在弹出的面板中单击 [管理文字样式...] 按钮，如图 5-4 所示。

- 使用选项卡：在功能区选项板中，切换至【注释】选项卡，在【文字】选项组中，单击【文字】按钮右侧的对话框启动器按钮 ⬎，如图 5-5 所示。

- 使用命令行：在命令行中执行 STYLE 命令。

图 5-4　【管理文字样式】按钮　　　图 5-5　对话框启动器按钮

通过以上任意一种方法都可以打开【文字样式】对话框，单击该对话框中的【新建】按钮，将弹出【新建文字样式】对话框，在【新建文字样式】对话框中的【样式名】文本框中提供了默认的文字样式名【样式 1】，可以输入新的文字样式名称，如输入【标题】，单击【确定】按钮，返回【文字样式】对话框，在该对话框左侧的【样式】列表框中可以看到新建的文字样式名，如图 5-6 所示。

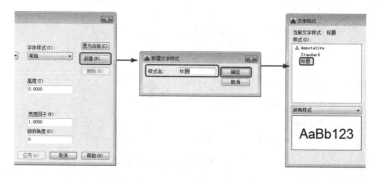

图 5-6　新建【标题】文字样式

> **提示**
>
> 如果设置的【样式名】文本框与【样式】列表框中已经存在的样式名重复，将弹出图 5-7 所示的警示对话框，需要用户重新设置【样式名】。单击【关闭】按钮关闭对话框，重新设置颜色名即可。

5.1.2　字体和大小的设置

设置文字的字体和大小主要在【文字样式】对话框中的【字体】和【大小】选项区中进行，如图 5-8 所示。其中各选项的含义如下。

【字体名】：单击【字体】下方的按钮
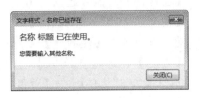，弹出该选项的下拉列表框，单击
该列表右侧的方向按钮或者拖动中间滑块，可以查看
该列表框中 AutoCAD 支持的所有字体名，如图 5-9
所示。这些字体分为两种类型：一种是 Windows 系
统提供的 TrueType 字体；另一种是 AutoCAD 提供
的带有图标的字体，这种字体是编译的形(SHX)
字体。

图 5-7　警示对话框

图 5-8　【字体】选项区和【大小】选项区

图 5-9　【字体名】下拉列表

提　示

在【字体名】下拉列表中，可以看到字体名前带@符号的字体，使用该形式的字体创建的
文字将与不带@符号的字体方向垂直，如图 5-10 所示。

图 5-10　使用带有@符号和不带有@符号字体名的效果

【字体样式】：该选项的下拉列表框中列出了可供选择的字体格式，如斜体、粗体、
常规字体等，如图 5-11 所示。当选中该选项区左下角的【使用大字体】复选框后，该选项
的列表框中将显示【大字体】下拉列表，如图 5-12 所示。

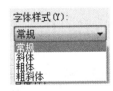

图 5-11　【字体样式】下拉列表

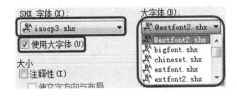

图 5-12　【大字体】下拉列表

【使用大字体】：该选项用于指定亚洲语言的大字体文件。当在【字体名】下拉列表
框中选择了 SHX 类型的字体时，该复选框才能被选中。

【注释性】：该复选框用于指定文字为注释性。

【使文字方向与布局匹配】：该复选框用于指定图纸空间视口中的文字方向与布局方向匹配。只有选中【注释性】复选框后该复选框才可用。

【高度】：通过在该文本框中输入数值可以设置文字高度，如果该文本框中数值为0，在输入文字时将使用临时设置的文字高度；如果设置了大于 0 的数值，将使用该文本框中的数值为文字高度创建文字。

5.1.3　文字效果的设置

【文字样式】对话框中的【效果】选项区用于设置文字显示效果，如颠倒、反向、倾斜效果等，如图 5-13 所示。

其中各选项含义如下。

- 【颠倒】：该复选框用于设置文字是否颠倒显示，效果如图 5-14 所示。
- 【反向】：该复选框用于设置输入的文字是否反向显示，效果如图 5-14 所示。

图 5-13　【效果】选项区

文字与表格　　　**太朱毛笔樾**　　　**帮来已宇文**
正常文字　　　【颠倒】效果　　【反向】效果

图 5-14　【颠倒】和【反向】效果

- 【垂直】：该复选框决定了文字是否垂直放置，只可用于支持双重定向的文字，并且不可用于TrueType 字体。效果如图 5-15 所示。
- 【宽度因子】：在该文本框中可以设置文字宽度。一般使用的宽度因子为 1，当设置数值小于 1 时，创建的文字变窄；当设置的数值大于 1 时，创建的文字变宽。效果如图 5-16 所示。

A
B
C
D
E
F

图 5-15　【垂直】文字效果

- 【倾斜角度】：在该文本框中可以设置文字倾斜角度。设置的数值为 0 时，文字不倾斜；设置的数值大于 0 时，文字向右倾斜；设置的数值小于 0 时，文字向左倾斜，效果如图 5-17 所示。

设置文字栀　　　设置文字样式　　**设置文字样式**　　　設置傾斜萳幄　　设置倾斜角度　　*设置倾斜角度*
宽度因子=0.5　　宽度因子=1　　宽度因子=1.5　　傾斜角度=-30　　倾斜角度=0　　倾斜角度=30

图 5-16　设置【宽度因子】效果　　　　　　图 5-17　设置【倾斜角度】效果

5.1.4 其他选项含义

【文字样式】对话框中其他选项含义如下。

- 【当前文字样式】：该选项右侧显示的是当前文字样式名。
- 【样式】：该选项的列表框中显示了当前存在即可用的文字样式，当在其下方的下拉列表框中选择了【所有样式】选项，该列表框中显示的是文件中的所有文字样式；当选择了【正在使用的样式】选项，该列表框中显示的是文件中正在使用的文字样式，下拉列表如图 5-18 所示。

图 5-18 下拉列表

- 【预览】：在【文字样式】对话框左下角的预览框中显示了当前文字样式的预览效果。
- 【置为当前】：在【样式】列表框中选中文字样式，单击【置为当前】按钮，即可将选中的文字样式设置为当前文字样式，输入文字时将使用置为当前的文字样式。
- 【删除】：在【样式】列表框中选中文字样式，单击【删除】按钮，可以删除选中的文字样式，但是使用该按钮不能删除绘图区中正在使用的文字样式和标准文字样式，也不能删除置为当前的文字样式。

5.2 创建与编辑单行文字

AutoCAD 提供了多种创建文字的方法。对简短的输入项使用单行文字，对带有内部格式的较长的输入项使用多行文字，也可以创建带有引线的多行文字。本节将讲解如何创建与编辑单行文字。

5.2.1 单行文字的创建

在需要输入文字时，如果输入的文字比较少，可以使用【单行文字】命令输入文字。使用【单行文字】命令也可以输入多行文字，但是每一行都是独立的整体，可以对其进行单独编辑和修改。

在 AutoCAD 2016 中，可以通过以下几种方法调用【单行文字】命令。

- 使用菜单栏：选择菜单栏中的【绘图】|【文字】|【单行文字】命令，如图 5-19 所示。
- 使用选项卡：切换至【默认】选项卡，单击【注释】选项组中的【单行文字】按钮，如图 5-20 所示。
- 使用选项卡：切换至【注释】选项卡，单击【文字】选项组中的【单行文字】按钮，如图 5-21 所示。

图 5-19 【单行文字】命令

- 使用工具栏：单击【文字】工具栏上【单行文字】按钮 A^{I}，如图 5-22 所示。
- 使用命令行：在命令行中执行 DTEXT 或 TEXT 命令。

图 5-20　【默认】选项卡中的【单行文字】按钮　　图 5-21　【注释】选项卡中的【单行文字】按钮

图 5-22　【文字】工具栏中的【单行文字】按钮

执行上述任意操作后，即可在绘图区输入单行文字，操作过程中的命令行提示及含义如下。

```
命令:TEXT                                              //执行 TEXT 命令
当前文字样式:"Standard"文字高度: 2.5000 注释性: 否 对正: 左//显示当前文字样式
的设置
指定文字的起点 或 [对正(J)/样式(S)]:                    //指定文字起点
指定高度 <2.5000>:500                                   //设置文字高度为500
指定文字的旋转角度<0>:30                                //设置文字的旋转角度为30
```

执行 TEXT 命令过程中，如果对文字有排列方式上的要求，可以选择相应的选项对其进行设置，命令行提示如下。

```
命令:TEXT                                              //执行命令
指定文字的起点 或 [对正(J)/样式(S)]: j                  //选择【对正】选项
输入选项 [左(L)/居中(C)/右(R)/对齐(A)/中间(M)/布满(F)/左上(TL)/中上(TC)/右上
(TR)/左中(ML)/正中(MC)/右中(MR)/左下(BL)/中下(BC)/右下(BR)]:         //选
择其中一个选项设置文字的对正方式
```

AutoCAD 为文字行定义了 4 条基线，以此来确定文字行对正位置，如图 5-23 所示。文字对齐位置如图 5-24 所示。

图 5-23　4 条基线位置　　　　　　图 5-24　文字对齐位置

对正方式中各选项含义如下。

- 【左(L)】：选择该选项，输入文字时将以用户指定的点为左对齐点。
- 【居中(C)】：选择该选项，输入文字时将以用户指定的点为基线的中间点对齐文字。输入选项后，在随后【指定文字的旋转角度】时，设置的旋转角度将以基线中点为基点，它决定了文字基线的方向。

- 【右(R)】：选择该选项，输入文字时将以用户指定的点为右对齐点。
- 【对齐(A)】：选择该选项后，用户可以通过指定文字的起点和终点决定文字位置和大小。整行文字分布在两个端点之间，输入文字的同时系统自动调整文字高度。文字越多高度越矮。
- 【中间(M)】：选择该选项后，输入文字时将以用户指定的点为中间点确定文字位置。
- 【布满(F)】：该选项用于将文字按照由两点和文字高度定义的范围布满整个区域。选择该选项后，系统将提示用户指定文字的第一个端点，指定文字的第二个端点，指定文字高度。输入文字过程中，系统将自动调整文字宽度，输入的文字越多，文字越窄，文字高度不受影响。
- 【左上(TL)】：选择该选项，输入文字时将以用户指定的点为左上角点。
- 【中上(TC)】：选择该选项，输入文字时将以用户指定的点为中上点。
- 【右上(TR)】：选择该选项，输入文字时将以用户指定的点为右上角点。
- 【左中(ML)】：选择该选项，输入文字时将以用户指定的点为左中点。
- 【正中(MC)】：选择该选项，输入文字时将以用户指定的点为中线的中点。
- 【右中(MR)】：选择该选项，输入文字时将以用户指定的点为中线的右端点。
- 【左下(BL)】：选择该选项，输入文字时将以用户指定的点为左下角点。
- 【中下(BC)】：选择该选项，输入文字时将以用户指定的点为底线中点。
- 【右下(BR)】：选择该选项，输入文字时将以用户指定的点为底线右端点。

5.2.2　单行文字的编辑

单行文字的编辑分为文字内容的编辑和文字特性的编辑。首先讲解如何更改已经存在的单行文字的内容，主要有以下几种方法。

- 使用菜单栏：在菜单栏中选择【修改】|【对象】|【文字】|【编辑】命令，如图 5-25 所示，执行该命令后，在绘图区单击要编辑的单行文字。
- 使用鼠标：双击单行文字。
- 使用命令行：在命令行中输入 DDEDIT 或 ED 命令，按 Enter 键确认，然后在绘图区单击要编辑的单行文字。

图 5-25　选择【编辑】命令

执行上述任意操作后，选中的单行文字呈编辑状态，直接输入文字即可，如果只是更改其中的几个文字，则可以先在中间单击要更改的位置，再删除或输入文字即可。

文字特性的编辑可以在【文字样式】对话框中进行，也可以在【特性】选项板中进行，打开【特性】选项板的方法主要有以下几种。

● 使用快捷键：选中要编辑的单行文字，在该文字上右击，在弹出的快捷菜单中选择【特性】命令，即可弹出【特性】选项板，如图 5-26 所示。

● 使用命令行：在命令行中输入 PROPERTIES 命令，按 Enter 键确认。

执行上述操作后，即可弹出【特性】选项板，在【特性】选项板中的【文字】属性栏和【常规】属性栏中可以编辑文字特性。

下面将通过实例讲解如何创建并编辑单行文字，具体操作步骤如下。

步骤 01 单击快速访问工具栏中的【打开】按钮 📂，打开随书附带光盘中的"CDROM\素材\第 5 章\创建单行文字.dwg"素材文件，如图 5-27 所示。

步骤 02 在命令行中执行 TEXT 命令，根据命令行提示创建单行文字，命令行提示及操作如下：

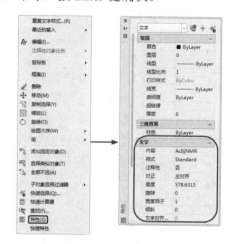

图 5-26　打开【特性】选项板

```
命令:TEXT                              //执行 TEXT 命令
当前文字样式:"Standard"  文字高度：429.3522  注释性：否  对正：左
指定文字的起点 或 [对正(J)/样式(S)]:     //在合适的位置单击指定文字起点
指定高度 <429.3522>:250                 //输入 250，按 Enter 键确认，指定文字高度
指定文字的旋转角度 <0>:0                //直接按 Enter 键选择默认设置的 0°旋转角度
```

执行上述操作后，绘图区将出现文字输入窗口，在该文字输入窗口中输入文字，效果如图 5-28 所示。

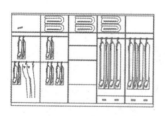

图 5-27　素材文件

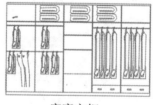

家庭衣柜

图 5-28　输入文字

步骤 03 选中输入的文字并右击，在弹出的快捷菜单中选择【特性】命令，弹出【特性】选项板。在【常规】选项组中将【颜色】设置为【蓝】，在【文字】选项组中将【倾斜】设置为 30，如图 5-29 所示。对文字设置完成后的效果如图 5-30 所示。

图 5-29　设置文字特性

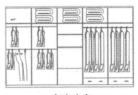

家庭衣柜

图 5-30　设置文字特性效果

5.3　创建与编辑多行文字

【多行文字】又称为段落文字，常用于标注图形的技术要求和说明等。与单行文字不同的是，多行文字整体是一种文字对象，每一单行不再是独立的文字对象，也不可以单独编辑。

5.3.1　多行文字的创建

在 AutoCAD 2016 中，通过以下几种方法可以调用【多行文字】命令。

- 使用菜单栏：选择菜单栏中的【绘图】|【文字】|【多行文字】命令，如图 5-31 所示。
- 使用选项卡：切换至【默认】选项卡，单击【注释】选项组中的【多行文字】按钮 A，如图 5-32 所示。
- 使用选项卡：切换至【注释】选项卡，单击【文字】选项组中的【多行文字】按钮 A，如图 5-33 所示。
- 使用工具栏：单击【文字】工具栏上【多行文字】按钮 A，如图 5-34 所示。
- 使用命令行：在命令行中执行 MTEXT 命令。

图 5-31　选择【多行文字】命令

图 5-32　【默认】选项卡中的【多行文字】按钮

图 5-33　【注释】选项卡中的【多行文字】按钮

图 5-34　【文字】工具栏中的【多行文字】按钮

执行【多行文字】命令过程中的命令行提示及操作如下。

```
命令: _mtext                                          //执行命令
当前文字样式:"Standard"  文字高度:578.6315  注释性:否  //自动显示当前设置
指定第一角点:                                          //在绘图区拾取一点作为多行文字
                                                      的第一角点
```

指定对角点或 [高度(H)/对正(J)/行距(L)/旋转(R)/样式(S)/宽度(W)/栏(C)]: //在绘图区拾取一点作为多行文字的对角点

命令行中部分选项含义如下。

- 【高度】：该选项用于设置文字高度。
- 【对正】：该选项用于设置文字的对正方式。对正方式的含义与单行文字的对正方式含义相似。
- 【行距】：该选项用于设置多行文字相邻行之间的距离。可以设置为固定值，也可以设置为文字高度的倍数值。
- 【旋转】：选择该选项后，用户可以设置文本的选择角度。
- 【样式】：使用该选项可以设置多行文字的文字样式。
- 【宽度】：选择该选项后，用户可以设置文字输入窗口的宽度。
- 【栏】：该选项用于设置多行文字的分栏效果。

指定文字的第一角点和对角点后，绘图区将出现文字输入窗口，如图 5-35 所示，用户即可在该文字输入窗口中输入多行文字。同时，在【功能区】选项板上会出现【文字编辑器】选项卡，如图 5-36 所示。

图 5-35　文字输入窗口

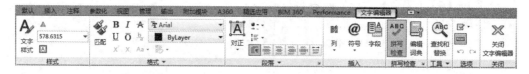

图 5-36　【文字编辑器】选项卡

【文字编辑器】选项卡中常用选项含义如下。

- 【文字样式】按钮：单击该按钮，在弹出的面板中可以为多行文字选择文字样式，如图 5-37 所示。
- 【文字高度】：该选项用于设置文字高度，可以在其下拉列表框中选择文字高度，也可以通过在文本框中输入数值设置文字高度，如图 5-38 所示。
- 背景遮罩按钮：单击该按钮，打开【背景遮罩】对话框，如图 5-39 所示。在该对话框中可以设置文字的背景颜色。

图 5-37　选择文字样式　　　　图 5-38　设置文字高度　　　图 5-39　【背景遮罩】对话框

- 【粗体】、【斜体】、【上划线】【下划线】和【删除线】按钮：【格式】选项区的这些按钮用于设置文字的加粗、倾斜和加上划线、下划线、删除线效果，如图 5-40 所示。
- 字体：该选项用于设置文字字体，可以在其下拉列表框中进行选择，如图 5-41 所示。

图 5-40　设置文字效果按钮　　　　　　图 5-41　【样式】下拉列表

- 颜色：【格式】选项组中的【颜色】选项用于设置文字的颜色，可以在其下拉面板中选择相应的颜色，也可以选择【更多颜色】命令，在弹出的【选择颜色】对话框中选择文字颜色，如图 5-42 所示。

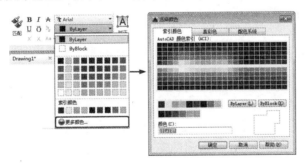

图 5-42　设置文字颜色

- 【对正】按钮：单击该按钮，在其下拉列表中可以选择多行文字的对正方式，如图 5-43 所示。
- 【符号】按钮：单击【插入】选项组中的【符号】按钮，在弹出的下拉菜单中可以选择需要插入的字符。在下拉菜单中选择【其他】命令，将打开【字符映射表】对话框，在该对话框中可以选择其他一些字符，如图 5-44 所示。
- 【查找和替换】按钮：单击【工具】选项组中的【查找和替换】按钮，打开【查找和替换】对话框，如图 5-45 所示。在该对话框中可以搜索或替换指定的字符，同时可以设置查找条件，如是否区分大小写、是否区分变音符号等。

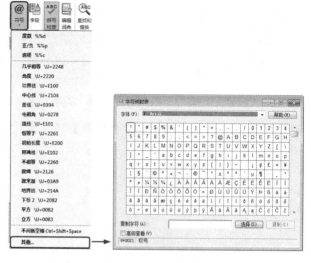

图 5-43 【对正】下拉列表   图 5-44 打开【字符映射表】对话框

- 【取消】按钮 ⤺：该按钮用于取消前一次操作。
- 【重做】按钮 ⤻：该按钮用于恢复前一次取消的操作。
- 【标尺】按钮 ▦：该按钮用于控制文字输入窗口的标尺显示。
- 【关闭文字编辑器】按钮：输入多行文字后，单击【关闭文字编辑器】按钮，结束多行文字的输入与编辑。

图 5-45 【查找和替换】对话框

5.3.2 多行文字的编辑

同样，多行文字的编辑也分为文字内容的编辑和文字特性的编辑。要更改已创建的多行文字的内容，需要先执行以下其中一项操作。

- 使用菜单栏：在菜单栏中选择【修改】|【对象】|【文字】|【编辑】命令，执行该命令后，在绘图区单击要编辑的多行文字。
- 使用鼠标：双击多行文字。
- 使用命令行：在命令行中输入 MTEDIT 命令，按 Enter 键确认，然后在绘图区单击要编辑的多行文字。
- 使用工具栏：单击【文字】工具栏中的【编辑】按钮 🗛，如图 5-46 所示。

图 5-46 【文字】工具栏中的【编辑】按钮

在【特性】选项板中可以编辑多行文字特性，如文字高度、旋转角度、行间距等。

5.4　表　　格

在 AutoCAD 中，使用【表格】绘图功能可以方便快捷地创建表格，用户可以直接插入设置好样式的表格，也可以使用新建的表格样式插入表格。

5.4.1　创建表格样式

在 AutoCAD 中，每个表格都有其对应的表格样式。用户可以使用默认的表格样式，也可以新建表格样式。

新建表格样式需要在【表格样式】对话框中进行，通过以下几种方法可以打开【表格样式】对话框。

- 使用菜单栏：选择菜单栏中的【格式】|【表格样式】命令，如图 5-47 所示。
- 使用选项卡：单击【默认】选项卡中的 ▢▢▢注释 ▾▢▢▢ 按钮，在弹出的下拉菜单中单击【表格样式】按钮，或者单击该按钮右侧的按钮，在弹出的下拉菜单中选择【管理表格样式】命令，如图 5-48 所示。

图 5-47　选择【表格样式】命令　　　　图 5-48　【表格样式】按钮和【管理表格样式】选项

- 使用选项卡：在【注释】选项卡中，将鼠标指针放在【表格】选项组上，在自动弹出的下拉列表框中单击右下角的对话框启动器按钮，如图 5-49 所示。

图 5-49　对话框启动器按钮

- 使用工具栏：单击【样式】工具栏中的【表格样式】按钮，如图 5-50 所示。
- 使用命令行：在命令行中执行 TABLESTYLE 命令。

图 5-50　【样式】工具栏中的【表格样式】按钮

183

执行上述任意命令，打开【表格样式】对话框，单击该对话框中的【新建】按钮，弹出【创建新的表格样式】对话框，如图 5-51 所示。

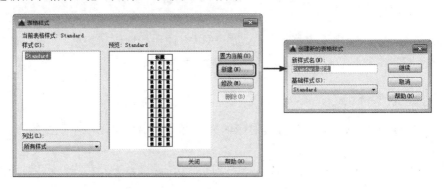

图 5-51　打开【创建新的表格样式】对话框

【表格样式】对话框中其他选项含义如下。

- 【当前表格样式】：该选项右侧显示了被置为当前的表格样式。
- 【样式】：在该列表框中显示了该文件中所有的表格样式或所有正在使用的表格样式。
- 【列出】：该下拉列表框决定了在【样式】列表框中显示所有表格样式还是正在使用的表格式，其下拉列表如图 5-52 所示。

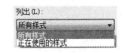

图 5-52　【列出】下拉列表

- 【置为当前】：在【样式】列表框中选中表格样式，单击该按钮，被选中的表格样式将被设置为当前表格样式。
- 【修改】：选中某个表格样式，单击该按钮，将弹出【修改表格样式】对话框，可以在该对话框中对选中的表格样式进行修改。
- 【删除】：该按钮用于删除【样式】列表框中选中的表格样式。

在【创建新的表格样式】对话框中可以设置新样式名，在【基础样式】下拉列表框中可以选择作为新建表格样式的基础样式。设置完成后，单击【继续】按钮，弹出【新建表格样式】对话框，如图 5-53 所示。

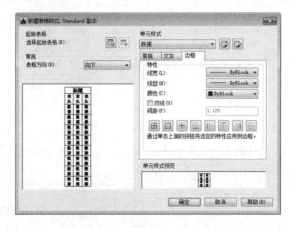

图 5-53　【新建表格样式】对话框

5.4.2　表格的设置

在【新建表格样式】对话框中，可以对新建的表格样式进行设置。其中各选项含义如下。

- 【起始表格】：单击该选项中的【选择起始表格】按钮，将返回绘图区，用户可以在绘图区选择一个表格作为新建表格样式的起始表格。选择后，返回【新建表格样式】对话框，在该对话框中可以单击【起始表格】选项区右侧的按钮删除起始表格。
- 【常规】：在该选项组中可以设置表格的方向，包括【向上】和【向下】两个选项。
- 预览：在【新建表格样式】对话框左下方的预览框中显示了表格样式的预览效果。
- 【单元样式】：在该选项组中可以设置表格各单元的样式，表格单元一般包括【标题】、【表头】和【数据】3 个选项，可以分别对这 3 个单元的【常规】、【文字】、【边框】进行设置，在【单元样式】下拉列表中单击【创建新单元样式】，将弹出【创建新单元样式】对话框，如图 5-54 所示，在该对话框中可以新建单元样式；在下拉列表中单击【管理单元样式】，弹出【管理单元样式】对话框，在该对话框中可以对单元样式进行管理，如图 5-55 所示。单击其右侧的【创建单元样式】按钮也可以打开【创建新单元样式】对话框，单击【管理单元样式】按钮，也可以打开【管理单元样式】对话框。

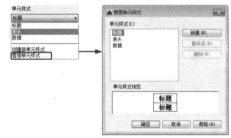

图 5-54　打开【创建新单元样式】对话框　　　　图 5-55　打开【管理单元样式】对话框

下面讲解【单元样式】选项区中的 3 个选项卡，首先讲解【常规】选项卡，如图 5-56 所示，其中各选项含义如下。

- 【填充颜色】：该选项用于设置单元的背景色。可以在其下拉列表框中选择颜色，也可以单击【选择颜色】选项，在弹出的【选择颜色】对话框中进行设置，如图 5-57 所示。
- 【对齐】：在该选项的下拉列表中可以设置表格单元中文字对齐方式，如图 5-58 所示。
- 【格式】：该选项用于设置各单元的数据类型和格式。单击其右侧的按钮，将弹出【表格单元格式】对话框，在该对话框中可以进一步定义格式选项，如图 5-59 所示。

图 5-56　【常规】选项卡

图 5-57　打开【选择颜色】对话框

图 5-58　【对齐】下拉列表

图 5-59　【表格单元格式】对话框

- 【类型】：该选项用于设置单元样式为标签还是数据。
- 【水平】：在该选项的文本框中可以设置单元中的文字或块与左右单元边框之间的距离。
- 【垂直】：在该选项的文本框中可以设置单元中的文字或块与上下单元边框之间的距离。
- 【创建行 / 列时合并单元】：选中该复选框，将使用当前单元样式创建的所有新行或新列合并为一个单元。

【文字】选项卡如图 5-60 所示，下面介绍该选项卡中的各项功能。

- 【文字样式】：该选项的下拉列表框中列出了文件中的所有文字样式。单击其右侧的 □ 按钮，将打开【文字样式】对话框，从中可以新建和修改文字样式，如图 5-61 所示。

图 5-60　【文字】选项卡

图 5-61　【文字样式】对话框

- 【文字高度】：该选项用于设置文字高度。
- 【文字颜色】：该选项用于设置文字颜色。
- 【文字角度】：该选项用于设置文字角度。

【边框】选项卡如图 5-62 所示。下面详细介绍该选项卡中的各项功能。

- 【线宽】：在该选项的下拉列表中可以选择将要应用于指定边界的线宽，如图 5-63 所示。

图 5-62　【边框】选项卡　　　　　　图 5-63　【线宽】下拉列表

- 【线型】：在该选项的下拉列表中可以选择将要应用于指定边界的线型，也可以选择【其他】选项，弹出【选择线型】对话框，在该对话框中可以加载下拉列表中没有的线型，如图 5-64 所示。
- 【颜色】：该选项用于设置边界的颜色。
- 【双线】：选中该复选框，表格边界将显示为双线。
- 【间距】：该选项用于设置双线边界的间距。
- 边框设置按钮：【边框】选项卡下方的几个边框设置按钮用于设置边框的特性，如图 5-65 所示。

图 5-64　设置线型　　　　　　　　图 5-65　边框设置按钮

5.4.3　创建表格

表格的行和列以一种简洁的形式提供信息，常用于一些组件的图形中。在设置好表格样式后，用户可以通过以下几种方法执行【表格】命令。

- 使用菜单栏：选择菜单栏中的【绘图】|【表格】命令，如图 5-66 所示。

- 使用选项卡：在功能区中，切换至【默认】选项卡，单击【注释】选项组中的【表格】按钮，如图 5-67 所示。

- 使用选项卡：在功能区中，切换至【注释】选项卡，将鼠标指针放置于【表格】选项组上，在自动弹出的面板中单击【表格】按钮，如图 5-68 所示。

- 使用工具栏：单击【绘图】工具栏中的【表格】按钮，如图 5-69 所示。

- 使用命令行：在命令行中输入 TABLE 命令，按 Enter 键确认。

图 5-66　选择【表格】命令

执行上述任意命令，打开如图 5-70 所示的【插入表格】对话框。

图 5-67　【默认】选项卡中的【表格】按钮

图 5-68　【注释】选项卡中的【表格】按钮

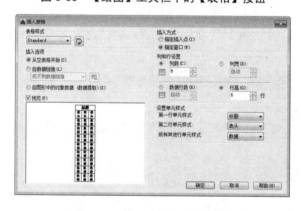

图 5-69　【绘图】工具栏中的【表格】按钮

图 5-70　【插入表格】对话框

【插入表格】对话框中的主要选项具体含义如下。

- 【表格样式】：在该选项组的下拉列表框中可以选择一种已经存在的表格样式，也可以单击右侧的启动【表格样式】对话框按钮，打开【表格样式】对话框，在该对话框中新建或修改表格样式。

- 【插入选项】选项组：该选项组中包含 3 个单选按钮。

- ◆ 【从空表格开始】：选择该选项后，在创建表格时可以创建一个空表格。
- ◆ 【自数据链接】：选择该选项后，可以从外部电子表格中的数据来创建表格。单击其右侧的启动【数据链接管理器】对话框按钮，打开【选择数据链接】对话框，如图 5-71 所示，在该对话框中可以进行数据链接设置。
- ◆ 【自图形中的对象数据(数据提取)】：选择该选项后，可以从输出表格或外部文件的图形中提取数据来创建表格。

图 5-71　【选择数据链接】对话框

- 【预览】选项区：该预览框用于显示当前表格样式的预览效果。
- 【插入方式】选项组：该选项组中包含两个单选按钮。
  - ◆ 【指定插入点】：选择该选项，在绘图区插入表格时，鼠标指针指定的点为表格的左上角点，如果表格的方向为向上，则鼠标指针在绘图区指定的点为表格的左下角点。
  - ◆ 【指定窗口】：选择该选项，插入表格时可以通过拖动鼠标来决定表格的大小。
- 【列和行设置】：该选项组用于设置列数、列宽、行数和行高。【预览】框可预览表格的样式。
- 【设置单元样式】：在该选项组中可以通过与【第一行单元样式】、【第二行单元样式】和【所有其他行单元样式】对应的下拉列表框，设置第一行、第二行和其他行的单元样式。每一个下拉列表框中有【标题】、【表头】和【数据】3 个选项。

在【插入表格】对话框中对表格设置完成后，单击【确定】按钮，返回绘图区，单击，在绘图区指定的插入点或窗口插入一个空表格，将显示【文字编辑器】选项卡，用户可以在【文字编辑器】选项卡中进行相应的设置，然后在表格中输入相应的文字或数据，如图 5-72 所示。

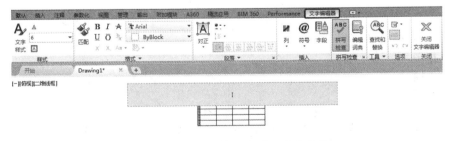

图 5-72　【文字编辑器】选项卡和表格

下面将通过实例讲解如何创建表格，具体操作步骤如下。

步骤01　在命令行执行 TABLE 命令，打开【插入表格】对话框。在【表格样式】选项区中单击右侧的按钮，打开【表格样式】对话框。单击【新建】按钮，打开

【创建新的表格样式】对话框，在【新样式名】文本框中输入名称【表格样式1】，如图 5-73 所示。

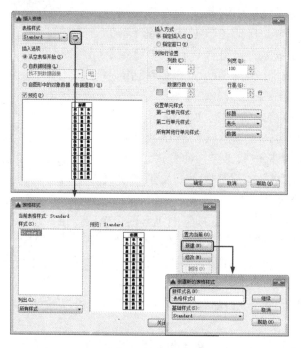

图 5-73　新建样式名

步骤02 单击【继续】按钮，打开【新建表格样式：表格样式 1】对话框，在【单元样式】下拉列表框中选择【数据】选项。切换至【文字】选项卡，单击【文字样式】右侧的按钮，打开【文字样式】对话框，在【字体】选项组中的【字体名】下拉列表框中选择【宋体】，在【大小】选项组中将【高度】设置为 10，其他保持默认设置，单击【应用】按钮，然后单击【关闭】按钮关闭对话框，如图 5-74 所示。

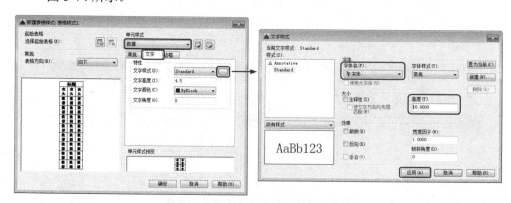

图 5-74　设置文字样式

步骤03 返回【新建表格样式：表格样式 1】对话框，在【单元样式】选项组中切换至【常规】选项卡，在【对齐】下拉列表框中选择【正中】选项，单击【确定】

按钮，返回【表格样式】对话框，单击【关闭】按钮关闭该对话框，如图 5-75 所示，返回【插入表格】对话框。

图 5-75　设置【常规】参数

步骤 04　在【插入表格】对话框中的【列和行设置】选项组中将【列数】和【数据行数】分别设置为 6 和 5。将【列宽】设置为 100，将【行高】设置为 5，其他保持默认设置，单击【确定】按钮，如图 5-76 所示。

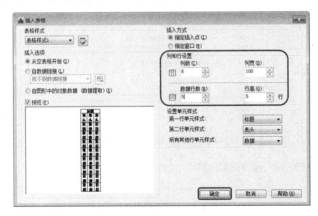

图 5-76　设置列和行

步骤 05　返回绘图区，移动鼠标在绘图区中合适位置单击，创建一个空表格，表格的第一行处于编辑状态，同时打开【文字编辑器】选项卡，如图 5-77 所示。

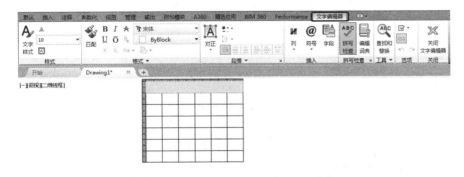

图 5-77　【文字编辑器】选项卡和表格

5.4.4 修改表格

在绘图区中创建表格并输入内容后，如果创建的表格不能满足实际需求，可以对其进行修改。可以修改表格中的内容，也可以修改表格样式，如将表格的单元格进行合并以及更改行高、列宽等。

1. 修改表格内容

修改表格内容的方法很简单，在绘图区中已有表格的某一单元格内双击，该单元格的周围将出现夹点，并且在功能区中会显示【表格单元】选项卡，如图 5-78 所示。再次在该单元格内双击，该单元格将处于编辑状态，并且功能区中会显示出【文字编辑器】选项卡，如图 5-79 所示，此时即可对表格中的内容进行编辑修改。修改完成后，在该单元格外的任何区域单击都可以完成操作，也可以单击【文字编辑器】选项卡右侧的【关闭文字编辑器】按钮结束操作。

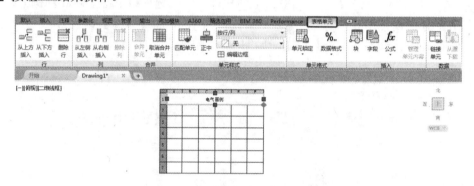

图 5-78 【表格单元】选项卡和表格

图 5-79 【文字编辑器】选项卡和表格

2. 修改表格样式

打开【表格样式】对话框，在左侧的【样式】列表框中选中要修改的表格样式，单击【修改】按钮，弹出【修改表格样式：表格样式 1】对话框，在该对话框中可以对选中的表格样式进行修改，如图 5-80 所示。

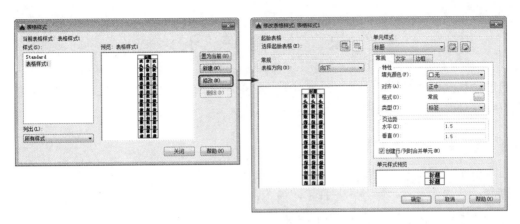

图 5-80　打开【修改表格样式】对话框

提 示

　　在已经创建的表格中任意单元格内双击，单元格周围出现夹点，在该单元格内右击，在弹出的快捷菜单中选择【特性】命令，弹出【特性】选项板，在该选项板中可以对该单元格的内容和样式进行编辑和修改，如图 5-81 所示。

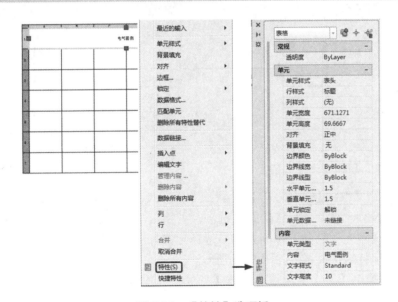

图 5-81　【特性】选项板

　　在表格的任意一条边上双击，都可以选中整个表格；在表格内单击后拖动鼠标，将出现一个虚线框，再次单击后，虚线框触及的单元格将全部被选中；在行号或列号上单击，可以选中一行或一列，按住 Shift 键单击另外的行或列，将选中连续的行或列。

　　选中整个表格、行、列或单元格后，周围将显示夹点，通过拖动这些夹点，就能够改变行高、列宽。在功能区选项板上出现的【表格单元】选项卡中可以对表格进行各种编辑操作，如插入行、插入列、删除行、删除列及合并单元格等，也可以在选中的表格上右击，在弹出的快捷菜单中对表格进行相应的编辑。

5.5 上机练习

通过对基础内容的学习，用户对文字和表格的相关知识已经有了一定的了解，下面通过上机练习对前面所学的知识进行巩固。

5.5.1 创建并编辑表格

下面将通过上机练习讲解如何创建并编辑表格，具体操作步骤如下。

步骤01 首先新建一个空白文件。在命令行输入 TABLE 命令，按 Enter 键确认，打开【插入表格】对话框，如图 5-82 所示。

步骤02 单击【表格样式】选项区中右侧的按钮，弹出【表格样式】对话框，在该对话框中单击【新建】按钮，弹出【创建新的表格样式】对话框，在该对话框中将【新样式名】设置为【室内装潢】，如图 5-83 所示。

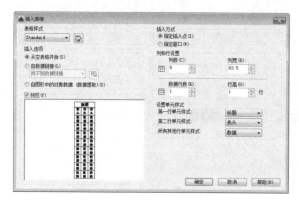

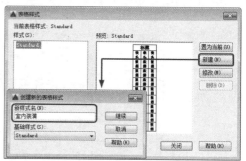

图 5-82 【插入表格】对话框   图 5-83 设置【新样式名】

步骤03 单击【继续】按钮，弹出【新建表格样式：室内装潢】对话框，在【单元样式】下拉列表框中选择【数据】选项，切换至【常规】选项卡，在【特性】选项组中的【填充颜色】下拉列表框中选择【青】，将【对齐】设置为【正中】，其他选项保持默认设置，如图 5-84 所示。

步骤04 切换至【文字】选项卡，在【特性】选项组中单击【文字样式】右侧的按钮，弹出【文字样式】对话框，在【字体】选项区中的【字体名】下拉列表框中选择【黑体】选项，其他保持默认设置，单击【应用】按钮，然后单击【关闭】按钮关闭对话框，如图 5-85 所示。

步骤05 在【单元样式】下拉列表框中选择【标题】选项，将【文字高度】设置为8，在【单元样式】下拉列表框中选择【表头】选项，将【文字高度】设置为6，如图 5-86 所示，设置完成后单击【确定】按钮。返回【表格样式】对话框，单击【关闭】按钮关闭对话框。

步骤06 返回【插入表格】对话框，在【设置单元样式】选项区中在【第一行单元样式】、【第二行单元样式】和【所有其他行单元样式】下拉列表框中均选择【数据】选项，在【列和行设置】选项区中将【列数】和【数据行数】分别设置为 5、2，将【列宽】和【行高】分别设置为 30、2，单击【确定】按钮，如图 5-87 所示。

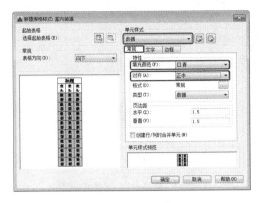

图 5-84　设置【数据】参数

图 5-85　设置字体

图 5-86　设置【文字高度】

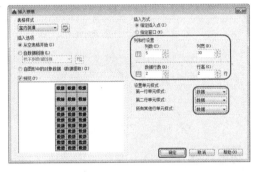

图 5-87　设置列和行及单元格式

步骤 07　在绘图区中合适的位置单击，创建一个空表格，如图 5-88 所示。

步骤 08　选择如图 5-89 所示的单元格并右击，在弹出的快捷菜单中选择【特性】命令，弹出【特性】选项板，在【特性】选项板中的【单元】选项组中将【单元高度】设置为 15，关闭【特性】选项板，如图 5-90 所示。

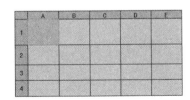

图 5-88　插入表格

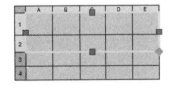

图 5-89　选择单元格

步骤 09　选择如图 5-91 所示的单元格并右击，将鼠标指针放在快捷菜单的【合并】命令上，在自动弹出的子菜单中选择【全部】命令，如图 5-92 所示。

步骤 10　使用同样的方法合并其他单元格，如图 5-93 所示。

步骤 11　在左上角的单元格中单击 4 次，该单元格处于编辑状态，输入文字，如图 5-94 所示。

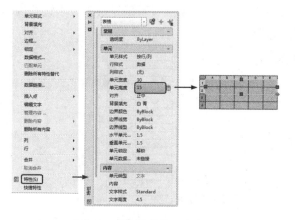

图 5-90 设置【单元高度】

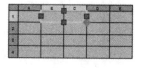

图 5-91 选择单元格

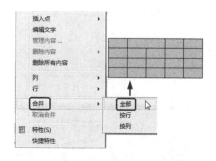

图 5-92 合并的效果

图 5-93 合并单元格的最终效果

步骤 12 按键盘上的方向键切换单元格，在单元格中输入文字，输入完成后单击【表格单元】选项卡上的【关闭文字编辑器】按钮结束操作，最终效果如图 5-95 所示。

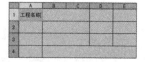

图 5-94 输入文字

图 5-95 最终效果

提 示

在合并单元格时，也可以单击【表格单元】选项卡中【合并】选项组中的【合并单元】按钮，在弹出的列表中选择【合并全部】选项，如图 5-96 所示。

图 5-96 合并单元格

5.5.2 电器图例表的创建与编辑

下面讲解创建与编辑电器图例表的具体操作步骤。

步骤 01 首先新建空白文件，在菜单栏中选择【格式】|【表格样式】命令，如图 5-97 所示，弹出【表格样式】对话框，单击【新建】按钮，如图 5-98 所示。

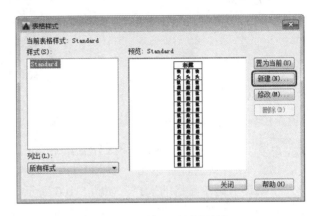

图 5-97 选择【表格样式】命令　　　　　图 5-98 单击【新建】按钮

步骤 02 弹出【创建新的表格样式】对话框，在【新样式名】文本框中输入【电器图例】，单击【继续】按钮，如图 5-99 所示。

步骤 03 弹出【新建表格样式：电器图例】对话框，在【单元样式】选项区中单击最上方的按钮，在弹出的下拉列表中选择【表头】选项，切换至【文字】选项卡，在【文字高度】文本框中输入 6，单击【确定】按钮，如图 5-100 所示，返回绘图区。

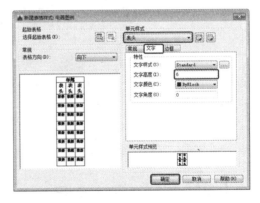

图 5-99 设置【新样式名】　　　　　图 5-100 设置【表头】的【文字高度】

步骤 04 在菜单栏中选择【绘图】|【表格】命令，如图 5-101 所示。

步骤 05 弹出【插入表格】对话框，在该对话框的【插入方式】选项组中选中【指定窗口】单选按钮，在【列和行设置】选项组中将【列数】设置为 4，选中【数据行数】单选按钮，在该文本框中输入 7，其他保持默认设置，单击【确定】按钮，如图 5-102 所示。

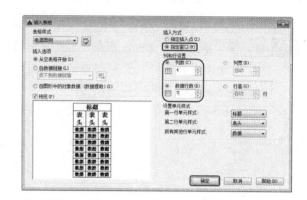

图 5-101　选择【表格】命令　　　　　图 5-102　设置【列数】和【数据行数】

步骤06　返回绘图区，在绘图区任意位置单击，然后拖动鼠标，手动调整行高和列宽，在合适的位置单击，插入表格，此时，标题单元格显示编辑状态，按两次 Esc 键取消单元格的选择，如图 5-103 所示。

步骤07　在表格的任意边上双击，选中整个表格，在菜单栏中选择【工具】|【选项板】|【特性】命令，弹出【特性】选项板。在【特性】选项板中的【表格】选项组中将【表格宽度】设置为 180，【表格高度】设置为 90，如图 5-104 所示。关闭【特性】选项板。按 Esc 键取消表格的选择。向前滚动鼠标中间的滚轮，将表格缩放到合适大小。

步骤08　在最上方的【标题】单元格中 4 次单击，该单元格处于编辑状态，输入文字【电器图例】，如图 5-105 所示。

图 5-103　插入表格　　　　图 5-104　设置【表格宽度】　　　　图 5-105　输入文字
　　　　　　　　　　　　　　　和【表格高度】

步骤 09 按键盘上的方向键切换单元格，输入其他文字，如图 5-106 所示。

步骤 10 在表格内左上角单击，拖动鼠标，在表格内右下角处单击，选中所有单元格并右击，在弹出的快捷菜单中将鼠标指针放置于【对齐】命令，在其子菜单中选择【正中】命令，如图 5-107 所示。

步骤 11 按 Esc 键取消表格的选择。至此，电器图例表的创建与编辑操作完成。

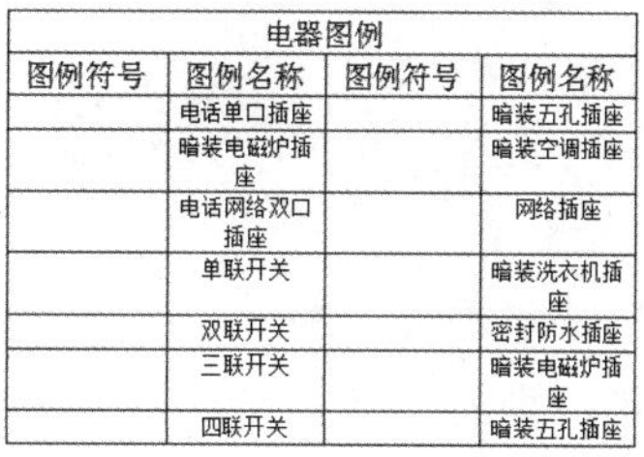

电器图例			
图例符号	图例名称	图例符号	图例名称
	电话单口插座		暗装五孔插座
	暗装电磁炉插		暗装空调插座
	电话网络双口插座		网络插座
	单联开关		暗装洗衣机插座
	双联开关		密封防水插座
	三联开关		暗装电磁炉插座
	四联开关		暗装五孔插座

图 5-106 输入其他文字

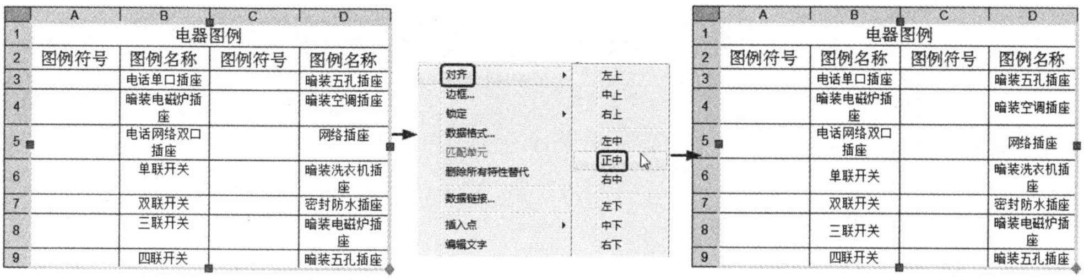

图 5-107 选择【对齐】|【正中】命令

思考与练习

1. 创建文字样式的方式有哪几种？
2. 怎样创建多行文字？
3. 修改表格样式可以通过哪几种途径？

第6章 图形标注

标注是指为图形的某个部分添加尺寸或文字说明等内容。对于大部分图形来说，标注是必不可少的，施工人员必须根据标注内容进行施工。AutoCAD 提供了多种标注类型和设置标注格式的方法。标注类型包括线性标注、半径标注、对齐标注、连续标注、弧长标注等。在这一章的内容中将讲解有关标注的知识内容。

6.1 图形尺寸标注的组成和类型

在学习如何进行尺寸标注之前，先来了解一下尺寸标注的组成和类型。

6.1.1 组成尺寸标注的元素

组成尺寸标注的元素包括尺寸线(角度标注中也称为尺寸弧线)、尺寸界限(也称为延伸线)、尺寸起止符号(即箭头)、标注文字和起点等，如图 6-1 所示。下面将分别对这几个组成部分进行讲解。

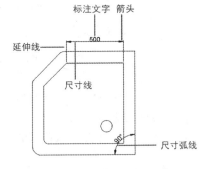

图 6-1 尺寸标注的组成

- 标注文字：标注文字反映了图形的实际尺寸值，可以只反映基本尺寸，也可以带尺寸公差。标注文字应按标准字体书写，同一张图纸上的字高要一致。标注文字一般根据其方向标注在尺寸线的上方中部。
- 尺寸线：尺寸线反映了标注范围。AutoCAD 2016 通常将尺寸线放置在测量区域中。如果空间不足，则将尺寸线或文字移到测量区域的外部，取决于标注样式的放置规则。尺寸线是一条带有双箭头的线段，一般分为两段，可以分别控制其显示。对于角度标注，尺寸线是一段圆弧。尺寸线应使用细实线绘制。
- 尺寸起止符号：箭头显示在尺寸线的末端，用于指出测量的开始和结束位置。AutoCAD 2016 默认使用闭合的填充箭头符号。此外，AutoCAD 2016 还提供了多种箭头符号，以满足不同的行业需要，如实心闭合、建筑标记、小点和斜杠等。
- 起点：尺寸标注的起点是尺寸标注对象标注的定义点，系统测量的数据均以起点为计算点。起点通常是延伸线的引出点。
- 延伸线(尺寸界限)：从标注起点引出的标明标注范围的直线，可以从图形的轮廓线、轴线、对称中心线引出。同时，轮廓线、轴线及对称中心线也可以作为延伸线。延伸线也应使用细实线绘制。

6.1.2　尺寸标注类型

AutoCAD 2016 提供了强大的尺寸标注功能，标注对象包括长度、半径、直径、圆弧、坐标、角度等，尺寸标注类型包括线性标注、对齐标注、半径标注、直径标注、角度标注、对齐标注、连续标注等，部分标注类型如图 6-2 所示。在 AutoCAD 2016 的【标注】菜单和【注释】选项卡的【标注】选项组中提供了大量的标注工具，如图 6-3 所示。

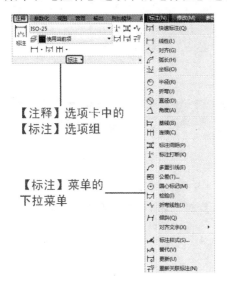

【注释】选项卡中的【标注】选项组

【标注】菜单的下拉菜单

图 6-2　标注工具

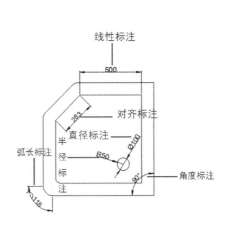

图 6-3　标注类型

6.2　创建和编辑尺寸标注样式

在 AutoCAD 2016 中，尺寸标注的样式在不同国家、不同行业有不同的标准。所以在标注尺寸之前，应该根据需要来创建符合自己标准的标注样式。本节将讲解如何创建、编辑以及设置尺寸标注样式。

6.2.1　新建标注样式

创建标注样式需要在【标注样式管理器】对话框中进行，打开该对话框的方法有以下几种。

- 使用菜单栏：选择菜单栏中的【格式】|【标注样式】命令，如图 6-4 所示。
- 使用【默认】选项卡：在【功能区】选项板中选择【默认】选项卡，在【注释】选项组中单击 注释 ▼ 按钮，在弹出的下拉菜单中单击【标准样式】按钮 或者单击该按钮右侧的下拉按钮 ISO-25 ▼ ，在弹出的下拉列表中单击【管

图 6-4　选择【标注样式】命令

理标注样式】，如图 6-5 所示。

- 使用【注释】选项卡：在【功能区】选项板中选择【注释】选项卡，在【标注】选项组中单击右下角的【标注，标注样式】按钮，如图 6-6 所示。
- 使用命令行：在命令行中输入 DIMSTYLE 命令，按 Enter 键确认。

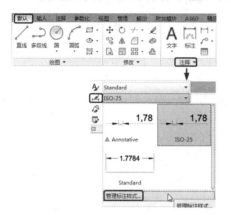

图 6-5 【标注样式】按钮和【管理标注样式】　　　　图 6-6 【标注，标注样式】按钮

执行上述任意操作后，弹出【标注样式管理器】对话框，单击【新建】按钮，弹出【创建新标注样式】对话框，如图 6-7 所示。

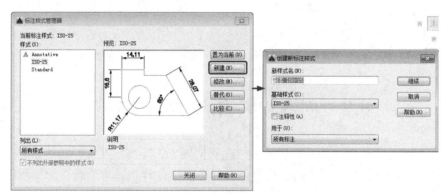

图 6-7 打开【创建新标注样式】对话框

新建标注样式时，可以在【新样式名】文本框中输入新标注样式的名称；在【基础样式】下拉列表框中选择一种基础样式，新标注样式将在该基础样式的基础上进行修改。此外，在【用于】下拉列表框中指定新建标注样式的适用范围，其中包括【所有标注】、【线性标注】、【角度标注】、【半径标注】、【直径标注】、【坐标标注】和【引线和公差】等选项，如图 6-8 所示，选中【注释性】复选框，可以将新建的标注样式设置为注释性标注样式。

在【创建新标注样式】对话框中设置新样式名和其他选项后，单击该对话框中的【继续】按钮，打开【新建标注样式】对话框，如图 6-9 所示，在该对话框中可以对新建的标注样式进行相应设置。

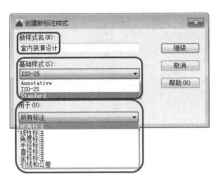

图 6-8　进行相关设置

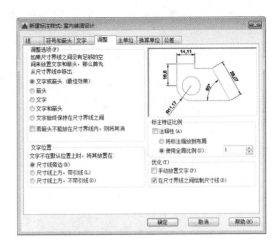

图 6-9　【新建标注样式】对话框

6.2.2　编辑尺寸标注对象

在 AutoCAD 2016 中，用户可以利用移动标注、打断标注、复制标注等编辑命令对尺寸标注进行编辑。同时，还可以编辑尺寸标注的文字位置、内容、尺寸界限、尺寸线及尺寸起止符号等。

1.【编辑标注】命令

【编辑标注】命令可以修改标注文字内容、移动文字、旋转文字、使文字倾斜一定的角度，还可以对尺寸界限进行编辑。另外，该命令还可以同时编辑多个尺寸标注。

调用【编辑标注】命令的方法有以下几种。

- 使用工具栏：单击【标注】工具栏中的【编辑标注】按钮 ，如图 6-10 所示。
- 使用命令行：在命令行中输入 DIMEDIT，按 Enter 键确认。

图 6-10　【编辑标注】按钮

执行上述任意命令后，命令行将提示【输入标注编辑类型 [默认(H)/新建(N)/旋转(R)/倾斜(O)] <默认>:】，其中各选项含义如下。

- 【默认(H)】：选择该选项并选择尺寸标注对象，可以按默认位置和方向放置标注文字。
- 【新建(N)】：选择该选项可以修改标注文字，此时系统将显示【文字编辑器】选项卡和文字输入窗口，如图 6-11 所示。编辑文字后，关闭【文字编辑器】选项卡或者在绘图区空白位置单击，然后选择需要修改的尺寸标注对象，按 Enter 键确认，即可修改标注文字。
- 【旋转(R)】：选择该选项可以将标注文字旋转一定的角度，同样是先设置旋转角度值，然后选择标注对象，设置旋转角度为 30°的效果及命令行提示如图 6-12 所示。

- 【倾斜(O)】：选择该选项可以使非角度标注的尺寸界线倾斜一定角度。选择该选项后需要先选择标注对象再设置倾斜角度，设置倾斜角度值为 60°的效果及命令行提示如图 6-13 所示。

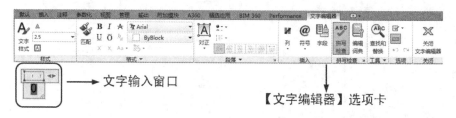

图 6-11　【文字编辑器】选项卡和文字输入窗口

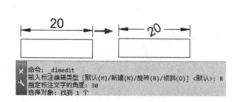

图 6-12　旋转效果及命令行提示

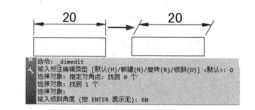

图 6-13　倾斜效果及命令行提示

2．标注文字位置的编辑

一般情况下，标注文字位于尺寸线中间，用户也可以通过一定操作重新编辑标注文字的位置，其方法有以下几种。

- 使用菜单栏：选择菜单栏中的【标注】|【对齐文字】命令，在弹出的子菜单中可以选择相应的选项对标注文字进行编辑，如图 6-14 所示。
- 使用选项卡：单击【注释】选项卡中的 [标注▼] 按钮，在弹出的面板中可以选择相应的选项对文字位置进行编辑，如图 6-15 所示。
- 使用工具栏：单击【标准】工具栏中的【编辑标注文字】按钮，如图 6-16 所示。
- 使用命令行：在命令行中输入 DIMTEDIT 命令，按 Enter 键确认。

执行上述操作后，命令行提示及含义如下：

命令:_dimtedit　　　　　　　　　　　　　　//执行命令
选择标注：　　　　　　　　　　　　　　　 //选择尺寸标注对象

为标注文字指定新位置或 [左对齐(L)/右对齐(R)/居中(C)/默认(H)/角度(A)]：　//直接移动光标为标注文字指定新的位置或者选择需要的编辑方式

- 【左对齐(L)】：选择该选项，标注文字将沿尺寸线向左对齐。
- 【右对齐(R)】：选择该选项，标注文字将沿尺寸线向右对齐。
- 【居中(C)】：选择该选项，标注文字将被放置于尺寸线中间位置。
- 【默认(H)】：选择该选项，标注文字按默认位置放置。
- 【角度(A)】：选择该选项，可以设置标注文字的倾斜角度。

图 6-14　【对齐文字】子菜单

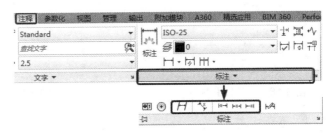

图 6-15　选项卡中的编辑标注文字相关选项

图 6-16　【编辑标注文字】按钮

编辑文字位置效果如图 6-17 所示。

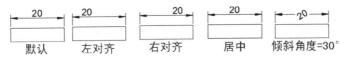

图 6-17　文字位置编辑效果

3．替代标注

在对图形进行尺寸标注的过程中，用户可以使用【替代】命令临时修改尺寸标注的系统变量设置。使用该命令只对选定的尺寸标注对象进行修改，不影响原尺寸标注样式设置。

调用【替代】命令的方法有以下几种。

- 使用菜单栏：选择菜单栏中的【标注】|【替代】命令，如图 6-18 所示。
- 使用选项卡：切换至【注释】选项卡，在该选项卡的【标注】选项组中单击 标注 ▼ 按钮，在弹出的面板中单击【替代】按钮 ，如图 6-19 所示。
- 使用命令行：在命令行中输入 DIMOVERRIDE 命令，按 Enter 键确认。

执行上述命令后，根据命令行提示输入要替代的系统变量名，然后为该变量设置新值，根据命令提示选择将被替代的尺寸标注对象，所选择的尺寸标注对象将按新的设置作相应的改变。如果在命令提示下选择 C 选项，然后选择需要修改的尺寸标注对象，可以将选中的尺寸标注对象恢复为当前系统变量设置下的标注样式。

图 6-18　【替代】命令

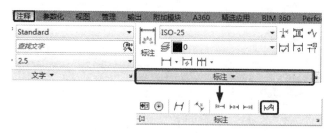

图 6-19　单击【替代】按钮

4．更新标注

在对图形进行尺寸标注的过程中，用户可以使用【更新】命令将当前标注样式应用到现有标注样式。

调用【更新】命令的方法有以下几种。

- 使用菜单栏：选择菜单栏中的【标注】|【更新】命令，如图 6-20 所示。
- 使用选项卡：切换至【注释】选项卡，单击【标注】选项组中的【更新】按钮，如图 6-21 所示。
- 使用工具栏：单击【标注】工具栏中的【标注更新】按钮，如图 6-22 所示。
- 使用命令行：在命令行中输入-DIMSTYLE 命令，按 Enter 键确认。

图 6-20　选择【更新】命令

图 6-21　单击【更新】按钮

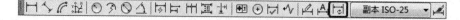

图 6-22　【标注更新】按钮

执行上述命令后，命令行提示及含义如下。

命令：_-dimstyle　　　　　　　　　　　　　　//执行命令
当前标注样式:ISO-25　注释性:否　　　　　　　//自动显示的当前设置
输入标注样式选项[注释性(AN)/保存(S)/恢复(R)/状态(ST)/变量(V)/应用(A)/?] <恢复>：
//选择需要的选项

- 【注释性(AN)】：选择该选项，将创建注释性标注样式。
- 【保存(S)】：该选项用于将当前尺寸标注系统变量的设置作为一种尺寸标注样式来命名保存。
- 【恢复(R)】：将用户保存的某一尺寸标注样式恢复为当前样式。
- 【状态(ST)】：查看当前各尺寸系统变量的状态。选择该选项，可切换到文本窗口，并显示各尺寸系统变量及其当前设置。
- 【变量(V)】：显示指定标注样式或对象的全部或部分尺寸系统变量及其设置。
- 【应用(A)】：可以根据当前尺寸系统变量的设置更新指定的尺寸对象。
- 【?】：显示当前图形中命名的尺寸标注样式。

6.3　设置尺寸标注对象

本节将介绍如何在 AutoCAD 2016 中设置尺寸标注对象，其中包含尺寸线、尺寸界限和箭头、标注文字等。

6.3.1　设置尺寸线和尺寸界限

使用前面内容中讲过的方法打开【新建标注样式】对话框，如果是修改标注样式，单击【标注样式管理器】对话框中的【修改】按钮，打开【修改标注样式】对话框，该对话框中的选项和【新建标注样式】对话框中的各个选项是相同的。在这两个对话框中的【线】选项卡中可以对尺寸线、尺寸界限进行设置，如图 6-23 所示。

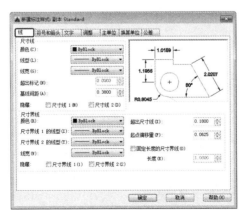

图 6-23　【线】选项卡

1. 尺寸线的设置

在【线】选项卡的【尺寸线】选项区中，可以对尺寸线的颜色、线宽、超出标记和基线间距等属性进行设置。其中各选项的含义如下。

- 【颜色】：在该选项的下拉列表框中可以选择尺寸线的颜色，也可以单击该下拉列表中的【选择颜色】选项，在弹出的【选择颜色】对话框中设置尺寸线颜色，如图 6-24 所示。

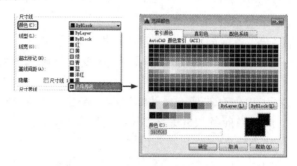

图 6-24　弹出【选择颜色】对话框

- 【线型】：在该选项的下拉列表框中可以选择尺寸线的线型，也可以单击该列表框中的【其他】选项，弹出【选择线型】对话框，单击该对话框中的【加载】按钮，加载列表框中不包括的线型，如图 6-25 所示。
- 【线宽】：在该选项的下拉列表框中可以选择尺寸线的线宽，如图 6-26 所示。
- 【超出标记】：在该文本框中可以设置尺寸线超出尺寸界线的长度，只有将【符号和箭头】选项卡中的箭头设置为【倾斜】、【建筑标记】、【积分】和【无】选项时，【超出标记】选项才可以被设置。可以直接输入数值，也可以通过单击其右侧的微调按钮来设置，设置效果如图 6-27 所示。
- 【基线间距】：在该文本框中可以设置基线标注的尺寸线间的距离，设置效果如图 6-28 所示。
- 【隐藏】：该选项中的两个复选框用来控制两条尺寸线是否被隐藏，设置效果如图 6-29 所示。

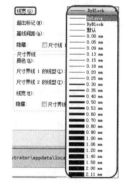

图 6-25　设置线型　　　　　　　　　　　　　　　　　图 6-26　设置线宽

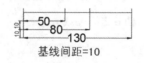

图 6-27　设置【超出标记】效果　　图 6-28　设置【基线间距】效果　　图 6-29　设置隐藏尺寸线效果

2. 尺寸界限的设置

在【线】选项卡的【尺寸界限】选项区中，可以对尺寸界线的颜色、线宽、线型、超出尺寸线、起点偏移量等属性进行设置。颜色、线型、线宽、隐藏的设置与设置尺寸线的方法相同，这里不再赘述。下面讲解与设置尺寸线不同的选项。

- 【超出尺寸线】：该选项用于设置尺寸界线在尺寸线上方超出的距离。
- 【起点偏移量】：该选项用于设置尺寸界线与标注起点的偏移距离。
- 【固定长度的尺寸界线】：选中该复选框，即可在下方的【长度】文本框中设置尺寸界限的固定长度。
- 【长度】：该微调框用于设置尺寸界线的固定长度值。

下面将通过实例来讲解如何设置尺寸界线和尺寸线的颜色。

步骤01　打开随书附带光盘中的"CDROM\素材\第 6 章\设置尺寸线.dwg"图形文件，在命令行中输入 DIMSTYLE 命令，按 Enter 键确认，弹出【标注样式管理器】对话框，单击【修改】按钮，弹出【修改标注样式：标注】对话框，切换至【线】选项卡，在【尺寸界线】和【尺寸线】选项区中设置【颜色】为【蓝】，单击【确定】按钮，如图 6-30 所示。

步骤02　返回【标注样式管理器】对话框，单击【置为当前】按钮，然后单击【关闭】按钮，在命令行中输入 DIMLINEAR 命令，按 Enter 键确认，对图形进行标注，效果如图 6-31 所示。

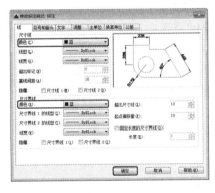

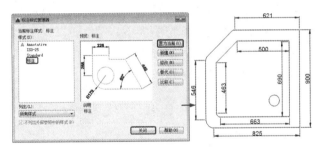

图 6-30　设置颜色　　　　　图 6-31　设置完成后的尺寸标注

6.3.2　设置符号和箭头

在【修改标注样式】对话框的【符号和箭头】选项卡中可以对尺寸标注的箭头、圆心标记、折断标注、弧长符号、半径折弯标注和线性折弯标注进行设置，如图 6-32 所示。

1. 【箭头】选项区

- 【符号和箭头】选项卡中【箭头】选项区各选项含义如下。
- 【第一个】：在该选项的下拉列表中可以选择第一条尺寸线的箭头样式，如图 6-33 所示。当选择了第一个箭头的样式时，第二个箭头将自动改变以同第一个箭头样式相匹配，但是用户可以再次对第二个箭头设置与第一个箭头不同的样式。

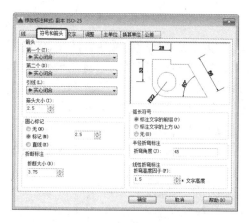

图 6-32 【符号和箭头】选项卡

图 6-33 【第一个】下拉列表

- 【第二个】：该选项用于设置第二条尺寸线的箭头样式，其设置结果不影响第一个箭头样式。
- 【引线】：该选项用于设置引线的箭头样式。
- 【箭头大小】：该选项用于设置箭头的尺寸大小。

2. 【圆心标记】选项区

【圆心标记】选项区用于控制直径标注和半径标注圆心标记的显示和大小。在DIMCEN 系统变量中，圆心标记的大小存储为正值。其中各选项的含义如下。

- 【无】：选择该选项后，在进行标注时将不创建圆心标记。
- 【标记】：选择该选项后，在进行标注时将创建圆心标记，在其右侧的文本框中可以设置圆心标记的大小。
- 【直线】：选择该选项后，在进行标注时将创建中心线。

设置圆心标记的效果如图 6-34 所示。

图 6-34 设置圆心标记效果

> **提 示**
>
> DIMCENTER、DIMDIAMETER 和 DIMRADIUS 命令使用圆心标记和中心线。对于DIMDIAMETER 和 DIMRADIUS，仅当将尺寸线放置到圆或圆弧外部时才绘制圆心标记。

3. 其他选项设置

【折断大小】：【折断标注】选项区的【折断大小】选项用于设置折断标注的间隙大小。

【标注文字的前缀】：选择【弧长符号】选项区中的【标注文字的前缀】选项后，标注弧长符号将放置在标注文字之前。

【标注文字的上方】：选择该选项后，弧长符号将放置在标注文字的上方。

【无】：选择【弧长符号】选项区中的【无】选项后，将不显示弧长符号。设置弧长符号效果如图 6-35 所示。

图 6-35　设置弧长符号的效果

　　【折弯角度】：【半径折弯标注】选项区中的【折弯角度】选项用于确定折弯半径标注中，尺寸线的横向线段的角度。

　　【折弯高度因子】：【线性折弯标注】选项区中的【折弯高度因子】选项可以通过指定形成折弯的角度的两个顶点之间的距离确定折弯高度。

6.3.3　文字的设置

　　在【修改标注样式】对话框的【文字】选项卡中可以对文字的样式、高度、颜色、位置和对齐方式等进行设置，如图 6-36 所示。

1．设置文字外观

　　文字外观主要包括文字的样式、颜色、填充颜色、高度等特性。【文字外观】选项区中各选项含义如下。

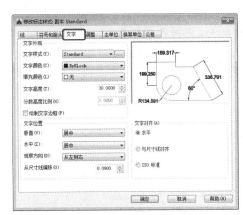

图 6-36　【文字】选项卡

- 　　【文字样式】：在该选项的下拉列表框中可以选择文字样式，也可以单击其右侧的 按钮，在弹出的【文字样式】对话框中创建新的文字样式，如图 6-37 所示。
- 　　【文字颜色】：在该选项的下拉列表中可以选择文字颜色，也可以单击下拉列表中的【选择颜色】选项，在弹出的【选择颜色】对话框中选择颜色，如图 6-38 所示。
- 　　【填充颜色】：在该选项的下拉列表框中可以设置文字的填充颜色，也可以在下拉列表框中选择【选择颜色】选项，在打开的【选择颜色】对话框中选择颜色。
- 　　【分数高度比例】：在该选项的文本框中可以设置标注文字的分数比例，该比例值与标注文字高度的乘积即为分数的高度。只有将【主单位】选项卡中的【单位格式】设置为【分数】时，该选项才可用。
- 　　【绘制文字边框】：选中该复选框，标注文字周围会出现一个边框。

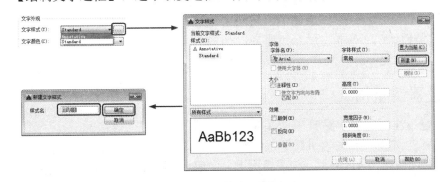

图 6-37　设置【文字样式】

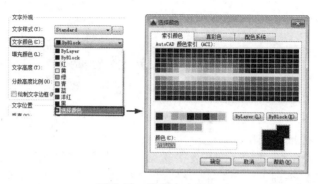

图 6-38　设置文字颜色

2．设置文字位置

【文字位置】选项区中各选项含义如下。

- 【垂直】：在该选项的下拉列表中可以选择其中一项来设置标注文字相对于尺寸线垂直方向上的位置，该选项的下拉列表如图 6-39 所示。其中 JIS 选项表示将文字按照日本工业标注放置。

- 【水平】：该选项用于设置标注文字在尺寸线上相对于尺寸界限的水平位置。该选项的下拉列表框如图 6-40 所示。

- 【观察方向】：用来设置标注文字的观察方向，包括【从左到右】和【从右到左】两个选项。

- 【从尺寸线偏移】：在该选项的微调框中可以设置标注文字与尺寸线之间的距离。

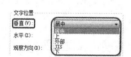

图 6-39　【垂直】下拉列表

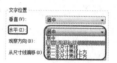

图 6-40　【水平】下拉列表

3．设置文字对齐

【文字对齐】选项区中各选项含义如下。

- 【水平】：选择该选项后，标注文字将水平放置，与尺寸线角度无关。

- 【与尺寸线对齐】：选择该选项后，标注文字角度将与尺寸线角度相同。

- 【ISO 标准】：选择该选项，当文字在尺寸界线内时，文字与尺寸线对齐；当文字在尺寸界线外时，文字水平排列。

图 6-41　【调整】选项卡

6.3.4　设置调整格式

在【新建标注样式】对话框中的【调整】选项卡中可以对标注文字、箭头、引线和尺寸线的位置进行调整设置，如图 6-41 所示。一般情况下，当放置标注文字、尺寸线或其他元素的空间不够时，使用该选项卡进行设置。

1. 【调整选项】选项区

在【调整选项】选项区中，可以设置当尺寸界线之间没有足够的空间放置文字和箭头时如何调整文字和箭头。其中各选项含义如下。

- 【文字或箭头(最佳效果)】：选择该选项，系统将按照最佳效果将文字或箭头放置在尺寸界线之外。
- 【箭头】：选择该选项后，当尺寸界线间的距离不能同时放下文字和箭头时，先将箭头放置在尺寸界限之外。
- 【文字】：选择该选项后，当尺寸界线间的距离不能同时放下文字和箭头时，先将文字放置在尺寸界限之外。
- 【文字和箭头】：选择该选项后，当尺寸界线间的距离不能放下文字和箭头时，文字和箭头都移动到尺寸界线之外。
- 【文字始终保持在尺寸界线之间】：选择该选项后，文字将始终放置在尺寸界线之间。
- 【若箭头不能放在尺寸界线内，则将其消除】：选中该复选框，当尺寸界线之间没有足够的空间，则不显示箭头。

2. 【文字位置】选项区

【文字位置】选项区用于设置文字不在默认位置时的位置。其中各选项的含义如下。

- 【尺寸线旁边】：选择该项，只要移动标注文字，尺寸线就会随之移动。
- 【尺寸线上方，带引线】：选择该项，将文字从尺寸线上移开时，将创建一条连接文字和尺寸线的引线；当文字靠近尺寸线时将不出现引线。
- 【尺寸线上方，不带引线】：选择该项，移动文字时，不影响尺寸线，也不创建引线。

3. 【标注特征比例】选项区

【标注特征比例】选项区用于设置标注尺寸的特征比例。其中各选项含义如下。

- 【注释性】：选中该复选框，将指定标注为注释性。
- 【将标注缩放到布局】：选择该选项，将根据当前模型空间视口和图纸空间的比例确定比例因子。
- 【使用全局比例】：选择该选项，将为所有标注样式设定一个比例。

4. 【优化】选项区

【优化】选项区中各选项含义如下。

- 【手动放置文字】：选中该复选框，在进行标注时，将要求手动放置标注文字的位置。
- 【在尺寸界线之间绘制尺寸线】：选中该复选框，即使箭头放在尺寸界线之外，也在尺寸界线之内绘制尺寸线。

6.3.5　设置主单位

在【主单位】选项卡中，可以对主标注单位的格式、精度等特性进行设置，如图 6-42 所示。

1．【线性标注】选项区

在【线性标注】选项区中，可以对线性标注的格式与精度进行设置，其中各选项含义如下。

图 6-42　【主单位】选项卡

- 【单位格式】：该选项用于设置除角度标注之外的所有标注类型的单位格式，其下拉列表如图 6-43 所示。
- 【精度】：该选项用于设置尺寸标注的小数位数，其下拉列表如图 6-44 所示。
- 【分数格式】：该选项用于设置分数格式，只有当【单位格式】设置为分数时，该项才可用，其下拉列表如图 6-45 所示。

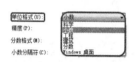

图 6-43　【单位格式】下拉列表

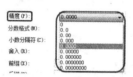

图 6-44　【精度】下拉列表

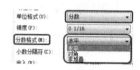

图 6-45　【分数格式】下拉列表

- 【小数分隔符】：该选项用于设置小数点的格式，只有当【单位格式】设置为【小数】时，该选项才可用，其下拉列表如图 6-46 所示。
- 【舍入】：该选项用于设置除角度标注之外所有标注类型测量值的舍入规则。
- 【前缀】：该选项用于为标注文字设置前缀。可以在文本框中输入文字，也可以通过输入控制代码使标注文字前显示特殊符号。

图 6-46　【小数分隔符】下拉列表

- 【后缀】：该选项用于为标注文字设置后缀。可以在文本框中输入文字，也可以通过输入控制代码使标注文字之后显示特殊符号。

2．【测量单位比例】选项区

在【测量单位比例】选项区的【比例因子】微调框中可以设置线性标注测量值的比例因子。更改该选项的默认值后，将影响线性标注的实际尺寸标注值。选中【仅应用到布局标注】复选框，则将设置的比例因子仅应用于布局视口中创建的标注。

3．【消零】选项区

【消零】选项区用于控制除角度标注之外的标注类型前导零和后续零是否输出。例如，标注为 0.300 的标注，如果设置前导为零，则显示.300；如果设置后续为零，则显示 0.3；如果前导和后续都为零，则显示.3。

4．【角度标注】选项区

【角度标注】选项区用于设置角度标注的单位格式、精度和角度值的前导和后续是否为 0。

- 【单位格式】：在该选项的下拉列表框中可以选择角度标注的单位格式。
- 【精度】：在该选项的下拉列表框中可以选择角度标注的小数位数。
- 【消零】：该选项用于设置角度标注的前导和后续是否为零。

6.3.6　设置换算单位

在【新建标注样式】对话框中的【换算单位】选项卡中可以设置换算单位，如图 6-47 所示。换算标注单位将显示在主标注单位后方或下方的方括号中。该选项卡中的一些选项和【主单位】选项卡中的相同，下面讲解不同的选项含义。

图 6-47　【换算单位】选项卡

- 【显示换算单位】：该复选框用于控制是否向标注文字添加换算测量单位。只有选中该复选框后，其他选项才可以设置。
- 【换算单位倍数】：该选项用于设置主单位和换算单位之间的转换因子。
- 【舍入精度】：该选项用于设置除角度标注之外的所有标注类型的换算单位的舍入规则。
- 【主值后】：选择该选项后，换算单位将放置在标注文字的主单位后方。
- 【主值下】：选择该选项后，换算单位将放置在标注文字的主单位下方。

下面通过实例讲解设置标注换算单位的具体操作步骤。

步骤01　启动 AutoCAD 2016，打开随书附带光盘中的 CDROM\素材\第 6 章\ "洗脸盆.dwg" 素材文件，如图 6-48 所示。

步骤02　选择菜单栏中的【格式】|【标注样式】命令，打开【标注样式管理器】对话框，如图 6-49 所示。

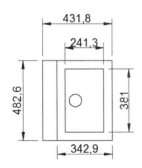

图 6-48　打开素材文件

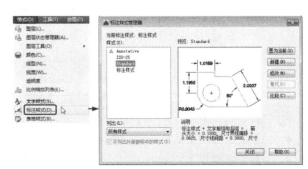

图 6-49　打开【标注样式管理器】对话框

步骤03　在【标注样式管理器】对话框左侧的【样式】列表框中选中【标注样式】选

项，然后单击 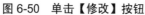 按钮，如图 6-50 所示。

步骤 04 打开【修改标注样式：标注样式】对话框。切换至【换算单位】选项卡，选中【显示换算单位】复选框，选中【消零】选项区中的【后续】复选框，在【位置】选项区选中【主值下】单选按钮，其他保持默认设置，如图 6-51 所示。

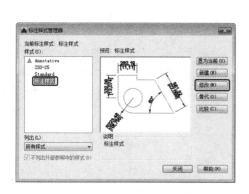

图 6-50　单击【修改】按钮

图 6-51　设置相关选项

步骤 05 单击【确定】按钮，返回到【标注样式管理器】对话框，单击【置为当前】按钮，然后单击【关闭】按钮，返回绘图区即可看到标注效果，如图 6-52 所示。

6.3.7 设置公差

公差表示允许尺寸变动的范围。在【公差】选项卡中可以设置是否显示公差以及公差的格式，如图 6-53 所示。下面讲解主要选项的含义。

- 【方式】：在该选项的下拉列表框中可以选择公差的标注格式，如图 6-53 所示。选择【无】表示不设置公差；选择【对称】选项，将添加公差的加/减表达式，把同一个公差值放置到标注文字右侧；选择【极限偏差】选项，将添加公差的加/减表达式，把不同的变量值放置到标注文字右侧，当【垂直位置】设置为【中】时，正号(+) 放置于标注文字的右上角，如果设置的【上偏差】值为 0，则不显示正号。当【垂直位置】设置为【中】时，负号(-) 位于在标注文字的右下角；选择【极限尺寸】选项，将创建显示上下限的标注，显示一个最大值和一个最小值，最大值等于标注值加上在【上偏差】微调框中设置的值，最小值等于标注值减去在【下偏差】微调框中设置的值；选择【基本尺寸】选项，将创建基本尺寸，标准文字周围将显示一个外边框。
- 【精度】：该选项用于设置公差标注的小数位数。
- 【上偏差】：在该微调框中可以设置最大公差或上偏差。
- 【下偏差】：在该微调框中可以设置最小公差或下偏差。
- 【高度比例】：在该微调框中可以设置公差值相对于标注文字的分数比例。
- 【垂直位置】：该选项用于设置对称公差和极限公差中标注文字相对于公差值的位置。

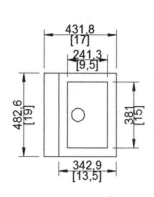

图 6-52　设置完成效果

图 6-53　【公差】选项卡

6.4　尺　寸　标　注

AutoCAD 提供的尺寸标注类型主要分为长度型、圆弧型和角度型。用户可以根据实际情况选择合适的标注类型。本节将对这些标注类型进行详细讲解。

6.4.1　线性标注

线性标注是最常用到的标注类型，主要标注水平方向和垂直方向的图形对象。使用该标注类型进行标注时需要指定图形对象的起点和端点或者直接指定需要标注的对象。

调用【线性】标注命令的方法有以下几种。

- 使用菜单栏：选择菜单栏中的【标注】|【线性】命令，如图 6-54 所示。
- 使用【默认】选项卡：在功能区中，在【默认】选项卡的【注释】选项组中单击【线性】按钮，如图 6-55 所示。
- 使用【注释】选项卡：在功能区中，切换至【注释】选项卡，单击【标注】选项组中的【线性】按钮，如图 6-56 所示。

图 6-54　选择【线性】命令

图 6-55　【默认】选项卡上的【线性】按钮

图 6-56　【注释】选项卡上的【线性】按钮

- 使用工具栏：单击【标注】工具栏中的【线性】按钮，如图 6-57 所示。
- 使用命令行：在命令行中输入 DIMLINEAR 命令，按 Enter 键确认。

图 6-57　【标注】选项卡上的【线性】按钮

下面通过一个实例来讲解如何进行线性标注。

步骤01 打开随书附带光盘中的"CDROM\素材\第 6 章\素材 1.dwg"图形文件，如图 6-58 所示。在命令行中输入 DIMLINEAR 命令，按 Enter 键确认，命令行将提示：【指定第一条延伸线原点或<选择对象>：】，如图 6-59 所示。

图 6-58　打开素材文件

图 6-59　命令行提示

步骤02 在绘图窗口中拾取点 A，如图 6-60 所示。

步骤03 继续在绘图窗口中拾取点 B，如图 6-61 所示。

步骤04 向右拖动鼠标，自定义合适的尺寸线位置，单击完成标注。

步骤05 按 Enter 键继续执行线性标注命令，参照前面讲解的方法，标注其他线性对象，完成后的效果如图 6-62 所示。

> **提 示**
>
> 拾取标注点时，一定要打开对象捕捉功能。只有精确地拾取标注对象的特征点，才能在标注和对象之间建立关联。

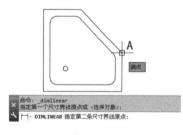

图 6-60　选择 A 点　　　　　图 6-61　选择 B 点　　　　　图 6-62　完成后的效果

命令行中各选项含义如下。

- 【多行文字】：选择该选项，绘图区将出现文字输入窗口，用户可以在该文字输入窗口中编辑标注文字内容。
- 【文字】：该选项和【多行文字】选项含义相同。
- 【角度】：选择该选项后，可以设置标注文字的角度。
- 【水平】：选择该选项，将创建水平方向的尺寸标注。
- 【垂直】：选择该选项，将创建垂直方向的尺寸标注。
- 【旋转】：选择该选项后，可以设置尺寸线的旋转角度。

6.4.2　对齐标注

对齐标注一般用于具有一定倾斜角度的标注对象，对齐标注的尺寸线平行于两个标注点之间的连线。

调用【对齐】标注的方法有以下几种。

- 使用菜单栏：选择菜单栏中的【标注】|【对齐】命令，如图 6-63 所示。
- 使用【默认】选项卡：在功能区中，切换至【默认】选项卡，在【注释】选项区单击【线性】按钮右侧的倒三角按钮，在弹出的下拉列表中单击【对齐】按钮，如图 6-64 所示。

图 6-63 选择【对齐】命令

- 使用【注释】选项卡：在功能区中，切换至【注释】选项卡，单击【标注】选项组中【线性】按钮右侧的倒三角按钮，在弹出的下拉列表中单击【已对齐】按钮，如图 6-65 所示。

图 6-64 【默认】选项卡上的【对齐】按钮　　图 6-65 【注释】选项卡上的【已对齐】按钮

- 使用工具栏：单击【标注】工具栏中的【对齐】按钮，如图 6-66 所示。
- 使用命令行：在命令行中输入 DIMALIGNED 命令，按 Enter 键确认。

图 6-66 【标注】工具栏上的【对齐】按钮

下面通过实例讲解进行【对齐】标注的具体操作步骤。

步骤01 打开随书附带光盘中的"CDROM\素材\第 6 章\素材 1.dwg"图形文件，在 AutoCAD 2016 中对图 6-67 所示的图形进行对齐标注。

步骤02 在命令行中输入 DIMALIGNED 命令，按 Enter 键确认，在绘图窗口中拾取点 A，如图 6-68 所示。

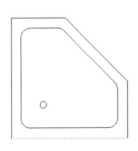

图 6-67 打开素材文件

图 6-68 拾取点 A

步骤03 继续在绘图窗口中拾取 B 点，如图 6-69 所示。

步骤04 向上拖动鼠标，自定义合适的尺寸线位置，单击完成标注，效果如图 6-70 所示。

图 6-69　拾取点 B

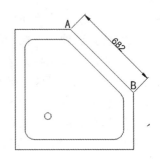

图 6-70　对齐标注

6.4.3　弧长标注

弧长标注用于测量并显示圆弧的长度。为了区别弧长标注与其他标注类型，默认情况下，弧长标注的标注文字前方或上方将显示圆弧符号，圆弧符号也称为【帽子】或【盖子】。

调用【圆弧】命令的方法有以下几种。

图 6-71　选择【弧长】命令

- 使用菜单栏：选择菜单栏中的【标注】|【弧长】命令，如图 6-71 所示。
- 使用【默认】选项卡：在功能区中，切换至【默认】选项卡，在【注释】选项区单击【线性】按钮右侧的倒三角按钮▼，在弹出的下拉列表中单击【弧长】按钮 弧长，如图 6-72 所示。
- 使用【注释】选项卡：在功能区中，切换至【注释】选项卡，单击【标注】选项组中【线性】按钮右侧的倒三角按钮▼，在弹出的下拉列表中单击【弧长】按钮 弧长，如图 6-73 所示。

图 6-72　【默认】选项卡上的【弧长】按钮　　　图 6-73　【注释】选项卡上的【弧长】按钮

- 使用工具栏：单击【标注】工具栏中的【弧长】按钮 ，如图 6-74 所示。
- 使用命令行：在命令行中输入 DIMARC 命令，按 Enter 键确认。

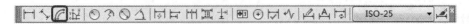

图 6-74　【标注】工具栏上的【弧长】按钮

下面将讲解如何进行弧长标注。

步骤 **01** 打开随书附带光盘中的 "CDROM\素材\第 6 章\素材 1.dwg" 图形文件。

步骤 **02** 选择菜单栏中的【标注】|【弧长】命令，在绘图窗口中选择需要标注的圆弧对象，如图 6-75 所示。

步骤 **03** 在圆弧上单击，向下拖动鼠标拉出标注尺寸线，自定义合适的尺寸线位置，单击完成标注，如图 6-76 所示。

图 6-75 选择需要标注的对象

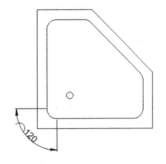

图 6-76 弧长标注

> **提示**
>
> 对于小于 90° 的圆弧，弧长标注的两条尺寸界限之间是互相平行的，对于不小于 90° 的圆弧，弧长标注的两条尺寸界线与被标注圆弧是垂直的。

6.4.4 基线标注

基线标注可以创建一系列相互关联的尺寸标注。使用基线标注创建的尺寸标注拥有同一条尺寸界限。

调用【基线】标注命令的方法有以下几种。

● 使用菜单栏：选择菜单栏中的【标注】|【基线】命令，如图 6-77 所示。

● 使用选项卡：在功能区中，切换至【注释】选项卡，单击【标注】选项组中【连续】按钮右侧的倒三角按钮，在弹出的下拉列表中单击【基线】按钮 ，如图 6-78 所示。

图 6-77 选择【基线】命令

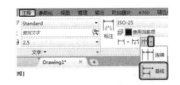

图 6-78 【注释】选项卡上的【基线】按钮

● 使用工具栏：单击【标注】工具栏中的【基线】按钮 ，如图 6-79 所示。

● 使用命令行：在命令行中输入 DIMBASELINE 命令，按 Enter 键确认。

图 6-79　【标注】工具栏上的【基线】按钮

使用基线标注需要预先指定一个完整的标注作为标注的基准，这个标注可以是线性标注、坐标标注或角度标注。一旦指定了基准标注，接下来的基线标注也会进行与基准标注相同类型的标注。

> **提 示**
>
> 如果刚刚执行了一个标注，那么激活基线标注后，系统会自动以刚刚执行完的线性标注为基准进行标注。如果不是刚执行的线性标注，执行基线标注时，命令窗口会提示选择一个已经完成的标注作为基准。如果当前图形中一个标注也没有，那么基线标注将无法执行下去。

下面将通过实例来讲解如何进行基线标注。

步骤 01　打开随书附带光盘中的"CDROM\素材\第 6 章\素材 2.dwg"图形文件，如图 6-80 所示。由于没有基准标注，需要先创建一个线性标注。

步骤 02　选择【标注】|【线性】菜单命令，在绘图窗口中选择点 A，如图 6-81 所示。

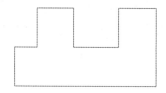

图 6-80　打开素材文件

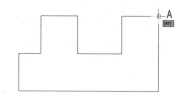

图 6-81　选择 A 点

步骤 03　继续在绘图窗口中拾取点 B，如图 6-82 所示。然后向上拖动鼠标拉出标注尺寸线，自定义合适的尺寸线位置，单击完成线性标注，如图 6-83 所示。

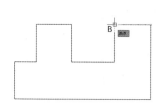

图 6-82　拾取点 B

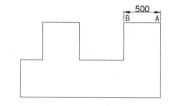

图 6-83　线性标注

> **提 示**
>
> 因为刚刚执行完一个线性标注，AutoCAD 2016 会直接以刚执行完的线性标注作为基准标注，提示输入下一个尺寸点。基准点是这个线性标注选择的第一个标注点，依次选择 C、D、E 点，会得到完整的基线标注。

步骤 04　选择【标注】|【基线】菜单命令，在绘图窗口中选择点 C 进行标注，如图 6-84 所示。

步骤 05　继续选择点 D、点 E 分别进行标注，如图 6-85 所示，按两次 Enter 键确认操作。

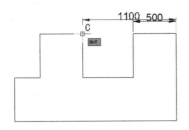

图 6-84 选择点 C

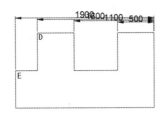

图 6-85 选择点 D、E

步骤 06 在命令行中输入 DIMSPACE 命令，按 Enter 键确认，然后选择所有标注作为产生间距的标注，如图 6-86 所示。

步骤 07 按空格键确认，根据命令行提示输入间距值或者选择默认的【自动】选项，这里直接按空格键进行确认，选择默认选项，效果如图 6-87 所示。

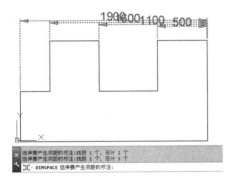

图 6-86 选择标注

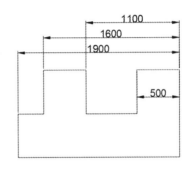

图 6-87 调整完成

6.4.5 连续标注

连续标注用于创建一系列首尾相接的尺寸标注。和使用基线标注一样，使用连续标注之前，也需要先创建一个基准标注。

调用【连续】标注命令的方法有以下几种。

● 使用菜单栏：选择菜单栏中的【标注】|【连续】命令，如图 6-88 所示。

● 使用选项卡：在功能区中，切换至【注释】选项卡，单击【标注】选项组中的【连续】按钮，如图 6-89 所示。

图 6-88 选择【连续】命令

图 6-89 【注释】选项卡中的【连续】按钮

- 使用工具栏：单击【标注】工具栏中的【连续】按钮 ，如图 6-90 所示。
- 使用命令行：在命令行中输入 DIMCONTINUE 命令，按 Enter 键确认。

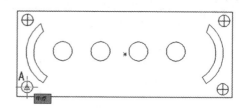

图 6-90 【标注】工具栏中的【连续】按钮

下面将通过实例来讲解如何进行连续标注。

步骤01 打开随书附带光盘中的"CDROM\素材\第 6 章\素材 3.dwg"图形文件，如图 6-91 所示。由于没有基准标注，需要先创建一个线性标注。

步骤02 在菜单栏中选择【标注】|【线性】命令，在绘图窗口中选择左下角圆的圆心点 A，如图 6-92 所示。

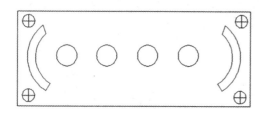

图 6-91 打开素材文件

图 6-92 选择点 A

步骤03 继续在绘图窗口中拾取图形中部第一个圆的圆心点 B，如图 6-93 所示。然后向下拖动鼠标，拉出标注尺寸线，自定义合适的尺寸线位置，单击完成线性标注，如图 6-94 所示。

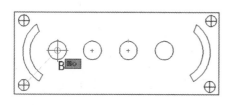
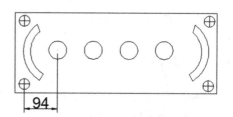

图 6-93 选择点 B

图 6-94 线性标注

步骤04 在菜单栏中选择【标注】|【连续】命令，在绘图窗口中选择第二个圆心点 C，进行标注，如图 6-95 所示。

步骤05 依次选择右侧圆的圆心点 D、E、F，对其进行标注，按两次 Enter 键完成操作，如图 6-96 所示。

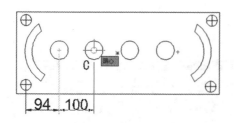
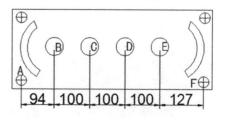

图 6-95 选择点 C

图 6-96 完成效果

6.4.6　半径标注

半径标注用于标注圆或圆弧的半径，半径标注的标注文字
前带有半径符号。

调用【半径】标注命令的方法有以下几种。

- 使用菜单栏：选择菜单栏中的【标注】|【半径】命
  令，如图 6-97 所示。

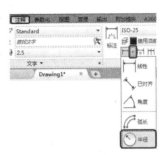

图 6-97　选择【半径】命令

- 使用【默认】选项卡：在功能区中，切换至【默认】
  选项卡，在【注释】选项区单击【线性】按钮右侧的
  倒三角按钮 ▼ ，在弹出的下拉列表中单击【半径】按钮 ⊙ 半径 ，如图 6-98 所示。
- 使用【注释】选项卡：在功能区中，切换至【注释】选项卡，单击【标注】选
  项组中【线性】按钮右侧的倒三角按钮 ▼ ，在弹出的下拉列表中单击【半径】按
  钮 ⊙ 半径 ，如图 6-99 所示。

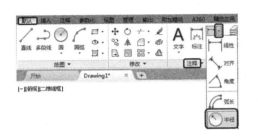

图 6-98　【默认】选项卡上的【半径】按钮　　　图 6-99　【注释】选项卡上的【半径】按钮

- 使用工具栏：单击【标注】工具栏中的【半径】按钮 ⊙ ，如图 6-100 所示。
- 使用命令行：在命令行中输入 DIMRADIUS 命令，按 Enter 键确认。

图 6-100　【标注】工具栏中的【半径】按钮

下面将通过实例来讲解如何进行半径标注。

步骤 01 打开随书附带光盘中的"CDROM\素材\第 6 章\素材 4.dwg"图形文件，如
图 6-101 所示。

步骤 02 在菜单栏中选择【标注】|【半径】命令，根据命令行提示在绘图窗口中选
择外侧的圆，如图 6-102 所示。

步骤 03 向右上方拖动鼠标左键，拉出标注尺寸线，自定义合适的尺寸线位置，单击
完成标注，如图 6-103 所示。

图 6-101　打开图形文件　　　　　图 6-102　选择圆　　　　　图 6-103　半径标注

6.4.7　折弯标注

折弯标注是一种标注圆或圆弧半径的特殊方法，也称为【缩放的半径标注】。当圆或圆弧的圆心位于布局之外并且无法在实际位置显示的情况下，使用折弯标注。

调用【折弯】标注命令的方法有以下几种。

- 使用菜单栏：选择菜单栏中的【标注】|【折弯】命令，如图 6-104 所示。

- 使用【默认】选项卡：在功能区中，切换至【默认】选项卡，在【注释】选项区单击【线性】按钮右侧的倒三角按钮，在弹出的下拉列表中单击【折弯】按钮，如图 6-105 所示。

图 6-104　选择【折弯】命令

- 使用【注释】选项卡：在功能区中，切换至【注释】选项卡，单击【标注】选项组中【线性】按钮右侧的倒三角按钮，在弹出的下拉列表中单击【已折弯】按钮，如图 6-106 所示。

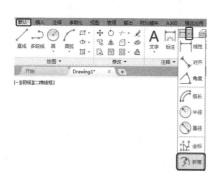

图 6-105　【默认】选项卡中的【折弯】按钮

图 6-106　【注释】选项卡上的【已折弯】按钮

- 使用工具栏：单击【标注】工具栏中的【折弯】按钮，如图 6-107 所示。
- 使用命令行：在命令行中输入 DIMJOGGED 命令，按 Enter 键确认。

图 6-107　【标注】工具栏上的【折弯】按钮

下面将讲解如何在绘图窗口中绘制圆弧并为其添加折弯线性标注。

步骤01　选择菜单栏中的【绘图】|【圆弧】|【起点、圆心、端点】命令，如图 6-108 所示。

步骤02　根据命令行提示在绘图窗口中任意一点单击，指定圆弧的起点，向右移动鼠标，根据命令行提示输入 20，按 Enter 键确认，确定圆弧的圆心，在命令行输入 A，按 Enter 键确认，然后输入 160，按

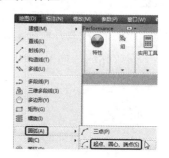

图 6-108　选择【起点、圆心、端点】命令

Enter 键确认，完成绘制圆弧，如图 6-109 所示。

步骤 03　然后在命令行中输入 DIMJOGGED 命令，按 Enter 键确认。选择新创建的圆弧，在图 6-110 中的 A 点处单击，指定图示中心位置；然后在 B 点处单击，指定尺寸线位置；最后在 C 点处单击，指定折弯位置，完成后的效果如图 6-110 所示。

图 6-109　绘制圆弧

图 6-110　折弯标注

6.4.8　直径标注

直径标注用于标注圆或圆弧的直径，标注文字前带有直径符号。

调用【直径】标注命令的方法有以下几种。

- 使用菜单栏：选择菜单栏中的【标注】|【直径】命令，如图 6-111 所示。

- 使用【默认】选项卡：在功能区中，切换至【默认】选项卡，在【注释】选项区单击【线性】按钮右侧的倒三角按钮，在弹出的下拉列表中单击【直径】按钮，如图 6-112 所示。

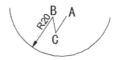

图 6-111　选择【直径】命令

- 使用【注释】选项卡：在功能区中，切换至【注释】选项卡，单击【标注】选项组中【线性】按钮右侧的倒三角按钮，在弹出的下拉列表中单击【直径】按钮，如图 6-113 所示。

- 使用工具栏：单击【标注】工具栏中的【直径】按钮，如图 6-114 所示。

- 使用命令行：在命令行中输入 DIMDIAMETER 命令，按 Enter 键确认。

下面讲解如何为图 6-115 所示的圆添加直径标注。

步骤 01　打开随书附带光盘中的"CDROM\素材\第 6 章\素材 4.dwg"图形文件，选择【标注】|【直径】命令，在绘图窗口中选择外侧的圆，如图 6-116 所示。

步骤 02　向右上方拖动鼠标拉出标注尺寸线，在合适的位置单击确定尺寸线位置即可完成标注，如图 6-117 所示。

图 6-112　【默认】选项卡中的【直径】按钮

图 6-113　【注释】选项卡中的【直径】按钮

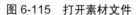

图 6-114 【标注】工具栏中的【直径】按钮

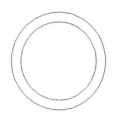

图 6-115 打开素材文件

图 6-116 选择圆

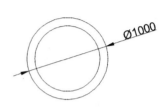

图 6-117 直径标注

6.4.9 圆心标记

圆心标记用于标记圆或圆弧的圆心，可以是短十字线，也可以是中心线，一般用于辅助绘图。

调用【圆心标记】命令的方法有以下几种。

- 使用菜单栏：选择菜单栏中的【标注】|【圆心标记】命令，如图 6-118 所示。
- 使用选项卡：单击【注释】选项卡中的 ▭标注▼▭ 按钮，在弹出的面板中单击【圆心标记】按钮 ⊕，如图 6-119 所示。

图 6-118 选择【圆心标记】命令

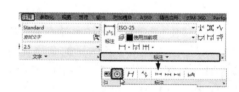

图 6-119 【注释】选项卡中的【圆心标记】按钮

- 使用工具栏：单击【标注】工具栏中的【圆心标记】按钮 ⊕，如图 6-120 所示。
- 使用命令行：在命令行中输入 DIMCENTER 命令，按 Enter 键确认。

图 6-121 【标注】工具栏中的【圆心标记】按钮

执行上述任意命令后，根据命令行提示在绘图区选择需要标记的圆或圆弧即可完成标注。图 6-121 所示为标注圆心标记前和标注圆心标记后的对比效果。

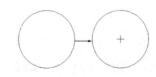

图 6-121 标注圆心标记前后的对比效果

6.4.10 角度标注

角度标注用于标注具有角度特征的图形对象，如两条直线之间的夹角、圆或圆弧的角度等。
调用【角度】标注命令的方法有以下几种。

- 使用菜单栏：选择菜单栏中的【标注】|【角度】
  命令，如图 6-122 所示。

- 使用【默认】选项卡：在功能区中，切换至【默
  认】选项卡，在【注释】选项区单击【线性】按钮
  右侧的倒三角按钮▾，在弹出的下拉列表中单击
  【角度】按钮△角度，如图 6-123 所示。

- 使用【注释】选项卡：在功能区中，切换至【注释】
  选项卡，单击【标注】选项组中【线性】按钮右侧的
  倒三角按钮▾，在弹出的下拉列表中单击【角度】按钮△角度，如图 6-124 所示。

图 6-122　选择【角度】命令

图 6-123　【默认】选项卡上的【角度】按钮

图 6-124　【注释】选项卡上的【角度】按钮

- 使用工具栏：单击【标注】工具栏中的【角度】按钮△，如图 6-125 所示。
- 使用命令行：在命令行中输入 DIMANGULAR 命令，按 Enter 键确认。

图 6-125　【标注】工具栏上的【角度】按钮

下面将通过实例来讲解如何进行角度标注。

步骤01 打开随书附带光盘中的"CDROM\素材\第 6 章\素
材 5.dwg"图形文件，如图 6-126 所示。

步骤02 在命令行中输入 DIMANGULAR 命令，按 Enter
键确认。

图 6-126　打开素材文件

步骤03 根据命令行提示在绘图窗口中选择直线对象 A，
如图 6-127 所示。

步骤04 然后根据命令行提示在绘图窗口中选择第二条直线 B，如图 6-128 所示。

步骤05 向上拖动鼠标拉出标注尺寸线，在合适的位置单击确定尺寸线的位置即完成
标注，如图 6-129 所示。

图 6-127　选择对象 A

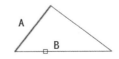

图 6-128　选择对象 B

图 6-129　角度标注

　　如果执行【角度】命令后，选择了一段圆弧，系统将自动以该圆弧的两个端点作为角度标注尺寸界限的起始点标注圆弧的角度；如果选择的是一个圆，则需要指定圆上的两个点来确定标注尺寸界限的起始点。

　　执行【角度】命令后，直接按 Enter 键，命令行将提示【指定角的顶点】，这时可以通过指定角的顶点、角的第一个端点和角的第二个端点来进行角度标注。

6.4.11　多重引线标注

　　多重引线标注的组成元素包括箭头、引线、基线和文字或块，如图 6-130 所示。多重引线标注用于说明或注释图形对象。

　　调用【多重引线】标注命令的方法有以下几种。

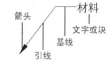

图 6-130　多重引线的组成元素

- 使用菜单栏：选择菜单栏中的【标注】|【多重引线】命令，如图 6-131 所示。
- 使用【默认】选项卡：在功能区中，切换至【默认】选项卡，在【注释】选项区单击【引线】按钮，如图 6-132 所示。
- 使用【注释】选项卡：在功能区中，切换至【注释】选项卡，将鼠标放置在【引线】选项组上，在自动弹出的面板中单击【多重引线】按钮，如图 6-133 所示。
- 使用工具栏：单击【多重引线】工具栏中的【多重引线】按钮，如图 6-134 所示。
- 使用命令行：在命令行中输入 MLEADER 命令，按 Enter 键确认。

图 6-131　选择【多重引线】命令

图 6-132　【默认】选项卡上的【引线】命令

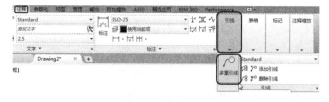

图 6-133　【注释】选项卡上的【多重引线】按钮

图 6-134　【多重引线】工具栏中的【多重引线】按钮

下面通过实例讲解如何进行多重引线标注。

步骤01　打开随书附带光盘中的"CDROM\素材\第 6 章\素材 1.dwg"图形文件，如图 6-135 所示。

步骤02　在菜单栏中选择【标注】|【多重引线】命令，在图形中选择左上角的圆角中点 A 点，确定引线箭头的位置，如图 6-136 所示。

图 6-135　打开素材文件

图 6-136　指定箭头的位置

步骤03　向左上方拖动鼠标，在合适的位置单击确定引线基线的位置，此时可以看到文字输入窗口，如图 6-137 所示。

步骤04　在文字输入窗口输入【圆角】，在空白区域单击或者单击【关闭文字编辑器】选项卡中的【关闭文字编辑器】按钮，即可完成标注，如图 6-138 所示。

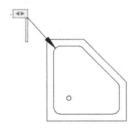

图 6-137　文字输入窗口

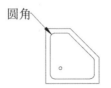

图 6-138　完成标注

提示

　　单击【添加引线】按钮，可以为已经创建的多重引线标注添加新的引线；单击【删除引线】按钮，可以删除多重引线标注中的引线；单击【对齐】按钮，可以将多个引线标注对象按照指定的位置对齐；单击【合并】按钮，可以将多个包含块的多重引线合并为一条引线。

6.4.12　坐标标注

坐标标注用于标注对象相对于坐标原点的 X 轴方向的距离或 Y 轴方向上的距离。

调用【坐标】标注命令的方法有以下几种。

● 使用菜单栏：选择菜单栏中的【标注】|【坐标】命令，如图 6-139 所示。

● 使用【默认】选项卡：在功能区中，切换至【默

图 6-139　选择【坐标】命令

231

认】选项卡，在【注释】选项区单击【线性】按钮右侧的倒三角按钮，在弹出的下拉列表中单击【坐标】按钮，如图 6-140 所示。

- 使用【注释】选项卡：在功能区中，切换至【注释】选项卡，单击【标注】选项组中【线性】按钮右侧的倒三角按钮，在弹出的下拉列表中单击【坐标】按钮，如图 6-141 所示。

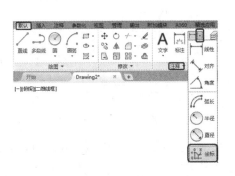
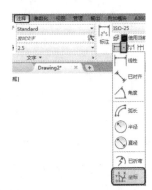

图 6-140　【默认】选项卡上的【坐标】按钮　　　图 6-141　【注释】选项卡上的【坐标】按钮

- 使用工具栏：单击【标注】工具栏中的【坐标】按钮，如图 6-142 所示。
- 使用命令行：在命令行中输入 DIMORDINATE 命令，按 Enter 键确认。

图 6-142　【标注】工具栏上的【坐标】按钮

下面通过实例讲解如何进行坐标标注。

步骤01　打开随书附带光盘中的 "CDROM\素材\第 6 章\素材 6.dwg" 图形文件，如图 6-143 所示。

步骤02　在菜单栏中选择【标注】|【坐标】命令。

步骤03　在绘图窗口中选择图 6-144 所示的象限点，然后水平向右拖曳鼠标，在合适的位置单击，确定引线端点完成标注。标注后的效果如图 6-145 所示。

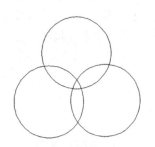
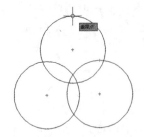
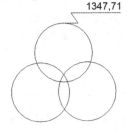

1347,71

图 6-143　打开素材文件　　　　图 6-144　选择象限点　　　　图 6-145　坐标标注

提　示

进行坐标标注过程中指定引线的端点时，如果在水平方向上确定引线端点，则标注文字表示特征点距离 X 轴的垂直距离，即该点的 Y 值；如果在垂直方向上确定引线端点，则标注文字表示特征点距离 Y 轴的垂直距离，即该点的 X 值。

6.4.13　快速标注

使用快速标注命令可以同时对多个对象进行基线标注或连续标注，也可以同时选择多个圆或圆弧进行直径标注或半径标注。

调用【快速标注】命令的方法有以下几种。

- 使用菜单栏：在菜单栏中选择【标注】|【快速标注】命令，如图 6-146 所示。
- 使用选项卡：切换至【注释】选项卡，单击【标注】选项组中的【快速标注】按钮，如图 6-147 所示。

图 6-146　选择菜单栏中的【快速标注】命令　　图 6-147　【注释】选项卡中的【快速标注】按钮

- 使用工具栏：单击工具栏中的【快速标注】按钮，如图 6-148 所示。
- 使用在命令行中输入 QDIM 命令，按 Enter 键确认。

图 6-148　【标注】工具栏中的【快速标注】按钮

下面通过实例讲解如何进行快速标注。

步骤01　打开随书附带光盘中的"CDROM\素材\第 6 章\素材 7.dwg"图形文件，如图 6-149 所示。

步骤02　在菜单栏中选择【标注】|【快速标注】命令，在图形中选择需要标注的几何图形，如图 6-150 所示。

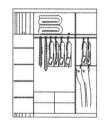
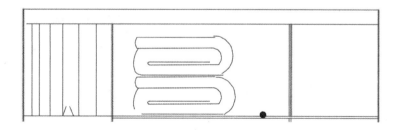

图 6-149　打开素材　　　　　　　　图 6-150　选择几何图形

步骤03　按 Enter 键确定，然后向上拖动鼠标，在合适的位置单击完成标注，如图 6-151 所示。

步骤04　再次选择【标注】|【快速标注】菜单命令，在绘图区选择要标注的几何图形，如图 6-152 所示。

步骤05　按 Enter 键确认，然后向左拖动鼠标，在合适的位置单击完成标注，如图 6-153 所示。

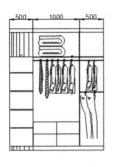
图 6-151 快速标注

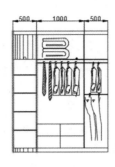
图 6-152 选择几何图形

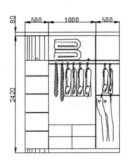
图 6-153 标注效果

6.4.14 标注间距的调整

在 AutoCAD 中，通过相应的调整间距命令可以使图形中的平行线性标注或角度标注自动调整间距，也可以设置各标注之间的间距值。

通过以下几种方法可以调用相应的调整间距的命令。

- 使用菜单栏：选择菜单栏中的【标注】|【标注间距】命令，如图 6-154 所示。
- 使用【注释】选项卡：在功能区中，切换至【注释】选项卡，单击【标注】面板中的【调整间距】按钮▥，如图 6-155 所示。
- 使用工具栏：单击工具栏中的【等距标注】按钮▥，如图 6-156 所示。
- 使用命令行：在命令行中输入 DIMSPACE 命令，按 Enter 键确认。

图 6-154 选择【标注间距】命令

图 6-155 【注释】选项卡中的【调整间距】按钮

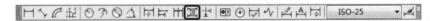
图 6-156 【标注】工具栏中的【等距标注】按钮

执行上述任意命令后，命令行将提示【选择基准标注：】，在图形中选择基准标注后，命令行将提示【选择要产生间距的标注：】，根据提示依次选择标注对象，按 Enter 键确认，然后根据命令行提示输入间距值并按 Enter 键确认或直接按 Enter 键选择【自动】选项，即可完

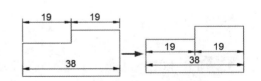
图 6-158 标注间距前后的效果对比

成操作。图 6-157 所示为自动调整标注间距前后的效果对比(最下侧的标注文字为 38 的尺寸标注为基准标注)。

6.4.15　标注打断

使用【标注打断】命令可以在标注和尺寸界限与其他对象的相交处打断或恢复标注和尺寸界限。

调用【标注打断】命令的方法有以下几种。

- 使用菜单栏：选择菜单栏中的【标注】|【标注打断】命令，如图 6-158 所示。
- 使用【注释】选项卡：在功能区中，切换至【注释】选项卡，单击【标注】面板中的【打断】按钮，如图 6-159 所示。
- 使用工具栏：单击工具栏中的【折断标注】按钮，如图 6-160 所示。
- 使用命令行：在命令行中输入 DIMBREAK 命令，按 Enter 键确认。

图 6-158　选择【标注打断】命令　　　图 6-159　【注释】选项卡中的【打断】按钮

图 6-161 所示为打断标注前后的效果对比。

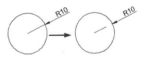

图 6-160　【标注】工具栏中的【折断标注】按钮　　　图 6-161　打断标注前后的效果对比

6.5　上机练习

6.5.1　标注煤气灶

下面将讲解如何标注煤气灶。

步骤 01　打开随书附带光盘中的"CDROM\素材\第 6 章\煤气灶.dwg"图形文件，如图 6-162 所示。

步骤02 在命令行中执行 DIMSTYLE 命令，弹出【标注样式管理器】对话框，单击【修改】按钮，如图 6-163 所示。

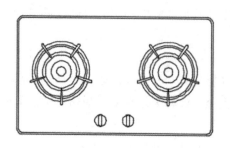

图 6-162 打开素材文件

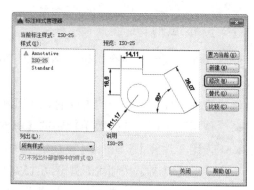

图 6-163 【标注样式管理器】对话框

步骤03 弹出【修改标注样式：ISO-25】对话框，切换至【符号和箭头】选项卡，将【箭头】选项组中的【箭头大小】设置为 25，如图 6-164 所示。

步骤04 切换至【文字】选项卡，将【文字外观】选项区中的【文字高度】设置为 25，如图 6-165 所示。

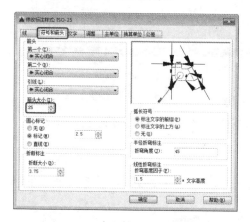

图 6-164 设置【箭头大小】

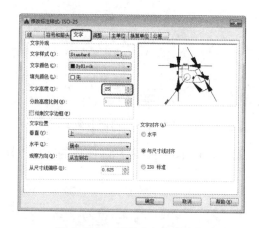

图 6-165 设置【文字高度】

步骤05 切换至【主单位】选项卡，将【线性标注】选项区中的【精度】设置为 0，单击【确定】按钮，如图 6-166 所示。

步骤06 返回【标注样式管理器】对话框，单击【关闭】按钮关闭该对话框。

步骤07 在命令行中执行 DIMLINEAR 命令，对图形进行线性标注，如图 6-167 所示。

步骤08 在命令行中执行 DIMRADIUS 命令，对图形进行半径标注，如图 6-168 所示。

步骤09 在命令行中执行 MLEADERSTYLE 命令，弹出【多重引线样式管理器】对话框，单击【修改】按钮，如图 6-169 所示。

步骤10 弹出【修改多重引线样式：Standard】对话框，切换至【引线格式】选项

卡，将【颜色】设置为【蓝】，将【箭头】选项区中的【大小】设置为 30，然后
单击【确定】按钮，如图 6-170 所示。

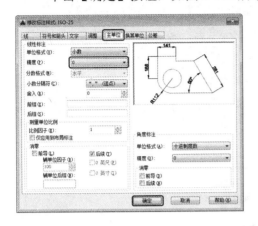

图 6-166　设置【精度】

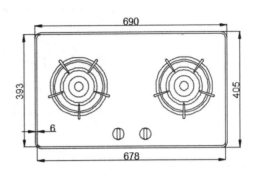

图 6-167　进行线性标注

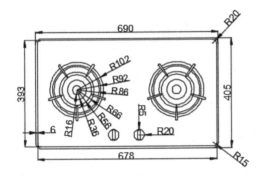

图 6-168　进行半径标注

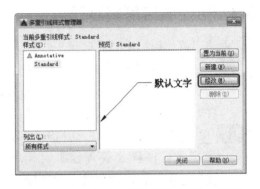

图 6-169　【多重引线样式管理器】对话框

步骤11　切换至【内容】选项卡，将【文字颜色】设置为【蓝】，将【文字高度】设
置为 30，【基线间隙】设置为 8，单击【确定】按钮，如图 6-171 所示。

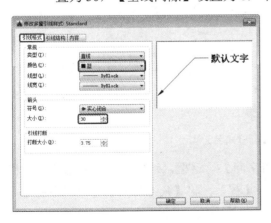

图 6-170　设置颜色和箭头大小

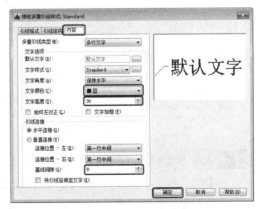

图 6-171　设置引线样式的内容

步骤12　返回【多重引线样式管理器】对话框，单击【关闭】按钮关闭该对话框。

步骤 13 在命令行中执行 MLEADER 命令，为图形添加引线标注，如图 6-172 所示。最后将场景文件进行保存。

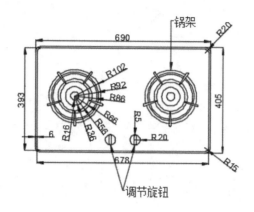

图 6-172　为图形添加引线标注

6.5.2　标注酒店房间平面图

下面将讲解如何标注酒店房间平面图。

步骤 01 打开随书附带光盘中的"CDROM\素材\第 6 章\酒店房间平面图.dwg"图形文件，如图 6-173 所示。

步骤 02 在命令行中执行 DIMSTYLE 命令，弹出【标注样式管理器】对话框，单击

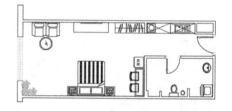

图 6-173　打开图形文件

【新建】按钮，弹出【创建新标注样式】对话框，在【新样式名】文本框中输入【标注酒店房间】，单击【继续】按钮，如图 6-174 所示。

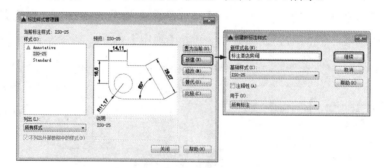

图 6-174　设置【新样式名】

步骤 03 弹出【新建标注样式：标注酒店房间】对话框，切换至【线】选项卡，将【尺寸线】选项区中的【颜色】设置为【蓝】，将【尺寸界限】选项区中的【颜色】设置为【蓝】，如图 6-175 所示。

步骤 04 切换至【符号和箭头】选项卡，将【箭头】设置为【建筑标记】，将【箭头大小】设置为 100，如图 6-176 所示。

步骤05 切换至【文字】选项卡，将【文字外观】选项区中的【文字颜色】设置为【蓝】，将【文字高度】设置为 200，将【文字位置】选项区中的【垂直】设置为【上】，在【文字对齐】选项区中选中【与尺寸线对齐】单选按钮，如图 6-177所示。

步骤06 切换至【主单位】选项卡，将【线性标注】选项区中的【精度】设置为 0，如图 6-178 所示，单击【确定】按钮返回【标注样式管理器】对话框，单击【关闭】按钮关闭对话框。

图 6-175　设置【线】的颜色

图 6-176　设置【箭头】

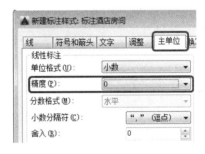

图 6-177　设置【文字】

图 6-178　设置【精度】

步骤07 在命令行中执行 DIMLINEAR 命令，对图形进行线性标注，如图 6-179 所示。

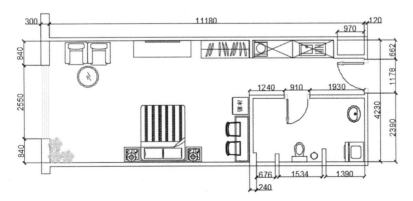

图 6-179　进行线性标注

步骤08 在命令行中执行 STYLE 命令，弹出【文字样式】对话框，将【字体】选项区中的【字体名】设置为【宋体】，将【大小】选项区中的【高度】设置为 300，单击【应用】按钮，然后单击【关闭】按钮关闭该对话框，如图 6-180 所示。

步骤09 在命令行中执行 MTEXT 命令，在绘图区合适的位置输入文字，如图 6-181 所示。

步骤10 在命令行中执行 PLINE 命令，在合适的位置单击，指定文字的起点，根据命令行提示输入 H，按 Enter 键确认，根据命令行提示输入 50，按 Enter 键确认，指定起点半宽，直接按 Enter 键再次确认，将终点半宽设置为默认的 50，在绘图区合适的位置绘制多段线，如图 6-182 所示。

图 6-180　设置【文字样式】

图 6-181　输入文字

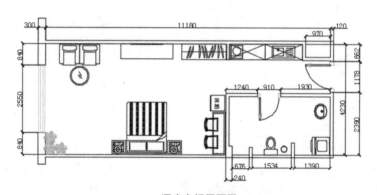

图 6-182　绘制多段线

思考与练习

1. 基线标注与连续标注的意义是什么？
2. 怎样设置公差的标注格式？
3. 在进行尺寸标注的过程中可以通过哪几种方法进行半径标注？

第 7 章　图层的设置

在 AutoCAD 中绘制一个比较复杂的图形之前，往往需要先新建和设置图层，在绘制图形的过程中将特性相似的对象绘制在一个图层上，这样可以很方便地区分和管理特性相似的图形对象。在同一个图层上绘制的图形，其线型、颜色、线宽等特性会完全一样，同时，还可以将该图层关闭、冻结，使绘图更加方便。

7.1　图层的基本概述

在学习图层的创建、设置等知识之前，我们先来了解一下图层，以便于更好地学习后面图层的相关知识。

7.1.1　认识图层

图层是 AutoCAD 绘图过程中非常重要和实用的辅助绘图工具。在绘制图形时，除了要确定它的位置和形状等数据外，还必须确定它的颜色、线宽、线型等属性，图形的这些相关属性就可以在图层中进行设置。

每个图层都可以想象为一块透明的玻璃，在图层上绘制图形可以想象为在一块透明的玻璃上画图，每一块玻璃上的图形属性是一样的，所有的玻璃完全对齐，各个图层上的图形绘制完成后，全部对齐重叠在一起，即将所有图层上的图形组合在一起，就构成了一张完整的图纸，其原理如图 7-1 所示。

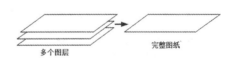

图 7-1　图层原理

图层在 AutoCAD 2016 绘图过程中控制图形的方式有以下几种。

- 控制图形的颜色、线宽及线型等属性。
- 控制同一图层上的图形是否被冻结、锁定，是否显示该图层的图形。
- 控制某一个图层上的图形是否被打印输出。

在 AutoCAD 2016 中绘制一个复杂的图形时，用户可以创建无数个图层。熟练地使用图层，可以提高绘图效率，也可以更有效地减少在绘图过程中出现错误的频率。

7.1.2　图层特性管理器的应用

打开 AutoCAD 2016 并新建空白文件后，文件中会存在一个系统默认的【0 图层】，该图层的颜色设置为默认的【白色】或【黑色】，线型设置为默认的实线(Continuous)，线宽设置为默认的 0.25mm。该图层不能被重命名和删除，但是其特性可以进行修改。

如果用户想要新建图层并对其进行设置，需要在【图层特性管理器】中进行。

打开【图层特性管理器】的方法有如下几种。

- 使用【工具】菜单：选择菜单栏中的【工具】|【选项板】|【图层】命令，如图 7-2 所示。

- 使用【格式】菜单栏：选择菜单栏中的【格式】|【图层】命令，如图 7-3 所示。

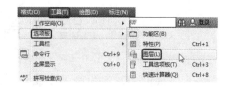

图 7-2　通过菜单栏打开【图层特性管理器】

- 使用【默认】选项卡：将鼠标指针放置在【默认】选项卡的【图层】按钮上，在自动弹出的面板上单击【图层特性】按钮，如图 7-4 所示。

- 使用命令行：在命令行中输入 LAYER 命令，按 Enter 键确认。

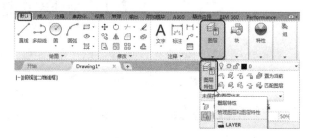

图 7-3　在菜单栏中打开【图层特性管理器】　　图 7-4　在【默认】选项卡打开【图层特性管理器】

执行上述命令后，打开【图层特性管理器】，如图 7-5 所示。

【图层特性管理器】左侧为图层树状结构，右侧为图层列表。【图层特性管理器】中各选项及功能按钮的含义和功能如下。

- 【新建特性管理器】按钮：该按钮用于打开【图层过滤器特性】对话框，如图 7-6 所示。

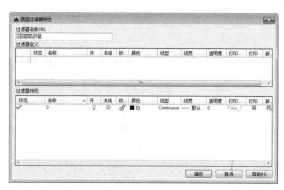

图 7-5　【图层特性管理器】　　　　图 7-6　【图层过滤器特性】对话框

- 【新建组过滤器】按钮：该按钮用于新建【组过滤器】，如图 7-7 所示。

- 【图层状态管理器】按钮：该按钮用于打开【图层状态管理器】对话框，如图 7-8 所示。

- 【反转过滤器】：选中该复选框后，右侧的图层列表中将显示不满足图层特性过滤器中过滤条件的图层。

- 【状态栏】：【图层特性管理器】最下侧的【状态栏】显示当前过滤器的名称、

当前过滤器中的图层数以及总的图层数。

● 【搜索图层】：在【图层特性管理器】右上角的【搜索图层】列表框中输入要搜索的图层名称，图层列表中将快速显示该图层。单击其右侧的【关闭】按钮✕，将结束图层搜索。

图 7-7 新建【组管理器】

图 7-8 【图层状态管理器】对话框

● 【新建图层】按钮：该按钮用于新建图层，单击该按钮，将在选定图层的下方新建图层。并且新建图层处于选中状态，如图 7-9 所示。

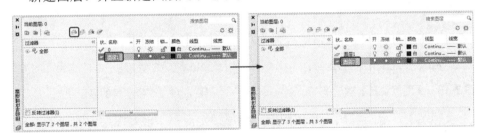

图 7-9 新建图层

● 【在所有视口中都被冻结的新图层视口】按钮：该按钮用于新建图层，并且将该图层在所有现有布局视口中冻结。

● 【删除图层】按钮：该按钮用于删除选定的图层，但是不能删除被参照的图层。

● 【置为当前】按钮：该按钮用于将选定的图层置为当前图层，将图层置为当前后，用户即可在该图层上绘制图形。

● 【刷新】按钮：通过扫描图形中的所有图元来刷新图层使用信息。

● 【设置】按钮：该按钮用于打开【图层设置】对话框，如图 7-10 所示。在该对话框中可以进行设置新图层和设置对话框等操作。

● 【状态】：图层列表中的【状态】选项显示图层的状态，即图层是否置为当前，显示 ✕ 表示该图层为置为当前的图层，显示 ▱ 表示该图层不是置为当前的图层。

● 【名称】：图层列表中的【名称】选项显示图层的名称。

- **【开】**：图层列表中的【开】选项表示是否在图纸上显示该图层，单击图标 ，该图标将显示为暗色 ，表示在绘图区不显示该图层，再次单击，将显示原来的颜色，表示在绘图区显示该图层。单击其右侧的三角按钮 ，将改变图层的排列顺序，如图 7-11 所示。

- **【冻结】**：该选项用于冻结或解冻图层。冻结后的图层在绘图区不可见，并且该图层中的所有图形不能进行打印。

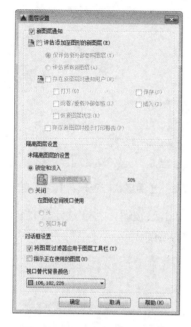

图 7-10 【图层设置】对话框

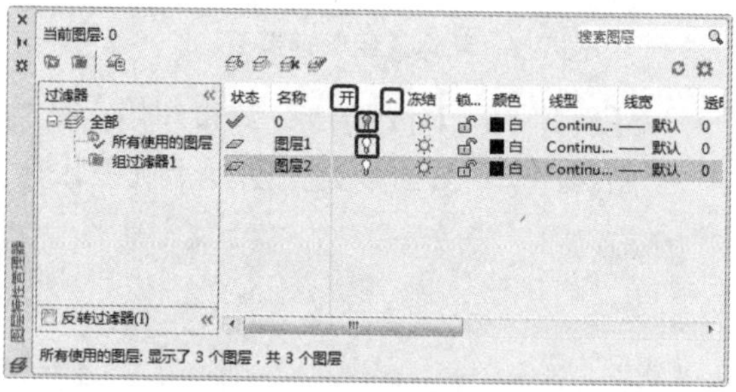

图 7-11 改变图层的显示状态

- **【锁定】**：该选项用于锁定图层，图层锁定后，不能对图层中的图形对象进行编辑，防止用户将绘制好的图形进行错误编辑。

- **【颜色】**：该选项用于设置图层中所有图形对象的颜色，单击该图标，弹出【选择颜色】对话框，用户可以在该对话框中设置图层颜色，如图 7-12 所示。

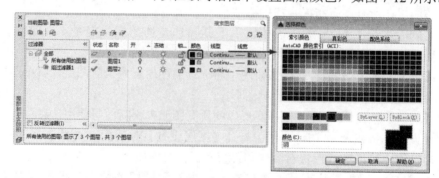

图 7-12 设置颜色

- **【线型】**：该选项用于设置图层中所有图形的线型。

- **【线宽】**：该选项用于设置图层中所有图形的线宽。

- 【透明度】：该选项用于设置图层中图形的透明度。单击该图标，弹出【图层透明度】对话框，设置范围必须在 0～90 之间，如图 7-13 所示。

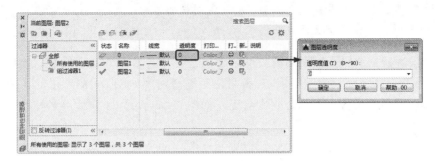

图 7-13　设置透明度

- 【打印样式】：该选项用于为不同的图层设置不同的打印样式。
- 【打印】：该选项用于控制图层是否能被打印输出。
- 【新视口冻结】：该选项用于控制选定图层在新布局视口中是否被冻结。
- 【说明】：该选项用于对图层进行说明。

7.2　创建、重命名和删除图层

创建、重命名和删除图层是对图层最基本的操作。下面我们就来学习一下怎样新建、重命名和删除图层。

7.2.1　图层的创建

在使用图层之前，首先要新建图层，用户可以在一个图形文件中创建无数图层，图层名称由不超过 255 个字符的字母、数字及部分特殊符号组成。创建新图层的方法有以下几种。

- 在【图层特性管理器】中单击【新建图层】按钮，即可新建图层。
- 在任意图层的名称上单击鼠标右键，在弹出的快捷菜单中选择【新建图层】命令，如图 7-14 所示。
- 选中任意一个图层，然后按 Enter 键，即可在该图层的下面新建一个图层。
- 新建一个图层后，按【,】键，可以在该图层的下面新建图层。

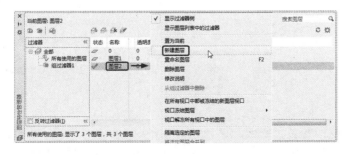

图 7-14　在弹出的快捷菜单中新建图层

> **提 示**
>
> 　　如果要快速创建多个图层，并对图层进行命名，可以新建一个图层，然后对该图层进行命名后，按【,】键，即可新建一个图层，输入该图层的名称，重复操作，可以连续创建多个图层。按【,】时必须是在英文输入状态下。

　　在对图层进行命名时，图层名最长可以达到 255 个字符，可以是数字、字母或其他字符，但不允许有 "<、>、/、=、:" 等符号，否则会出现如图 7-15 所示的【图层】对话框。也不可以重复使用图层名称，否则会出现如图 7-16 所示的【图层-名称已经存在】对话框。

　　如果新建图层之前选定了一个图层，则新建图层的特性将和选定图层的特性相同；如果在新建图层时没有选中任何一个图层，则新建的图层将为默认设置。

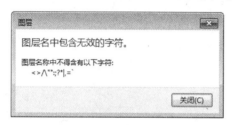

图 7-15　【图层】对话框

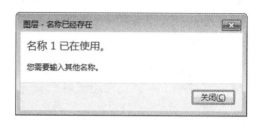

图 7-16　【图层-名称已经存在】对话框

7.2.2　图层的重命名

　　新建图层后，往往需要对新建的图层进行重命名，对图层进行重命名的方法主要有以下几种。

- 在【图层特性管理器】中选中需要进行重命名的图层，按 F2 键，图层名称呈现可编辑状态，输入新的图层名称，按 Enter 键或者在【图层特性管理器】的任意位置单击即可完成对该图层的重命名。
- 在【图层特性管理器】中选中需要进行重命名的图层，单击鼠标左键，图层名称呈现可编辑状态，输入新的图层名称，按 Enter 键或者在【图层特性管理器】的任意位置单击即可完成对该图层的重命名。
- 在需要进行重命名的图层上单击鼠标右键，在弹出的快捷菜单中选择【重命名图层】命令，图层名称呈现可编辑状态，输入新的图层名称，按 Enter 键或者在【图层特性管理器】的任意位置单击即可完成对该图层的重命名，如图 7-17 所示。

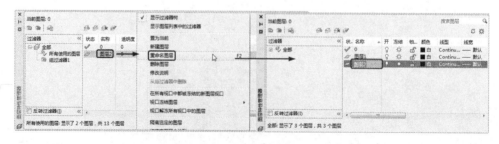

图 7-17　在快捷菜单中对图层进行重命名

7.2.3　图层的删除

在 AutoCAD 中绘制图形的过程中，有时会有一些不需要的图层，这时需要将这些不需要的图层删除，删除图层的方法有如下几种。

打开【图层特性管理器】，选中要删除的图层，单击【删除图层】按钮，如图 7-18 所示。

打开【图层特性管理器】，在需要删除的图层任意位置上单击鼠标右键，在弹出的快捷菜单中选择【删除图层】命令，即可将需要删除的图层删除，如图 7-19 所示。

图 7-18　删除图层

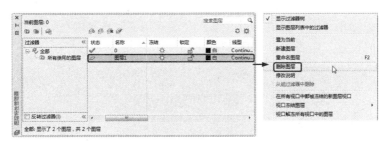

图 7-19　在快捷菜单中删除图层

在【图层特性管理器】中选中需要删除的图层，按 ALT+D 组合键，即可将需要删除的图层删除。

在命令行中输入 PURGE 命令，按 Enter 键确认，弹出【清理】对话框，单击【图层】前边的加号按钮⊞，展开【图层】，选中需要删除的图层，单击【清理】按钮，弹出【清理-确认清理】对话框，单击【清理此项目】选项，即可将需要删除的图层删除，如图 7-20 所示。

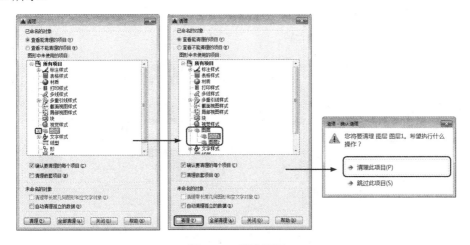

图 7-20　删除图层

7.3　图层的属性设置

在新建和命名图层后，往往需要对图层的各种属性进行设置，设置图层属性需要在【图层特性管理器】中进行，包括设置图层的颜色、线型和线宽等。

7.3.1　图层颜色的设置

在一个图形文件中为不同类型的对象设置颜色，有利于用户对这些图形对象进行区分，设置图层颜色可以在【图层特性管理器】中进行，打开【图层特性管理器】，单击【颜色】选项，弹出【选择颜色】对话框，在该对话框中选择颜色，单击【确定】按钮，即可完成颜色的设置，如图 7-21 所示。

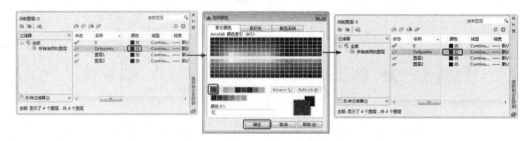

图 7-21　设置颜色

可以在【选择颜色】对话框中选择【索引颜色】，当鼠标指针停留在某一个颜色上，调色板下方将出现该颜色的编号及红、绿、蓝值(即 RGB 值)，如图 7-22 所示，单击其中的一种颜色即可将该颜色选中，同时也可以通过在【颜色】文本框中输入颜色编号选定颜色，单击【确定】按钮即可完成颜色的设置，如图 7-23 所示。

图 7-22　颜色编号及红、绿、蓝值

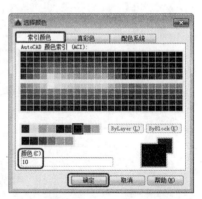

图 7-23　输入颜色编号

对话框中上方的大调色板显示编号从 10 到 249 的颜色，这些颜色有编号和 RGB 值，如图 7-24 所示；第 2 个调色板显示编号从 1 到 9 的颜色，这些颜色有编号、RGB 值和名称，如图 7-25 所示；第 3 个调试板显示编号从 250 到 255 的样式，这些颜色有编号和 RGB 值，表示灰度级，如图 7-26 所示。

图 7-24　大调色板

图 7-25　第 2 个调色板

图 7-26　第 3 个调色板

【选择颜色】对话框中有三个选项卡，分别为【索引颜色】、【真彩色】、【配色系统】选项卡，下面分别对其中的选项进行介绍。

【索引颜色】选项卡中各选项含义如下。

- 【索引颜色】：在该选项卡中选择颜色时，将鼠标指针放在要选择的颜色上，将显示该颜色的编号和红、绿、蓝值。
- RGB：表示某种颜色的 R(红)、G(绿)、B(蓝)颜色配比。
- ByLayer：选择该选项时，新绘制的图形将采用绘制该图形时所在图层的颜色。
- ByBlock：选择该选项时，新绘制图形的颜色为默认颜色。
- 【颜色】文本框：显示所选颜色的名称、编号或 ByLayer、ByBlock 颜色。【新颜色】颜色样例显示最近选择的颜色。
- 【旧颜色】颜色样例：显示上一次选择的颜色。
- 【新颜色】颜色样例：显示当前选择的颜色，如图 7-27 所示为【旧颜色】颜色样例和【新颜色】颜色样例。

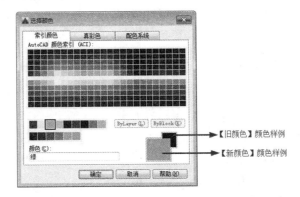

图 7-27　【新颜色】和【旧颜色】颜色样例

在【选择颜色】对话框中的【真彩色】选项卡中可以用真彩色的方式设置图层颜色，

【真彩色】选项卡中有两种颜色模式：HSL 颜色模式和 RGB 颜色模式，不同的颜色模式决定了不同的选项，在【颜色模式】下拉列表框中可以选择使用哪一种模式，如图 7-28、图 7-29 所示。

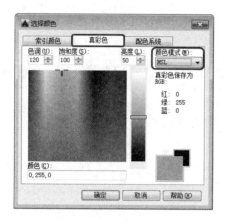

图 7-28　HSL 颜色模式

图 7-29　RGB 颜色模式

　　使用【真彩色】(24 位颜色)可以设置 1600 多万种颜色。在 HSL 颜色模式中可以通过选择颜色，设置色调、饱和度和亮度等来对图层颜色进行设置。HSL 颜色模式中各选项的含义如下。

- 　　【色调】：该微调框用于设置颜色的色调，表示可见光谱内光的特定波长。可以单击其右侧的微调按钮对其进行调整，也可以通过直接输入数值对其进行设置。【色调】的有效值为 0～360。

- 　　【饱和度】：该微调框用于设置颜色的饱和度，饱和度高颜色较鲜艳，饱和度低颜色暗淡。可以单击其右侧的微调按钮对其进行调整，也可以通过直接输入数值对其进行设置。【饱和度】的有效值为 0～100%。

- 　　【亮度】：该微调框用于指定样式的亮度。亮度越高颜色越亮，亮度越低颜色越暗，亮度为 50%最佳。可以单击其右侧的微调按钮对其进行调整，也可以通过直接输入数值对其进行设置，还可以通过拖动下方的颜色滑块进行调整，如图 7-30 所示。

- 　　【色谱】：色谱中显示了颜色的色调和饱和度。调整色调时，可以将十字光标左右移动；调整饱和度时，可以将十字光标上下移动，如图 7-31 所示。

- 　　【颜色】文本框：该文本框显示颜色编号或颜色名称，如图 7-32 所示。

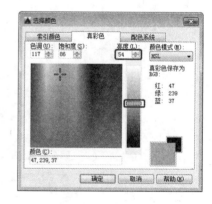

图 7-30　调整亮度

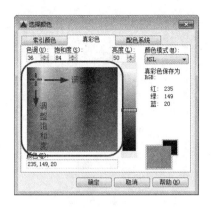

图 7-31　色谱

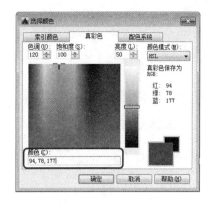

图 7-32　【颜色】文本框

在 RGB 颜色模式中可以通过指定 RGB 值来设置颜色，颜色可以分解为红、绿、蓝，通过指定这 3 种颜色不同的分量值可以设置不同的颜色。RGB 颜色模式中各选项含义如下。

- 【红】：该选项用于指定颜色中红色的分量。其有效值范围为 1～255。可以单击其右侧的微调按钮对其进行调整，也可以通过直接在微调框中输入数值对其进行设置，还可以通过拖动下方的颜色滑块进行调整，如图 7-33 所示。调整该值的过程会在 HSL 颜色模式中反映出来。

- 【绿】：该选项用于指定颜色中绿色的分量。其有效值范围为 1～255。可以单击其右侧的微调按钮对其进行调整，也可以通过直接在微调框中输入数值对其进行设置，还可以通过拖动下方的颜色滑块进行调整。调整该值的过程会在 HSL 颜色模式中反映出来。

- 【蓝】：该选项用于指定颜色中蓝色的分量。其有效值范围为 1～255。可以单击其右侧的微调按钮对其进行调整，也可以通过直接在微调框中输入数值对其进行设置，还可以通过拖动下方的颜色滑块进行调整。调整该值的过程会在 HSL 颜色模式中反映出来。

- 【颜色】：该文本框显示 RGB 值。设置颜色时该文本框会随时更新，同时可以通过在该文本框中输入 RGB 值来设置颜色。

- 【真彩色保存为 RGB】：其下方的红、绿、蓝值显示当前颜色的 RGB 颜色分量值。

切换至【配色系统】选项卡，可以在该选项卡中使用第三方配色系统或用户定义的配色系统设置颜色。在【配色系统】选项卡中显示所选定配色系统的颜色信息，如图 7-34 所示。

【配色系统】选项卡中各选项的含义如下。

- 【配色系统】：在该选项的下拉列表框中可以选择指定颜色的配色系统。列表中包括了在【配色系统位置】找到的所有配色系统，其下方显示所选配色系统的页和每页上的颜色和颜色名称，如图 7-35 所示。

- 【RGB 等效值】：显示当前颜色的 RGB 值。

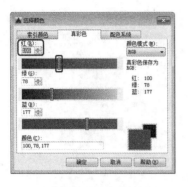

图 7-33 【红】选项

图 7-34 【配色系统】选项卡

图 7-35 【配色系统】选项

- 【颜色】文本框：该文本框显示了当前选定配色系统的颜色。在文本框中输入颜色编号并按 Tab 键可以在配色系统中搜索该颜色。如果在配色系统中没有找到搜索的颜色，该文本框中将显示最接近的颜色编号。
- 【旧颜色】颜色样例：显示上一次选择的颜色。
- 【新颜色】颜色样例：显示当前选择的颜色。

提示

打印图形时，线型设置越宽的图层应该设置越亮的颜色；反之应该选用较暗的颜色。

7.3.2 图层线型的设置

线型决定了线在图形中的显示方式，如直线、虚线、点划线等。用户可以在【图层特性管理器】中将线型指定给整个图层中的对象，也可以单独为某个图形对象指定线型。同时，用户可以通过设置线型比例来控制虚线和空格大小，也可以创建自定义线型。

在默认情况下，线型为 Continuous，即连续的直线。其他线型需要加载并设置为当前线型后才能使用。

设置线型的方法有以下几种。

- 使用菜单栏：选择菜单栏中的【格式】|【线型】命令，如图 7-36 所示。
- 使用【图层特性管理器】：打开【图层特性管理器】，在【图层特性管理器】的【线型】列中单击线型，如图 7-37 所示。

- 使用【默认】选项卡：将鼠标指针放在【默认】选项卡的【特性】选项组上，在自动弹出的面板中单击【线型】选项，在【线型】下拉列表框中单击【其他】选项，如图 7-38 所示。
- 使用命令行：在命令行中输入 LINETYPE 命令，按 Enter 键确认。

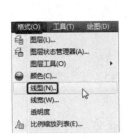

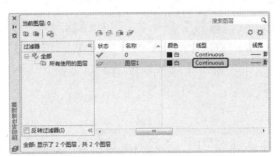

图 7-36　在菜单栏中设置线型　　　　　图 7-37　在【图层特性管理器】中设置线型

图 7-38　在【默认】选项卡中设置线型

在【图层特性管理器】的【线型】列中单击线型，将弹出【选择线型】对话框，如图 7-39 所示。在该对话框中可以选择需要的线型，如果该对话框中不含有需要的线型，可以单击【加载】按钮，在弹出的【加载或重载线型】对话框中选择需要的线型，单击【确定】按钮，如图 7-40 所示。返回【选择线型】对话框，即可发现加载的线型已经存在于线型列表框中，选择需要的线型，单击【确定】按钮，即可完成线型的设置。

图 7-39　【选择线型】对话框　　　　　图 7-40　【加载或重载线型】对话框

执行除使用【图层特性管理器】之外的其他 3 种方法设置线型的操作时，将弹出【线型管理器】对话框，如图 7-41 所示，在该对话框中可以进行以下操作。

1．加载

在【线型管理器】对话框中单击【加载】按钮，弹出图 7-40 所示的【加载或重载线型】对话框，选择需要加载的线型，单击【确定】按钮，返回【线型管理器】对话框，在该对话框的【线型】列表中将显示刚刚加载的线型，单击【确定】按钮，关闭【线型管理器】对话框，即可完成加载线型。

图 7-41 　【线型管理器】对话框

2．线型比例

非连续线型由一系列的短线和空格组成，如果设置的比例不合适，将不能达到预期效果。用户可以在【线型管理器】对话框中通过设置【全局比例因子】和【当前对象缩放比例】来设置线型比例。在【线型管理器】对话框中单击【显示细节】按钮，可以显示详细信息，单击【隐藏细节】按钮，可以隐藏详细信息。在详细信息中显示了所选线型的名称、说明，同时可以设置线型的【全局比例因子】和【当前对象缩放比例】。

【线型管理器】对话框中【全局比例因子】和【当前对象缩放比例】的含义如下。

【全局比例因子】：在该文本框中可以设置所有线型的全局缩放比例因子。其默认值为 1.0000。

【当前对象缩放比例】：在该文本框中可以设置新建对象的线型比例，生成的比例是全局比例因子与该对象的比例因子的乘积。

7.3.3　图层线宽的设置

线宽是指图形对象以及某些类型文字的宽度值。使用线宽可以显示某些细节上的不同。设置线宽后，需要单击状态栏上的【显示/隐藏线宽】按钮 ，才能显示其效果。

光栅图像、点、TrueType 字体和实体填充(二维实体)无法显示线宽，多段线只在平面视图外部显示时才显示线宽。在模型空间中，线宽以像素为单位显示，并且在缩放时不发生变化。

设置图层线宽的方法有以下几种。

- 使用菜单栏：选择菜单栏中的【格式】|【线宽】命令，如图 7-42 所示。
- 使用【图层特性管理器】：打开【图层特性管理器】，单击【线宽】列中需要设置线宽图层中的【线宽】选项，弹出【线宽】对话框，选择线宽，单击【确定】按钮，如图 7-43 所示。
- 使用【默认】选项卡：将鼠标指针放在【默认】选项卡的【特性】选项组上，在自动弹出的面板中单击【线宽】选项，在【线宽】下拉列表框中选择线宽或者单击【线宽设置】选项，如图 7-44 所示。
- 使用命令行：在命令行中输入 LWEIGHT 命令，按 Enter 键确认。
- 使用【选项】对话框：在图纸空白处右击，在弹出的快捷菜单中选择【选项】命令，弹出【选项】对话框，在该对话框的【用户系统配置】选项卡中单击【线宽设置】按钮，如图 7-45 所示。

图 7-42　选择【线宽】命令

图 7-43　在【图层特性管理器】中设置线宽

图 7-44　在【默认】选项卡中设置线宽

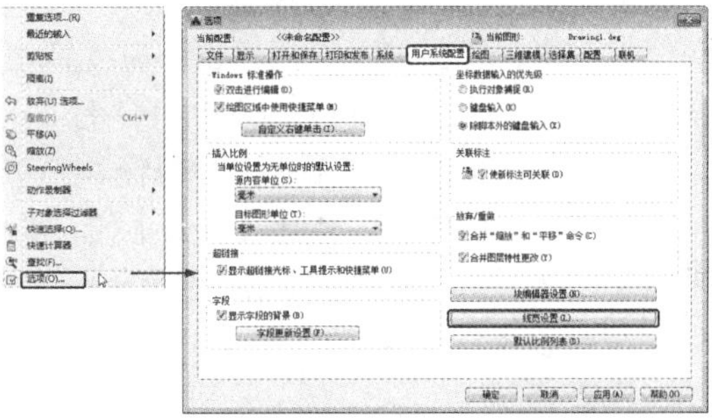

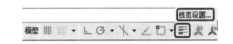

图 7-45　在【选项】对话框中设置线宽

- 状态栏：在状态栏的【显示/隐藏线宽】按钮 ▤ 上右击，在弹出的快捷菜单中选择【线宽设置】命令，如图 7-46 所示。

图 7-46　在状态栏设置线宽

执行上述除第二种方法的操作之后，打开【线宽设置】对话框，如图 7-47 所示。在该对话框中可以设置线宽，同时可以设置图形单位，调整图形的显示比例。其中各选项的含义及功能如下。

- 【线宽】列表框：在该列表框中显示了所有可用的线宽值，可以选择其中的任意线宽进行设置，也可以选择【默认】、ByLayer 和 ByBlock 选项。
- 【当前线宽】：该选项显示了当前设置的线宽值。
- 【列出单位】：该选项区提供了可用的线宽单位，可以选择其中一项作为线宽单位。
- 【显示线宽】：选中该复选框，模型空间中的图形将显示线宽。
- 【默认】：可以在其下拉列表中选择【默认】项的取值，如图 7-48 所示。
- 【调整显示比例】：拖动滑块，将改变线宽的显示比例。

图 7-47　【线宽设置】对话框

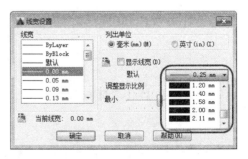

图 7-48　设置线宽默认值

7.3.4 图层特性的改变

如果要改变图层特性，除了在【图层特性管理器】中进行，还可以在【特性】选项板中进行。

打开【特性】选项板的方法有以下几种。

- 使用【修改】菜单：选择菜单栏中的【修改】|【特性】命令，如图 7-49 所示。
- 使用【工具】菜单：选择菜单栏中的【工具】|【选项板】|【特性】命令，如图 7-50 所示。
- 使用【默认】选项卡：将鼠标指针放在【默认】选项卡的【特性】选项组上，在自动弹出的面板中单击下方【特性】右侧的 按钮，如图 7-51 所示。
- 使用组合键：按 Ctrl+1 组合键。
- 使用命令行：在命令行中输入 DDMODIFY 或 PROPERTIES，按 Enter 键确认。

执行上述操作后，弹出【特性】选项板，如图 7-52 所示。在该选项板的【常规】组中单击【图层】右侧的按钮，在弹出的下拉列表中选择需要修改特性的图层，然后在其他选项中修改该图层的特性。在【特性】选项板中可以很方便地设置或修改图层的颜色、线型、线宽等属性。

图 7-49 选择【特性】命令

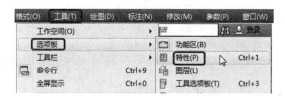

图 7-50 选择【特性】命令

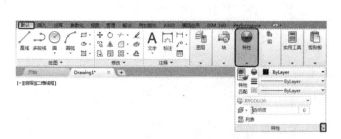

图 7-51 在【默认】选项卡上执行【特性】命令

图 7-52 【特性】选项板

7.4　图层过滤器的应用

使用图层过滤功能，可以使图层列表中显示符合一定条件的图层，同时可以对这些符合同样条件的图层进行修改，这项功能在大型制图中非常有用，可以极大地方便用户操作。

图层过滤器不仅可以决定【图层特性管理器】中出现在图层列表中的图层，还可以按照图层名或者图层特性对图层列表进行排序。过滤图层可以通过【图层过滤器特性】对话框进行，也可以通过【新建组过滤器】进行。

7.4.1　特性过滤器的应用

打开【图层特性管理器】，单击【新建特性过滤器】按钮，弹出【图层过滤器特性】对话框，如图 7-53 所示。

在【图层过滤器特性】对话框中用户可以过滤颜色、线型、线宽等属性相同的图层，也可以过滤名称中有相同字符的图层，同时可以基于图层的可见性、冻结或解冻状态、锁定或解锁状态等条件来过滤图层，设置过滤条件后，单击【确定】按钮返回【图层特性管理器】对话框，在【图层特性管理器】左侧的树状图中单击过滤器名称，符合条件的图层将显示在【图层特性管理器】右侧的图层列表中。

如果要对过滤器中的所有图层同时进行可见性等状态的更改，可以在图层特性过滤器的名称上右击，在弹出的快捷菜单中进行更改，还可以在快捷菜单中选择【特性】命令，在弹出的【图层过滤器特性】对话框中修改过滤条件，如图 7-54 所示，同时，在弹出的快捷菜单中还可以新建特性过滤器、将特性过滤器转换为组过滤器、对特性过滤器进行重命名、删除操作。

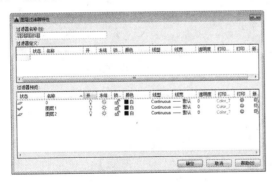

图 7-53　【图层过滤器特性】对话框

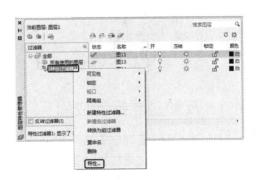

图 7-54　快捷菜单

7.4.2　组过滤器的应用

图层组过滤器中包括添加到该过滤器中的图层，而不用考虑图层的名称和特性。当修改了该过滤器中的图层特性，该图层仍然属于该过滤器。

打开【图层特性管理器】，单击【新建组过滤器】按钮，将在【图层特性管理器】

左侧的树状图中添加一个【组过滤器 1】，如图 7-55 所示。单击【所有使用的图层】选项或其他过滤器选项，右侧的图层列表中显示相应的图层信息，用户可以把需要添加到组过滤器中的图层拖曳到组过滤器的名称上，单击【组过滤器 1】，其右侧的图层列表中将显示组过滤器中的图层。

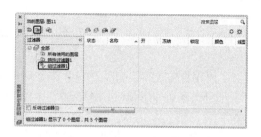

图 7-55　新建组过滤器

在组过滤器的名称上右击，在弹出的快捷菜单上可以对组过滤器中图层的某些状态进行统一设置，还可以新建特性过滤器、新建组过滤器、对组过滤器进行重命名、删除操作。将鼠标放在快捷菜单中的【选择图层】命令上，将出现【添加】和【替换】两个选项，如图 7-56 所示，选择【添加】子命令，命令行中将提示【将选定对象的图层添加到过滤器中】，关闭【图层特性管理器】，在绘图区选择图形对象，所选图形对象所在图层将添加到组过滤器中；选择【替换】子命令，命令行中将提示【将过滤器中的图层替换为选定对象的图层】，关闭【图层特性管理器】，在绘图区中选择图形对象，所选图形对象所在图层将替换组过滤器中的图层。

如果要把组过滤器中的图层从该过滤器中删除，可以在图层上右击，在弹出的快捷菜单中选择【从组过滤器中删除】命令，即可将该图层从组过滤器中删除，如图 7-57 所示。

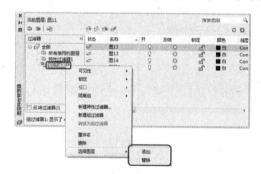

图 7-56　快捷菜单

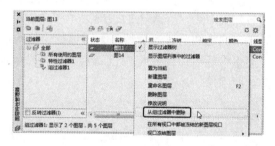

图 7-57　删除图层

7.4.3　反转过滤器的应用

在【图层特性管理器】中可以通过【图层特性过滤器】和【组过滤器】对图层信息进行筛选，还可以通过反转过滤器对图层进行筛选，在【图层特性管理器】左侧的树状图中单击某个【图层特性过滤器】或者【组过滤器】，右侧的图层列表中显示该过滤器中的图层，选中对话框左下方的【反转过滤器】复选框，即可在右侧的图层列表中显示除过滤器中图层之外的图层，如图 7-58 所示。

> **提示**
> 反转过滤器功能也可以用于反转【全部使用的图层】。

图 7-58　反转过滤器

7.5　图　层　管　理

在【图层特性管理器】中，用户不仅可以新建图层和设置图层的颜色、线型和线宽等属性，还可以对所有的图层进行管理，如控制图层状态、设置为当前图层、输入和输出图层状态等。

7.5.1　管理、保存和恢复图层状态

在 AutoCAD 中，用户可以在【图层特性管理器】中管理、保存和恢复图层状态。图层状态包括开或关、冻结或解冻、锁定或解锁等，还包括图层特性的设置，如颜色、线型、线宽的设置。

1．管理图层状态

单击【图层特性管理器】中的【图层状态过滤器】按钮，打开【图层状态管理器】对话框，如图 7-59 所示。在该对话框中，可以对图层状态进行管理，如编辑、重命名、删除、输入和输出等。

2．保存图层状态

在【图层状态过滤器】对话框中单击【新建】按钮，弹出【要保存的新图层状态】对话框，如图 7-60 所示。在该对话框的【新图层状态名】下拉列表框中输入图层状态名，在【说明】文本框中输入需要说明的内容，单击【确定】按钮，返回【图层状态管理器】对话框，发现新建的图层状态出现在图层状态列表框中，单击该对话框右下侧的展开按钮，展开该对话框，在【要恢复的图层特性】选项区中选择要恢复的选项，单击【关闭】按钮即完成了图层状态的保存，如图 7-61 所示。

图 7-59　【图层状态管理器】对话框

图 7-60　【要保存的新图层状态】对话框

图 7-61　设置【要恢复的图层特性】

除了以上方法，还可以在【图层特性管理器】中图层列表的任意位置右击，在弹出的快捷菜单中选择【保存图层状态】命令，如图 7-62 所示，弹出【要保存的新图层状态】对话框，在设置图层状态名和输入说明内容后，单击【确定】按钮完成图层状态的保存。

3．恢复图层状态

在绘图过程中和打印图形过程中，有时需要恢复图层状态，单击【图层特性管理器】中的【图层状态管理器】按钮，打开【图层状态管理器】对话框，在该对话框中选中需要恢复的图层状态，单击【确定】按钮，即可完成图层状态的恢复。也可以在【图层特性管理器】中图层列表的任意位置右击，在弹出的快捷菜单中选择【恢复图层状态】命令，打开【图层状态管理器】对话框，在该对话框中选中需要恢复的图层状态，单击【确定】按钮完成图层状态的恢复。

图 7-62　快捷菜单

7.5.2　控制图层状态

在【图层特性管理器】中，可以控制图层的状态，包括图层的开或关、冻结或解冻、锁定或解锁等。也可以在【默认】选项卡的【图层】选项组中对图层的某些状态进行控制，如图 7-63 所示。

图 7-63　控制图层状态

1．打开或关闭图层

【开/关图层】图标控制图层的可见性。单击该图标可以将图层打开或者关闭。当该图标呈现黄色时，表示该图层可以显示在绘图区，并且可以被打印输出；当该图标为灰色时，表示该图层在绘图区不可见，并且不能被打印输出。

2．冻结或解冻图层

在【图层特性管理器】选项板中，单击某个图层上的【冻结】图标 ☼ 或【解冻】图标 ❀，可以将该图层冻结或解冻。图标显示为雪花 ❀ 状态时，表示该图层被冻结，图层上的图形对象不能被显示和打印，并且不能被编辑和修改，也不能被重生成；图标显示为太阳 ☼ 状态时，表示该图层被解冻，图层上的图形可以被显示和打印，并且可以被编辑、修改和重生成。

3．锁定或解锁图层

在【图层特性管理器】选项板中，单击某个图层上的【锁定】图标 🔓 或【解锁】图标 🔒，可以将该图层锁定或解锁。图标显示为锁定 🔒 状态时，表示该图层被锁定，图层上的图形对象可以被显示和打印，并且可以在该图层绘制新的图形对象，但是不可以对该图层的图形对象进行编辑和修改。

4．打印或不打印图层

【图层特性管理器】选项板中的打印图标 🖨 决定了该图层是否被打印输出，当该图标呈现正常状态 🖨 时，表示该图层可以被打印输出，当该图标上出现一个红圈 🖶 时，表示该图层不能被打印输出。

打印选项只能设置可见的图层，对于不可见的图层和被冻结的图层不能进行设置。

7.5.3   设置当前图层

要在某个图层上绘制图形对象，首先要将该图层置为当前图层，将图层置为当前图层的方法有以下几种。

- 使用【图层特性管理器】方法之一：打开【图层特性管理器】选项板，选中需要置为当前的图层，单击【置为当前】按钮 ✏，如图 7-64 所示。
- 使用【图层特性管理器】方法之二：打开【图层特性管理器】选项板，双击需要置为当前的图层的【状态】列图标 ◇ ，即可将该图层置为当前图层。
- 使用【图层特性管理器】方法之三：打开【图层特性管理器】选项板，在需要置为当前的图层上右击，在弹出的快捷菜单中选择【置为当前】命令，如图 7-65 所示。

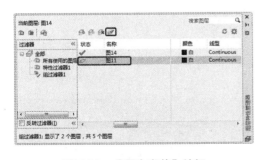

图 7-64   【置为当前】按钮

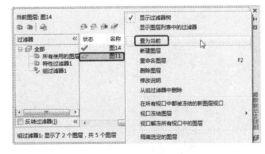

图 7-65   快捷菜单

- 使用【默认】选项卡方法之一：将鼠标指针放在【默认】选项卡的【图层】选项组上，在自动弹出的面板中单击 置为当前 按钮，返回绘图区，选择绘图区的某个图形，即可将该图形对象所在的图层置为当前图层，如图 7-66 所示。

- 使用【默认】选项卡方法之二：将鼠标指针放在【默认】选项卡的【图层】选项组上，在自动弹出的面板中单击【图层】选项，在弹出的下拉列表中选择需要置为当前的图层，如图 7-67 所示。
- 使用命令行：在命令行中输入 CLAYER 命令，按 Enter 键确认，命令行将提示【输入 CLAYER 的新值】，然后根据命令行提示输入需要置为当前图层的图层名称，按 Enter 键确认即可完成设置。

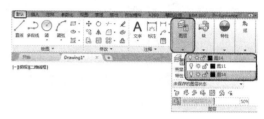

图 7-66　单击【置为当前】按钮　　　　　图 7-67　【图层】下拉列表

7.5.4　图层转换

在 AutoCAD 中，可以利用【图层转换器】进行图层之间的转换，转换后的图层将与转换为图层的图层特性和 CAD 标注文件相匹配。

打开【图层转换器】对话框的方法有以下两种。

- 使用菜单栏：选择菜单栏中的【工具】|【CAD 标准】|【图层转换器】命令，如图 7-68 所示。
- 使用命令行：在命令行中输入 LAYTRANS 命令，按 Enter 键确认。

执行上述命令后，弹出【图层转换器】对话框，如图 7-69 所示。

图 7-68　选择【图层转换器】命令　　　　图 7-69　【图层转换器】对话框

【图层转换器】中各选项的含义如下。

- 【转换自】列表框：用户可以在该列表框中指定当前图形文件中需要被转换的图层，也可以通过指定【选择过滤器】来指定图层。

- 【转换为】列表框：该列表框显示了可以将当前图形的图层转换为哪些图层。单击其下方的 加载(L)... 按钮，打开【选择图形文件】对话框，如图 7-70 所示。用户可以从中选择图形、图形样板或标准文件，将其中的图层加载到【转换为】列表框中，单击【转换为】列表框下方的 新建(N)... 按钮，打开【新图层】对话框，如图 7-71 所示。在该对话框中设置新图层的名称及相关特性，单击【确定】按钮，即可创建【转换为】图层。

图 7-70　【选择图形文件】对话框　　　　图 7-71　【新图层】对话框

- 【映射】按钮：单击该按钮，将把【转换自】列表框中选择的图层映射到【转换为】列表框中，被映射的图层将从【转换自】列表框中删除。

- 【映射相同】按钮：单击该按钮，【转换自】列表框中与【转换为】列表框中名称相同的图层将被转换映射。

- 【图层转换映射】列表框：该列表框显示了已经被映射的旧图层名和新图层名及其被转换映射后的相关特性。

- 【编辑】按钮：在【图层转换映射】列表框中选中一个图层，单击下方的【编辑】按钮，打开【编辑图层】对话框，如图 7-72 所示。用户可以在该对话框中对图层的相关特性进行修改，修改完成后，单击【确定】按钮返回【图层转换器】对话框。

- 【删除】按钮：在【图层转换映射】列表框中选中一个图层，单击【删除】按钮，可以从【图层转换映射】列表框将该图层删除，同时取消该图层的转换映射。

- 【保存】按钮：单击该按钮，打开【保存图层映射】对话框，在该对话框中设置保存路径，将图层转换关系另存为一个标准配置文件。

- 【设置】按钮：单击该按钮，打开【设置】对话框，如图 7-73 所示。在该对话框中可以设置图层的转换规则。

● 【转换】按钮：单击该按钮，完成转换图层的操作，同时关闭【图层转换】对话框。

图 7-72 　【编辑图层】对话框

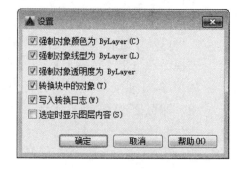

图 7-73 　【设置】对话框

7.5.5　改变图形对象所在图层

在绘图过程中，用户可以改变图形对象所在图层，其方法有以下几种。

● 使用【图层】工具栏：在菜单栏中选择【工具】|【工具栏】|AutoCAD|【图层】命令，如图 7-74 所示，打开图 7-75 所示的【图层】工具栏，选中需要改变图层的图形对象，在【图层】下拉列表框中选择其中一个图层，图形对象将存在于选择的图层中。

图 7-74 　打开【图层】工具栏

图 7-75 　【图层】工具栏

● 使用【默认】选项卡：选中需要改变图层的图形对象，将鼠标指针放在【默认】选项卡的【图层】选项组上，在自动弹出的面板中单击【图层】按钮，在弹出的下拉列表中选择一个图层，图形对象将存在于该图层中，如图 7-76 所示。

图 7-76 　在【默认】选项卡的改变对象图层

● 使用【特性】选项板：选中需要改变图层的图形对象并右击，在弹出的快捷菜单中选择【特性】命令，弹出【特性】选项板，在【特性】选项板中单击【图层】右侧的按钮，在弹出的下拉列表中选择一个图层，图形对象将存在于该图层中，如图 7-77 所示。

7.5.6　输入和输出图层状态

用户可以在【图层状态管理器】对话框中输入之前输出并保存在图形文件中的图层状态，也可输出选定的命名图层状态。从图形文件输入图层状态时，可以输入.DWG、.DWS、.DWT、.LAS 文件中的图层状态，输出图层状态时，该图层状态将会保存到 LAS 格式的文件中。

图 7-77　在【特性】选项板改变对象图层

从 LAS 文件或其他图形文件中输入与当前图形中的图层状态相同的图层状态时，可以选择覆盖现有的图层状态，也可以选择不将其进行输入。

在【图层状态管理器】对话框中单击【输入】按钮，打开【输入图层状态】对话框，如图 7-78 所示。在该对话框中选择需要输入的对象，单击【打开】按钮，将弹出【选择图层状态】对话框，如图 7-79 所示，在该对话框中选择图层状态，单击【确定】按钮，即可将该图层状态输入到当前图形文件中。

图 7-78　【输入图层状态】对话框

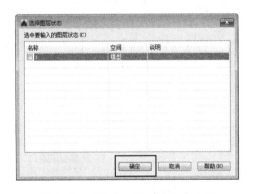

图 7-79　【选择图层状态】对话框

在【图层状态管理器】对话框中单击【输出】按钮，打开【输出图层状态】对话框，如图 7-80 所示。在该对话框中为输出的图层状态指定一个输出路径，单击【确定】按钮，即可完成图层状态的输出。

图 7-80　【输出图层状态】对话框

7.6　上机练习

下面将通过实际操作使读者巩固前面所学的知识。

7.6.1　创建室内绘图图层

室内绘图图层包括【墙体】、【辅助线】、【尺寸标注】、【门窗】、【家具】等图层，下面将讲解如何创建室内绘图图层。

步骤01　启动 AutoCAD 2016，单击快速访问工具栏中的【新建】按钮，弹出【选择样板】对话框，选择 acadiso.dwt 选项，单击【打开】按钮，如图 7-81 所示，新建一个空白文件。

步骤02　按 F7 键取消栅格的显示，将鼠标指针放在【默认】选项卡的【图层】选项组上，在自动显示的面板上单击【图层特性】选项，如图 7-82 所示，打开【图层特性管理器】选项板，单击【新建图层】按钮，新建【图层 1】，在【图层1】的名称中输入【辅助线】，按 Enter 键确认，创建【辅助线】图层，如图 7-83所示。

图 7-81　【选择样板】对话框　　　　图 7-82　选择【图层特性】选项

步骤03　单击【辅助线】图层上的【颜色】图标 ■白，如图 7-84 所示。

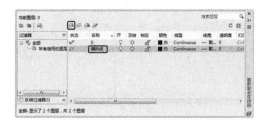

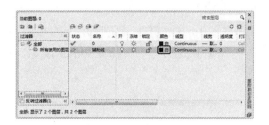

图 7-83　新建【辅助线】图层　　　　　图 7-84　单击【颜色】图标

步骤 04　弹出【选择颜色】对话框，在该对话框中选择第 2 个调色板中的【红色】选项，这时【颜色】文本框中将显示颜色的名称，单击 确定 按钮，如图 7-85 所示。

步骤 05　单击在【辅助线】图层的【线型】图标 Continuous ，如图 7-86 所示。

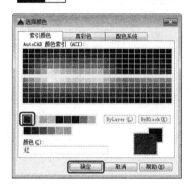

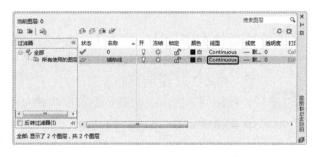

图 7-85　设置颜色　　　　　　　　图 7-86　单击【线型】图标

步骤 06　弹出【选择线型】对话框，单击 加载(L)... 按钮，如图 7-87 所示。弹出【加载或重载线型】对话框，在【可用线型】列表框中选择 CENTER 线型，单击 确定 按钮，如图 7-88 所示，返回【选择线型】对话框，CENTER 线型出现在【已加载的线型】列表框中，选择 CENTER 线型，单击 确定 按钮，即可完成线型设置。

图 7-87　单击【加载】按钮　　　　　图 7-88　加载线型

步骤 07　选择【0 图层】，单击【新建图层】按钮，新建【图层 2】图层，将图层名称改为【家具】，单击【家具】图层上的【颜色】图标，弹出【选择颜色】对话框，在【颜色】文本框中输入 82，如图 7-89 所示，单击【确定】按钮，完成颜色设置。

步骤 08 单击【家具】图层上的【线型】图标 — 默...，弹出【线宽】对话框，在【线宽】列表框中选择 0.30mm 线宽，单击【确定】按钮，如图 7-90 所示，完成线宽设置。

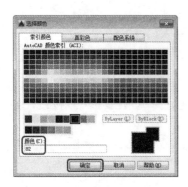

图 7-89 设置颜色　　　　　　　　　　　　图 7-90 选择线宽

步骤 09 选择【0 图层】，单击【新建图层】按钮，输入图层名称【墙体】，创建【墙体】图层，按两次 Enter 键，新建【尺寸标注】图层并对该图层的属性进行设置，如图 7-91 所示。

步骤 10 使用同样的方法新建其他图层，并对新建图层的名称和相关属性进行设置，如图 7-92 所示。

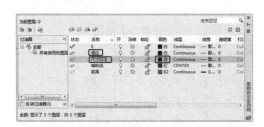

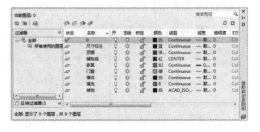

图 7-91 新建【墙体】和【尺寸标注】图层　　　　图 7-92 新建其他图层

7.6.2 改变图形对象所在图层并修改其属性

下面将讲解如何改变图形对象所在图层并修改其属性，具体操作步骤如下。

步骤 01 启动 AutoCAD 2016，单击快速访问工具栏中的【打开】按钮，弹出【选择文件】对话框，选择随书附带光盘中的"CDROM\素材\第 7 章\床头柜.dwg"图形文件，单击【打开】按钮，如图 7-93 所示，打开图 7-94 所示的素材文件。

步骤 02 单击【默认】选项卡中的分解工具，在绘图区中选择【床头柜】图形，按 Enter 键确认，将图形分解。

步骤 03 选择图形文件中的所有图形对象，在图形对象上右击，在弹出的快捷菜单中选择【特性】命令，如图 7-95 所示。

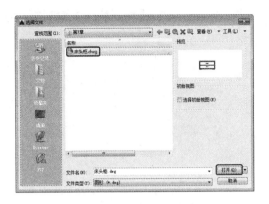

图 7-93　选择文件

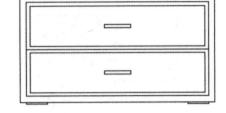

图 7-94　素材文件

步骤 04　弹出【特性】选项板，单击【特性】选项板上【图层】右侧的按钮，在弹出的下拉列表中选择 3 图层，如图 7-96 所示，将所有图形对象放置于 3 图层上。

图 7-95　选择【特性】命令

图 7-96　选择 3 图层

步骤 05　关闭【特性】选项板，在命令行中输入 LAYER 命令，按 Enter 键确认，打开【图层特性管理器】选项板。

步骤 06　在【图层特性管理器】选项板中选择图层 3，在图层 3 的名称上单击，图层的名称呈现可编辑状态，输入新的图层名称【床头柜】，按 Enter 键确认，如图 7-97 所示，完成图层名称的设置。

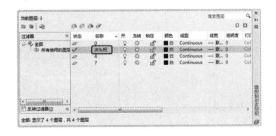

图 7-97　重命名图层

步骤 07　单击【床头柜】图层右侧的【颜色】图标，弹出【选择颜色】对话框，将【颜色】设置为 35，单击【确定】按钮，如图 7-98 所示。

步骤08 单击【床头柜】图层右侧的【线型】图标，弹出【选择线型】对话框，在该对话框中单击【加载】按钮，如图 7-99 所示。

图 7-98 设置颜色

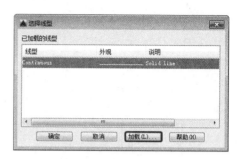

图 7-99 单击【加载】按钮

步骤09 弹出【加载或重载线型】对话框，在【可用线型】列表框中选择 ACAD_IS002W100 线型，单击【确定】按钮，如图 7-100 所示。

步骤10 返回【选择线型】对话框，选择 ACAD_IS002W100 线型，单击【确定】按钮，如图 7-101 所示，完成线型的设置。

图 7-100 选择线型

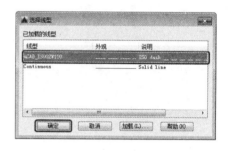

图 7-101 选择线型

步骤11 单击【床头柜】右侧的【线宽】图标，弹出【线宽】对话框，选择 0.30mm 线宽，单击【确定】按钮，如图 7-102 所示，完成线宽的设置。

步骤12 关闭【图层特性管理器】选项板，单击【显示/隐藏线宽】按钮 ，然后在菜单栏中选择【格式】|【线型】命令，如图 7-103 所示。

图 7-102 设置线宽

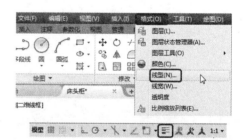

图 7-103 选择【线型】命令

步骤 13　弹出【线型管理器】对话框，选择 ACAD_IS002W100 线型，将【全局比例因子】设置为 3，单击【确定】按钮，然后单击【当前】按钮，如图 7-104 所示。

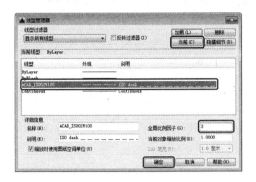

图 7-104　设置线型

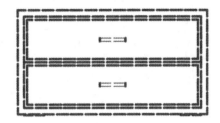

图 7-105　床头柜

步骤 14　返回绘图区可以看到图形发生的变化，如图 7-105 所示。

思考与练习

1. 如何进行图层属性的设置？
2. 如何控制图层状态？
3. 图层过滤器包括哪几种？其作用分别是什么？

第 8 章　图块及设计中心

在绘制图形的过程中，经常会遇到一些重复出现的图形，如果每次都重新绘制这些图形，不仅造成大量的重复工作，而且存储这些图形及其信息要占据相当大的磁盘空间。AutoCAD 提供了图块和外部参考命令方式，可以把要重复绘制的图形创建成块(也称为图块)，在需要时直接把它们插入到图形中即可。用户也可以把已有的图形文件以参照的形式插入到当前图形中(即外部参照)，或是通过 AutoCAD 设计中心浏览、查找、预览、使用和管理 AutoCAD 图形、块、外部参照等不同的资源文件。

8.1　图块及其属性

块是由多个绘制在不同图层上的不同特性对象组合而成的一个集合。当用户在使用块之前，必须先创建一个或多个块，通过创建块之后，用户可以将图形文件作为一个整体进行操作，也可以将创建的块作为单个对象插入到当前图形文件中的任意位置或者是用户指定的位置上，在插入图块时用户也可以设置插入单位，还可以对其进行缩放或旋转设置。

在 AutoCAD 中将其他图形插入到当前图形中有 3 种方法：一是用块插入的方法插入图形；二是用外部参照引用图形；三是通过设计中心将其他图形文件中的图块、块、图案填充、图层等放置在当前文件中。

8.1.1　块的分类

在 AutoCAD 中，通常将图块分为内部图块和外部图块。

内部图块也就是通常所说的图块，它是通过定义块所创建的图块。使用这种方法创建的块只能在对应的一个 AutoCAD 文件中使用，存储在图形文件内部，它是由一个或多个图形对象组合而成的对象集合，经常用于创建一些很复杂而且重复性很高的图形对象。比如，在室内设计中，当用户绘制一些相同的、需要重复大量绘制的桌子、灯具、餐具用品等图形对象时，可以将其创建成块，然后根据作图需要将这组对象插入到所在图形文件中任意指定位置，而且还可以按不同的比例和旋转角度插入块。

外部图块就是通常所说的写块，它是通过写块所创建的图块。也就是说，这种方法创建的块能在任意一个 AutoCAD 文件中使用。每个图形文件都具有一个称为块定义表的不可见数据区域。块定义表中存储着全部块定义，包括块的全部关联信息。在图形中插入块时，所参照的就是这些块定义。

8.1.2　图块(内部快)

用户在绘制图形对象时创建图块，避免了烦琐的重复绘制的麻烦，同时也提高了绘制图形对象的效率、缩小了图形文件的大小、节约了计算机的工作空间。下面将讲解如何创建图块。

在 AutoCAD 2016 中，创建一个【图块】的方式有以下几种。

- 使用菜单栏：在菜单栏中选择【绘图】|【块】|【创建】命令，如图 8-1 所示。
- 使用选项卡：在【默认】选项卡中，将鼠标放置在【块】选项组按钮上面，在弹出的选项栏中单击【创建】按钮  创建，如图 8-2 所示；或者在【插入】选项卡中，单击【块定义】选项组中的【创建块】按钮，如图 8-3 所示。
- 使用命令行：在命令行中输入 BLOCK 命令，按 Enter 键确认。

图 8-1　选择【创建】命令

图 8-2　单击【创建】按钮

当用户执行以上任意一种命令后，都将弹出如图 8-4 所示的【块定义】对话框。

图 8-3　单击【创建块】按钮

图 8-4　【块定义】对话框

在【块定义】对话框中包括【名称】、【基点】、【对象】、【方式】、【设置】和【说明】6 个选项组，下面将对各选项组中的主要选项进行解释说明。

1．【名称】选项组

用户可以在【名称】下拉列表框中输入将要创建块的名称，输入的块名称可以是汉字、数字、字母、空格和特殊字符等。单击右侧黑色三角形可以查看在该图形文件中的其他图块。

2．【基点】选项组

【基点】选项组用于指定定义块的基点，该点插入块时的对齐点，也是缩放、旋转等操作的基准点。

【在屏幕上指定】：选中该复选框，在选择完要创建块的图形对象时，关闭对话框后，命令行提示用户指定基点。

【拾取点】：单击该按钮，用户可以直接进入到绘图区中，在图形对象上指定基点。

X/Y/Z：在使用【拾取点】的方式指定基点时，当用户指定好基点后，返回到【块定义】对话框后将显示指定基点的坐标值。

3. 【对象】选项组

【对象】选项组用于选择要作为块的图形元素。

【在屏幕上指定】：选中该复选框，关闭对话框后，命令行提示用户选择图形对象。

【选择对象】：单击该按钮，用户可以直接进入到绘图区中选择将要创建块的图形对象。

【快速选择】按钮 ：单击该按钮，将弹出【快速选择】对话框，如图 8-5 所示。用户也可以通过该对话框选择图形对象。

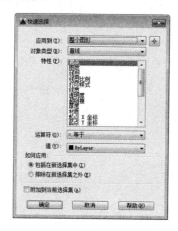

图 8-5 【快速选择】对话框

【保留】：当用户选择该选项时，创建为块的对象显示方式不变。

【转换为块】：当用户选择该选项时，创建的块将显示为一个整体。

【删除】：当用户选择该选项时，创建的块将从当前的图形文件中被删除。但用户还可以将其调出来使用。

4. 【方式】选项组

【方式】选项组用于设置组成块的对象的显示方式。

【注释性】：选中该复选框，系统将会把块指定为注释性。

【使块方向与布局匹配】：选中该复选框之前必须选中【注释性】复选框后才能使用，选择该选项可以指定块参照与布局的方向相匹配。

【按统一比例缩放】：选中该复选框，当用户缩放图形对象时，块也将按统一比例缩放。

【允许分解】：选中该复选框，则创建的块允许被分解。

5. 【设置】选项组

【设置】选项组用于设置块的基本属性。

【块单位】：在【块单位】下拉列表框中用户可以选择符合实际情况的单位。

【超链接】：单击【超链接】按钮，将弹出【插入超链接】对话框，如图 8-6 所示。通过该对话框用户可以建立与块相关联的超链接。

图 8-6 【插入超链接】对话框

6. 【说明】选项组

【说明】选项组只有一个大列表框，在该列表框中用户可以输入与创建块有关的简洁说明，该列表框中的信息说明可以在设计中心看到。

下面将通过实例讲解如何创建块，具体操作步骤如下。

步骤01 首先打开随书附带光盘中的 CDROM\素材\第 8 章\ "创建图块"素材文件，如图 8-7 所示。

步骤02 在命令行中执行 BLOCK 命令，弹出【块定义】对话框，在【名称】下拉列表框中将创建块名设置为【卧室】，如图 8-8 所示。

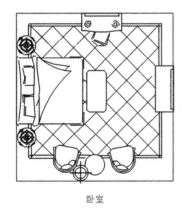

图 8-7 打开素材

图 8-8 设置名称为【卧室】

步骤03 在【块定义】对话框中单击【拾取点】按钮，进入到绘图区中，根据命令行的提示指定图 8-9 所示的基点。

步骤04 返回到【块定义】对话框中，在该对话框的【对象】选项组中选中【转换为块】单选按钮，然后单击【选择对象】按钮，进入到绘图区中，根据命令行的提示选择图 8-10 所示的图形对象。选中后的效果如图 8-11 所示，然后按 Enter 键确认。再次返回到【块定义】对话框中，在【名称】后面的预览框中可以看到创建块的预览效果。最后单击【确定】按钮即可，如图 8-12 所示。

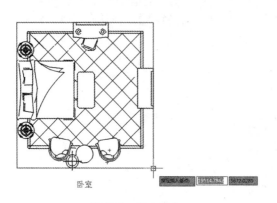

图 8-9　指定基点

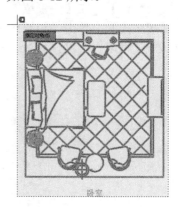

图 8-10　选择图形对象

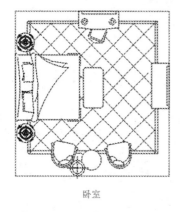

图 8-11　选中图形对象的效果

图 8-12　显示块预览图

步骤 05 完成块的创建后，选中创建的块图形对象，可以看到指定基点显示为蓝色夹点，显示效果如图 8-13 所示。

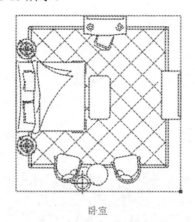

图 8-13　选中块显示基点

8.1.3　写块(外部块)

如果用户想要将创建的块应用到其他图形文件中，则需要将该块或图形对象保存到一个独立的图形文件中，也就是将图块或图形对象创建成【写块】。

在 AutoCAD 2016 中，创建【写块】的方式如下。

(1) 使用命令行：在命令行中输入 WBLOCK 命令，按 Enter 键确认。

(2) 在命令行中执行 WBLOCK 命令后，将弹出【写块】对话框，如图 8-14 所示。

图 8-14　【写块】对话框

在【写块】对话框中包括【源】、【基点】、【对象】和【目标】4 个选项组，下面将对各选项组中的主要选项进行解释说明。

【写块】对话框中各选项的作用如下。

1. 【源】选项组

该选项组用来选择块的对象。

● 【块】：选中该单选按钮，选择要保存图形文件中的图块。

● 【整个图形】：选中该单选按钮，将当前图形作为图块。

● 【对象】：选中该单选按钮，选择要保存图形文件中的图形对象。

2. 【基点】选项组

【基点】选项组用于指定定义块的基点，该点是插入块时的对齐点，也是缩放、旋转等操作的基准点。

【拾取点】：单击该按钮，用户可以直接进入到绘图区中在图形对象上指定基点。

3. 【对象】选项组

【对象】选项组用于选择要作为写块的图形元素。

● 【选择对象】：单击该按钮，用户可以直接进入到绘图区中选择将要创建块的图形对象。

- 【快速选择】按钮：单击该按钮，将弹出【快速选择】对话框，如图 8-15 所示。用户也可以通过该对话框选择图形对象。

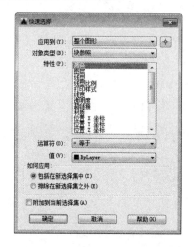

图 8-15　【快速选择】对话框

- 【保留】：当用户选择该选项时，创建为块的图形对象显示方式不变。
- 【转换为块】：当用户选择该选项时，创建的块将显示为一个整体。
- 【从图形中删除】：当用户选择该选项时，创建的块将从当前的图形文件中被删除，但用户还可以将其调出来使用。

4．【目标】选项组

在【目标】选项组中用户可以选择文件名和路径，还可以设置单位。

- 【文件名和路径】：在其下面的下拉列表框中可以输入图形文件的文件名和路径。单击文本框右侧的按钮，将会弹出【浏览图形文件】对话框，如图 8-16 所示，用户也可以在该对话框中选择路径。
- 【插入单位】：单击其右侧的下三角按钮，用户可以在弹出的下拉列表中选择合适的单位。

图 8-16　【浏览图形文件】对话框

下面将通过实例讲解如何创建写块，具体操作步骤如下。

步骤01 首先打开随书附带光盘中的"CDROM\素材\第 8 章\创建写块"素材文件，如图 8-17 所示。

步骤02 在命令行中执行 WBLOCK 命令，弹出【写块】对话框，在【源】选项组中选中【对象】单选按钮，在【基点】选项组中单击【拾取点】按钮，如图 8-18 所示。

图 8-17　打开素材　　　　　　　　　图 8-18　单击【拾取点】按钮

步骤03 根据命令行的提示指定基点，如图 8-19 所示。返回到【写块】对话框，在【基点】选项组中显示了基点的坐标，如图 8-20 所示。

图 8-19　指定基点　　　　　　　　　图 8-20　基点坐标

步骤04 单击【选择对象】按钮，进入到绘图区中，选择整个图形对象，并按 Enter 键结束选择对象，在【对象】选项组中选中【转换为块】单选按钮，然后单击【确定】按钮，如图 8-21 所示。

步骤05 创建好写块后，将图块选中的效果如图 8-22 所示。

图 8-21 设置【对象】参数

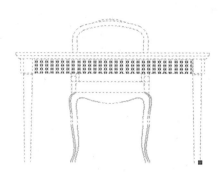

图 8-22 完成写块的选中效果

8.1.4 插入块

在创建好图块后用户就可以将创建好的图块插入到图形文件中了(内部块只能插入到当前图形文件中；外部块不仅可以插入到当前文件中，还可以插入到其他文件中)。

在 AutoCAD 2016 中，执行【插入】命令的方式有以下几种。

- 使用菜单栏：在菜单栏中选择【插入】|【块】命令，如图 8-23 所示。
- 使用选项卡：在【默认】选项卡中选择【块】选项，然后在弹出的下拉列表中单击【插入】按钮，如图 8-24 所示；或者在【插入】选项卡中单击【块】选项组中的【插入】按钮，如图 8-25 所示，在弹出的面板中选择要插入的块。
- 使用命令行：在命令行中执行 INSERT 命令。

图 8-23 选择【插入】|【块】菜单命令

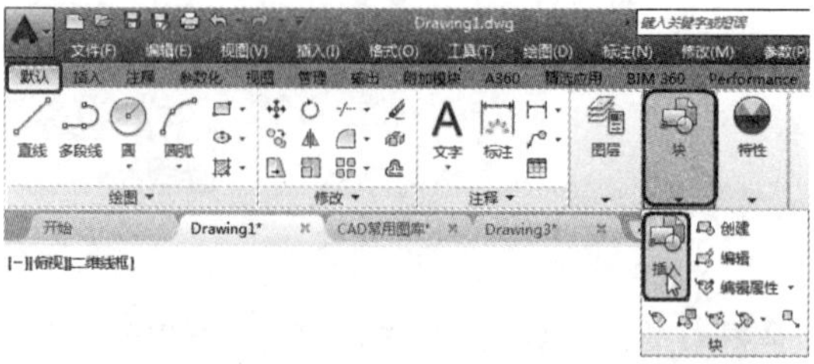

图 8-24 单击【插入】按钮

当用户使用第一种或第三种方法时，将弹出【插入】对话框，如图 8-26 所示。

在【插入】对话框中包括【插入点】、【比例】、【旋转】和【块单位】4 个选项组，下面将对各选项组中的主要选项进行解释说明。

- 【名称】：在【名称】下拉列表框中用户可以输入要插入的图块名，也可以单击

 按钮，在弹出的如图 8-27 所示的【选择图形文件】对话框中选择要插入的图形或块。

图 8-25　单击【插入】命令

图 8-26　【插入】对话框

图 8-27　【选择图形文件】对话框

- 【路径】：选中下面的复选框，插入的块将使用地理数据进行定位。

1. 【插入点】选项组

【插入点】选项组主要用于指定将要插入的图形对象的插入点，而在 X、Y、Z 的文本框中将显示插入块的坐标。选中【在屏幕上指定】复选框，用户可以直接在绘图区中任意指定一点。

2. 【比例】选项组

【比例】选项组主要用来通过设置 X、Y、Z 的缩放比例值将图形对象进行缩放(比例因子可以设置为负数)，如图 8-28 所示。

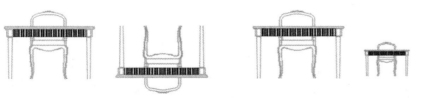

比例为正1　　比例为负1　　比例为1　　比例为0.5

图 8-28　设置比例效果

【统一比例】：选中该复选框，在 X 轴文本框中输入比例因子时，Y 轴和 Z 轴方向上的比例因子将自动与 X 轴方向的比例因子保持一致。

3．【旋转】选项组

【旋转】选项组主要用来设置插入块的旋转角度。

● 【在屏幕上指定】：选中该复选框，用户可以在绘图区中根据命令行的提示指定旋转角度。

● 【角度】：用户可以在【角度】文本框中输入旋转角度，如图 8-29 所示。

旋转角度为30°　旋转角度为60°　旋转角度为-30°　旋转角度为-60°

图 8-29　输入不同角度的显示效果

4．【块单位】选项组

【块单位】选项组主要用来设置插入块的单位。

● 【单位】：当选择好要插入的图形对象后，在【单位】文本框中将显示图形对象正在使用的单位。

● 【比例】：比例值默认为 1.0。

下面将通过实例讲解如何插入内部块，具体操作步骤如下。

步骤01　首先打开随书附带光盘中的"CDROM\素材\第 8 章\插入内部块"素材文件，如图 8-30 所示。

步骤02　在命令行执行 INSERT 命令，弹出【插入】对话框，在【名称】下拉列表框中选择【桌椅】，如图 8-31 所示。

图 8-30　打开素材文件

图 8-31　选择【桌椅】名称

步骤03　在【插入】对话框中的【插入点】选项组中选中【在屏幕上指定】复选框，在【比例】选项组中将 X 的比例设置为 0.5。在【旋转】选项组中将【角度】设置为 45°，然后单击【确定】按钮，如图 8-32 所示。插入效果如图 8-33 所示。

图 8-32 设置参数

图 8-33 插入显示效果

下面将通过实例讲解如何插入外部块,具体操作步骤如下。

步骤 01 启动 AutoCAD 2016 软件进入其工作界面,在命令行中执行 INSERT 命令,
弹出【插入】对话框,如图 8-34 所示。在该对话框中单击 浏览(B)… 按钮。

步骤 02 弹出【选择图形文件】对话框,选择随书附带光盘中的"CDROM\素材\第 8
章\插入块"素材文件,然后单击【打开】按钮,如图 8-35 所示。

步骤 03 返回到【插入】对话框,在该对话框中就可以看到【路径】的显示信息。在
该对话框中的【插入点】选项组中选中【在屏幕上指定】复选框。在【比例】选
项组中选中【统一比例】复选框,在 X 文本框中设置为 0.6,在【旋转】选项组
中将角度设置为 60°,然后单击【确定】按钮,如图 8-36 所示。

步骤 04 然后根据命令行的提示,指定块的插入点,插入后的显示效果如图 8-37 所
示。

图 8-34 【插入】对话框

图 8-35 选择【插入块】素材文件

图 8-36 设置参数

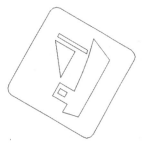

图 8-37 插入图块效果

8.1.5 分解块

创建好块后，在选中图形对象时将以一个整体显示。当用户想要修改图块中的某个单独的对象时，需先将其分解，再对图形对象进行修改。

在 AutoCAD 2016 中，【分解块】的方式如下。

- 使用菜单栏：在菜单栏中选择【修改】|【分解】命令，如图 8-38 所示。
- 使用选项卡：在【默认】选项卡中单击【修改】选项组中的【分解】按钮，如图 8-39 所示。

图 8-38　选择【分解】命令

图 8-39　单击【分解】按钮

- 使用命令行：在命令行中执行 EXPLODE 命令。

执行 EXPLODE 命令可以对图块进行整体分解，如果操作对象为嵌套图块，那么每操作一次只能分解一级图块。如果要将图块还原成各个独立的实体对象，还需要再次执行 EXPLODE 命令。图块被分解后，各个图形对象将恢复原始特性。

下面将通过实例讲解如何分解块，具体操作步骤如下。

步骤01 启动 AutoCAD 2016 并进入其工作界面，在命令行中执行 INSERT 命令。

步骤02 弹出【插入】对话框，在该对话框中单击 浏览(B)... 按钮，如图 8-40 所示。然后弹出【选择图形文件】对话框，选择随书附带光盘中的"CDROM\素材\第 8 章\分解块"素材文件，并单击【打开】按钮，如图 8-41 所示。

步骤03 返回到【插入】对话框中，可以看到所选择图形对象的【文件名】和【路径】，在【插入点】选项组中选中【在屏幕上指定】复选框，最后单击【确定】按钮，如图 8-42 所示。

步骤04 根据命令行的提示，在绘图区中指定基点的位置，插入图块的选中效果如图 8-43 所示。

图 8-40 单击【浏览】按钮

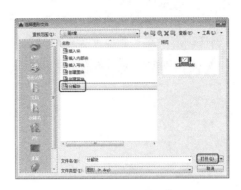

图 8-41 选择【分解块】图形文件

图 8-42 选中【在屏幕上指定】筛选框

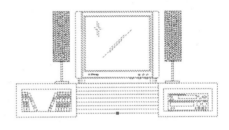

图 8-43 图块选中效果

步骤05 按 Esc 键取消选择。在命令行中输入 EXPLODE 命令，根据命令行的提示选择要分解的图块，选中后单击【确定】按钮即可，分解后的图形对象选中效果如图 8-44 所示。

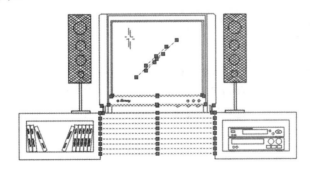

图 8-44 分解后选中效果

8.1.6 删除块

有时虽然创建了块，并将其插入当前的图形中，但是由于某些原因，删除了图形中的块，虽然图形中的块已经被删除，但这只是从图形中删除块参照对象，块定义仍保留在图形的块定义列表中。为了彻底删除块，必须使用【清理】命令。

在 AutoCAD 2016 中，执行【清理】命令的方法如下。

● 使用菜单栏：在菜单栏中选择【文件】|【图形实用工具】|【清理】命令，如图 8-45 所示。

- 使用命令行：在命令行中输入 PURGE 命令，并按 Enter 键确认。

执行以上任意一种命令后，将弹出【清理】对话框，如图 8-46 所示。

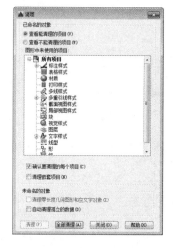

图 8-45　选择【清理】命令　　　　图 8-46　【清理】对话框

在【清理】对话框中包括【已命名的对象】和【未命名的对象】两个选项组，下面将对各选项组中的主要选项进行解释说明。

1．【已命名的对象】选项组

- 【查看能清理的项目】：选中该单选按钮，在【图形中未使用的项目】列表框中将显示可被清理的项目。
- 【查看不能清理的项目】：选中该单选按钮，在【图形中未使用的项目】列表框中将显示不能清理的项目。不能清理此块定义的原因有一般有：嵌套在另一个块中；嵌套在图形中；是附着的外部参照图形。
- 【确认要清理的每个项目】：选中该复选框，表示对将要清理的项目进行确认。
- 【清理嵌套项目】：选中该复选框进行清理对象时，将清理嵌套块。

2．【未命名的对象】选项组

- 【清理零长度几何图形和空文字对象】：选中该复选框，清理少见的零长度几何图形及空文字对象。
- 【自动清理孤立的数据】：选中该复选框，系统将自动清理孤立的数据。

下面将通过实例讲解如何删除块，具体操作步骤如下。

步骤01　首先打开随书附带光盘中的"CDROM\素材\第 8 章\删除块"素材文件，如图 8-47 所示。

步骤02　在命令行中执行 PURGE 命令，弹出【清理】对话框，在该对话框中选中【查看能清理的项目】单选按钮，在【图形中未使用的项目】列表框中单击【块】左侧的 田 按钮，弹出【块】下拉列表，选择【床】图块，然后选中【确认要清理的每个项目】复选框，再单击【清理】按钮，如图 8-48 所示。

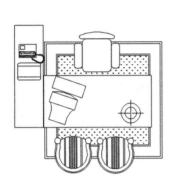

图 8-47　打开素材

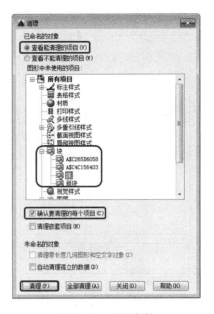

图 8-48　设置参数

步骤03 弹出【清理-确认清理】对话框，在该对话框中选择【清理此项目】选项，如图 8-49 所示，即可完成块的删除。

步骤04 返回到【清理】对话框，即可看到【床】块已经被删除，如图 8-50 所示。

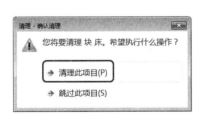

图 8-49　选择【清理此项目】选项

图 8-50　【床】块已经被删除

8.1.7　动态块

动态块相对于其他块来说灵活性和智能性更好。通过动态块功能，用户可以在操作时方便地更改图形中的动态块参照。动态块参照是指在插入参照后更改参照在图形中的显示方式的夹点或自定义的特征。

在 AutoCAD 2016 中，创建一个动态块的方式有以下几种。

- 使用菜单栏：在菜单栏中选择【工具】|【块编辑器】命令，如图 8-51 所示。
- 使用选项卡：在【插入】选项卡的【块定义】选项组中单击【块编辑器】按钮，如图 8-52 所示。
- 使用命令行：在命令行中执行 BEDIT 命令。

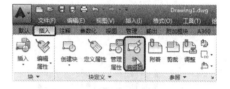

图 8-51　选择【块编辑器】命令　　　　　图 8-52　单击【块编辑器】按钮

执行以上任意一种命令都可以打开【编辑块定义】对话框，如图 8-53 所示。在【要创建或编辑的块】文本框中输入块名或在列表框中选择已定义的块或当前图形。确认之后，系统打开块编写选项板和【块编辑器】选项卡，如图 8-54 所示，利用该界面可以创建块或为已有的块添加动态行为。

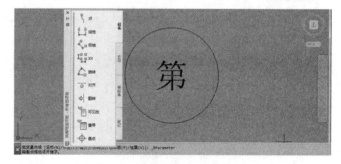

图 8-53　【编辑块定义】对话框　　　　　图 8-54　块编辑状态绘图平面

8.2　编辑块属性

块属性是附加在块对象上的标签。它是一种特殊的文本对象，可包含用户所需要的各种信息。

8.2.1　块属性

为了增强图块的通用性，可以给图块增加一些必要的文字说明。这些增加的文字说明就是属性，它们属于块的一部分。属性主要有两个作用：一是用作插入块的注释；二是提取属性数据，生成数据文件供系统分析使用。

在 AutoCAD 2016 中，执行【块属性】命令的方法如下。

- 使用菜单栏：在菜单栏中选择【绘图】|【块】|【定义属性】命令，如图 8-55 所示。
- 使用命令行：在命令行中执行 ATTDEF 命令。

用户执行以上任意一种命令都可以弹出【属性定义】对话框，如图 8-56 所示。

图 8-55　选择【定义属性】命令　　　　图 8-56　【属性定义】对话框

在【属性定义】对话框中包括【模式】、【属性】、【插入点】和【文字设置】4 个选项组，下面将对各选项组中的主要选项进行解释说明。

1．【模式】选项组

【模式】选项组主要用来设置块属性模式。

- 【不可见】：选中该复选框，用户所设置的属性值在图形文件中将不显示。
- 【固定】：选中该复选框，表示属性值为一个固定的常量。常量属性在插入图块时不会提示用户输入属性值，而且用户也不能对其进行编辑，除非重新定义块。
- 【验证】：选中该复选框，当用户在插入图块时会出现提示要求对值进行校验。
- 【预设】：选中该复选框，当用户定义属性时系统将指定一个默认值。
- 【锁定位置】：选中该复选框，就是将属性相对于块的位置进行了锁定。
- 【多行】：选中该复选框，表示设置的属性值包含多行文字。

2．【属性】选项组

【属性】选项组主要用来设置属性值。

- 【标记】：在该文本框中用户可以输入属性标志性名称。
- 【提示】：在该文本框中用户可以指定插入图块时的提示信息。
- 【默认】：在该文本框中用户可以输入属性的默认值。

3．【插入点】选项组

【插入点】选项组主要用来确定插入到图形文件中的图块位置。

【在屏幕上指定】：选中该复选框，用户可以在
图形文件中的任意位置指定一点插入文本。

4.【文字设置】选项组

【文字设置】选项组主要用来设置文字的特性。

- 【对正】：在其下拉列表中用户可以选择合适的文字放置位置，如图 8-57 所示。
- 【文字样式】：该选项用来设置文字样式。 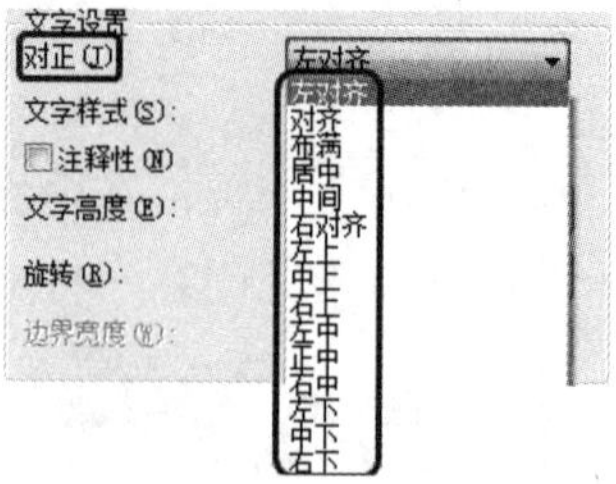
- 【注释性】：选中该复选框，可以指定属性文字为注释性。

图 8-57　文字位置

- 【文字高度】：在其文本框中用户可以输入文字高度。
- 【旋转】：在其文本框中可以输入文字的旋转角度。
- 【边界宽度】：该选项只用于多行文字，不能用于单行文字。用来指定多行文字属性的文字行的最大长度。

下面将通过实例讲解如何创建带属性的块，具体操作步骤如下。

步骤01 首先打开随书附带光盘中的"CDROM\素材\第 8 章\创建带属性的块.dwg"素材文件，如图 8-58 所示。

步骤02 在命令行中执行 ATTDEF 命令，弹出【属性定义】对话框，在该对话框中将【属性】选项组中的【标记】设置为 W，在【提示】文本框中输入【标记】。在【文字设置】选项组将【对正】设置为【中间】，将【文字高度】设置为 10，其他选项保持默认，设置完成后单击【确定】按钮，如图 8-59 所示。

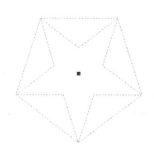

图 8-58　打开素材文件

图 8-59　设置属性定义

步骤03 根据命令行的提示，单击图形的几何中心点，确认插入点的位置，如图 8-60 所示。

步骤04 在命令行中执行 BLOCK 命令，弹出【块定义】对话框，将【名称】设置为【标记】，单击【拾取点】按钮，选择圆心，再单击选择【选择对象】按钮，选择所有的图形对象，如图 8-61 所示。

图 8-60　插入文字　　　　　　　　　　图 8-61　指定块定义

步骤05 单击【确定】按钮，弹出【编辑属性】对话框，将【标记】设置为 W，如
图 8-62 所示。

步骤06 然后单击【确定】按钮，即可完成带属性的块，如图 8-63 所示。

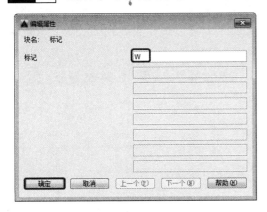

图 8-62　将【标记】设置为 W　　　　　　图 8-63　完成后的效果

　　属性是将数据附着到块上的标签或标记，是块的组成部分，以增强图块的通用性。属性中可能包含的数据包括建筑构件的编号、注释等。插入带有变量属性的块时，会提示用户输入要与块一同存储的数据。

8.2.2　编辑块属性

　　块的属性实际上是指为块附着数据或文字等具有变量性质的信息，将它们与几何图形捆绑在一起组成一个块。

　　在 AutoCAD 2016 中，用户可以通过以下几种方式修改属性定义。

- 使用菜单栏：在菜单栏中选择【修改】|【对象】|【属性】|【块属性管理器】命令，如图 8-64 所示。
- 使用命令行：在命令行中执行 BATTMAN 命令。

　　执行以上任意一种命令，都会打开【块属性管理器】对话框，如图 8-65 所示。

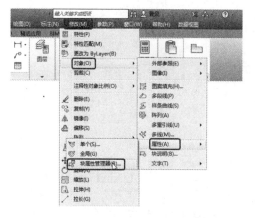

图 8-64　选择【块属性管理器】命令　　　　图 8-65　【块属性管理器】对话框

在【块属性管理器】对话框中单击【编辑】按钮，弹出【编辑属性】对话框，如图 8-66 所示。在该对话框中用户可以设置属性定义的构成、文字的特性和图形的特征。在【块属性管理器】对话框中，单击【设置】按钮，将弹出【块属性设置】对话框，如图 8-67 所示。用户可以在列表中选中需要的复选框，设置在【块属性管理器】对话框中能够显示的内容。

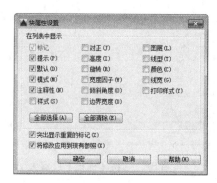

图 8-66　【编辑属性】对话框　　　　　　图 8-67　【块属性设置】对话框

8.3　AutoCAD 设计中心

设计中心可以认为是一个重要的利用和共享图形内容的有效管理器工具。利用设计中心功能，不仅可以浏览、查找和管理 AutoCAD 图形等不同资源，而且只需要拖动鼠标，就能轻松地将一张设计图纸中的图层、图块、文字样式、标注样式、线框、布局及图形等复制到当前图形文件中。

8.3.1　启动设计中心

在 AutoCAD 2016 中，用户可以通过以下几种方法来启动【设计中心】。
- 使用菜单栏：在菜单栏中选择【工具】|【选项板】|【设计中心】命令，如图 8-68 所示。

- 使用选项卡：在【视图】选项卡的【选项板】选项组中单击【设计中心】按钮，如图 8-69 所示。

- 使用命令行：在命令行中执行 ADCENTER 命令。

- 使用快捷键：按 Ctrl+2 组合键。

图 8-68　选择【设计中心】命令

图 8-69　单击【设计中心】按钮

执行以上任意命令都将打开【设计中心】选项板，如图 8-70 所示。

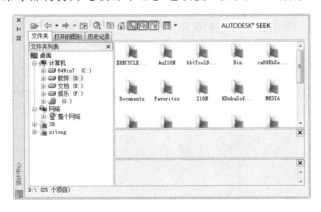

图 8-70　【设计中心】选项板

在【设计中心】选项板中包括选项卡按钮和几种视图，在【设计中心】选项板中各个选项卡的含义如下。

- 【文件夹】选项卡：该选项卡主要用来显示设计中心的资源，它是以一种树状图的结构呈现的。该结构显示导航图标的层次结构，用户还可以将内容设置为计算机的桌面。

- 【打开的图形】选项卡：该选项卡将显示当前已经打开的所有图形。当用户单击某个图形文件图标，就可以在右侧的项目列表中看到该图形的有关设置，如图 8-71 所示。

- 【历史记录】选项卡：选择该选项卡将显示设计中心以前打开过的文件列表，在文件列表中包括文件的具体路径，如图 8-72 所示。

图 8-71 【打开的图形】选项卡

图 8-72 【历史记录】选项卡

8.3.2 在设计中心中查找内容

在 AutoCAD 设计中心提供了查找功能，在【设计中心】选项卡中单击【搜索】按钮，弹出【搜索】对话框，如图 8-73 所示。用户可以在该对话框中快速地查找图形、块、图层及尺寸样式等图形内容或设置。

用户可以在该对话框的【搜索】下拉列表中选择【图形】选项，在【于】下拉列表框中选择查找的路径位置，即可找到用户需要的图形文件。当用户设置好查找条件后，单击 立即搜索(N) 按钮即可进行搜索。当然，用户还可以在【搜索】下拉列表框中选择其他选项，如图 8-74 所示。

图 8-73 【搜索】对话框

图 8-74 搜索内容

8.3.3 通过设计中心添加内容

用户还可以通过设计中心添加内容，在 AutoCAD 中可以通过以下几种方法在内容区域中向当前图形文件中添加内容。

- 选择用户需要的项目拖动到某个图形的图形区中，将按照默认设置将其插入。
- 在【设计中心】选项板右侧的内容区域中选择需要的项目右击，将弹出快捷菜单，选择相应的命令即可，如图 8-75 所示。
- 在内容区域中双击块将弹出【插入】对话框。

图 8-75　【块】的右键菜单

8.3.4　附着外部参照

用户可以从 AutoCAD 设计中心选项板中选择外部参照，用鼠标右键将需要的外部参照拖至绘图窗口，在弹出的【外部参照】对话框中指定插入点、插入比例或旋转角度等。

在 AutoCAD 2016 中，通过【设计中心】选项板用户可以完成以下几种工作。

- 浏览用户计算机、网络驱动器和 Web 页上的图形内容(如图形或符号库等)。
- 在定义表中查看图形文件中命名对象(如块、图层等)的定义，然后将定义插入、附着、复制和粘贴到当前图形中。
- 更新(重定义)块定义。
- 创建指向常用图形、文件夹和 Internet 网址的快捷方式。
- 向图形中添加内容(如外部参照、块和填充等)。
- 在新窗口中打开图形文件。
- 将图形、块和填充拖动到工具选项板上以便于访问。

8.4　上　机　练　习

8.4.1　绘制餐桌并创建图块

下面讲解如何绘制餐桌。

步骤01 首先新建空白文件。在命令行中输入 RECTANG 命令，按 Enter 键确认。在绘图区任意一点单击，指定矩形第一个角点，然后在命令行中输入 D，按 Enter 键确认，绘制长度为 1400、宽度为 800 的矩形，如图 8-76 所示。

步骤02 选择绘制的矩形，在命令行中执行 OFFSET 命令，将上一步绘制的矩形向内偏移 20，如图 8-77 所示。

步骤03 在命令行中执行 CIRCLE 命令，在矩形内合适的位置单击，确定圆心，绘制半径为 35 的圆，如图 8-78 所示。

图 8-76　绘制矩形　　　　　图 8-77　偏移矩形　　　　　图 8-78　绘制圆形

步骤 **04** 选择绘制的圆形，在命令行中执行 OFFSET 命令，将上一步绘制的圆形向外偏移 10，如图 8-79 所示。

步骤 **05** 在命令行中执行 COPY 命令，将两个同心圆进行多次复制，如图 8-80 所示。

图 8-79　偏移圆　　　　　　　　　　　　　图 8-80　复制圆

步骤 **06** 在命令行中执行 HATCH 命令，根据命令行提示输入 T，按 Enter 键确认，弹出【图案填充和渐变色】对话框，单击【类型和图案】选项组中【图案】右侧的 按钮，如图 8-81 所示。

步骤 **07** 弹出【填充图案选项板】对话框，在【其他预定义】选项卡中选择 JIS_WOOD 选项，单击【确定】按钮，如图 8-82 所示。

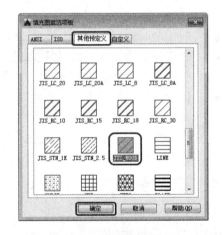

图 8-81　【图案填充和渐变色】对话框　　　　　图 8-82　选择填充图案

步骤 **08** 返回【图案填充和渐变色】对话框，在【角度和比例】选项组中将【比例】设置为 200，如图 8-83 所示。

步骤 **09** 单击【添加：拾取点】按钮，返回绘图区，对矩形内部进行图案填充，如图 8-84 所示。

步骤 **10** 在命令行中输入 RECTANG 命令，按 Enter 键确认。在绘图区任意一点单击，指定矩形第一个角点，然后在命令行中输入 D，按 Enter 键确认，绘制长度为 450、宽度为 360 的矩形，如图 8-85 所示。

步骤 **11** 在命令行中执行 FILLET 命令，根据命令行提示输入 R，按 Enter 键确认，将半径设置为 68，对矩形进行圆角，如图 8-86 所示。

步骤 **12** 在命令行中输入 RECTANG 命令，按 Enter 键确认。在绘图区任意一点单击，指定矩形第一个角点，然后在命令行中输入 D，按 Enter 键确认，绘制长度为 500、宽度为 25 的矩形，如图 8-87 所示。

步骤13 在命令行中执行 FILLET 命令，根据命令行提示输入 R，按 Enter 键确认，将圆角半径设置为 10，对矩形进行圆角，如图 8-88 所示。

图 8-83　设置【比例】

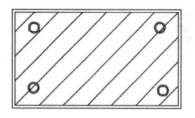

图 8-84　对图形进行填充

图 8-85　绘制矩形　　图 8-86　对矩形进行圆角　　　　图 8-87　绘制矩形　　图 8-88　对矩形进行圆角

步骤14 选择菜单栏中的【绘图】|【圆弧】|【起点、端点、方向】命令，如图 8-89 所示，在圆角矩形上绘制圆弧，如图 8-90 所示。

步骤15 在命令行中执行 MOVE 命令，将绘制的图形移动到合适的位置，如图 8-91 所示，餐椅即绘制完成。

步骤16 在命令行中执行 MOVE 命令，将餐椅移动到合适的位置，如图 8-92 所示。

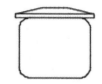

图 8-89　选择【起点、端点、圆弧】命令　　　图 8-90　绘制圆弧　　　　图 8-91　移动图形

步骤17 在命令行中执行 COPY 命令，对餐椅进行复制，如图 8-93 所示。

步骤 18 在命令行中执行 ROTATE 命令，选择最右侧餐椅，以其左下侧端点为基点，如图 8-94 所示，将其旋转-90°，如图 8-95 所示。

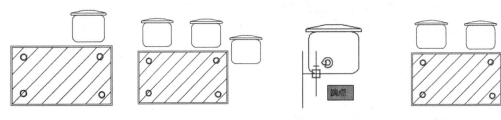

图 8-92　移动图形　　　　图 8-93　复制图形　　　　图 8-94　选择基点　　　　图 8-95　旋转图形

步骤 19 在命令行中执行 MIRROR 命令，对图形进行镜像，如图 8-96 所示。

步骤 20 在命令行中执行 BLOCK 命令，弹出【块定义】对话框，在【名称】下拉列表框中输入【餐桌】，单击【选择对象】按钮，如图 8-97 所示。

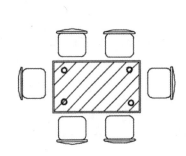

图 8-96　镜像图形　　　　　　　图 8-97　设置【名称】并单击【选择对象】按钮

步骤 21 返回绘图区，选择所有的图形对象，按 Enter 键确认，返回【块定义】对话框，单击【确定】按钮，返回绘图区，选择基点，如图 8-98 所示。

步骤 22 至此餐桌的绘制已完成，并将其创建为块，选中后的状态如图 8-99 所示。

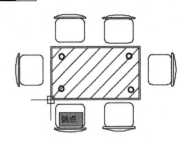

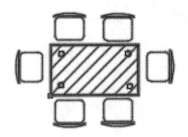

图 8-98　选择基点　　　　　　　　　图 8-99　选择后的状态

8.4.2　绘制组合沙发平面图

下面讲解如何绘制组合沙发平面图。

步骤 01 首先打开随书附带光盘中的 "CDROM\素材\第 8 章\绘制组合沙发平面图" 素材文件。在命令行中输入 RECTANG 命令，按 Enter 键确认。在绘图区任意一点单击，指定矩形第一个角点，然后在命令行中输入 D，按 Enter 键确认，绘制长度为 562、宽度为 250 的矩形，如图 8-100 所示。

步骤02　在命令行中执行 FILLET 命令，根据命令行提示输入 R，按 Enter 键确认，将圆角半径设置为 80，对矩形进行圆角处理，如图 8-101 所示。

步骤03　使用同样的方法绘制长度为 562、宽度为 150 的矩形，并对其进行圆角处理，圆角半径设置为 70，如图 8-102 所示。

步骤04　在命令行中执行 MOVE 命令，将刚刚绘制的圆角矩形移动到合适的位置，如图 8-103 所示。

图 8-100　绘制矩形　　图 8-101　对矩形进行圆角　　图 8-102　绘制圆角矩形　　图 8-103　移动图形

步骤05　在命令行中执行 COPY 命令，对两个圆角矩形进行复制，如图 8-104 所示。

步骤06　首先新建空白文件。在命令行中输入 RECTANG 命令，按 Enter 键确认。在绘图区任意一点单击，指定矩形第一个角点，然后在命令行中输入 D，按 Enter 键确认，绘制长度为 250、宽度为 700 的矩形，如图 8-105 所示。

步骤07　在命令行中执行 FILLET 命令，根据命令行提示输入 R，按 Enter 键确认，将圆角半径设置为 100，对矩形进行圆角处理，如图 8-106 所示。

步骤08　在命令行中执行 MOVE 命令，将刚刚绘制的圆角矩形移动到合适的位置，如图 8-107 所示。

图 8-104　复制图形　　　图 8-105　绘制矩形　　图 8-106　对矩形进行圆角　　图 8-107　移动图形

步骤09　在命令行中执行 TRIM 命令，对图形进行修剪，如图 8-108 所示。

步骤10　在命令行中执行 MIRROR 命令，对图形进行镜像处理，如图 8-109 所示。

步骤11　在命令行中执行 LINE 命令，在如图 8-110 所示位置绘制长度为 700 的直线。

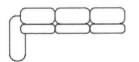  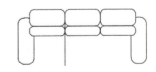

图 8-108　修剪图形　　　　图 8-109　镜像图形　　　　图 8-110　绘制直线

步骤12　在命令行中执行 OFFSET 命令，将绘制的直线向右偏移 562、1172，向左偏移 610，如图 8-111 所示。

步骤13　在命令行中执行 LINE 命令，将绘制的直线两两相连，如图 8-112 所示。

步骤14　在命令行中执行 FILLET 命令，根据命令行提示输入 R，按 Enter 键确认，将圆角半径设置为 80，对图形进行圆角处理，如图 8-113 所示。

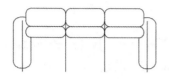
图 8-111　偏移直线

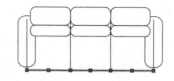
图 8-112　绘制直线

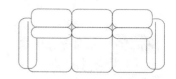
图 8-113　对图形进行圆角处理

步骤15 删除最左侧和最右侧的直线，在命令行中执行 TRIM 命令，对图形进行修剪，如图 8-114 所示。

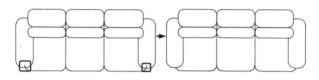
图 8-114　修剪图形

步骤16 在命令行中输入 INSERT 命令，弹出【插入】对话框，在该对话框中的【名称】下拉列表框中选择【柜子】选项，将【比例】选项区中的 X 和 Y 值均设置为2，单击【确定】按钮，在合适的位置插入【柜子】图块，如图 8-115 所示。

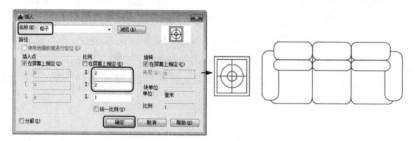
图 8-115　插入【柜子】图块

步骤17 在命令行中执行 COPY 命令，对【柜子】图块进行复制并将其放置于合适的位置，如图 8-116 所示。

步骤18 在命令行中执行 ELLIPSE 命令，绘制长轴半径为 500、短轴半径为 270 的椭圆形，如图 8-117 所示。

步骤19 在命令行中执行 OFFSET 命令，将椭圆向外侧偏移 35，如图 8-118 所示。

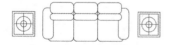
图 8-116　复制【柜子】

图 8-117　绘制椭圆

图 8-118　偏移椭圆

步骤20 在命令行中执行 LINE 命令，在椭圆形内绘制直线，如图 8-119 所示。

步骤21 在命令行中执行 MOVE 命令，将刚刚绘制的图形移动到合适的位置，如图 8-120 所示。

步骤22 在命令行中输入 INSERT 命令，弹出【插入】对话框，在该对话框中的【名称】下拉列表框中选择【沙发】选项，在【旋转】选项组中取消选中【在屏幕上指定】复选框，将【角度】设置为-90，单击【确定】按钮，在合适的位置插入

【沙发】图块，如图 8-121 所示。

图 8-119　绘制直线　　　　　　　　　　图 8-120　移动图形

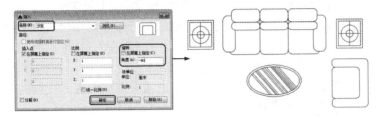

图 8-121　插入【沙发】图块

步骤 23　选择绘制的沙发和桌子图形并右击，在弹出的快捷菜单中选择【特性】命令，弹出【特性】选项板，将【颜色】设置为【蓝】，如图 8-122 所示。

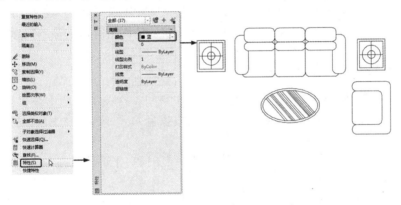

图 8-122　设置【颜色】

步骤 24　至此，组合沙发平面图已绘制完成。

思考与练习

1. 内部块和外部块的区别是什么？怎样创建内部块和外部块？
2. 插入块的方法有哪几种？
3. 怎样编辑块属性？

第 9 章　施工图打印与技巧

当在 AutoCAD 中绘制完成图形后，就可以使用 AutoCAD 所提供的打印功能，将绘制完成后的作品打印出来，但在很多情况下，用户希望对图形进行适当处理后再打印。例如，用户希望在一张图纸中输出图形的多个视图、添加标题块等，此时就要用到对图纸空间的布局进行操作，其实无论是直接打印还是创建和打印布局图，用户都必须先了解一些关于打印的设置，如打印设置和图纸尺寸的选择、打印范围、打印比例、打印区域与打印选项的设置等。

本章要为读者讲述的是在打印图形时所需的空间和布局设置、视口的创建与基本操作以及其他一些图形输出的相关设置。

9.1　工　作　空　间

在 AutoCAD 中有两个工作空间，分别是模型空间和图纸空间。为了帮助读者尽快掌握图形输出的方法，本节将向读者介绍一些关于 AutoCAD 图形打印的基本概念与常识。

9.1.1　模型空间与图纸空间

模型空间也就是在绘图和设计图纸时的工作空间。在模型空间中可以创建物体的视图模型，也可以完成二维或者三维造型，并且根据用户需求用多个二维或三维视图来表示物体。

当启动 AutoCAD 后，默认处于模型空间，绘图窗口下面的【模型】卡是激活的；而图纸空间是未被激活的，如图 9-1 所示。

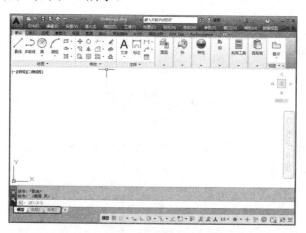

图 9-1　模型空间

图纸空间又称为布局空间，在 AutoCAD 中，图纸空间是以布局的形式来使用的，其中一个图形文件可以包含多个布局，每一个布局代表一个单独的打印输出图纸，主要用于创建最终的打印布局，而不用于绘图或设计工作。在绘图区域底部选择【布局 1】、【布局 2】选项卡，就能查看相应的布局，如图 9-2 和图 9-3 所示。

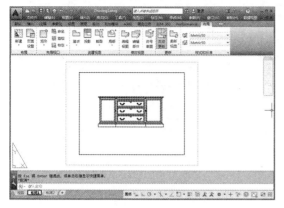

图 9-2　布局 1

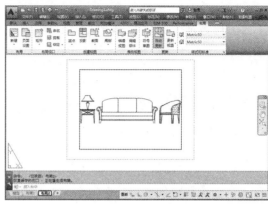

图 9-3　布局 2

> **提　示**
>
> 　　图纸空间中的【图纸】与真实的图纸相对应，图纸空间是设置、管理视图的 AutoCAD 环境。

9.1.2　切换图纸空间与模型空间

　　在实际工作中，常需要在图纸空间与模型空间之间相互切换。切换方法很简单，通过绘图区域下方的【布局】及【模型】选项卡进行切换即可，此外，读者也可以在命令行中输入命令来进行切换。

　　当需要切换空间时，用户可以在命令行中输入 TILEMODE 命令进行操作。例如，当前空间为【布局 3】，输入该命令后按 Enter 键进行确认，将 TILEMODE 的新值设置为 1，按 Enter 键进行确认，这时系统就会自动切换至【模型】选项卡，如图 9-4 所示。

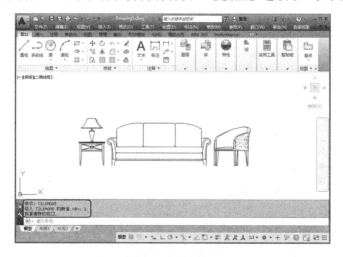

图 9-4　切换空间

9.2 新建和管理布局

布局相当于图纸空间环境，用户可以利用布局在图纸空间中创建多个视口来显示不同的视图。

9.2.1 创建新布局

在 AutoCAD 2016 中，用户通过以下几种方法创建布局。

- 使用菜单栏：选择【插入】|【布局】|【新建布局】菜单命令，如图 9-5 所示。
- 使用选项卡：切换至【布局】选项卡，在【布局】选项卡中单击【新建】按钮，如图 9-6 所示，然后根据命令行的提示新建布局。

图 9-5 选择【新建布局】命令

- 使用命令行：输入 LAYOUTWIZARD 或 LAYOUT 命令，按 Enter 键进行确认。命令行中出现图 9-7 所示的提示。

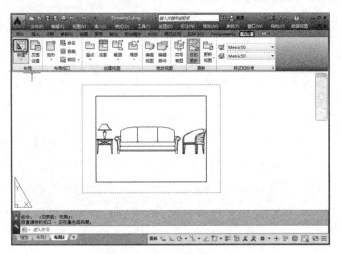

图 9-6 单击【新建】按钮

图 9-7 命令行提示

提示中各选项的含义分别如下。

- 复制(C)：该选项是用于复制已有的布局来创建新布局。如果不提供名称，则新布局以被复制的布局的名称附带一个递增的数字(在括号中)作为布局名。新选项卡插到复制的布局选项卡之前。

- 删除(D)：该选项主要用于删除一个布局。在选择该选项后，AutoCAD 将提示要求输入删除布局的名称。

- 新建(N)：该选项主要用于创建一个新布局。选择该选项后，AutoCAD 将提示输入新布局的名称。

- 样板(T)：基于样板(DWT)、图形(DWG)或图形交换(DXF)文件中现有的布局创建新布局选项卡。如果将系统变量 FILEDIA 设置为 1，将显示【标准文件选择】对话框，用以选择 DWT、DWG 或 DXF 文件。选定文件后，程序将显示【插入布局】对话框，其中列出了保存在选定的文件中的布局。选择布局后，该布局和指定的样板或图形文件中的所有对象被插入到当前图形。

- 重命名(R)：给布局重新命名。要重命名的布局的默认值为当前布局。布局名必须唯一。布局名最多可以包含 255 个字符，不区分大小写。

- 另存为(SA)：该选项用于保存布局。在选择该选项后，需要用户输入要保存到样板的布局，在输入布局的名称后将弹出图 9-8 所示的对话框，在该对话框中输入要保存的文件名。

- 设置(S)：该选项用于设置当前布局。在选择该选项后，需要用户输入设置为当前布局的名称。

图 9-8　弹出图形文件

- ? 选项：该选项用于显示当前图形中所有的布局，如图 9-9 所示。

图 9-9　显示当前图形中的所有布局

9.2.2　利用布局向导快速创建布局图

创建布局的另一种方法就是使用向导进行创建，下面将为读者介绍如何使用向导来创建布局。

用户可以通过以下几种方式调用布局向导命令。

- 使用菜单栏：选择【工具】|【向导】|【创建布局】菜单命令或选择【插入】|【布局】|【创建布局向导】菜单命令。

- 使用命令行：输入 LAYOUTWIZARD 命令，按 Enter 键确认。

下面将讲解如何创建布局，操作步骤如下。

步骤01 打开随书附带光盘中的"CDROM\素材\第 9 章\布局 1.dwg"图形文件，采用以上任意一种方式，即可打开【创建布局-开始】对话框，使用默认的布局名称，如图 9-10 所示。

步骤02 单击【下一步】按钮，弹出【创建布局-打印机】对话框，如图 9-11 所示，在下方读者根据需要选择所要配置的打印机。

图 9-10 【创建布局-开始】对话框　　　　图 9-11 【创建布局-打印机】对话框

步骤03 单击【下一步】按钮，弹出【创建布局-图纸尺寸】对话框，在该对话框中可以选择布局在打印时所使用纸张的大小、图形单位。图形单位主要有毫米、英寸或者像素，根据个人的需要来设置图纸尺寸，如图 9-12 所示。

步骤04 单击【下一步】按钮，弹出【创建布局-方向】对话框，AutoCAD 2016 为用户提供了横向和纵向两种选择，这里选中【横向】单选按钮，如图 9-13 所示。

图 9-12 【创建布局-图纸尺寸】对话框　　　　图 9-13 【创建布局-方向】对话框

步骤05 单击【下一步】按钮，弹出【创建布局-标题栏】对话框，在该对话框中可以选择图纸的边框和标题栏的样式。读者可以从左边的列表框中选择，并且在对话框右边可以预览所选样式，如图 9-14 所示。

步骤06 单击【下一步】按钮，弹出【创建布局-定义视口】对话框，即在【视口设置】组合框中选中【单个】单选按钮，在【视口比例】下拉列表框中选择【按图纸空间缩放】选项，其余保持默认设置，如图 9-15 所示。

步骤07 单击【下一步】按钮，弹出【创建布局-拾取位置】对话框，单击【选择位置】按钮，系统返回绘图界面，如图 9-16 所示。

步骤08 提示用户选择视口位置，如图 9-17 所示。

图 9-14　【创建布局-标题栏】对话框

图 9-15　【创建布局-定义视口】对话框

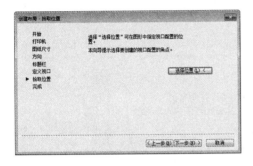

图 9-16　【创建布局-拾取位置】对话框

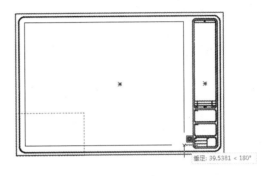

图 9-17　选择视口位置

步骤 09　选择完成，系统会打开【创建布局-完成】对话框，如图 9-18 所示。

步骤 10　单击【完成】按钮，即可完成新布局的创建，返回至绘图区中，此时在绘图区域左下方的【布局 2】选项卡的右侧显示出【布局 3】选项卡，如图 9-19 所示。

图 9-18　【创建布局-完成】对话框

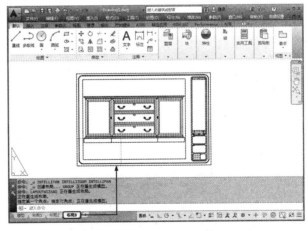

图 9-19　【布局 3】选项卡

9.2.3　页面设置管理器

在准备打印输出图形前，用户可以使用布局功能来创建多个视图的布局，以设置需要输出的图形。

用户可以通过以下几种方式来设置布局参数。

- 使用菜单栏：选择【文件】|【页面设置管理器】菜单命令，如图 9-20 所示。
- 使用选项卡：切换至【输出】选项卡，在【打印】选项给中单击   按钮，如图 9-21 所示。
- 使用命令行：输入 PAGESETUP 命令，按 Enter 键确认，如图 9-22 所示。

图 9-20 选择【页面设置
管理器】命令

图 9-21 单击【页面设置
管理器】按钮

图 9-22 输入命令

提 示

页面设置是打印设备和其他用于确定最终输出的外观和格式设置的集合。这些设置储存在图形文件中，可以修改并引用于其他布局。

使用上面其中一种方法，即可弹出【页面设置管理器】对话框，如图 9-23 所示。

下面将通过实例来讲解如何设置布局参数。

步骤01 打开随书附带光盘中的 "CDROM\素材\第 9 章\布局 2.dwg" 图形文件，在命令行中输入 PAGESETUP 命令，弹出【页面设置管理器】对话框，在该对话框中单击【修改】按钮，如图 9-24 所示。

步骤02 弹出【页面设置-模型】对话框，在图 9-25 所示对话框中用户除了可以设置打印设备和打印样式外，还可以设置参数。

步骤03 单击【名称】下拉按钮，在该下拉列

图 9-23 【页面设置管理器】对话框

表中选择打印机或绘图仪的类型。这里选择 DWG To PDF.pc3，然后在【图纸尺寸】下拉列表框中选择所需的纸张尺寸，在【打印范围】下拉列表中选择【窗口】选项，如图 9-26 所示。

图 9-24　弹出【页面设置管理器】对话框

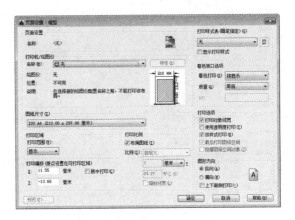

图 9-25　弹出【页面设置-模型】对话框

该选项是选择布局中的某个区域进行打印。

步骤 04　返回至绘图区中，然后选择所打印的范围即可，如图 9-27 所示。

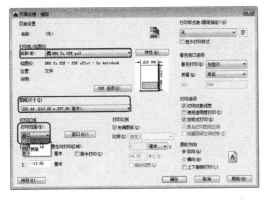

图 9-26　设置打印机和图纸尺寸

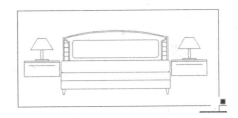

图 9-27　选择打印的范围

步骤 05　在【打印比例】选项组中选择标准缩放比例，或者输入自定义值。如果选择标准比例，该值将显示在自定义中。如果需要按打印比例缩放线宽，那么可以选中【缩放线宽】复选框。这里保持默认设置，选中【布满图纸】复选框。【打印偏移】选项区是用来指定相对于可打印区域左下角的偏移量，图 9-28 所示的是 X轴与 Y 轴打印偏移分别为 20 和-15，如果选中【居中打印】复选框，系统可以自动计算偏移值以便居中打印，如图 9-29 所示。

步骤 06　在图形方向选项区中，可以设置图形在图纸上的放置方向。这里选中【横向】单选按钮，如图 9-30 所示。

步骤 07　最后单击【预览】按钮来预览当前视图的打印效果即可。

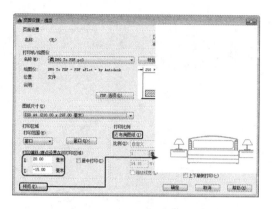
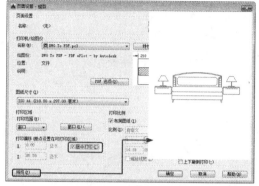

图 9-28　设置打印偏移　　　　　　　　　　　图 9-29　居中打印

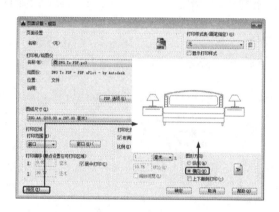

图 9-30　选中【横向】单选按钮

提 示

　　右击【布局】选项卡，使用弹出的快捷菜单可以删除、新建、重命名、移动或复制布局，如图 9-31 所示。

图 9-31　右击【布局】选项卡弹出的快捷菜单

　　在默认情况下，当选择某个【布局】选项卡时，系统将自动弹出【页面设置管理器】对话框，以方便读者修改布局。

9.3　创建、删除和调整浮动式视口

在 AutoCAD 中，视口可以分为在模型空间创建的平铺视口和在布局图纸空间创建的浮动视口。

- 平铺视口：各个视口间必须相邻，视口为标准的矩形，而且用户无法调整视口边界，如图 9-32 所示。
- 浮动视口：浮动视口是用来建立图形的最终布局。其形状可以为矩形、多边形等，相互之间可以重叠，并可同时打印，而且可以调整视口边界的形状。

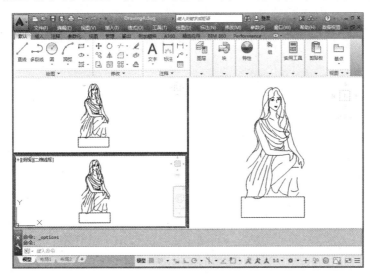

图 9-32　平铺视口

1. 创建平铺视口

在菜单栏中选择【视图】|【视口】|【新建视口】命令，弹出【视口】对话框，如图 9-33 所示。在【标准视口】列表框中选择合适的选项后，单击【确定】按钮即可。

如果要创建多个三维平铺视口，可以在【设置】下拉列表框中选择三维选项。在【修改视图】下拉列表框中可以选择所要修改的视图。在【预览】设置区选择一个视口，并且利用【修改视图】下拉列表框为该视口选择正交或等轴测试图。当调整好标准视口配置，并且希望保存所设置视口配置时，可以在【命名视口】选项卡的【新名称】文本框内输入名称。

2. 创建浮动视口

浮动视口的创建方法与平铺视口相同，在创建浮动视口时，只要求系统指定创建浮动视口的区域。在创建浮动视口前，首先要单击窗口下方的布局按钮，然后选择【视图】|【视口】菜单命令中的子命令即可完成浮动视口的创建。

在删除视口时，首先要单击视口的边界，接着按 Delete 键，就可以执行删除操作。

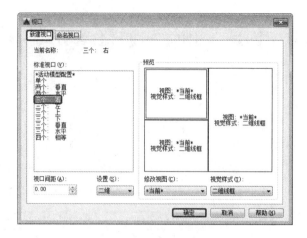

图 9-33 【视口】对话框

9.4 打印样式表

在输出图形时，根据对象的类型不同，其线条宽度也是不一样的。例如，图形中的实线通常粗一些，而辅助线通常细一些。

1. 打印样式表的类型

在 AutoCAD 2016 中，读者不但可以在绘图时直接通过设置图层的属性来设置线宽，而且还可以在打印样式表中进行更多的设置。例如，可用打印样式表为不同的对象设置打印颜色、抖动、灰度、线型、线宽、端点样式和填充样式等。

打印样式表有两种类型，一种是颜色相关打印样式表，它实际上是一种根据对象颜色设置的打印方案。用户在创建图层时，如果选择的颜色不同，系统将根据颜色为其指定不同的打印样式，如图 9-34 所示。另一种是命名打印样式表，命名打印样式表里包含若干命名的打印样式，如"实线"打印样式，"细实线"打印样式等，这些打印样式可以任意增添或删减。

2. 打印样式表的创建与编辑

在【页面设置】对话框的【打印样式】设置区的【名称】下拉列表框中进行选择，可以打开系统内置的打印样式表，如图 9-35 所示。

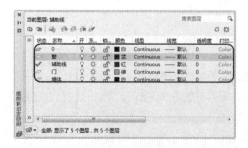

图 9-34 不同颜色的图层将为其设置不同的打印样式

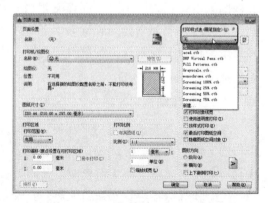

图 9-35 【页面设置-布局 1】对话框

下面将通过实例来讲解如何新建打印样式表，操作步骤如下。

步骤01 打开随书附带光盘中的"CDROM\素材\第 9 章\打印样式表-素材.dwg"图形文件，在菜单栏中选择【文件】|【打印样式管理器】命令，如图 9-36 所示。

步骤02 打开打印样式文件夹。在该文件夹中双击【添加打印样式表向导】图标，如图 9-37 所示。

图 9-36　选择【打印样式管理器】命令　　　图 9-37　双击【添加打印样式表向导】图标

步骤03 弹出【添加打印样式表】对话框，在该对话框中不做任何修改，单击【下一步】按钮，如图 9-38 所示。

步骤04 弹出【添加打印样式表-开始】对话框，在该对话框中选中【创建新打印样式表】单选按钮，单击【下一步】按钮，如图 9-39 所示。

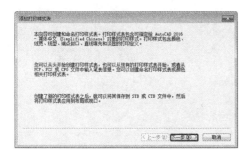 

图 9-38　添加打印样式表　　　　　　图 9-39　选中【创建新打印样式表】单选按钮

步骤05 弹出【添加打印样式表-选择打印样式表】对话框，根据个人情况，选择合适的打印样式表，这里选中【颜色相关打印样式表】单选按钮，单击【下一步】按钮，如图 9-40 所示。

步骤06 这时弹出【添加打印样式表-文件名】对话框，将【文件名】设置为【打印样式表】，单击【下一步】按钮，如图 9-41 所示。

步骤07 弹出【添加打印样式表-完成】对话框，单击【打印样式表编辑器】按钮，如图 9-42 所示。

步骤08 弹出图 9-43 所示的对话框，在该对话框中读者可以进行设置，当设置完成后，如果希望将打印样式表另存为其他文件，可单击【另存为】按钮。如果想修改结果将直接保存在当前打印样式表文件中，可以单击【打印样式表编辑器】按钮。

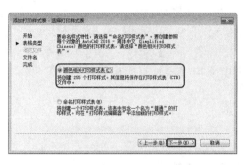

图 9-40　选择打印样式表

图 9-41　设置文件名

提　示

如果当前处于图纸空间，则通过在【页面设置】对话框的【打印样式表】设置区中选中【显示打印样式】复选框，可将打印样式表中的设置结果直接显示在布局图中。

步骤09　返回至【添加打印样式表-完成】对话框，单击【完成】按钮，即可完成操作，如图 9-44 所示。

图 9-42　单击【打印样式表编辑器】按钮

图 9-43　打印样式表编辑器

图 9-44　【添加打印样式表-完成】对话框

9.5　打 印 图 形

在布局空间设置浮动视口，确定图形的最终打印位置，接下来通过创建打印样式表，进行打印必要设置，决定打印的内容和图像在图纸中的布置。执行【打印预览】命令查看布局无误，即可执行打印图形操作，下面将讲解如何打印图形。

9.5.1　打印预览

在 AutoCAD 2016 中，打印输出图形之前可以预览输出结果，以检查设置是否正确。例如，图形是否都在有效输出区域内等，用户可以通过以下几种方式调用打印预览。

- 使用菜单栏：选择【文件】|【打印预览】菜单命令，如图 9-45 所示。
- 使用选项卡：切换至【输出】选项卡，在【打印】选项组中单击【预览】按钮，如图 9-46 所示。
- 使用命令行：输入 PREVIEW 命令，按 Enter 键进行确认，如图 9-47 所示。

执行以上任意一种方法，即可预览图形，AutoCAD 将按照当前的页面设置、绘图设备设置及绘图样式表等在屏幕上显示最终要输出的图纸，如图 9-48 所示。

图 9-45　选择【打印预览】命令

图 9-46　单击【预览】按钮

图 9-47　命令行提示

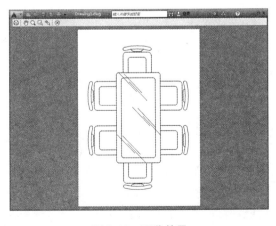

图 9-48　预览效果

提 示

　　在预览窗口中，光标变成了带有加号和减号的放大镜状，向上拖动光标可以放大图形，向下拖动光标可以缩小图形。要结束全部的预览操作，可直接按 Esc 键，如图 9-49 和图 9-50 所示。

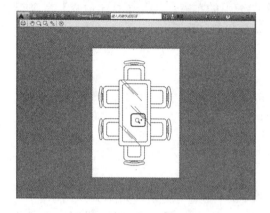
图 9-49　放大图形

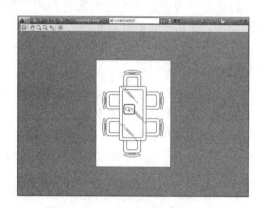
图 9-50　缩小图形

9.5.2　打印设置

　　在 AutoCAD 2016 中，可以使用【打印】对话框打印图形。当在绘图窗口中选择一个【布局】选项卡后，在菜单栏中选择【文件】|【打印】命令，弹出【打印】对话框，如图 9-51 所示。

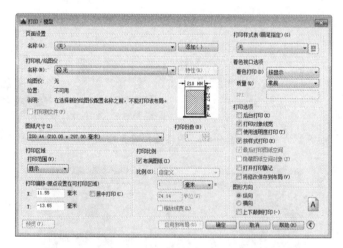
图 9-51

　　【打印】对话框中的内容与【页面设置】对话框中的内容基本相同，此外还可以设置以下选项。

- 　　【名称】：在【页面设置】选项区的【名称】下拉列表框中可以选择打印设置。
- 　　【添加】按钮：单击【添加】按钮，即可弹出【添加页面设置】对话框，如图 9-52 所示。在该对话框中可以添加新的页面设置。

- 【打印到文件】：系统会将打印图形输出到指定的文件而不是打印机。此时用户需要指定打印文件名和打印文件储存的路径。

- 【打印份数】：设置每次打印图纸的份数。

- 【后台打印】：在后台打印图形。

- 【打开打印戳记】：选中【打开打印戳记】复选框，其右侧会出现  按钮，单击该按钮，即可打开【打印戳记】对话框，在该对话框中可以设置打印戳记字段，如图 9-53 所示。

图 9-52 【添加页面设置】对话框   图 9-53 【打印戳记】对话框

各部分都设置完成之后，在【打印】对话框中单击【确定】按钮，AutoCAD 将开始输出图形并动态显示打印进度。如果图形输出时出现错误或要中断输出，可按 Esc 键，此时 AutoCAD 将结束图形输出。

9.6 上 机 练 习

通过前面对基础内容的学习，用户对打印输出有了简单的认识，下面再来通过实际的上机练习对前面学习的知识进行巩固。

打印餐厅包间详图步骤如下。

步骤 01 按 Ctrl+O 组合键，弹出【选择文件】对话框，打开随书附带光盘中的 "CDROM\素材\第 9 章\餐厅包间详图.dwg" 图形文件，单击【打开】按钮，如图 9-54 所示。

步骤 02 在菜单栏中选择【文件】|【页面设置管理器】命令，如图 9-55 所示。

步骤 03 弹出【页面设置管理器】对话框，单击【新建】按钮，如图 9-56 所示。

步骤 04 弹出【新建页面设置】对话框，将【新页面设置名】设置为【餐厅包间详图】，单击【确定】按钮，如图 9-57 所示。

步骤 05 弹出【页面设置-模型】对话框，设置合适的打印机和图纸尺寸，如图 9-58 所示。

步骤 06 在【打印区域】下方将【打印范围】设置为【窗口】，如图 9-59 所示。

步骤 07 选择要打印的范围，如图 9-60 所示。

步骤 08 在【打印偏移】下方选中【居中打印】复选框，将【图形方向】设置为【横向】，将【打印样式表】设置为 acad.ctb，此时弹出【问题】对话框，在该对话框中单击【是】按钮，如图 9-61 所示。

步骤09 单击左下角的【预览】按钮，预览效果，然后将其打印即可，如图 9-62 所示。

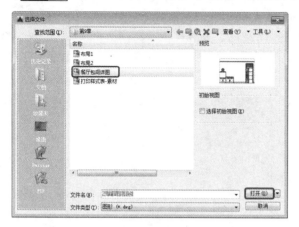

图 9-54 【选择文件】对话框

图 9-55 选择【页面设置管理器】命令

图 9-56 单击【新建】按钮

图 9-57 设置【新页面设置名】

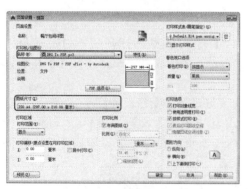

图 9-58 设置打印机和图纸尺寸

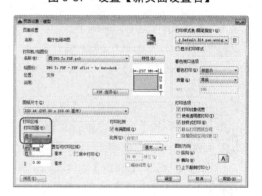

图 9-59 设置【打印范围】

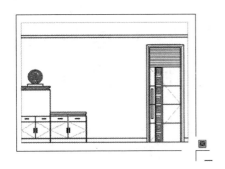

图 9-60　选择打印范围

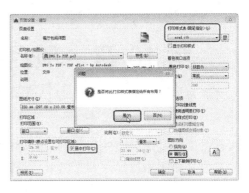

图 9-61　设置完成后的效果

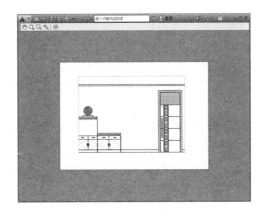

图 9-62　打印预览

思考与练习

1. 模型空间与图纸空间的区别是什么？
2. 在打印图形时需要哪些打印参数？
3. 打印图形有哪些主要过程？

第 10 章　项目指导——一居室小户型平面图的绘制

本章将讲解室内平面图的绘制，其中讲解了如何绘制墙体、门、窗户以及为绘制完成后的室内平面图添加标注和家具等。通过本章的学习，可以使读者掌握绘制平面图的方法。

下面具体讲解如何绘制室内平面图，其中包括辅助线、墙体和门窗的绘制，具体操作步骤如下。

10.1　绘制辅助线

在绘制室内平面图之前，先介绍如何绘制辅助线，具体操作步骤如下。

步骤 01　新建一张空白图纸，在命令行中执行 LAYER 命令，打开【图层特性管理器】选项板，单击【新建】按钮，即可新建图层，然后将其重命名为【辅助线】。按照同样的方法创建【墙体】、【填充】、【窗户】、【阳台】、【文字标注】、【尺寸标注】、【家具】等图层。选择【辅助线】图层，单击【置为当前】按钮，将其置为当前图层，如图 10-1 所示。

步骤 02　在【图层特性管理器】选项板中，单击【辅助线】图层中的【颜色】色块，弹出【选择颜色】对话框，在该对话框中选择颜色【蓝】，然后单击【确定】按钮，如图 10-2 所示。返回到【图层特性管理器】选项板中，可以看到【辅助线】图层的【颜色】色块已经变成蓝色，如图 10-3 所示。

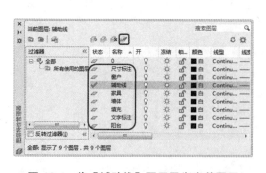

图 10-1　将【辅助线】图层置为当前图层

图 10-2　选择蓝色

步骤 03　在命令行中执行 RECTANG 命令，绘制一个长度为 11200、宽度为 10800 的矩形，如图 10-4 所示。

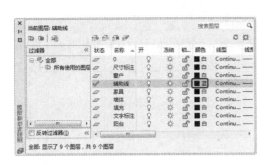

图 10-3 【辅助线】颜色块呈蓝色

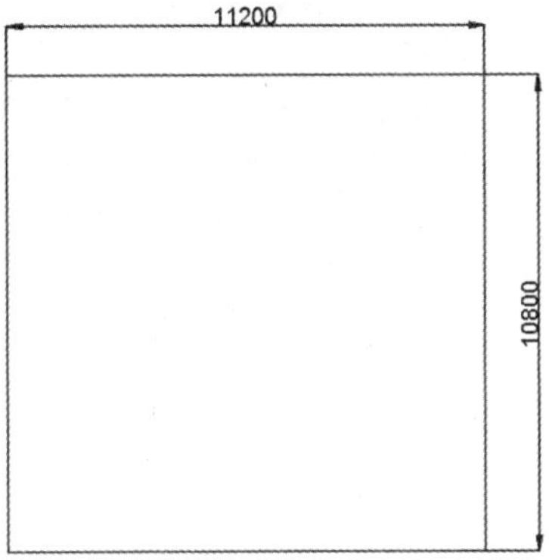

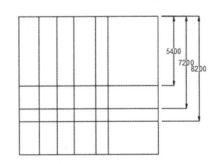

图 10-4 绘制矩形

步骤04 在命令行中执行 EXPLODE 命令，将绘制的矩形分解。在命令行中执行 OFFSET 命令，将最左边的线段向右分别偏移 1600、3000、4415、6100、7128，偏移效果如图 10-5 所示。

步骤05 在命令行中执行 OFFSET 命令，将最上边的线段向下分别偏移 5400、7200、8200、8400，偏移效果如图 10-6 所示。

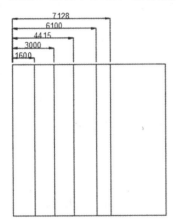

图 10-5 偏移线段效果

图 10-6 偏移线段效果

步骤06 在命令行中执行 TRIM 和 ERASE 命令，对偏移的线段进行修剪，修剪效果如图 10-7 所示。

步骤07 在命令行中执行 OFFSET 命令，将图 10-8 所示的 A 线段向下偏移 1100，将 B 线段向右偏移 1100，将 C 线段向下偏移 1100，将 D 线段向左偏移 1100，偏移效果如图 10-8 所示。

步骤08 在命令行中通过执行 TRIM 和 ERASE 命令，将偏移的线段进行修剪，修剪效果如图 10-9 所示。

步骤09 在命令行中执行 BREAK 命令，根据命令行的提示选择图 10-10 所示的线段进行打断，根据命令行的提示输入 F 指定第一点为图 10-10 所示的 A 点，将十字光标沿线段向下，然后根据命令行的提示在命令行中输入 2200，单击 Enter 键确认即可完成打断操作，命令行的具体操作步骤如下。

命令:BREAK   //在命令行中执行 BREAK 命令

选择对象: //选择要打断的线段

指定第二个打断点 或 [第一点(F)]: F   //输入 F 选项

指定第一个打断点: //指定 A 点为第一点

指定第二个打断点:2200   //输入 2200 并按 Enter 键确认,打断效果如图 10-11 所示

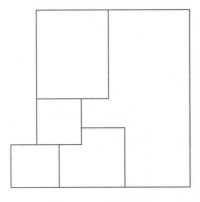

图 10-7   修剪线段

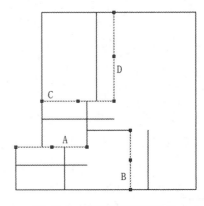

图 10-8   偏移线段后的效果

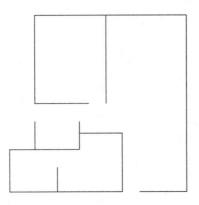

图 10-9   修剪效果

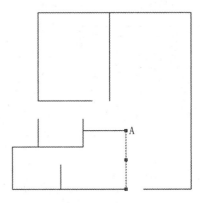

图 10-10   选择线段

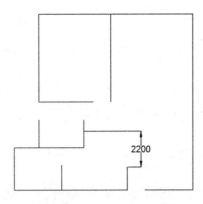

图 10-11   打断线段的效果

10.2　绘 制 墙 体

下面将讲解如何绘制墙体，主要讲解了多线样式的设置，其具体操作步骤如下。

步骤01　在命令行中执行 MLSTY 命令，弹出【多线样式】对话框，在该对话框中单击【新建】按钮，弹出【创建新的多线样式】对话框，在该对话框中将【新样式名】设置为【墙体】，如图 10-12 所示。

步骤02　单击【继续】按钮，弹出【新建多线样式：墙体】对话框，在【封口】选项组中选中【直线】选项后面的【起点】和【端点】复选框，如图 10-13 所示。

步骤03　单击【确定】按钮，返回到【多线样式】对话框，此时用户可以在【样式】列表框中看到新建的【墙体】多线样式，单击【置为当前】按钮，然后单击【确定】按钮，如图 10-14 所示。

图 10-12　创建【墙体】多线样式

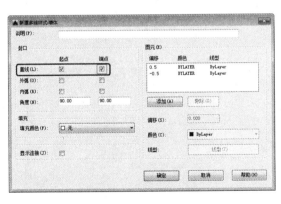

图 10-13　设置直线封口

图 10-14　将新建多线样式置为当前

步骤04　将【墙体】图层置为当前图层。在命令行中执行 MLINE 命令，根据命令行的提示输入 J，将【对正类型】设置为【无】并按 Enter 键确认。然后根据命令行的提示输入 S，将多线比例设置为 300，按 Enter 键确认，设置完成后沿之前绘制的辅助线绘制多线，命令行的具体操作步骤如下。

```
命令:MLINE                                    //在命令行中执行MLINE命令
当前设置:对正 = 上，比例 = 20.00，样式 = 墙体    //系统自动提示
指定起点或 [对正(J)/比例(S)/样式(ST)]: J        //输入J设置对正类型
输入对正类型 [上(T)/无(Z)/下(B)] <上>: Z        //输入Z，将对正类型设置为无
当前设置:对正 = 无，比例 = 20.00，样式 = 墙体    //系统自动提示
指定起点或 [对正(J)/比例(S)/样式(ST)]:S        //输入S，设置多线比例
输入多线比例 <20.00>:300                       //将多线比例设置为300
当前设置:对正 = 无，比例 = 300.00，样式 = 墙体   //系统自动提示
指定起点或 [对正(J)/比例(S)/样式(ST)]:         //指定起点
指定下一点:                                    //指定下一点
指定下一点或 [放弃(U)]:                         //指定下一点
指定下一点或 [闭合(C)/放弃(U)]:                 //指定下一点，完成后单击Enter键确
                                              认，绘制多线效果如图10-15所示
```

步骤05 在命令行中执行 MLINE 命令，根据命令行的提示操作，操作方法与上面相同，将多线比例设置为 160，继续绘制多线，完成效果如图 10-16 所示。

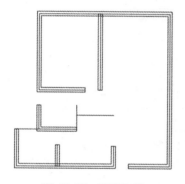

图 10-15 绘制多线

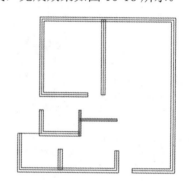

图 10-16 绘制多线

步骤06 在命令行执行 MLEDIT 命令，弹出【多线编辑工具】对话框，在弹出的对话框中选择【T 形打开】选项，如图 10-17 所示。然后根据命令提示将交叉的两条多线用鼠标选择第一条多线和第二条多线，编辑成图 10-18 所示的状态。

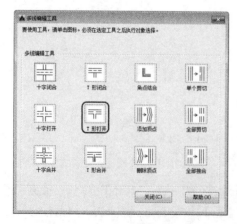

图 10-17 选择【T 形打开】选项

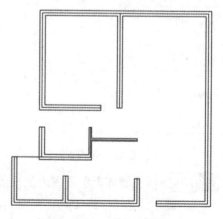

图 10-18 编辑多线效果

10.3　绘 制 门 窗

下面将讲解如何绘制门窗，具体操作步骤如下。

步骤01　将【家具】图层置为当前图层。在命令行中执行 RECTANG 命令，绘制两个长度为 150、宽度为 1060 的矩形，并将其放置在合适的位置，如图 10-19 所示。

步骤02　在命令行中执行 RECTANG 命令，绘制一个长度为 40、宽度为 870 的矩形，如图 10-20 所示。

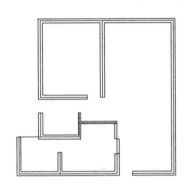

图 10-19　绘制矩形

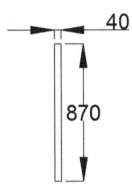

图 10-20　绘制矩形

步骤03　在命令行中执行 ARC 命令，绘制一个半径为 870 的圆弧，并将其与新绘制的矩形配合放置，如图 10-21 所示。

步骤04　在命令行中执行 RECTANG 命令，绘制两个边长为 40 的矩形，并将其放置在图 10-22 所示的位置。

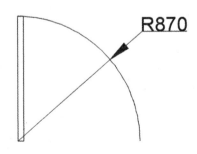

图 10-21　绘制圆弧

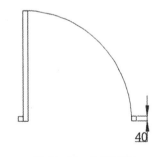

图 10-22　绘制矩形

步骤05　在命令行中执行 BLOCK 命令，弹出【块定义】对话框，在该对话框中将【名称】设置为【门】，在【基点】选项组中单击【拾取点】按钮，进入到绘图区中，根据命令行的提示指定插入基点，如图 10-23 所示。返回到【块定义】对话框中，单击【选择对象】按钮，进入绘图区，选择图 10-24 所示的图形对象，并按 Enter 键确认，返回到【块定义】对话框，此时可以在【名称】后面的预览区域看到创建的块图形对象，如图 10-25 所示。

图 10-23　指定基点

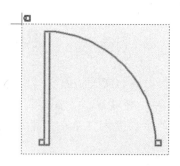

图 10-24　选择图形对象

步骤 06　在命令行中执行 COPY 命令，对新创建的【门】图块进行复制操作，复制出 3 个。任命令行中利用【镜像】、【旋转】和【移动】命令，将复制的【门】图块放置在图 10-26 所示的位置。

图 10-25　预览块图形对象

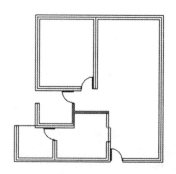

图 10-26　调整位置

步骤 07　在命令行中执行 LAYER 命令，在弹出的【图层特性管理器】选项板中选择【窗户】图层，单击【置为当前】按钮，将其置为当前图层，并将其【颜色】色块设置为【绿】，如图 10-27 所示。

步骤 08　在命令行中执行 MLSTY 命令，弹出【多线样式】对话框，单击【新建】按钮，弹出【创建新的多线样式】对话框，将【新样式名】设置为【窗户】，如图 10-28 所示。

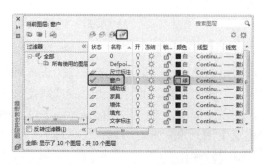

图 10-27　设置【窗户】图层颜色

图 10-28　创建【窗户】多线样式

步骤09 单击【继续】按钮，弹出【新建多线样式:窗户】对话框，在【图元】选项组中单击两次【添加】按钮，并在【偏移】选项后面设置其偏移量，如图 10-29 所示。

步骤10 单击【确定】按钮，在弹出对话框的【样式】列表框中可以看见新创建的多线样式，单击【置为当前】按钮，将新建多线样式置为当前样式，最后单击【确定】按钮，如图 10-30 所示。

步骤11 在命令行中执行 LAYER 命令，弹出【图层特性管理器】选项板，将【辅助线】图层隐藏，如图 10-31 所示。

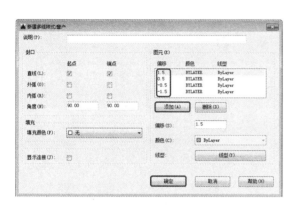

图 10-29　设置偏移量

图 10-30　将【窗户】多线样式置为当前

步骤12 确定【窗户】图层为当前图层，在命令行中执行 MLINE 命令，根据命令行的提示将【多线比例】设置为 100，绘制多线，绘制效果如图 10-32 所示。

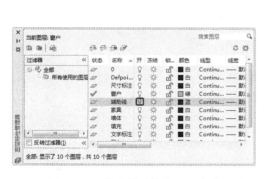

图 10-31　将【辅助线】图层隐藏

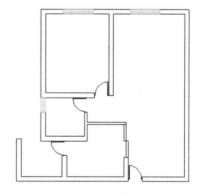

图 10-32　绘制多线

步骤13 在命令行中执行 LAYER 命令，弹出【图层特性管理器】选项板，选择【阳台】图层，然后单击【置为当前】按钮，并将其【颜色】色块设置为【洋红】，如图 10-33 所示。

步骤14 在命令行中执行 MLSTY 命令，弹出【多线样式】对话框，单击【新建】按钮，弹出【创建新的多线样式】对话框，将【新样式名】设置为【阳台】，如图 10-34 所示。

步骤15 单击【继续】按钮，弹出【新建多线样式:阳台】对话框，在【图元】选项组将多线的颜色设置为【洋红】，然后单击【确定】按钮，如图 10-35 所示。

步骤16 单击【确定】按钮，在弹出对话框的【样式】列表框中可以看见新创建的多线样式，单击【置为当前】按钮，将新建多线样式置为当前样式，最后单击【确定】按钮，如图 10-36 所示。

步骤17 在命令行中执行 MLINE 命令，根据命令行的提示将多线比例设置为 150，在图形中绘制窗户，如图 10-37 所示。

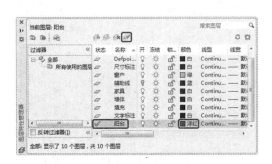

图 10-33 设置【阳台】图层颜色

图 10-34 创建【阳台】多线样式

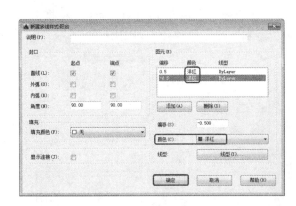

图 10-35 设置多线颜色

图 10-36 将新建多线样式置为当前

步骤18 将【文字标注】图层置为当前图层。在命令行中执行 TEXT 命令，根据命令行的提示将文字高度设置为 350，将文字旋转角度设置为 0，然后输入【卧室】、【客厅】、【阳台】、【厨房】、【卫生间】文本，并将其调整到图 10-38 所示位置。

步骤19 打开随书附带光盘中的"CDROM\素材\第 10 章\内平面图"素材文件，选择合适的素材放置到合适的位置，如图 10-39 所示。

步骤20 在命令行中执行 HATCH 命令，根据命令行的提示输入 T 并单击 Enter 键确认。弹出【图案填充和渐变色】对话框中，单击【类型和图案】选项组中的【图案】右侧的按钮，弹出【填充图案选项板】对话框，在【其他预定义】选项卡中选择 ANGLE 选项，并单击【确定】按钮。返回到【图案填充和渐变色】对话框，在该对话框中将【角度和比例】选项组中的【比例】设置为 50，如图 10-40 所示。单击【确定】按钮，进入到绘图区中，在需要填充的位置单击鼠标即可填充，效果如图 10-41 所示。

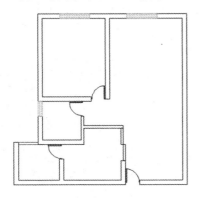

图 10-37　绘制窗户

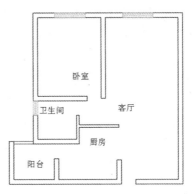

图 10-38　输入文本

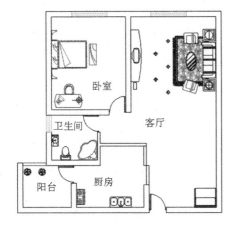

图 10-39　添加素材

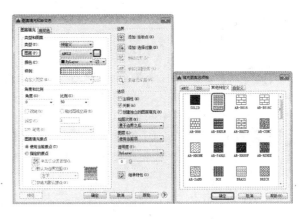

图 10-40　选择 ANGLE 选项

步骤 21　在命令行中执行 LINE 命令，将【卧室】和【卫生间】的门封闭，如图 10-42 所示。

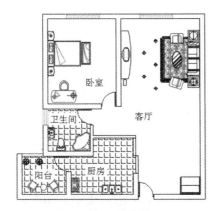

图 10-41　填充效果

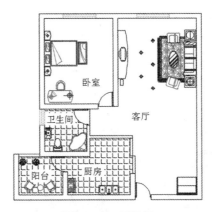

图 10-42　封闭门

步骤22 在命令行中执行 HATCH 命令，根据命令行提示操作，打开【填充图案选项板】对话框，在【其他预定义】选项卡中选择 DOLMIT 选项，并单击【确定】按钮。返回到【图案填充和渐变色】对话框，在该对话框中将【角度和比例】选项组中的【角度】设置为 30°，将【比例】设置为 15，如图 10-43 所示，单击【确定】按钮，进入到绘图区中，在需要填充的位置单击即可填充，效果如图 10-44 所示。

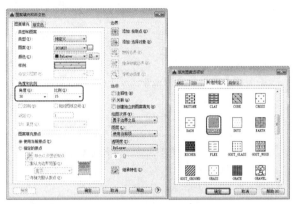 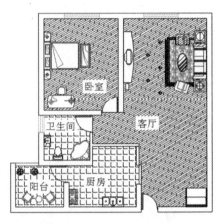

图 10-43　选择 DOLMIT 选项　　　　　　　　　　图 10-44　填充效果

步骤23 在命令行中执行 DIMSTYLE 命令，打开【标注样式管理器】对话框，在该对话框中单击【新建】按钮，弹出【创建新标注样式】对话框，将【新样式名】设置为【室内平面图】，如图 10-45 所示。

步骤24 然后单击【继续】按钮，弹出【新建标注样式:室内平面图】对话框。在【线】选项卡中将【尺寸界线】选项组中的【起点偏移量】设置为 100，如图 10-46 所示。

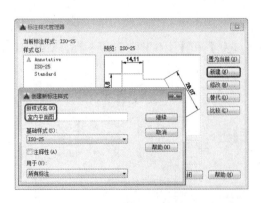 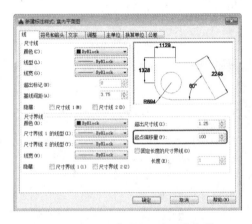

图 10-45　新建【室内平面图】标注样式　　　　图 10-46　设置【线】选项卡参数

步骤25 切换至【符号和箭头】选项卡，将【箭头大小】设置为 200，如图 10-47 所示。

步骤26 切换至【文字】选项卡，在【文字外观】选项组中将【文字高度】设置为 300，在【文字对齐】选项组中选中【与尺寸线对齐】单选按钮，如图 10-48 所示。

步骤 27　切换至【主单位】选项卡中，在【线性标注】选项组中将【精度】设置为
　　　　0，如图 10-49 所示。

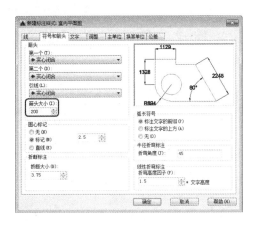

图 10-47　设置【符号和箭头】选项卡参数　　　图 10-48　设置【文字】选项卡参数

步骤 28　设置完成后单击【确定】按钮，弹出【标注样式管理器】对话框，在该对话
　　　　框的【样式】列表框中可以看到新建的标注样式，单击【置为当前】按钮，将新
　　　　建样式置为当前，然后单击【关闭】按钮，如图 10-50 所示。

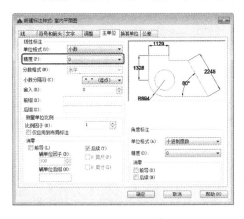

图 10-49　设置【主单位】选项卡参数　　　　　图 10-50　将新建样式置为当前

步骤 29　将【尺寸标注】置为当前图层。在命令行中执行 DIMLINEAR 命令，对图
　　　　形对象进行尺寸标注，标注效果如图 10-51 所示。

步骤 30　将【文字标注】图层置为当前图层。在命令行中执行 MLEADERSTYLE 命
　　　　令，弹出【多重引线样式管理器】对话框，单击【新建】按钮，弹出【创建新多
　　　　重引线样式】对话框，在该对话框中将【新样式名】设置为【室内平面图】，如
　　　　图 10-52 所示。

步骤 31　单击【继续】按钮，进入【修改多重引线样式:室内平面图】对话框，在
　　　　【引线格式】选项卡中将【常规】选项组中的【颜色】设置为【蓝】，将【箭
　　　　头】选项组中的【大小】设置为 200，如图 10-53 所示。

步骤 32　切换至【引线结构】选项卡，在【基线设置】选项组中将【设置基线距离】
　　　　设置为 10，如图 10-54 所示。

步骤 33 切换至【内容】选项卡中，在【文字选项】选项组中将【文字高度】设置为 300，如图 10-55 所示。

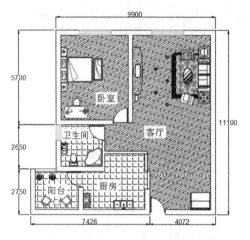

图 10-51　尺寸标注效果

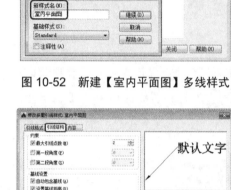

图 10-52　新建【室内平面图】多线样式

图 10-53　设置【引线格式】选项卡参数

图 10-54　设置【引线结构】选项卡参数

步骤 34 单击【确定】按钮，返回到【多重引线样式管理器】对话框，在【样式】列表框中可以看到新建的引线样式，单击【置为当前】按钮，将新建引线样式置为当前样式，然后单击【关闭】按钮，如图 10-56 所示。

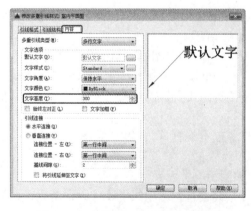

图 10-55　设置【内容】选项卡参数

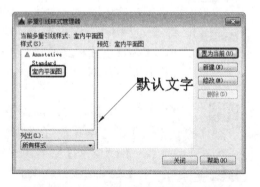

图 10-56　将新建多线样式置为当前样式

步骤35 在命令行中执行 MLEADER 命令，根据命令行的提示在指定需要标注的位置进行文字标注，标注完成效果如图 10-57 所示。

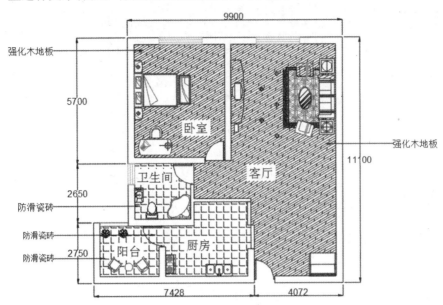

图 10-57 文字标注效果

步骤36 在命令行中执行 PLINE 命令，根据命令行的提示将多段线的宽度设置为 200，在所绘制的立面图下方的合适位置绘制一个长度为 12915 的多段线，如图 10-58 所示。

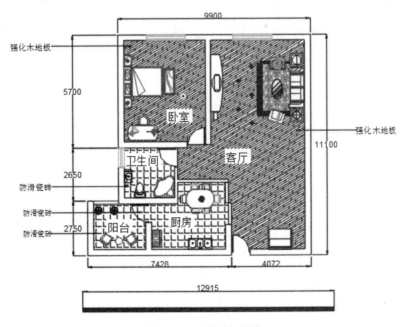

图 10-58 绘制多段线

步骤37 在命令行中执行 TEXT 命令，根据命令行的提示将文字高度设置为 800，将旋转角度设置为 0，然后输入文本【室内平面图】，完成效果如图 10-59 所示。

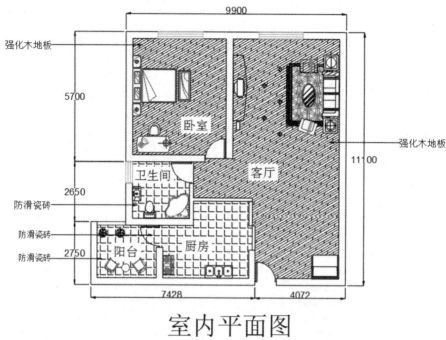

室内平面图

图 10-59 输入文本

第 11 章　三室两厅平面图的绘制

本章将讲解三室两厅平面图的绘制，其中讲解了如何绘制墙体、门、窗户以及为绘制完成后的室内平面图添加标注和家具等。通过本章的学习，可以使读者掌握绘制平面图的方法。

下面将介绍室内平面图的绘制方法，如图 11-1 所示。

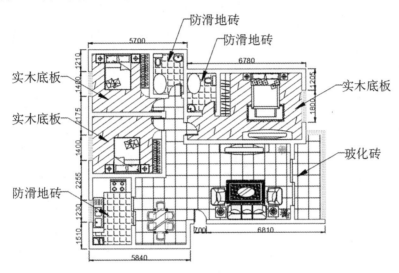

图 11-1　三室两厅平面图

11.1　绘制辅助线

在绘制室内平面图之前，首先介绍如何绘制辅助线，其具体操作步骤如下。

步骤 01　启动 AutoCAD 2016 后，按 Ctrl+N 组合键，弹出【选择样板】对话框，在弹出的对话框中选择 acadiso 样板，单击【打开】按钮，新建一张空白图纸，如图 11-2 所示。

步骤 02　在命令行中输入 LA 命令，弹出【图层特性管理器】选项板，单击【新建图层】按钮，新建【辅助线】图层，并将【辅助线】图层置为当前图层，单击【辅助线】图层右侧的 **Continuous**，如图 11-3 所示。

步骤 03　弹出【选择线型】对话框，单击【加载】按钮，弹出【加载或重载线型】对话框，在下方选择 ACAD_IS003W100 线型，如图 11-4 所示。

步骤 04　单击【确定】按钮，返回至【选择线型】对话框，选择 ACAD_IS003W100 线型，单击【确定】按钮，如图 11-5 所示。

图 11-2 选择样板

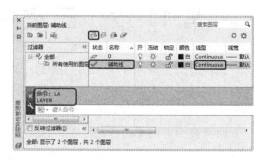

图 11-3 将【辅助线】图层置为当前图层

图 11-4 选择线型

图 11-5 选择线型

步骤 05 在菜单栏中选择【格式】|【线型】命令，在弹出的对话框中单击【隐藏细节】按钮，将【全局比例因子】设置为 8，如图 11-6 所示。

步骤 06 使用【直线】工具，按 F8 键打开正交模式，绘制长度为 16289、垂直长度为 13648 的直线，如图 11-7 所示。

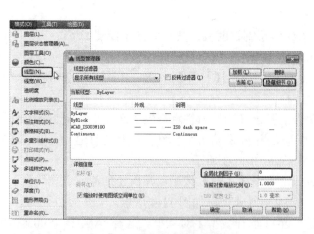

图 11-6 设置全局比例因子

图 11-7 绘制直线

步骤 07 使用【偏移】工具，将上侧边向下依次偏移 1030、1090、1400、1010、1560、1870、2620、1390，如图 11-8 所示。

步骤08　将左侧绘制的线段，向右依次偏移 1568、2460、1060、700、1240、140、1730、4230、680、1200，如图 11-9 所示。

图 11-8　偏移对象

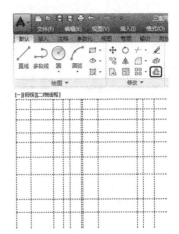

图 11-9　偏移对象

步骤09　选择选中的线段，按 Delete 键将选中的线段删除，如图 11-10 所示。

步骤10　完成后的效果如图 11-11 所示。

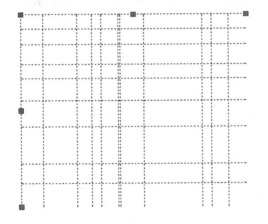

图 11-10　删除选中的对象

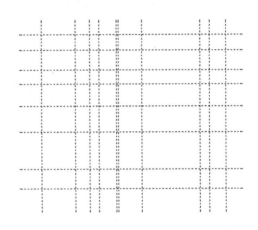

图 11-11　完成后的效果

11.2　绘制墙体

下面将讲解如何绘制墙体，其具体操作步骤如下。

步骤01　在命令行中输入 LA 命令，弹出【图层特性管理器】选项板，单击【新建图层】按钮，新建【墙体】图层，将【墙体】图层置为当前图层，将【颜色】设置为【红】，将【线型】设置为 Continuous，如图 11-12 所示。

步骤02　在菜单栏中选择【格式】|【多线样式】命令，如图 11-13 所示。

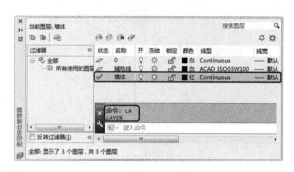

图 11-12　新建【墙体】图层　　　　　　　　图 11-13　选择【多线样式】命令

步骤 03　弹出【多线样式】对话框，单击【新建】按钮，弹出【创建新的多线样式】对话框，将【新样式名】设置为【多线】，单击【继续】按钮，如图 11-14 所示。

步骤 04　弹出【新建多线样式:多线】对话框，在【封口】选项组下方选中直线右侧的【起点】和【端点】复选框，将【图元】设置为 6 和-6，如图 11-15 所示。

图 11-14　新建多线样式　　　　　　　　图 11-15　设置多线样式

步骤 05　单击【确定】按钮，在弹出对话框的【样式】列表框中选择【多线】，单击【置为当前】按钮，将【多线】样式置为当前样式，如图 11-16 所示。

步骤 06　单击【确定】按钮，在命令行中输入 ML 命令，在命令行中输入 J，将【对正类型】设置【无】，绘制墙体，如图 11-17 所示。

步骤 07　在命令行中输入 LA 命令，弹出【图层特性管理器】选项板，将【辅助线】图层进行隐藏，如图 11-18 所示。

步骤 08　使用【分解】工具，将绘制的墙体进行分解，使用【修剪】工具，修剪墙体，如图 11-19 所示。

图 11-16　将【多线】样式置为当前图层

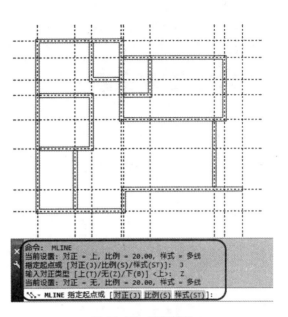

图 11-17　绘制墙体

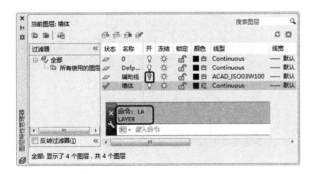

图 11-18　将【辅助线】图层进行隐藏

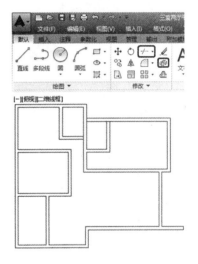

图 11-19　修剪墙体

11.3　绘　制　门

下面将讲解如何绘制门，其具体操作步骤如下。

步骤01　使用上面的方法，将【辅助线】图层取消隐藏，将选中的线段向右依次偏移 300、700，如图 11-20 所示。

步骤02　使用【打断于点】工具将对象进行打断，并使用【删除】工具将打断的线段进行删除，然后使用【直线】工具绘制直线，如图 11-21 所示。

步骤03　使用同样的方法，将其余的墙体进行打断并删除，最后将选中的辅助线线段删除，如图 11-22 所示。

步骤04　在命令行中输入 ML 命令，在图 11-23 所示的位置处绘制墙体。

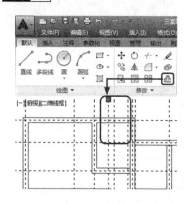

图 11-20　偏移对象

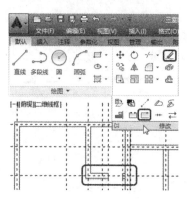

图 11-21　将对象进行打断并删除多余的线段

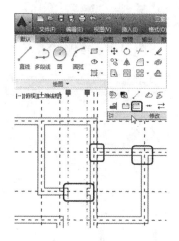

图 11-22　删除选中的线段

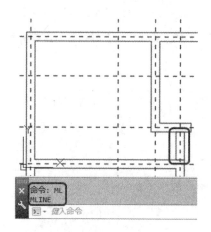

图 11-23　绘制墙体

步骤05　使用【偏移】工具，将 A 线段向下依次偏移 150、700，如图 11-24 所示。

步骤06　使用【分解】工具，将绘制的墙体进行分解，使用【直线】工具绘制直线，然后使用【打断于点】工具，打断对象，将打断后的线段删除，如图 11-25 所示。

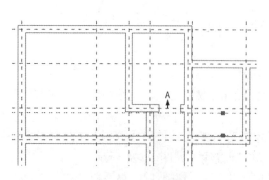

图 11-24　偏移选中的线段

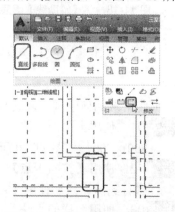

图 11-25　打断对象并删除线段

步骤07 将偏移的辅助线进行删除，选择 A 线段，使用【偏移】工具，将其向下依次偏移 210、700，如图 11-26 所示。

步骤08 使用【打断于点】工具，将对象进行打断，使用【直线】工具，绘制直线，如图 11-27 所示。

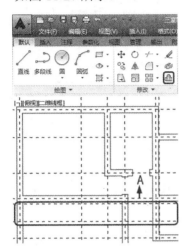

图 11-26　偏移对象

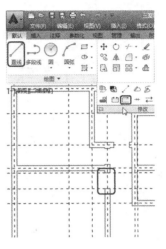

图 11-27　完成后的效果

步骤09 将偏移后的辅助线删除，使用【偏移】工具，将 A 线段向左依次偏移 210、700，如图 11-28 所示。

步骤10 使用【打断于点】工具，将对象进行打断，使用【直线】工具绘制直线，将打断后多余的线段和偏移后的辅助线删除，如图 11-29 所示。

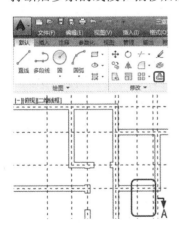

图 11-28　偏移对象

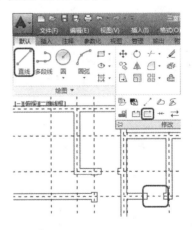

图 11-29　完成后的效果

步骤11 使用【偏移】工具，将 A 线段向上依次偏移 380、700，如图 11-30 所示。

步骤12 使用【打断于点】工具，将对象进行打断，使用【直线】工具绘制直线，将打断后多余的线段和偏移后的辅助线删除，如图 11-31 所示。

步骤13 使用【偏移】工具，将 A 线段向右依次偏移 330、700，如图 11-32 所示。

步骤14 使用【打断于点】工具，将对象进行打断，使用【直线】工具绘制直线，将打断后多余的线段和偏移后的辅助线删除，如图 11-33 所示。

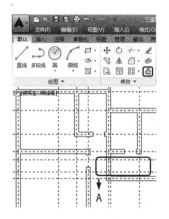

图 11-30　偏移对象

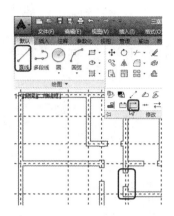

图 11-31　完成后的效果

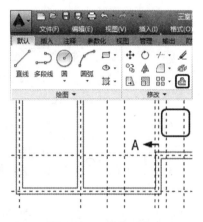

图 11-32　偏移对象

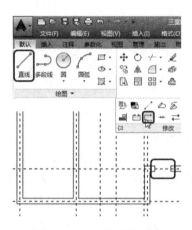

图 11-33　完成后的效果

步骤 15　使用【偏移】工具，将 A 线段向上偏移 1415，向下偏移 185，如图 11-34 所示。

步骤 16　使用【打断于点】工具，将对象进行打断，使用【直线】工具绘制直线，将打断后多余的线段和偏移后的辅助线删除，如图 11-35 所示。

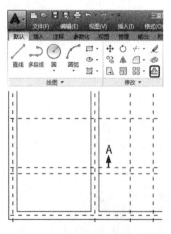

图 11-34　偏移对象

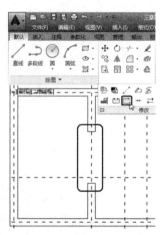

图 11-35　完成后的效果

步骤17　使用【偏移】工具，将 A 线段向上偏移 900，向下偏移 2600，如图 11-36 所示。

步骤18　使用【打断于点】工具，将对象进行打断，使用【直线】工具，绘制直线，将打断后多余的线段和偏移后的辅助线删除，如图 11-37 所示。

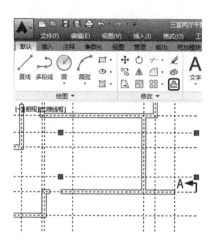

图 11-36　偏移对象

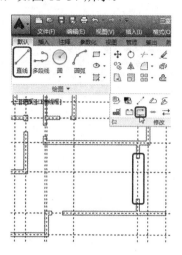

图 11-37　完成后的效果

步骤19　在命令行中输入 LA 命令，将【辅助线】图层进行隐藏，如图 11-38 所示。

步骤20　单击【新建图层】按钮，新建【门】图层，将【颜色】设置为【白】，【线型】设置为 Continuous，【线宽】设置为【默认】，将【门】图层置为当前图层，如图 11-39 所示。

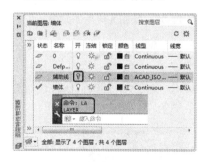

图 11-38　将【辅助线】图层进行隐藏

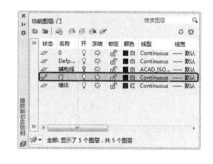

图 11-39　新建【门】图层并进行设置

步骤21　在命令行中输入 REC 命令，在空白位置处指定第一点，在命令行中输入 D，将矩形的长度设置为 40、宽度设置为 700，如图 11-40 所示。

步骤22　使用【直线】工具，以矩形的左端点作为直线的第一点，向右引导鼠标，输入 700，按两次 Enter 键进行确认，如图 11-41 所示。

步骤23　使用【起点，端点，方向】工具，绘制圆弧，最后将上一步绘制的直线删除，如图 11-42 所示。

步骤24　使用【移动】、【旋转】、【复制】工具，将其移动、复制到图 11-43 所示的位置。

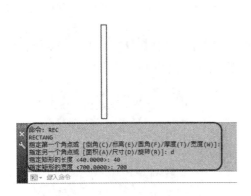

图 11-40 绘制矩形

图 11-41 绘制直线

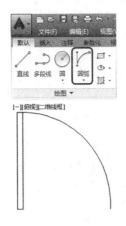

图 11-42 绘制完成后的效果

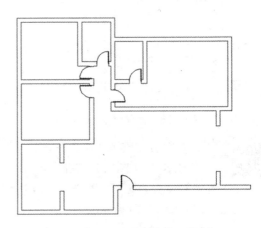

图 11-43 绘制完成后的效果

步骤25 使用【矩形】工具，绘制两个长度为 120、宽度为 800 的矩形，然后使用
【移动】工具将其移动至图 11-44 所示的位置。

步骤26 使用【矩形】工具，绘制两个长度为 120、宽度为 1300 的矩形，然后使用
【移动】工具，将其移动至图 11-45 所示的位置。

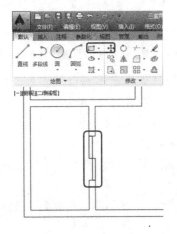

图 11-44 绘制矩形并移动位置

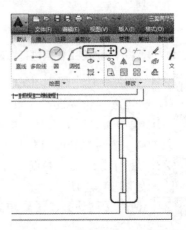

图 11-45 绘制矩形并调整位置

步骤 27 完成后的效果如图 11-46 所示。

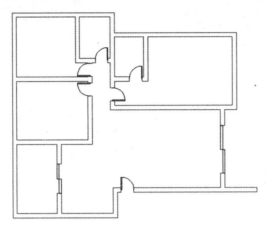

图 11-46　完成后的效果

11.4　绘　制　窗

下面将讲解如何绘制窗，其具体操作步骤如下。

步骤 01 将【辅助线】图层取消隐藏，将【墙体】置为当前图层，如图 11-47 所示。

步骤 02 使用【打断于点】工具，将其进行打断，然后使用【直线】工具，将对象相互连接，并将打断后的线段删除，如图 11-48 所示。

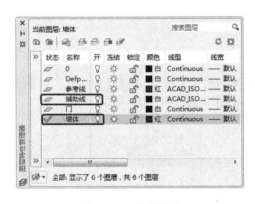

图 11-47　设置图层

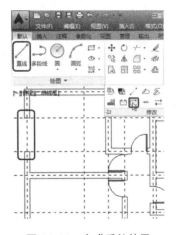

图 11-48　完成后的效果

步骤 03 选择 A 线段，将其向上偏移 395，向下偏移 1005，如图 11-49 所示。

步骤 04 使用【打断于点】工具，将其进行打断，然后使用【直线】工具，将对象相互连接，并将打断后的线段和偏移的辅助线进行删除，如图 11-50 所示。

步骤 05 使用【偏移】工具，将 A 线段向下偏移 1390，如图 11-51 所示。

步骤 06 使用【打断于点】工具，将其进行打断，然后使用【直线】工具，将对象相互连接，并将打断后的线段和偏移的辅助线进行删除，如图 11-52 所示。

步骤 07 选择 A 线段，将其向上依次偏移 1085、1800，如图 11-53 所示。

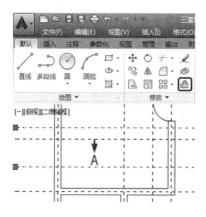

图 11-49　偏移线段

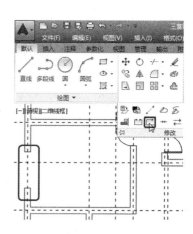

图 11-50　完成后的效果

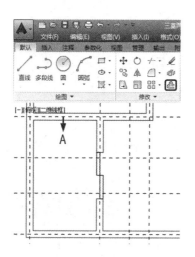

图 11-51　偏移线段

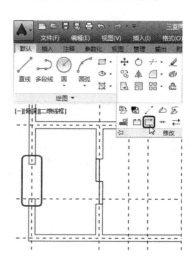

图 11-52　完成后的效果

步骤 08　使用【打断于点】工具，将对象进行打断，使用【直线】工具，绘制直线，将打断后多余的线段和偏移后的辅助线删除，如图 11-54 所示。

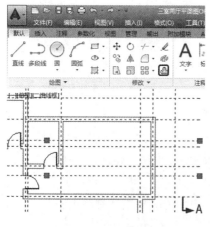

图 11-53　偏移对象

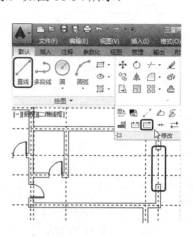

图 11-54　完成后的效果

步骤 09 在命令行中输入 LA 命令，将【辅助线】图层取消隐藏，新建【窗】图层，将【颜色】设置为【青】，将【窗】图层置为当前图层，如图 11-55 所示。

步骤 10 使用【直线】工具，在图 11-56 所示的位置处绘制一条直线。

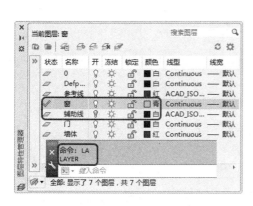

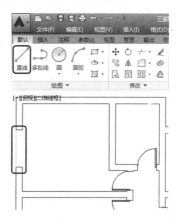

图 11-55　新建图层并设置图层　　　　　　　　图 11-56　绘制直线

步骤 11 使用【偏移】工具，将绘制的直线依次向右偏移 3 次，将偏移距离设置为 80，如图 11-57 所示。

步骤 12 使用同样的方法绘制其他窗户，如图 11-58 所示。

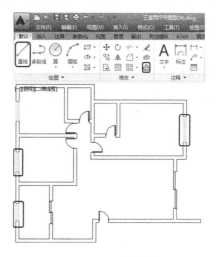

图 11-57　偏移对象　　　　　　　　　　　图 11-58　绘制窗户

步骤 13 使用【多段线】工具，指定 A 点作为起点，向上引导鼠标输入 5000，然后向左引导鼠标输入 1080，如图 11-59 所示。

步骤 14 使用【偏移】工具，将绘制的直线依次向内部偏移 3 次，将偏移距离设置为 80，如图 11-60 所示。

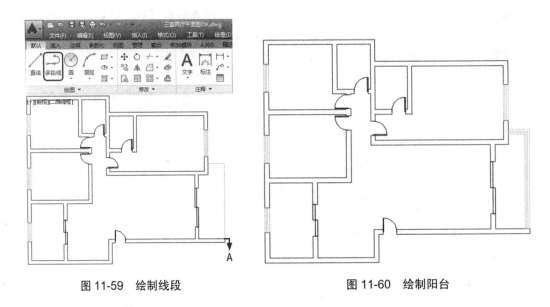

图 11-59　绘制线段　　　　　　　　　　图 11-60　绘制阳台

11.5　放置家具

绘制完成后，下面将讲解如何放置家具，其具体操作步骤如下。

步骤01　打开随书附带光盘中的"CDROM\素材\第 11 章\素材 1.dwg"图形文件，如图 11-61 所示。

步骤02　将素材文件放置在图 11-62 所示的位置处。

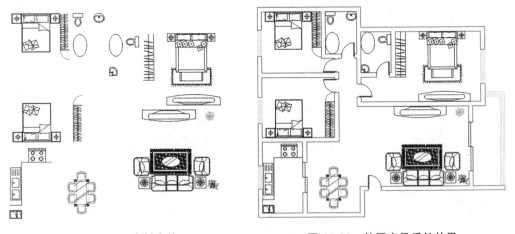

图 11-61　打开素材文件　　　　　　　图 11-62　放置家具后的效果

11.6　填充图案

下面将讲解如何填充图案，其具体操作步骤如下。

步骤01　使用【图案填充】工具，将【图案填充图案】设置为 ANGLE，将【角度】

设置为 0，将【填充图案比例】设置为 50，分别填充两个卫生间和厨房，如图 11-63 所示。

步骤 02　再次使用【图案填充】工具，将【图案填充图案】设置为 DOLMIT，将【角度】设置为 35，将【填充图案比例】设置为 50，分别填充 3 个卧室，如图 11-64 所示。

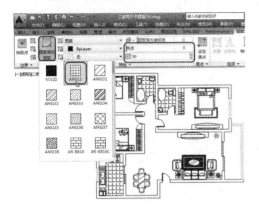

图 11-63　填充图案

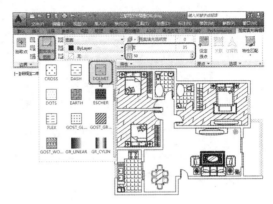

图 11-64　填充图案

步骤 03　使用【图案填充】工具，将【图案填充图案】设置为 ANSI37，将【角度】设置为 45，将【填充图案比例】设置为 200，分别填充客厅和阳台，如图 11-65 所示。

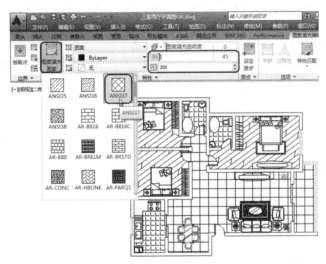

图 11-65　填充图案

11.7　添加尺寸标注和引线标注

下面将讲解如何添加尺寸标注和引线标注，其具体操作步骤如下。

步骤 01　在命令行中输入 LA 命令，弹出【图层特性管理器】选项板，新建【尺寸标注】图层，将【颜色】设置为【白】，其余保持默认设置，如图 11-66 所示。

步骤 02 在菜单栏中选择【格式】|【标注样式】命令，弹出【标注样式管理器】对话框，单击【新建】按钮，弹出【创建新标注样式】对话框，将【新样式名】设置为【尺寸标注】，将【基础样式】设置为 ISO-25，单击【继续】按钮，如图 11-67 所示。

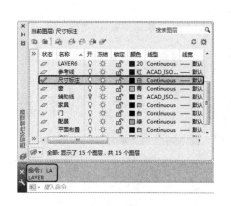

图 11-66　新建图层

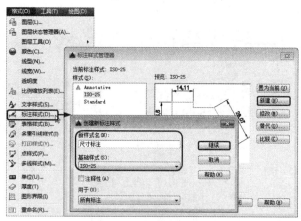

图 11-67　新建标注样式

步骤 03 弹出【新建标注样式:尺寸标注】对话框，切换至【线】选项卡，将【基线间距】设置为 50，将【超出尺寸线】设置为 50，将【起点偏移量】设置为 100，如图 11-68 所示。

步骤 04 切换至【符号和箭头】选项卡，将【箭头大小】设置为 250，如图 11-69 所示。

图 11-68　设置【线】选项卡

图 11-69　设置【符号和箭头】选项卡

步骤 05 切换至【文字】选项卡，将【文字高度】设置为 300，如图 11-70 所示。

步骤 06 切换至【调整】选项卡，选中【文字位置】下方的【尺寸线上方，不带引线】单选按钮，如图 11-71 所示。

步骤 07 切换至【主单位】选项卡，将【精度】设置为 0，如图 11-72 所示。

步骤 08 单击【确定】按钮，返回至【标注样式管理器】对话框，选择【尺寸标注】样式，单击【置为当前】按钮，然后关闭该对话框即可，如图 11-73 所示。

图 11-70　设置【文字】选项卡

图 11-71　设置【调整】选项卡

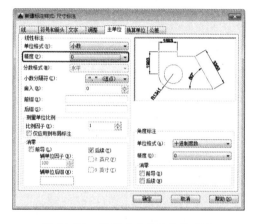

图 11-72　设置【主单位】选项卡

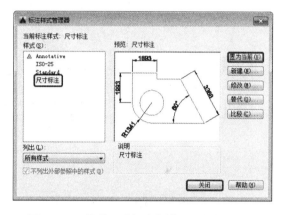

图 11-73　将【尺寸标注】样式置为当前样式

步骤 09　使用【线性标注】和【连续标注】工具，对其进行标注，如图 11-74 所示。

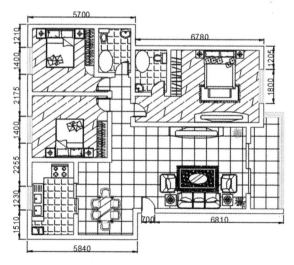

图 11-74　标注对象

步骤10 使用同样的方法，新建【引线标注】图层，其设置与尺寸标注相同，在菜单栏中执行【格式】|【多重引线样式】命令，弹出【多重引线样式管理器】对话框，单击【新建】按钮，弹出【创建新多重引线样式】对话框，将【新样式名】设置为【多重引线】，将【基础样式】设置为 Standard，单击【继续】按钮，如图 11-75 所示。

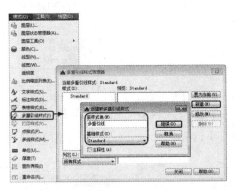

图 11-75 新建多重引线样式

步骤11 弹出【修改多重引线样式:多重引线】对话框，切换至【引线格式】选项卡，将【箭头】下方的【大小】设置为 600，如图 11-76 所示。

步骤12 切换至【引线结构】选项卡，将【设置基线距离】设置为 400，如图 11-77 所示。

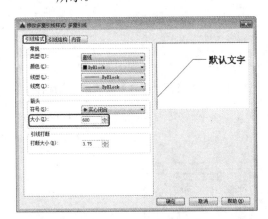

图 11-76 设置箭头大小

图 11-77 设置基线距离

步骤13 切换至【内容】选项卡，将【文字高度】设置为 500，如图 11-78 所示。

步骤14 单击【确定】按钮，在弹出的对话框中单击【置为当前】按钮，将【多重引线】样式置为当前样式，如图 11-79 所示。

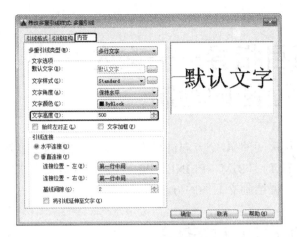

图 11-78　设置文字高度

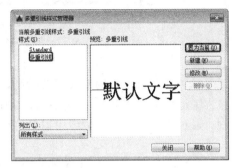

图 11-79　将【多重引线】置为当前样式

步骤15　将该对话框关闭即可，使用【引线】工具对其进行引线标注，如图 11-80 所示。

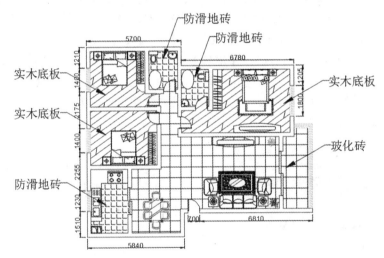

图 11-80　引线标注

第 12 章　项目指导——室内立面图的绘制

本章主要讲解了室内立面图的绘制，从房间的 4 个方向进行绘制，在绘制室内立面图的过程中运用 LAYER、RECTANG、OFFSET、TRIM、PLINE、PROPERTIES 等命令进行绘制。通过本章的学习，读者可以熟练地掌握绘制立面图的方法。

12.1　绘制室内立面图 A

下面将具体讲解绘制室内立面图 A 的方法，具体操作步骤如下。

步骤 01　首先在命令行中执行 LAYER 命令，打开【图层特性管理器】选项板，创建 5 个图层并分别将其重命名为【墙体】、【文字标注】、【尺寸标注】、【填充】和【家具】，然后选择【墙体】图层，单击该图层后面的颜色块，在弹出的【选择颜色】对话框中，选择【青】，如图 12-1 所示。单击【置为当前】按钮，将【墙体】置为当前图层，返回到【图层特性管理器】选项板，图块颜色改变为【青】，如图 12-2 所示。

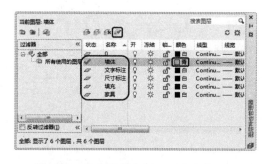

图 12-1　设置图层颜色　　　　　　图 12-2　将【墙体】图层置为当前图层

步骤 02　在命令行中执行 RECTANG 命令，绘制一个长度为 3380、宽度为 3250 的矩形，如图 12-3 所示，然后在命令行中执行 EXPLODE 命令，将绘制的矩形分解。

步骤 03　在命令行中执行 OFFSET 命令，将上面的线段向下偏移 150，将左边的垂直线段向右偏移 100，将右边的垂直线段向左偏移 180 的距离，偏移效果如图 12-4 所示。

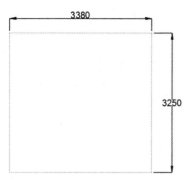

图 12-3　绘制矩形

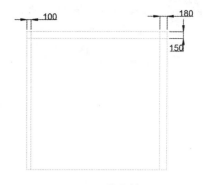

图 12-4　偏移效果

步骤 04　在命令行中执行 TRIM 命令，将偏移的线段进行修剪，修剪效果如图 12-5 所示。

步骤 05　在命令行中执行 PLINE 命令，绘制如图 12-6 所示的线段。将新绘制的线段选中，在命令行中执行 PROPERTIES 命令，弹出【特性】选项板，在【常规】选项组中将【颜色】设置为【红】，设置完成后关闭该选项板即可改变线段颜色，如图 12-7 所示。

图 12-5　修剪效果　　　　　　　　　　　　　　　图 12-6　绘制多段线

步骤 06　在命令行中执行 OFFSET 命令，将偏移得到的水平线段向下偏移 20、40、73、93、113、124，偏移效果如图 12-8 所示。

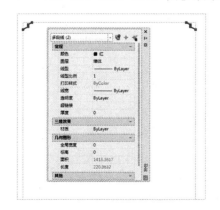

图 12-7　修改多段线颜色　　　　　　　　　　　　图 12-8　偏移效果

步骤 07　在命令行中执行 TRIM 命令，对偏移得到的线段进行修剪，修剪效果如图 12-9 所示。

步骤08 选择新修剪好的线段，在命令行中执行 PROPERTIES 命令，弹出【特性】选项板，在【常规】选项组中将【颜色】设置为 ByBlock，设置完成后关闭该选项板即可改变线段颜色，如图 12-10 所示。

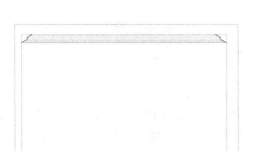

图 12-9　修剪效果　　　　　　　　　　　图 12-10　修改线段颜色

步骤09 将【家具】图层置为当前图层。在命令行中执行 RECTANG 命令，绘制一个长度为 2020、宽度为 2600 的矩形，如图 12-11 所示。

步骤10 在命令行中执行 OFFSET 命令，将绘制矩形向内偏移 10、45、50、60、120，然后通过【特性】选项板修改矩形的颜色，偏移和修改效果如图 12-12 所示。

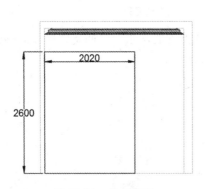

图 12-11　绘制矩形

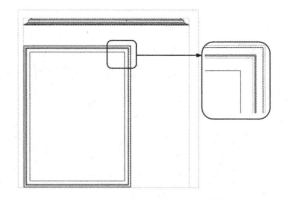

图 12-12　偏移矩形

步骤11 在命令行中执行 LINE 命令，将偏移矩形的顶点连接，连接效果如图 12-13 所示。

步骤12 在命令行中执行 EXPLODE 命令，将偏移后得到的最小矩形分解。然后在命令行中执行 OFFSET 命令，将分解矩形最左边的垂直线段向右偏移 870、910，偏移效果如图 12-14 所示。

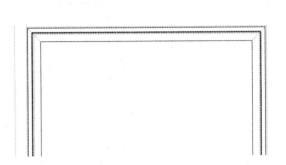

图 12-13　连接顶点

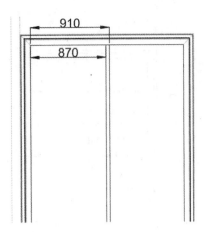

图 12-14　偏移的效果(1)

步骤 13　继续在命令行中执行 OFFSET 命令，将分解矩形最上边的水平线段向下偏移 472、944、1416、1888 的距离，偏移效果如图 12-15 所示。

步骤 14　在命令行中执行 RECTANG 命令，绘制 10 个长度为 850、宽度为 460 的矩形，如图 12-16 所示。

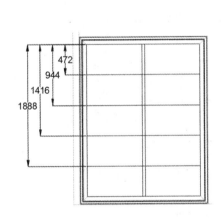

图 12-15　偏移的效果(2)

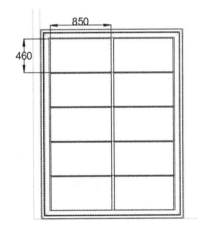

图 12-16　绘制矩形

步骤 15　在命令行中执行 OFFSET 命令，将绘制的矩形分别向内偏移 10，并通过【特性】选项板将偏移得到的矩形颜色改为红色，偏移和修改效果如图 12-17 所示。

步骤 16　在命令行中执行 PLINE 命令，绘制图 12-18 所示的多段线。

步骤 17　在命令行中执行 RECTANG 命令，绘制一个长度为 960、宽度为 2280 的矩形，如图 12-19 所示。

步骤 18　在命令行中执行 OFFSET 命令，将绘制的矩形向内偏移 20、80、200、220，通过【特性】选项板修改矩形颜色，偏移和修改效果如图 12-20 所示。

步骤 19　打开随书附带光盘中 "CDROM\素材\第 12 章\室内立面图" 素材文件，选择合适的素材放置到合适的位置，如图 12-21 所示。

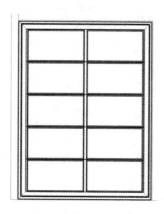

图 12-17　偏移效果

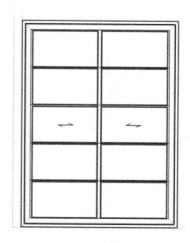

图 12-18　绘制多段线

图 12-19　绘制矩形

图 12-20　偏移效果

图 12-21　添加素材

步骤20　将【填充】图层置为当前图层。在命令行中执行 HATCH 命令，根据命令行的提示输入 T 并按 Enter 键确认。弹出【图案填充和渐变色】对话框，单击【类型和图案】选项组中的【图案】右侧的![按钮]按钮，弹出【填充图案选项板】对话框，在【其他预定义】选项卡中选择 JIS-WOOD 选项，并单击【确定】按钮，返回到【图案填充和渐变色】对话框，在该对话框中将【角度和比例】选项组中的【比例】设置为 100，如图 12-22 所示。单击【确定】按钮，进入到绘图区，在需要填充的位置单击即可填充，效果如图 12-23 所示。继续执行填充命令，在【填充图案选项板】对话框的【其他预定义】选项卡中选择 AR-CONC 选项进行填充，填充效果如图 12-24 所示。

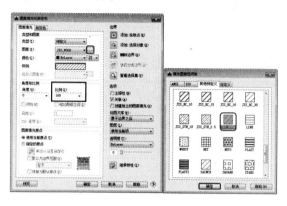

图 12-22　选择 JIS-WOOD 选项

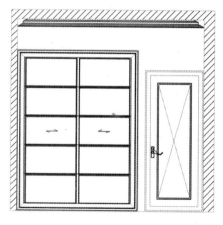

图 12-23　填充效果

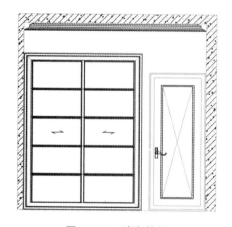

图 12-24　填充效果

步骤21　继续执行填充命令，在【填充图案选项板】对话框的【其他预定义】选项卡中选择 AR-SAND 选项进行填充，填充效果如图 12-25 所示。

步骤22　继续执行填充命令，在【填充图案选项板】对话框的【其他预定义】选项卡中选择 TRIANG 选项，在【图案填充和渐变色】对话框中将【类型和图案】选项组中的【颜色】设置为【青】，将【角度和比例】选项组中的【比例】设置为 10，如图 12-26 所示。进入到绘图区，在合适的位置进行填充，填充效果如图 12-27 所示。

步骤23　在命令行中执行 DIMSTYLE 命令，打开【标注样式管理器】对话框，在该对话框中单击【新建】按钮，弹出【创建新标注样式】对话框，将【新样式名】

设置为【室内立面图】，如图 12-28 所示。

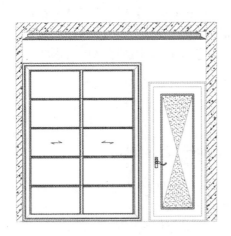

图 12-25　填充效果

图 12-26　设置【图案填充】参数

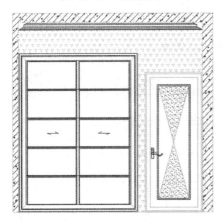

图 12-27　填充的效果

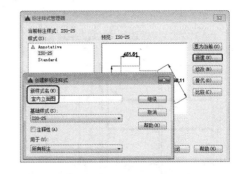

图 12-28　新建标注样式

步骤24　然后单击【继续】按钮，弹出【新建标注样式:室内立面图】对话框。在【线】选项卡中将【尺寸界线】选项组中的【起点偏移量】设置为 20，如图 12-29 所示。

步骤25　切换至【符号和箭头】选项卡，将【箭头】选项组中的【箭头大小】设置为 80，如图 12-30 所示。

步骤26　切换至【文字】选项卡，将【文字外观】选项组中的【文字高度】设置为 120，在【文字对齐】选项组中选中【水平】单选按钮，如图 12-31 所示。

步骤27　切换至【主单位】选项卡，将【线性标注】选项组中的【精度】设置为 0，如图 12-32 所示。

步骤28　单击【确定】按钮，返回到【标注样式管理器】对话框，在该对话框的【样式】列表框中可以看到新建的标注样式，单击【置为当前】按钮，将新建样式置为当前，然后单击【关闭】按钮，如图 12-33 所示。

图 12-29　设置【线】选项卡参数

图 12-30　设置【符号和箭头】选项卡参数

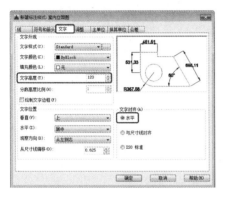

图 12-31　设置【文字】选项卡参数

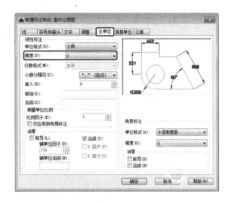

图 12-32　设置【主单位】选项卡参数

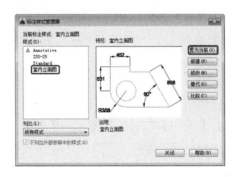

图 12-33　将新建标注样式置为当前

步骤 29　将【尺寸标注】置为当前图层。在命令行中执行 DIMLINEAR 命令，对图形对象进行尺寸标注，标注效果如图 12-34 所示。

步骤 30　在命令行中执行 MLEADERSTYLE 命令，弹出【多重引线样式管理器】对话框，单击【新建】按钮，弹出【创建新多重引线样式】对话框，在该对话框中将【新样式名】设置为【室内立面图】，如图 12-35 所示。

步骤 31　单击【继续】按钮，打开【修改多重引线样式:室内平面图】对话框，在【引线格式】选项卡中将【常规】选项组中的【颜色】设置为【蓝】，将【箭头】选项组中的【大小】设置为 50，如图 12-36 所示。

步骤32 切换至【引线结构】选项卡，在【基线设置】选项组中将【设置基线距离】设置为 50，如图 12-37 所示。

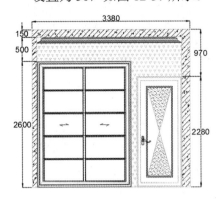

图 12-34　尺寸标注效果

图 12-35　新建多线样式

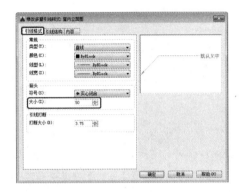

图 12-36　设置【引线格式】选项卡参数

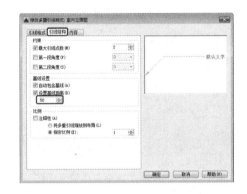

图 12-37　设置【引线结构】选项卡参数

步骤33 切换至【内容】选项卡中，在【文字选项】选项组中将【文字高度】设置为 120，如图 12-38 所示。

步骤34 单击【确定】按钮，返回到【多重引线样式管理器】对话框，在【样式】列表框中可以看到新建的引线样式，单击【置为当前】按钮，将新建引线样式置为当前样式，然后单击【关闭】按钮，如图 12-39 所示。

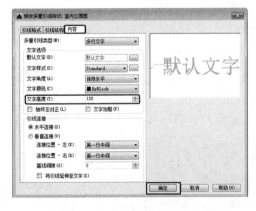

图 12-38　设置【内容】选项卡参数

图 12-39　将新建引线样式置为当前

步骤 35 在命令行中执行 MLEADER 命令，根据命令行的提示指定需要标注的位置进行文字标注，标注完成效果如图 12-40 所示。

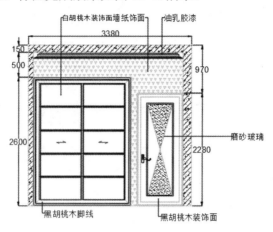

图 12-40 标注文字后的效果

12.2 绘制室内立面图 B

下面将具体讲解绘制室内立面图 B 的绘制，具体操作步骤如下。

步骤 01 在命令行中执行 EXPLODE 命令，将绘制的矩形(见图 12-41)分解。然后在命令行中执行 OFFSET 命令，将左边的垂直线段向右偏移 120，将上边的水平线段向下偏移 150、751、1000，将右边的垂直线段向左偏移 680，偏移效果如图 12-42 所示。

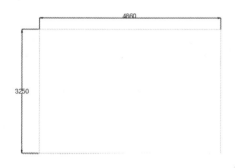

图 12-41 绘制矩形

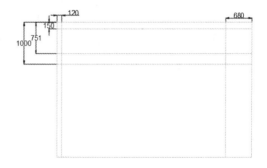

图 12-42 偏移线段效果

步骤 02 在命令行中执行 TRIM 命令，将偏移的线段进行修剪，修剪效果如图 12-43 所示。

步骤 03 在功能区中选择【默认】选项卡下的【修改】选项组，在其选项组中单击【打断于点】按钮，如图 12-44 所示。根据命令行的提示操作，选择图 12-45 中 A 所在的线段，然后指定 A 点为打断点，使用同样的方法将 B 点所在的线段打断于 B 点。

步骤 04 在命令行中执行 OFFSET 命令，将打断的左侧的垂直线段向右偏移 20、

40，向左偏移 120、140、160，然后通过【特性】选项板将线段颜色修改为【绿】，偏移及修改效果如图 12-46 所示。

图 12-43　修剪的效果

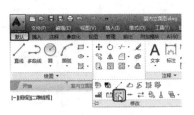

图 12-44　单击【打断于点】按钮

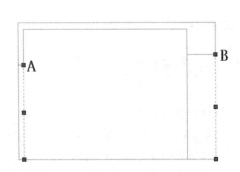

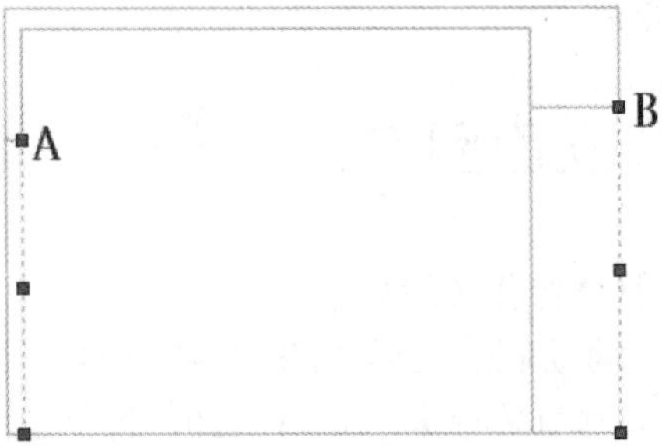

图 12-45　打断于点选中效果

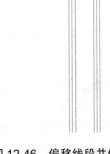

图 12-46　偏移线段并修改线段颜色

步骤05　在命令行中执行 ARC 命令，绘制一个半径为 100 的圆弧，圆弧大小为圆的一半，如图 12-47 所示。

步骤06　继续执行 OFFSET 命令，将打断的右侧垂直线段向左偏移 20、40、60、600、620、640、660，偏移效果如图 12-48 所示。

图 12-47　绘制圆弧

图 12-48　偏移线段

步骤07　在命令行中执行 OFFSET 命令，将图 12-49 所示的 A 线段向下偏移 1960、1980、2000，偏移效果如图 12-49 所示。

步骤08 在命令行中执行 TRIM 命令，将偏移的线段进行修剪，修剪效果如图 12-50 所示。

图 12-49　偏移的效果　　　　　　　　　　图 12-50　修剪的效果

步骤09 在命令行中执行 PLINE 命令，绘制图 12-51 的线段。将新绘制的线段选中，在命令行中执行 PROPERTIES 命令，弹出【特性】选项板，在【常规】选项组中将【颜色】设置为【红】，设置完成后关闭该选项板即可改变线段颜色，如图 12-52 所示。

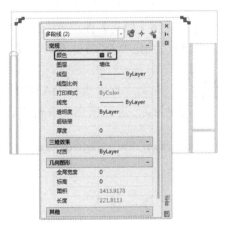

图 12-51　绘制多段线　　　　　　　　　　图 12-52　修改多段线的颜色

步骤10 在命令行中执行 OFFSET 命令，将偏移得到的水平线段向下偏移 20、40、73、93、113、124，偏移效果如图 12-53 所示。

步骤11 在命令行中执行 TRIM 命令，对偏移得到的线段进行修剪，修剪效果如图 12-54 所示。在命令行中执行 PROPERTIES 命令，将偏移得到的线段颜色修改为 ByBlock，修改效果如图 12-55 所示。

步骤12 打开随书附带光盘中的"CDROM\素材\第 12 章\室内立面图"素材文件，选择合适的素材放置到合适的位置，添加素材效果如图 12-56 所示。

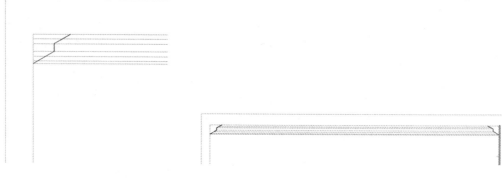

图 12-53　偏移的效果　　　　　　　　　　　　图 12-54　修剪的效果

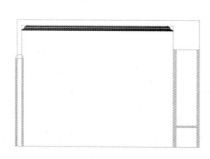
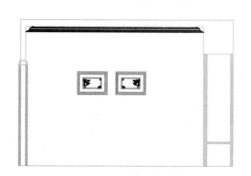

图 12-55　修改线段颜色效果　　　　　　　　　图 12-56　添加效果

步骤 13　将【填充】图层置为当前图层。在命令行中执行 HATCH 命令，将填充图案设置为 JIS-WOOD 选项，将【比例】设置为 100，进行填充，填充效果如图 12-57 所示。

步骤 14　在命令行中执行 HATCH 命令，将填充图案设置为 AR-CONC，将【比例】设置为 1，进行填充，填充效果如图 12-58 所示。

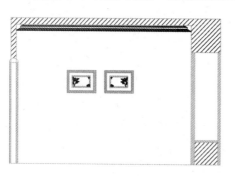
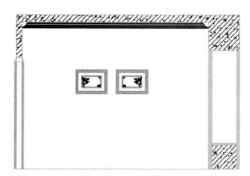

图 12-57　填充的效果(1)　　　　　　　　　　图 12-58　填充的效果(2)

步骤 15　在命令行中执行 HATCH 命令，将填充图案设置为 TRIANG，将填充图案【颜色】设置为【青】，将【比例】设置为 10 进行填充，填充效果如图 12-59 所示。

步骤 16　将【尺寸标注】置为当前图层，在命令行中执行 DIMLINEAR 命令，对图形对象进行尺寸标注，标注效果如图 12-60 所示。

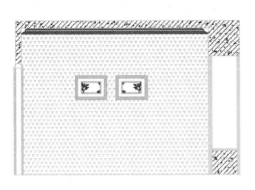

图 12-59　填充的效果(3)

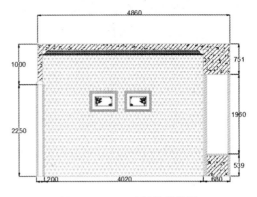

图 12-60　尺寸标注的效果

步骤17 将【文字标注】图层置为当前图层，在命令行中执行 MLEADER 命令，对图形对象进行文字标注，标注效果如图 12-61 所示。

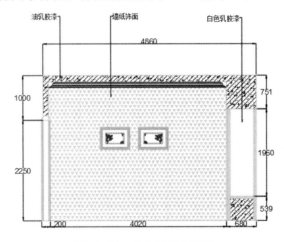

图 12-61　文字标注的效果

12.3　绘制室内立面图 C

下面将具体讲解绘制室内立面图 C 的方法，具体操作步骤如下。

步骤01 将【墙体】图层置为当前图层。在命令行中执行 RECTANG 命令，绘制一个长度为 3380、宽度为 3250 的矩形，如图 12-62 所示，然后在命令行中执行 EXPLODE 命令，将绘制的矩形分解。

步骤02 在命令行中执行 OFFSET 命令，将上面的线段向下偏移 150、270、3150，将右边的垂直线段向左偏移 120，将左边的垂直线段向左偏移 180 的距离，偏移效果如图 12-63 所示。

步骤03 在命令行中执行 TRIM 命令，将偏移的线段进行修剪，修剪效果如图 12-64 所示。

步骤04 在命令行中执行 PLINE 命令，绘制图 12-65 所示的线段。将新绘制的线段选中，在命令行中执行 PROPERTIES 命令，弹出【特性】选项板，在【常规】

选项组中将【颜色】设置为【红】，设置完成后关闭该选项板即可改变线段颜色，如图 12-66 所示。

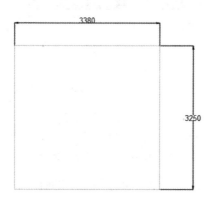

图 12-62　绘制矩形

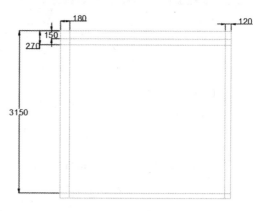

图 12-63　偏移线段

图 12-64　修剪后的效果

图 12-65　绘制多段线

步骤05 在命令行中执行 OFFSET 命令，将偏移得到的水平线段向下偏移 20、40、73、93、113、124，偏移效果如图 12-67 所示。

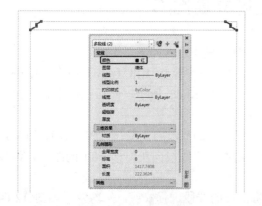

图 12-66　修改多段线的颜色

图 12-67　偏移的效果

步骤06 在命令行中执行 TRIM 命令，对偏移得到的线段进行修剪，修剪效果如图 12-68 所示。

步骤07 选择新修剪好的线段，在命令行中执行 PROPERTIES 命令，弹出【特性】选项板，在【常规】选项组中将【颜色】设置为 ByBlock，设置完成后关闭该选项板即可改变线段颜色，如图 12-69 所示。

图 12-68　修剪的效果　　　　　　图 12-69　修改线段颜色

步骤08 打开随书附带光盘中的"CDROM\素材\第 12 章\室内立面图"素材文件，选择合适的素材放置到合适的位置，如图 12-70 所示。

步骤09 将【填充】图层置为当前图层。在命令行中执行 HATCH 命令，将填充图案设置为 JIS-WOOD 选项，将【比例】设置为 100，进行填充，填充效果如图 12-71 所示。

图 12-70　添加素材　　　　　　图 12-71　填充的效果

步骤10 在命令行中执行 HATCH 命令，将填充图案设置为 AR-CONC，将【比例】设置为 1，进行填充，填充效果如图 12-72 所示。

步骤11 在命令行中执行 HATCH 命令，将填充图案设置为 TRIANG，将填充图案【颜色】设置为【青】，将【比例】设置为 10，进行填充，填充效果如图 12-73 所示。

步骤12 将【尺寸标注】图层置为当前图层。在命令行中执行 DIMLINEAR 命令，对图形对象进行尺寸标注，标注效果如图 12-74 所示。

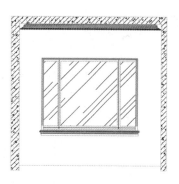

图 12-72　填充效果

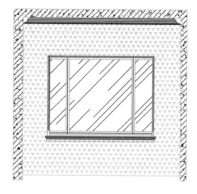

图 12-73　填充效果

步骤13　将【文字标注】图层置为当前图层。在命令行中执行 MLEADER 命令，根据命令行的提示在需要标注的位置进行文字标注，标注完成效果如图 12-75 所示。

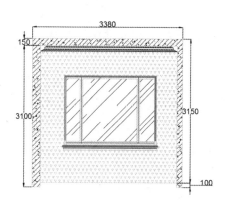

图 12-74　尺寸标注效果

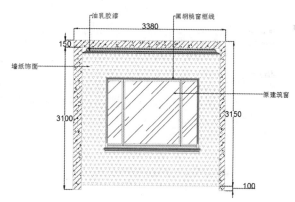

图 12-75　文字标注效果

12.4　绘制室内立面图 D

下面将具体讲解绘制室内立面图 D 的方法，具体操作步骤如下。

步骤01　将【墙体】图层置为当前图层。在命令行中执行 RECTANG 命令，绘制一个长度为 4860、宽度为 3250 的矩形，如图 12-76 所示，然后在命令行中执行 EXPLODE 命令，将绘制的矩形分解。

步骤02　在命令行中执行 OFFSET 命令，将左边的垂直线段向右偏移 680，将上边的水平线段向下偏移 150、749、2229，将右边的垂直线段向左偏移 120，偏移效果如图 12-77 所示。

步骤03　在命令行中执行 TRIM 命令，将偏移的矩形修剪，修剪效果如图 12-78 所示。

步骤04　在命令行中执行 PLINE 命令，绘制图 12-79 所示的线段。将新绘制的线段选中，在命令行中执行 PROPERTIES 命令，弹出【特性】选项板，在【常规】

选项组中将【颜色】设置为【红】，设置完成后，关闭该选项板即可改变线段颜色，如图 12-80 所示。

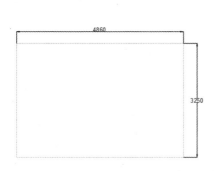

图 12-76　绘制矩形

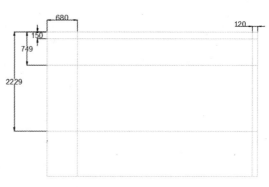

图 12-77　偏移线段的效果

图 12-78　修剪的效果

图 12-79　绘制多段线

步骤 05　在命令行中执行 OFFSET 命令，将偏移得到的第一条水平线段向下偏移 20、40、73、93、113、124，偏移效果如图 12-81 所示。

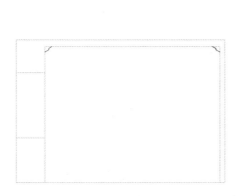

图 12-80　修改多段线的颜色

图 12-81　偏移的效果

步骤 06　在命令行中执行 TRIM 命令，将偏移的线段进行修剪，修剪效果如图 12-82 所示。

步骤 07　在命令行中执行 PROPERTIES 命令，将偏移得到的线段颜色修改为 ByBlock，修改效果如图 12-83 所示。

图 12-82　修剪的效果

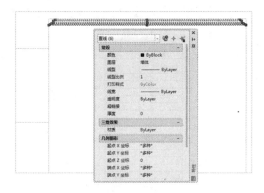

图 12-83　修改线段颜色

步骤 08　在功能区中选择【默认】选项卡下的【修改】选项组，在其选项组中单击【打断于点】按钮，根据命令行的提示操作，选择图 12-84 中 AB 所在的线段，然后指定 A 点为打断点，使用同样的方法将打断于 B 点。

步骤 09　在命令行中执行 OFFSET 命令，将打断得到的垂直线段 AB 向左偏移 20、40、60、600、620、640、660，其偏移效果如图 12-85 所示。

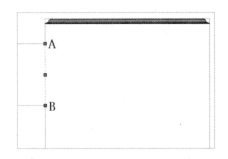

图 12-84　打断线段选中效果

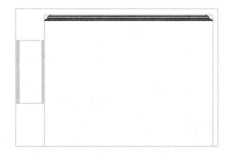

图 12-85　偏移线段

步骤 10　打开随书附带光盘中的 "CDROM\素材\第 12 章\室内立面图" 素材文件，选择合适的素材放置到合适的位置，如图 12-86 所示。

步骤 11　将【填充】图层置为当前图层。在命令行中执行 HATCH 命令，将填充图案设置为 JIS-WOOD 选项，将【比例】设置为 100，进行填充，填充效果如图 12-87 所示。

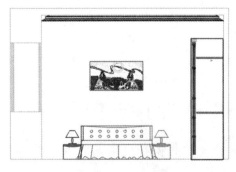

图 12-86　添加素材

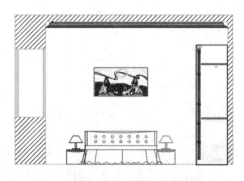

图 12-87　填充的效果

步骤12 在命令行中执行 HATCH 命令，将填充图案设置为 AR-CONC，将【比例】设置为 1，进行填充，填充效果如图 12-88 所示。

步骤13 在命令行中执行 HATCH 命令，将填充图案设置为 TRIANG，将填充图案【颜色】设置为【青】，将【比例】设置为 10，进行填充，填充效果如图 12-89 所示。

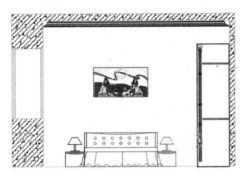

图 12-88　填充的效果(2)

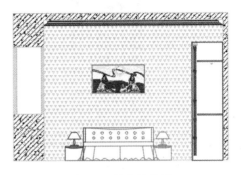

图 12-89　填充的效果(3)

步骤14 将【尺寸标注】图层置为当前图层。在命令行中执行 DIMLINEAR 命令，对图形对象进行尺寸标注，标注效果如图 12-90 所示。

步骤15 将【文字标注】图层置为当前图层。在命令行中执行 MLEADER 命令，根据命令行的提示在需要标注的位置进行文字标注，标注完成效果如图 12-91 所示。

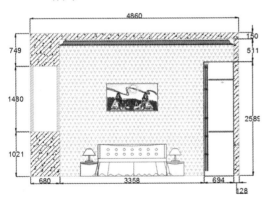

图 12-90　尺寸标注的效果

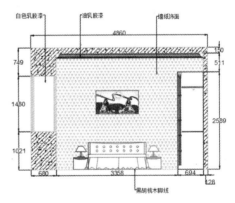

图 12-91　文字标注的效果

步骤16 在命令行中执行 TEXT 命令，根据命令行的提示将文字高度设置为 400，将旋转角度设置为 0，然后输入文本【室内立面图 A】、【室内立面图 B】、【室内立面图 C】、【室内立面图 D】。完成后的效果如图 12-92 所示。

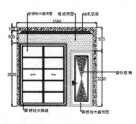

室内立面图A

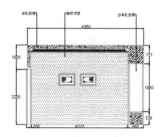

室内立面图B

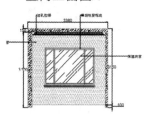

室内立面图C

室内立面图D

图 12-92　输入文本

第 13 章　剖面图及详图的绘制

本章将讲解如何绘制剖面图及详图，通过绘制电视墙剖面图及详图来熟练应用剖面图及详图的绘制。

13.1　绘制剖面图

下面将介绍剖面图的绘制方法。

13.1.1　绘制电视墙剖面图 A

步骤01　新建空白图纸，在命令行中输入 LAYER 命令，并按 Enter 键弹出【图层特性管理器】选项板，新建图 13-1 所示的图层，并将 0 图层置为当前图层。

步骤02　在菜单栏中选择【格式】|【线型】命令，弹出【线型管理器】对话框，单击【加载】按钮，如图 13-2 所示。

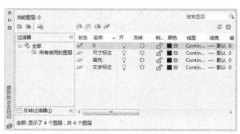

图 13-1　新建图层

图 13-2　【线型管理器】对话框

步骤03　弹出【加载或重载线型】对话框，在该对话框中选择 DASHED2 线型，如图 13-3 所示。

步骤04　单击【确定】按钮，返回到【线型管理器】对话框，在该对话框中将【全局比例因子】设为 4，选择刚加载的线型，单击【当前】按钮，然后单击【确定】按钮，如图 13-4 所示。

步骤05　按 F8 键打开【正交】模式，使用【直线】工具，绘制水平长度为 420 的直线，然后使用【偏移】工具，将其向右偏移 6.5，如图 13-5 所示。

步骤06　打开【线型管理器】对话框，在该对话框中选择 Continuous 线型，单击【当前】按钮，然后单击【确定】按钮，如图 13-6 所示。

步骤07　使用【矩形】工具，捕捉左侧直线上端点作为第一个点，绘制长度为486.5、宽度为 80.5 的矩形，如图 13-7 所示。

步骤08　使用【移动】工具，将绘制的矩形向下移动 12.5，如图 13-8 所示。

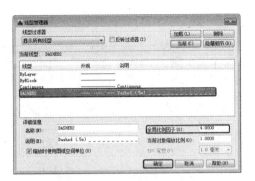

图 13-3 选择线型　　　　　　　　图 13-4 设置当前线型

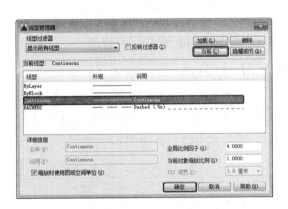

图 13-5 绘制直线并偏移　　　　　　　图 13-6 选择线型

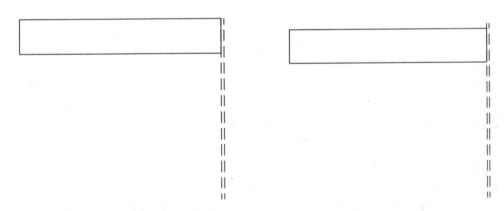

图 13-7 绘制矩形　　　　　　　　　图 13-8 移动矩形

步骤 09 使用【复制】工具，将绘制的矩形向右复制 493，如图 13-9 所示。

步骤 10 将【填充】图层置为当前图层，使用【图案填充】工具，选择【设置】选项，弹出【图案填充和渐变色】对话框，单击【图案】右侧的 按钮，弹出【填充图案选项板】对话框，切换至 ANSI 选项卡，选择 ANSI31 选项，单击【确定】按钮，如图 13-10 所示。

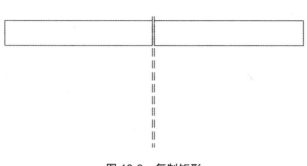

图 13-9　复制矩形

图 13-10　选择填充选项

步骤11 返回【图案填充和渐变色】对话框，在【角度和比例】选项组中将【比例】设置为 4，如图 13-11 所示。

步骤12 单击【确定】按钮，返回绘图区，对图形进行填充，如图 13-12 所示。

图 13-11　设置填充比例

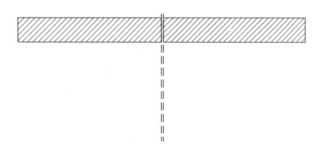

图 13-12　对图形进行填充

步骤13 将 0 图层置为当前图层，使用【矩形】工具，捕捉左侧矩形的左下角点作为第一个点绘制长度为 486.5、宽度为 15 的矩形，如图 13-13 所示。

步骤14 使用【复制】工具，将绘制的矩形向右复制 493，如图 13-14 所示。

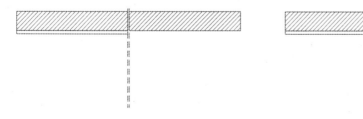

图 13-13　绘制矩形　　　　　　　　　　　　图 13-14　复制矩形

步骤15 将【填充】图层置为当前图层，使用【图案填充】工具，选择 AR-SAND 填充选项，将填充比例设为 0.2，如图 13-15 所示。

步骤16 单击【确定】按钮对图形进行填充，如图 13-16 所示。

图 13-15　设置图案填充比例

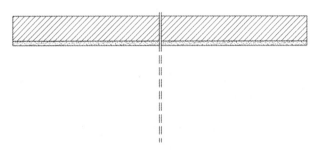

图 13-16　对图形进行填充

步骤17 使用【分解】工具对矩形进行分解，然后使用【删除】工具将多余的直线删除，如图 13-17 所示。

步骤18 将 0 图层置为当前图层，使用【矩形】工具绘制长度为 421、宽度为 50 的矩形，并将其移动到合适的位置，如图 13-18 所示。

图 13-17　删除直线　　　　　　　　　　图 13-18　绘制矩形

步骤19 使用【分解】工具将矩形进行分解，然后使用【偏移】工具将矩形的下侧边向上偏移 3、15，将矩形的左侧边向右偏移 3，如图 13-19 所示。

步骤20 使用【修剪】工具，对图形进行修剪，如图 13-20 所示。

图 13-19　偏移直线　　　　　　　　　　图 13-20　修剪图形

步骤21 使用【矩形】工具绘制长度为 48.5、宽度为 35 的矩形，并将其放置到合适的位置，如图 13-21 所示。

步骤22 使用【移动】工具将矩形向右移动 12，然后使用【复制】工具，将矩形向右复制 244.5，如图 13-22 所示。

步骤23 使用【直线】工具，捕捉角点绘制直线，效果如图 13-23 所示。

步骤24 将【填充】图层置为当前图层，使用【图案填充】工具，选择 DOLMIT 填充选项，将填充比例设置为 0.5，如图 13-24 所示。

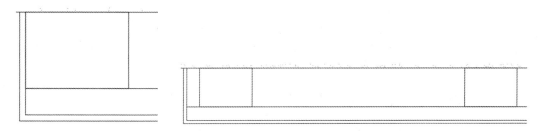

图 13-21　绘制矩形　　　　　　　　　图 13-22　移动并复制矩形

图 13-23　绘制直线　　　　　　　　　图 13-24　设置图案填充

步骤25　单击【确定】按钮，对图形进行填充，如图 13-25 所示。

步骤26　继续使用【图案填充】工具，将角度设为 90，然后对图形进行填充，效果如图 13-26 所示。

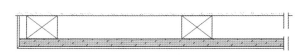

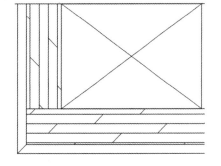

图 13-25　填充图案　　　　　　　　　图 13-26　继续填充图案

步骤27　使用【镜像】和【移动】工具，将绘制的图形放置到合适的位置，如图 13-27 所示。

步骤28　将 0 图层置为当前图层，使用【矩形】工具绘制长度为 175.5、宽度为 200 的矩形，并将其放置到合适的位置，如图 13-28 所示。

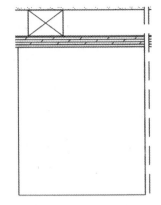

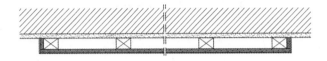

图 13-27　完成后的效果　　　　　　　　图 13-28　绘制矩形

步骤29　使用【矩形】工具，绘制长度为 245.5、宽度为 100 的矩形，并将其放置到合适的位置，如图 13-29 所示。

步骤30　使用【分解】工具，将绘制的矩形进行分解，然后将多余的直线删除，使用【镜像】和【移动】工具，将绘制的图形放置到合适的位置，如图 13-30 所示。

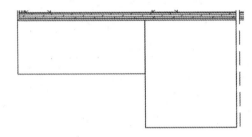

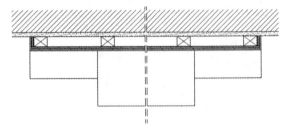

图 13-29　绘制矩形　　　　　　　　　图 13-30　完成后的效果

步骤31　打开【图层特性管理器】选项板，将【尺寸标注】图层置为当前图层，如图 13-31 所示。

步骤32　在菜单栏中选择【格式】|【标注样式】命令，弹出【标注样式管理器】对话框，单击【新建】按钮，弹出【创建新标注样式】对话框，将【新样式名】设置为【尺寸标注】，将【基础样式】设置为 ISO-25，单击【继续】按钮，如图 13-32 所示。

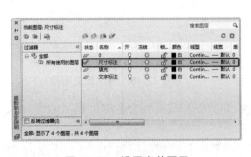

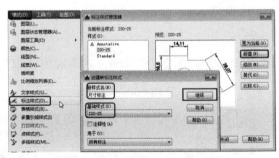

图 13-21　设置当前图层　　　　　　　图 13-22　创建新标注样式

步骤33　弹出【新建标注样式:尺寸标注】对话框，切换至【线】选项卡，将【基线间距】设置为 50，将【起点偏移量】设置为 20，如图 13-33 所示。

步骤34 切换至【符号和箭头】选项卡，将【箭头】选项组中的【第一个】和【第二个】设置为【建筑标记】，将【箭头大小】设置为 20，如图 13-34 所示。

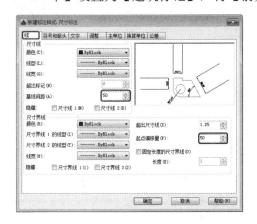

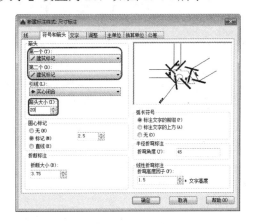

图 13-33　设置【线】选项卡　　　　　图 13-34　设置【符号和箭头】选项卡

步骤35 切换至【文字】选项卡，将【文字高度】设置为 25，如图 13-35 所示。

步骤36 切换至【调整】选项卡，选中【文字位置】下方的【尺寸线上方，不带引线】单选按钮，如图 13-36 所示。

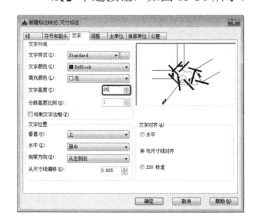

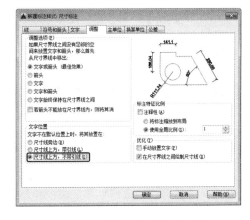

图 13-35　设置【文字】选项卡　　　　　图 13-36　设置【调整】选项卡

步骤37 切换至【主单位】选项卡，将【精度】设置为 0，如图 13-37 所示。

步骤38 单击【确定】按钮，返回至【标注样式管理器】对话框，选择【尺寸标注】样式，单击【置为当前】按钮，然后关闭该对话框即可，如图 13-38 所示。

步骤39 使用【线性标注】和【连续标注】工具，对其进行标注，如图 13-39 所示。

步骤40 在菜单栏中选择【格式】|【多重引线样式】命令，弹出【多重引线样式管理器】对话框，单击【新建】按钮，弹出【创建新多重引线样式】对话框，将【新样式名】设置为【多重引线】，将【基础样式】设置为 Standard，单击【继续】按钮，如图 13-40 所示。

图 13-37　设置【主单位】选项卡

图 13-38　将其置为当前

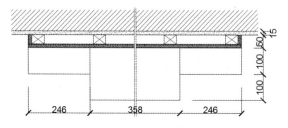

图 13-39　标注后的效果

图 13-40　新建多重引线样式

步骤41　弹出【修改多重引线样式:多重引线】对话框，切换至【引线格式】选项卡，将【箭头】下方的【大小】设置为 25，如图 13-41 所示。

步骤42　切换至【引线结构】选项卡，将【设置基线距离】设置为 30，如图 13-42 所示。

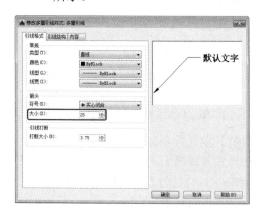

图 13-41　设置【引线格式】选项卡

图 13-42　设置基线距离

步骤43　切换至【内容】选项卡，将【文字高度】设置为 30，如图 13-43 所示。

步骤44　单击【确定】按钮，在弹出的对话框中单击【置为当前】按钮，将【多重引线】样式置为当前样式，如图 13-44 所示。

步骤45　打开【图层特性管理器】选项板，将【文字标注】图层置为当前图层，如

图 13-45 所示。

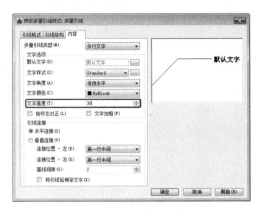

图 13-43　设置【内容】选项卡

图 13-44　将引线样式置为当前样式

步骤46　将该对话框进行关闭即可，使用【多重引线】工具对其进行引线标注，如图 13-46 所示。

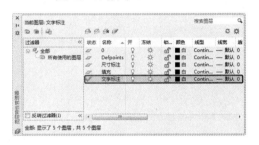

图 13-45　设置当前图层

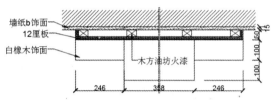

图 13-46　标注后的效果

步骤47　使用【多段线】工具，将多段线的宽度设置为 10，在合适的位置绘制一个长度为 840 的多段线，如图 13-47 所示。

步骤48　使用【单行文字】工具，将文字高度设置为 60，将旋转角度设置为 0，然后输入文本【电视墙剖面图 A】，完成的效果如图 13-48 所示。

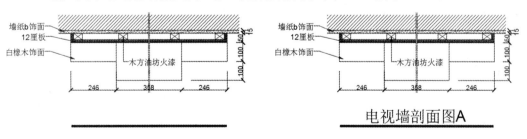

图 13-47　绘制多段线　　　　图 13-48　输入单行文字

13.1.2　绘制电视墙剖面图 B

步骤01　将当前图层置为 0 图层，打开【线型管理器】对话框，在该对话框中选择 DASHED2 线型，单击【当前】按钮，然后单击【确定】按钮，如图 13-49 所示。

步骤 02 使用【直线】工具，在绘图区绘制水平长度为 396 的直线，如图 13-50 所示。

图 13-49 选择线型

— — — — — — — — — — —

图 13-50 绘制直线

步骤 03 打开【线型管理器】对话框，在该对话框中选择 Continuous 线型，单击【当前】按钮，然后单击【确定】按钮，如图 13-51 所示。

步骤 04 使用【矩形】工具，在合适的位置绘制长度为 95，宽度为 845 的矩形，如图 13-52 所示。

图 13-51 选择线型

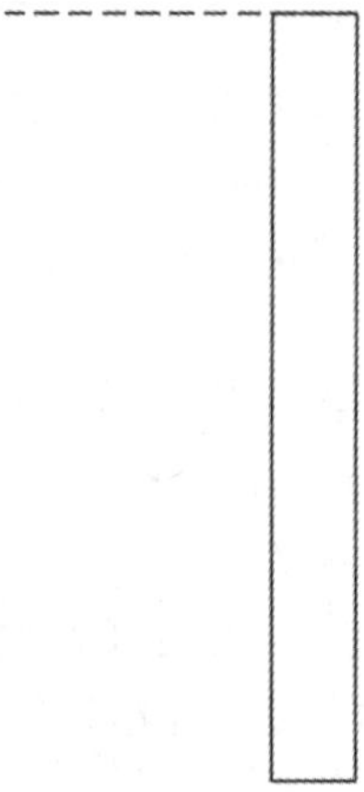

图 13-52 绘制矩形

步骤 05 使用【移动】工具，将绘制的矩形向左移动 25，如图 13-53 所示。

步骤 06 将【填充】图层置为当前图层，使用【图案填充】工具，选择 ANSI31 选项，将填充【比例】设置为 4，如图 13-54 所示。

步骤 07 单击【确定】按钮，对图形进行填充，如图 13-55 所示。

步骤 08 将 0 图层置为当前图层，在合适的位置使用【矩形】工具，绘制长度为 14、宽度为 845 的矩形，如图 13-56 所示。

步骤 09 将【填充】图层置为当前图层，使用【图案填充】工具，选择 AR-SAND 选项，将填充【比例】设置为 0.2，如图 13-57 所示。

步骤 10 单击【确定】按钮，对图形进行填充，如图 13-58 所示。

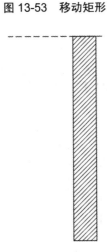

图 13-53　移动矩形

图 13-54　设置填充图案

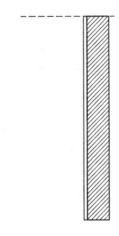

图 13-55　对图形进行填充

图 13-56　绘制矩形

图 13-57　设置图案填充

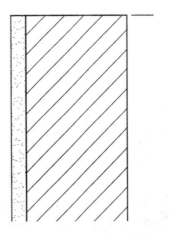

图 13-58　对图形进行填充

步骤 11 将 0 图层置为当前图层，在合适的位置使用【矩形】工具，绘制长度为 35、宽度为 48.5 的矩形，如图 13-59 所示。

步骤 12 使用【移动】工具将其向下移动 43，然后使用【复制】工具将绘制的矩形向下复制 218.5，如图 13-60 所示。

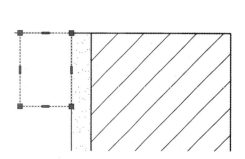

图 13-59 绘制矩形

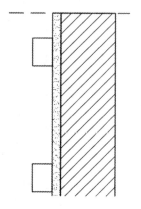

图 13-60 移动并复制矩形

步骤 13 使用【直线】工具，捕捉矩形的角点，绘制直线，如图 13-61 所示。

步骤 14 使用【矩形】工具，在合适的位置绘制长度为 12、宽度为 310 的矩形，如图 13-62 所示。

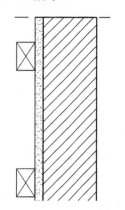

图 13-61 绘制直线

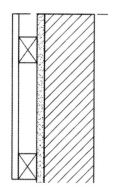

图 13-62 绘制矩形

步骤 15 使用【分解】工具，将绘制的矩形进行分解，并使用【偏移】工具，将矩形的最左侧的垂直直线向左偏移 3，如图 13-63 所示。

步骤 16 使用【矩形】工具，在合适的位置绘制长度为 150、宽度为 50 的矩形，并使用【移动】工具将刚绘制的矩形向下移动 275，如图 13-64 所示。

步骤 17 使用【分解】工具对绘制的图形进行分解，然后使用【偏移】工具，将最上侧的直线向下偏移 3、最左侧的直线向右偏移 3 和 15，将最下侧的直线向上偏移 3、15，如图 13-65 所示。

步骤 18 使用【修剪】工具对图形进行修剪，效果如图 13-66 所示。

步骤 19 使用【直线】工具捕捉端点绘制直线，如图 13-67 所示。

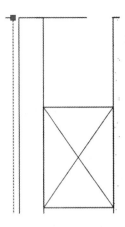

图 13-63　偏移直线

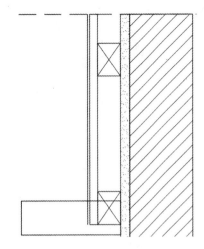

图 13-64　绘制矩形并移动

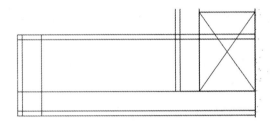

图 13-65　分解矩形并偏移直线

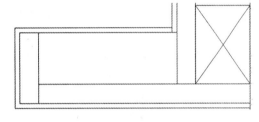

图 13-66　修剪后的效果

步骤20　将【填充】图层置为当前图层，使用【图案填充】工具，选择 DOLMIT 填充选项，将填充【角度】设置为 90，将【填充比例】设置为 0.5，如图 13-68 所示。

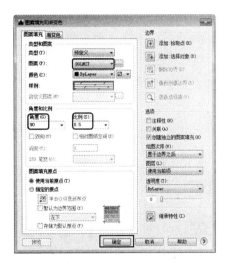

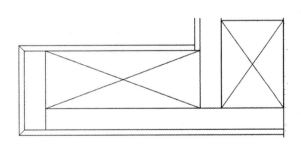

图 13-67　绘制直线

图 13-68　设置填充类型

步骤21　单击【确定】按钮，对图形进行填充，如图 13-69 所示。

步骤22　将【填充角度】设置为 0，继续对图形进行填充，如图 13-70 所示。

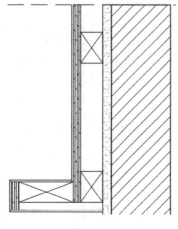

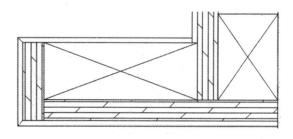

图 13-69　填充图案　　　　　　　　　　　　图 13-70　继续填充图案

步骤 23　将 0 图层置为当前图层，使用【直线】工具，在合适的位置绘制水平长度为 390.5 的直线，并使用【修剪】和【删除】工具对图形进行修剪，如图 13-71 所示。

步骤 24　使用【矩形】工具，在合适的位置绘制长度为 382、宽度为 58.5 的矩形，然后使用移动工具将其向左移动 8.5，如图 13-72 所示。

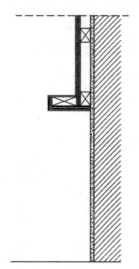

图 13-71　绘制直线并修剪图形　　　　　　　图 13-72　绘制矩形并移动

步骤 25　将【填充】图层置为当前图层，使用【图案填充】工具，选择 AR-CONC 填充选项，将填充【比例】设置为 0.1，对图形进行填充，如图 13-73 所示。

步骤 26　继续使用【图案填充】工具，选择 SACNCK 填充选项，将填充【比例】设置为 10，对图形进行填充，如图 13-74 所示。

步骤 27　将 0 图层置为当前图层，使用【矩形】工具，在合适的位置绘制长度为 281.5、宽度为 10 的矩形，如图 13-75 所示。

图 13-73　对图形进行填充　　　　　　图 13-74　继续对图形进行填充

步骤 28　将【填充】图层置为当前图层，使用【图案填充】工具，选择 AR-SAND 填充选项，将【填充比例】设置为 0.1，对图形进行填充，如图 13-76 所示。

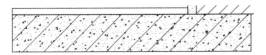

图 13-75　绘制矩形

图 13-76　对图形进行填充

步骤 29　将 0 图层置为当前图层，连续使用【直线】工具，在合适的位置绘制水平长度为 200、垂直长度为 680 的直线，如图 13-77 所示。

步骤 30　使用【修剪】和【删除】工具，对图形进行修剪，如图 13-78 所示。

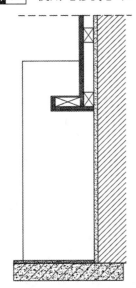

图 13-77　绘制直线

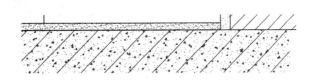

图 13-78　修剪图形

步骤 31 将【尺寸标注】图层置为当前图层，使用【线性标注】工具，对图形进行尺寸标注，如图 13-79 所示。

步骤 32 将【文字标注】图层置为当前图层，使用【多重引线】工具，对图形进行文字标注，如图 13-80 所示。

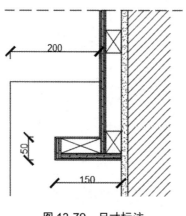

图 13-79　尺寸标注

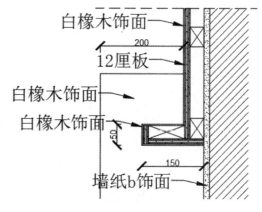

图 13-80　文字标注

步骤 33 使用【多段线】工具，将多段线的宽度设置为 10，在合适的位置绘制一个长度为 300 的多段线，如图 13-81 所示。

步骤 34 使用【单行文字】工具，将文字高度设置为 30，将旋转角度设置为 0，然后输入文本【电视墙剖面图 B】，完成后的效果如图 13-82 所示。

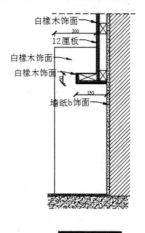

图 13-81　绘制多段线

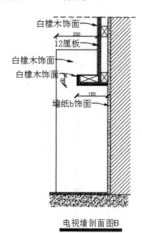

图 13-82　输入单行文字

13.2　绘 制 详 图

本节将介绍如何绘制室内详图，下面将介绍详图的绘制方法。

步骤 01 打开【图层特性管理器】选项板，新建图 13-83 所示的图层，并将【辅助线】图层置为当前图层。

步骤02 打开【线型管理器】对话框，在该对话框中将【全局比例因子】设置为 6，然后单击【确定】按钮，如图 13-84 所示。

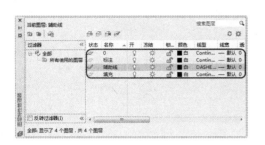

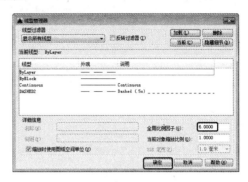

图 13-83　创建图层　　　　　　　　图 13-84　设置线型比例因子

步骤03 使用【圆】工具，在绘图区绘制一个半径为 390 的圆，如图 13-85 所示。

步骤04 将 0 图层置为当前图层，使用【直线】工具，过圆心绘制一条垂直直线，如图 13-86 所示。

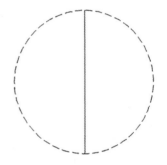

图 13-85　绘制圆　　　　　　　　　图 13-86　绘制直线

步骤05 使用【移动】工具将其向左移动 148，并使用【修剪】工具对其进行修剪，如图 13-87 所示。

步骤06 将【填充】图层置为当前图层，使用【图案填充】工具，选择 ANSI31 填充选项，将【填充比例】设置为 30，对图形进行填充，如图 13-88 所示。

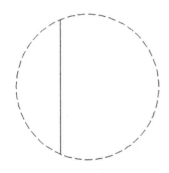

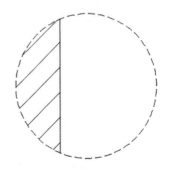

图 13-87　移动直线并修剪　　　　　图 13-88　填充图案

步骤07 继续使用【图案填充】工具，选择 AR-CONC 填充选项，将【填充比例】设置为 0.5，对图形进行填充，如图 13-89 所示。

步骤 08 将 0 图层置为当前图层，使用【矩形】工具，在合适的位置绘制长度为 100、宽度为 60 的矩形，并使用【直线】工具，捕捉矩形的交点绘制直线，如图 13-90 所示。

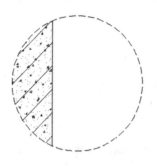

图 13-89 填充图案

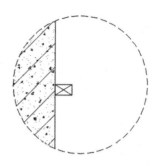

图 13-90 绘制矩形和直线

步骤 09 使用【直线】工具，绘制两条相距 12 的互相平行的直线，如图 13-91 所示。

步骤 10 将【填充】图层置为当前图层，使用【图案填充】工具，选择 DOLMIT 填充选项，将【填充角度】设置为 90，将【填充比例】设置为 0.5，对图形进行填充，如图 13-92 所示。

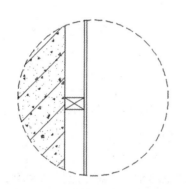

图 13-91 绘制互相平行的直线

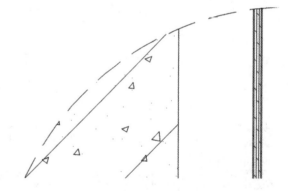

图 13-92 填充图案

步骤 11 将【标注】图层置为当前图层，打开【标注样式管理器】对话框，单击【新建】按钮，弹出【创建新标注样式】对话框，将【新样式名】设置为【尺寸标注】，将【基础样式】设置为 ISO-25，单击【继续】按钮，如图 13-93 所示。

步骤 12 弹出【新建标注样式:尺寸标注】对话框，切换至【线】选项卡，将【基线间距】设置为 8，将【起点偏移量】设置为 12，如图 13-94 所示。

步骤 13 切换至【符号和箭头】选项卡，将【箭头】选项组中的【第一个】和【第二个】均设置为【建筑标记】，将【箭头大小】设置为 10，如图 13-95 所示。

步骤 14 切换至【文字】选项卡，将【文字高度】设置为 20，如图 13-96 所示。

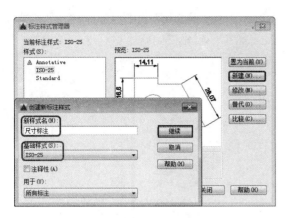

图 13-93　新建标注样式

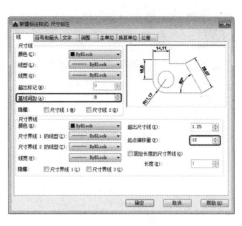

图 13-94　设置【线】选项卡

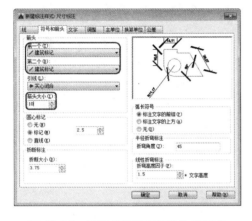

图 13-95　设置【符号和箭头】选项卡

图 13-96　设置【文字】选项卡

步骤15　切换至【调整】选项卡，选中【文字位置】下方的【尺寸线上方，不带引线】单选按钮，如图 13-97 所示。

步骤16　切换至【主单位】选项卡，将【精度】设置为 0，如图 13-98 所示。

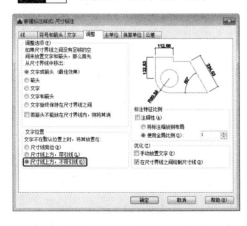

图 13-97　设置【调整】选项卡

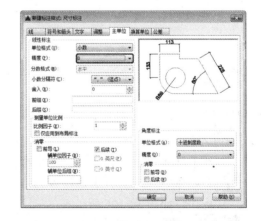

图 13-98　设置【主单位】选项卡

步骤17　单击【确定】按钮，返回至【标注样式管理器】对话框，选择【尺寸标注】

样式，单击【置为当前】按钮，然后关闭该对话框即可，如图 13-99 所示。

步骤18 使用【线性标注】工具，对其进行标注，如图 13-100 所示。

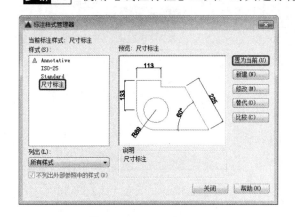

图 13-99　将其置为当前　　　　　　　　图 13-100　标注图形

步骤19 打开【多重引线样式管理器】对话框，单击【新建】按钮，弹出【创建新多重引线样式】对话框，将【新样式名】设置为【多重引线】，将【基础样式】设置为 Standard，单击【继续】按钮，如图 13-101 所示。

步骤20 弹出【修改多重引线样式:多重引线】对话框，切换至【引线格式】选项卡，将【箭头】下方的【大小】设置为 25，如图 13-102 所示。

图 13-101　创建多重引线样式　　　　　图 13-102　设置【引线格式】选项卡

步骤21 切换至【引线结构】选项卡，将【设置基线距离】设置为 30，如图 13-103 所示。

步骤22 切换至【内容】选项卡，将【文字高度】设置为 30，如图 13-104 所示。

步骤23 单击【确定】按钮，在弹出的对话框中单击【置为当前】按钮，将【多重引线】样式置为当前样式，如图 13-105 所示。

步骤24 将【文字标注】图层置为当前图层，使用【多重引线】工具，对其进行引线标注，如图 13-106 所示。

步骤25 使用【多段线】工具，将多段线的宽度设置为 10，在合适的位置绘制一个长度为 500 的多段线，如图 13-107 所示。

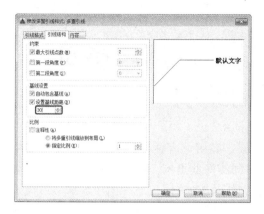

图 13-103　设置【引线结构】选项卡

图 13-104　设置【内容】选项卡

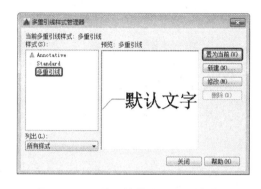

图 13-105　将引线样式置为当前样式

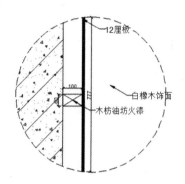

图 13-106　进行文字标注

步骤26　使用【单行文字】工具，将文字高度设置为 60，将旋转角度设置为 0，然后输入文本【大样图】，完成后的效果如图 13-108 所示。

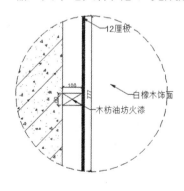

图 13-107　绘制多段线

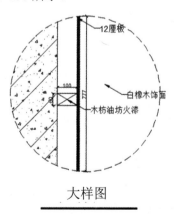

图 13-108　输入单行文字

第 14 章　项目指导——酒店房间平面图的绘制

酒店又称为宾馆、旅馆、旅店、旅社、商旅、客店、客栈等，其基本定义是提供安全、舒适，令利用者得到短期的休息或睡眠的空间的商业机构。一般来说，就是给宾客提供歇宿和饮食的场所。具体地说，饭店是以它的建筑物为凭证，通过出售客房、餐饮及综合服务设施向客人提供服务，从而获得经济收益的组织。本章将根据前面所学的知识来学习酒店房间平面图的绘制，其效果如图 14-1 所示。

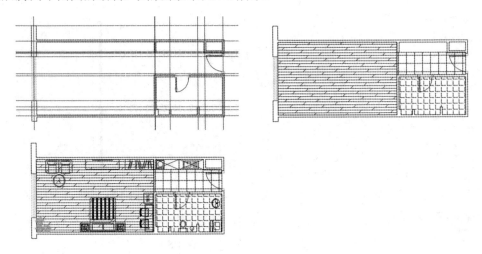

图 14-1　酒店房间平面图

14.1　创建户型图

在制作酒店房间平面图之前，首先要构思好户型的结构布局，然后创建辅助线，最后根据辅助线将户型图的结构布局绘制出来。下面将介绍如何创建户型图的墙体。

14.1.1　创建参考线

下面将介绍如何创建参考线，其具体操作步骤如下。

步骤01　启动 AutoCAD 2016，按 Ctrl+N 组合键，在弹出的对话框中选择 acadiso 图形样板文件，如图 14-2 所示。

步骤02　单击【打开】按钮，按 F7 键取消栅格显示，在命令行中输入 LAYER 命令，按 Enter 键确认，在弹出的【图层特性管理器】选项板中单击【新建图层】按钮，将其命名为【辅助线】，如图 14-3 所示。

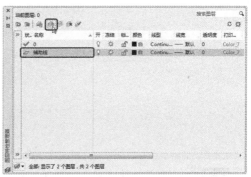

图 14-2　选择 acadiso 图形样板　　　　　　图 14-3　新建图层并设置其名称

步骤 03　单击【辅助线】图层右侧的颜色按钮，在弹出的对话框中选择颜色 10，单击【确定】按钮，再单击其右侧的线型名称，在弹出的对话框中单击【加载】按钮，再在弹出的对话框中选择 ACAD_IS003W100 选项，如图 14-4 所示。

步骤 04　单击【确定】按钮，在【选择线型】对话框中选择新加载的线型，单击【确定】按钮，在【图层特性管理器】选项板中选择【辅助线】图层，单击【置为当前】按钮，如图 14-5 所示。

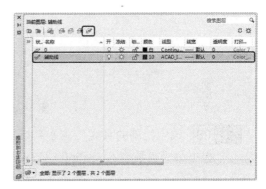

图 14-4　选择线型　　　　　　　　　　图 14-5　设置为当前图层

步骤 05　设置完成后，将【图层特性管理器】选项板关闭，在命令行中输入 LINE 命令，按 Enter 键确认，在绘图区中指定一点为直线的端点，然后根据命令提示输入(@13337,0)，按两次 Enter 键完成绘制，如图 14-6 所示。

───

图 14-6　绘制直线

步骤 06　选中绘制的直线，在命令行中输入 O，按 Enter 键确认，以直线的端点为基准，分别向上偏移 358、520、900、2330、2450、3450、3630、3690、3720、4350、5250，偏移后的效果如图 14-7 所示。

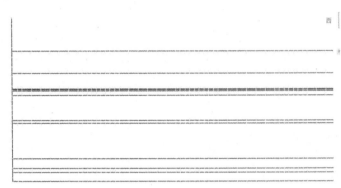

图 14-7 偏移直线

步骤07 在命令行中输入 LINE 命令，按 Enter 键确认，以最下方直线的左侧端点为直线的第一点，然后根据命令提示输入(@0,6582)，按两次 Enter 键完成绘制，如图 14-8 所示。

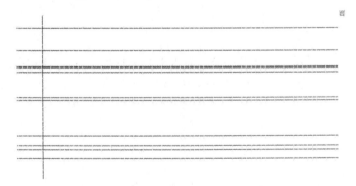

图 14-8 绘制直线

步骤08 选中绘制的直线，在命令行中输入 M 命令，以该直线下方的端点为基点，根据命令提示输入(@1060,-812)，按 Enter 键确认，如图 14-9 所示。

图 14-9 移动直线

步骤09 选中移动后的直线，在命令行中输入 O 命令，按 Enter 键确认，将该直线分别向右偏移 7310、7322、8226、9880、10300、11390，偏移后的效果如图 14-10 所示。

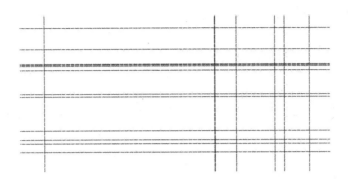

图 14-10　偏移后的效果

14.1.2　创建墙体

下面将介绍如何创建墙体，其具体操作步骤如下。

步骤 01　在命令行中输入 LAYER 命令，按 Enter 键确认，在弹出的【图层特性管理器】选项板中单击【新建图层】按钮，将新建的图层命名为【墙体】，单击其右侧的颜色块，在弹出的对话框中选择颜色 7，单击【确定】按钮，再单击其右侧的线型名称，在弹出的对话框中选择 Continuous 线型，单击【确定】按钮，在返回的选项板中单击【置为当前】按钮，如图 14-11 所示。

步骤 02　关闭【图层特性管理器】选项板，在命令行中输入 MLSTYLE 命令，按 Enter 键确认，在弹出的对话框中单击【新建】按钮，再在弹出的对话框中将【新样式名】设置为【墙体 1】，如图 14-12 所示。

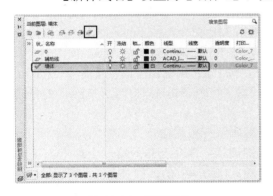

图 14-11　新建图层

图 14-12　设置多线名称

步骤 03　单击【继续】按钮，在弹出的对话框中将【偏移】设置为 150、–150，如图 14-13 所示。

步骤 04　设置完成后，单击【确定】按钮，再在【多线样式】对话框中单击【新建】按钮，在弹出的对话框中将【新样式名】设置为【墙体 2】，如图 14-14 所示。

步骤 05　设置完成后，单击【继续】按钮，在弹出的对话框中将【偏移】设置为 60、–60，如图 14-15 所示。

步骤 06　设置完成后，单击【确定】按钮，在【多线样式】对话框中选择【墙体 1】，单击【置为当前】按钮，如图 14-16 所示。

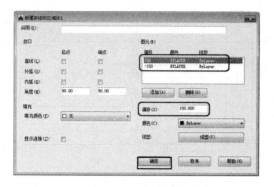

图 14-13　设置偏移数量　　　　　　　　　　　图 14-14　设置样式名

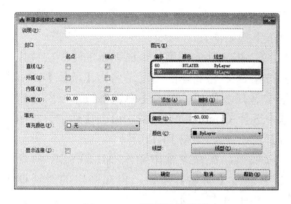

图 14-15　设置偏移数量　　　　　　　　　　　图 14-16　将选中样式置为当前

步骤 07　单击【确定】按钮，在命令行中输入 ML 命令，按 Enter 键确认；根据命令提示输入 J，按 Enter 键确认；输入 Z，按 Enter 键确认；输入 S，按 Enter 键确认；输入 1，按 Enter 键确认；输入 ST，按 Enter 键确认；输入【墙体 1】，在绘图区中以左上角最上方的端点为顶点，输入(@0,-5561)，按两次 Enter 键完成绘制，如图 14-17 所示。

步骤 08　在命令行中输入 ML，按 Enter 键确认；根据命令提示输入 ST，按 Enter 键确认；输入【墙体 2】，按 Enter 键确认；以左上角的第二个端点为顶点，输入(@11390,0)，按 Enter 键确认；输入(@0,-4350)，按 Enter 键确认；输入(@-11390,0)，按两次 Enter 键确认。完成多线的绘制，如图 14-18 所示。

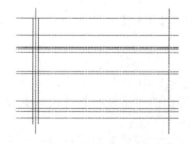

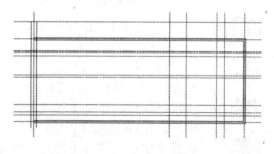

图 14-17　绘制多线　　　　　　　　　　　　图 14-18　再次绘制多线

步骤 09 在命令行中输入 ML 命令，按 Enter 键确认，在绘图区中以图 14-19 所示的端点为顶点，输入((@0,-660)，按两次 Enter 键完成绘制，如图 14-19 所示。

步骤 10 使用同样的方法绘制其他多线，绘制后的效果如图 14-20 所示。

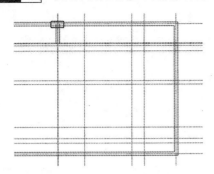

图 14-19　绘制多线

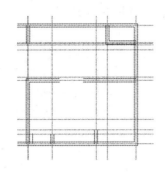

图 14-20　绘制其他多线后的效果

步骤 11 在绘图区中选择任意一条多线，双击该多线，在弹出的对话框中选择【T 形打开】选项，如图 14-21 所示。

步骤 12 选择【T 形打开】后，在绘图区中对多线进行修剪，效果如图 14-22 所示。

图 14-21　选择【T 形打开】选项

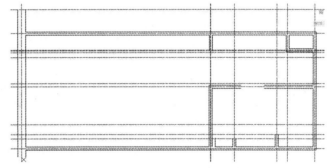

图 14-22　修剪多线后的效果

步骤 13 再次双击多线，在弹出的对话框中选择【单个剪切】选项，如图 14-23 所示。

步骤 14 在绘图区中对多线进行修剪，修剪后的效果如图 14-24 所示。

图 14-23　选择【单个剪切】选项

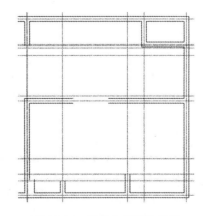

图 14-24　修剪多线后的效果

步骤15 在命令行中输入 LINE 命令，按 Enter 键确认，在绘图区中对墙体进行修补，效果如图 14-25 所示。

步骤16 再在绘图区中双击多线，在弹出的对话框中选择【全部剪切】选项，如图 14-26 所示。

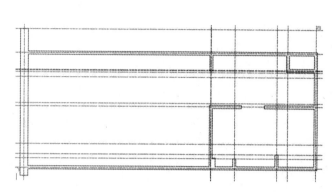

图 14-25　修补后的效果　　　　　　　图 14-26　选择【全部剪切】选项

步骤17 在绘图区中对多线进行修剪，修剪后的效果如图 14-27 所示。

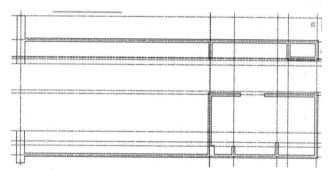

图 14-27　修剪多线后的效果

步骤18 在命令行中输入 LINE 命令，按 Enter 键确认，在绘图区中对修剪的墙体进行修补，如图 14-28 所示。

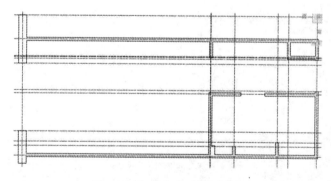

图 14-28　修补墙体后的效果

14.1.3　绘制门窗

下面将介绍如何绘制门窗，其具体操作步骤如下。

步骤 01　在命令行中输入 LAYER 命令，按 Enter 键确认，在弹出的【图层特性管理器】选项板中单击【新建图层】按钮，将其命名为【门窗】，再在【图层特性管理器】选项板中单击【置为当前】按钮，如图 14-29 所示。

步骤 02　关闭【图层特性管理器】选项板，在命令行中输入 LINE 命令，按 Enter 键确认，在绘图区中绘制一条直线，如图 14-30 所示。

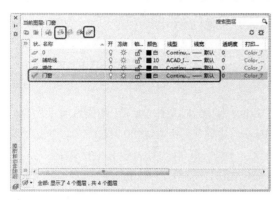

图 14-29　新建图层并置为当前　　　　　　　图 14-30　绘制直线

步骤 03　选中绘制的直线，在命令行中输入 M 命令，按 Enter 键确认，指定直线一侧端点为基点，根据命令提示输入(@-30,0)，如图 14-31 所示。

步骤 04　继续选中该直线并右击，在弹出的快捷菜单中选择【特性】命令，如图 14-32 所示。

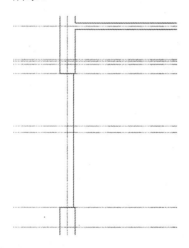
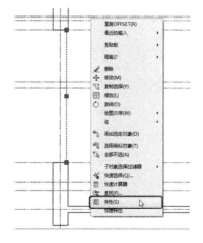

图 14-31　移动直线　　　　　　　　　图 14-32　选择【特性】命令

步骤 05　在弹出的【特性】选项板中将【颜色】设置为【青】，如图 14-33 所示。

步骤 06　关闭该选项板，继续选中该直线，在命令行中输入 O，按 Enter 键确认，在绘图区中将该直线分别向左偏移 80、160、240，如图 14-34 所示。

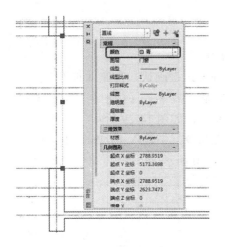

图 14-33　设置直线颜色

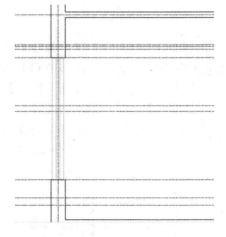

图 14-34　偏移直线后的效果

步骤 07　在命令行中输入 PL 命令，按 Enter 键确认。图 14-35 所示的端点为顶点，根据命令提示输入((@-178,0)，按 Enter 键确认；输入((@0,-100)，按 Enter 键确认；输入((@50,0)，按 Enter 键确认；输入((@0,-20)，按 Enter 键确认；输入((@128,0)，按 Enter 键确认；输入((@0,120)，按两次 Enter 键完成绘制。效果如图 14-35 所示。

步骤 08　选中绘制的多线并右击，在弹出的快捷菜单中选择【特性】命令，如图 14-36 所示。

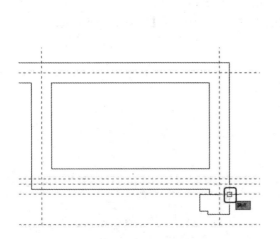

图 14-35　绘制多线

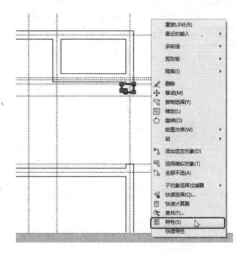

图 14-36　选择【特性】命令

步骤 09　在弹出的【特性】选项板中将【颜色】设置为【绿】，如图 14-37 所示。

步骤 10　继续选中该多段线，在命令行中输入 M，按 Enter 键确认，以多段线右上角的端点为基点，根据命令提示输入((@20,-20)，按 Enter 键确认，如图 14-38 所示。

步骤 11　继续选中该多段线，在命令行中输入 MIRROR 命令，以多段线右下角的端点为基点，以该端点左侧的端点为镜像的第二点，根据命令提示输入 N，如图 14-39 所示。

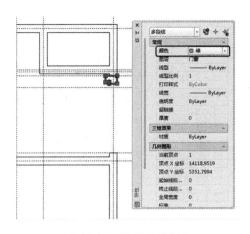

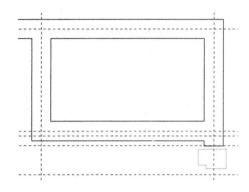

图 14-37　设置线型颜色　　　　　　　　图 14-38　移动多段线后的效果

步骤 12　选中镜像后的对象，输入 M 命令，按 Enter 键确认，以该对象右下角的端点为基点，然后在绘图区中以 14.40 的端点为移动的第二点。效果如图 14-40 所示。

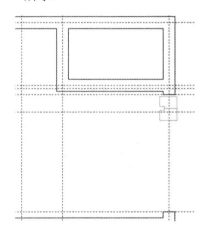

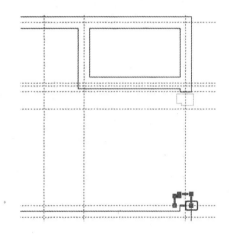

图 14-39　镜像图形　　　　　　　　　　图 14-40　移动图形后的效果

步骤 13　继续选中该图形，输入 M 命令，按 Enter 键确认，以该图形右下角的端点为基点，根据命令提示输入(@20,20)，按 Enter 键确认，完成移动，如图 14-41 所示。

步骤 14　在命令行中输入 REC 命令，按 Enter 键确认，以图 14-42 所示的端点为基点，根据命令提示输入(@-945,-47)，按 Enter 键确认。完成后的效果如图 14-42 所示。

步骤 15　选中绘制的矩形，在命令行中输入 M，按 Enter 键确认，以矩形右上角的端点为基点，根据命令提示输入(@-25,20)，按 Enter 键完成移动。效果如图 14-43 所示。

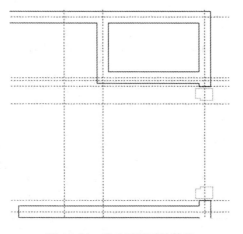

图 14-41　移动图形后的效果

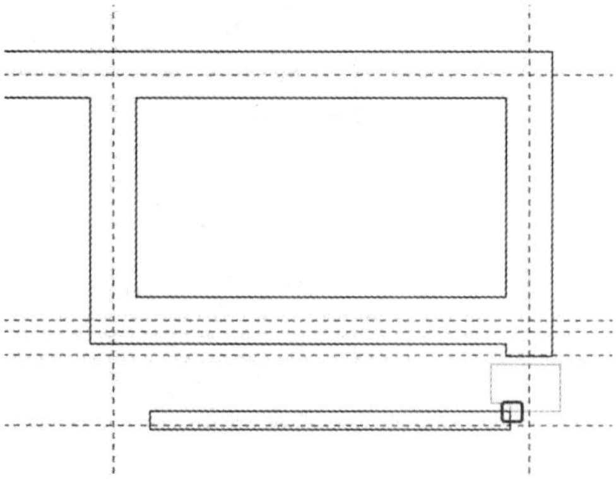

图 14-42　绘制矩形

步骤16 在命令行中输入 PL 命令，按 Enter 键确认，在绘图区中以矩形左上角的端点为第一点，根据命令提示输入((@0,5)，按 Enter 键确认；输入((@40,0)，按 Enter 键确认；输入((@0,-5)，按两次 Enter 键完成绘制，如图 14-44 所示。

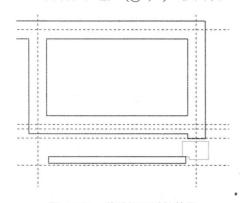

图 14-43　移动矩形后的效果

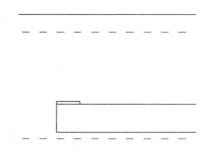

图 14-44　绘制多线

步骤17 在命令行中输入 PL 命令，按 Enter 键确认，以新绘制的多段线左上角的端点为第一点，根据命令提示输入((@0,30)，按 Enter 键确认；输入((@120,0)，按 Enter 键确认；输入((@0,-10)，按 Enter 键确认；输入((@-100,-5)，按 Enter 键确认；输入((@0,-15)，按两次 Enter 键完成绘制。效果如图 14-45 所示。

步骤18 选中该多段线，在命令行中输入 M 命令，按 Enter 键确认，以该多段线的起点为基点，根据命令提示输入((@10,0)，按 Enter 键确认完成移动，如图 14-46 所示。

步骤19 继续选中该多段线，将鼠标指针放置在图 14-47 所示端点上，在弹出的菜单中选择【转换为圆弧】命令，如图 14-47 所示。

步骤20 转换为圆弧后，在绘图区中对其进行调整，调整后的效果如图 14-48 所示。

步骤21 在绘图区中选中图 14-49 所示的多段线并右击，在弹出的快捷菜单中选择【特性】命令，如图 14-49 所示。

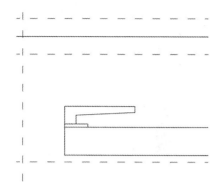

图 14-45　绘制多段线

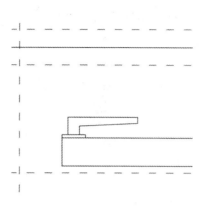

图 14-46　移动多段线

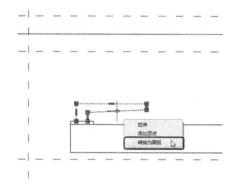

图 14-47　选择【转换为圆弧】命令

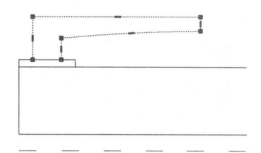

图 14-48　调整多段线后的效果

步骤22　在弹出的【特性】选项板中将【颜色】设置为【绿】，如图 14-50 所示。

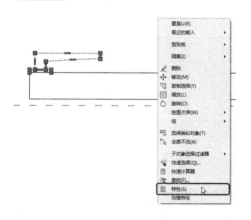

图 14-49　选择【特性】命令

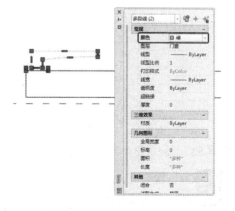

图 14-50　多段线颜色

步骤23　设置完成后，关闭【特性】选项板，继续选中该多段线，在命令行中输入 M 命令，按 Enter 键确认，以矩形左上角的端点为基点，根据命令提示输入 (@102,0)，按 Enter 键确认，如图 14-51 所示。

步骤24　继续选中该多段线，在命令行中执行 MIRROR 命令，以矩形左侧垂直直线的中点为基点，水平移动鼠标并单击，根据命令提示输入 N 命令，如图 14-52 所示。

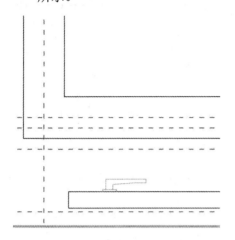

图 14-51　移动多段线的位置　　　　　　　　　图 14-52　镜像多段线

步骤25　在【默认】选项卡中单击【绘图】组中的【圆弧】下三角按钮，在弹出的下拉列表中选择【起点，端点，方向】选项，如图 14-53 所示。

步骤26　在绘图区中以矩形左下角的端点为起点，根据命令提示输入(@945,-891.4)，按 Enter 键确认；输入 280，按 Enter 键确认，如图 14-54 所示。

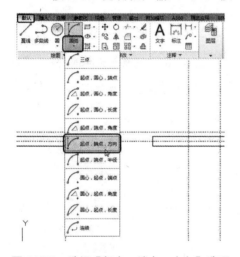

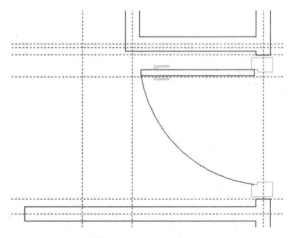

图 14-53　选择【起点，端点，方向】选项　　　　图 14-54　绘制圆弧

步骤27　绘制完成后，在绘图区中选择图 14-55 所示的对象。

步骤28　对选中的对象进行复制，并将其调整至合适的位置，对复制后的对象进行调整，效果如图 14-56 所示。

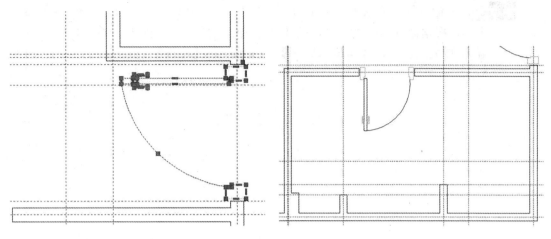

图 14-55　选择对象　　　　　　　　　图 14-56　复制对象并调整后的效果

14.2　绘制酒店房间铺装平面图

下面将介绍如何绘制酒店房间铺装平面图，其具体操作步骤如下。

步骤01　在命令行中输入 LAYER 命令，按 Enter 键确认，在弹出的【图层特性管理器】选项板中选择【辅助线】图层，单击其右侧的【锁定】按钮，将该图层进行锁定，如图 14-57 所示。

步骤02　锁定完成后，将该选项板关闭，按 Ctrl+A 组合键，选中绘图区中的所有对象，在命令行中输入 CP 命令，按 Enter 键确认，在绘图区中指定任意一点为基点，水平向右移动，在合适的位置上单击，按 Enter 键完成复制，如图 14-58 所示。

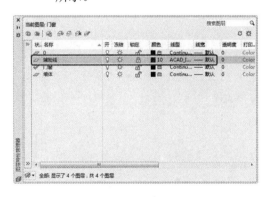

图 14-57　锁定图层

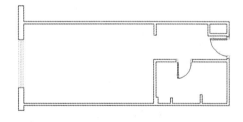

图 14-58　复制图形后的效果

提 示

此处将【辅助线】图层锁定是为了在后面操作时该图层中的对象不被选中。

步骤03　在命令行中输入 REC 命令，在绘图区中以图 14-59 所示的端点为第一个角点，根据命令提示输入(@7100,-4230)，按 Enter 键完成绘制，效果如图 14-59 所示。

步骤 **04** 在命令行中输入 HATCH 命令，按 Enter 键确认，在绘图区中拾取新绘制的矩形，根据命令提示输入 T，按 Enter 键确认，在弹出的对话框中将【图案】设置为 DOLMIT，在【角度和比例】选项组中将【比例】设置为 25，如图 14-60 所示。

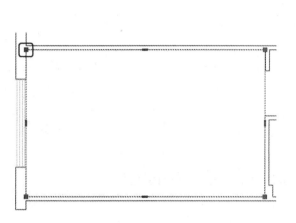

图 14-59　绘制矩形

图 14-60　设置图案填充

步骤 **05** 设置完成后，单击【确定】按钮，按 Enter 键完成图案填充，效果如图 14-61 所示。

步骤 **06** 在命令行中执行 REC 命令，在绘图区中以图 14-62 所示的端点为第一个角点，根据命令提示输入(@4068,-1300)，按 Enter 键完成绘制，如图 14-62 所示。

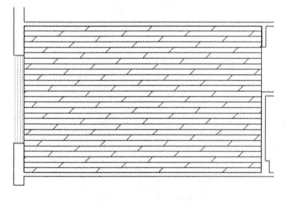

图 14-61　图案填充后的效果

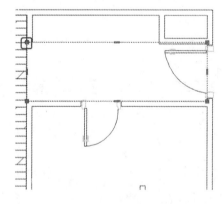

图 14-62　绘制矩形

步骤 **07** 在命令行中输入 HATCH 命令，按 Enter 键确认，在绘图区中选择新绘制的矩形，输入 T 命令，按 Enter 键确认，在弹出的对话框中将【图案】设置为 ANSI37，将【角度】和【比例】分别设置为 45、150，如图 14-63 所示。

步骤 **08** 设置完成后，单击【确定】按钮，再次按 Enter 键确认，完成图案填充后的效果如图 14-64 所示。

图 14-63 设置图案填充参数

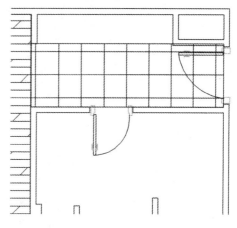

图 14-64 填充图案后的效果

步骤09 在命令行中输入 PL 命令，按 Enter 键确认，在绘图区绘制如图 14-65 所示的轮廓。

步骤10 在命令行中输入 HATCH 命令，按 Enter 键确认，在绘图区拾取新绘制的轮廓，输入 T 命令，按 Enter 键确认，在弹出的对话框中将【图案】设置为 ANGLE，将【角度】和【比例】分别设置为 0、50，如图 14-66 所示。

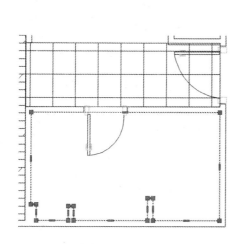

图 14-65 绘制轮廓

图 14-66 设置填充参数

步骤11 设置完成后，单击【确定】按钮，再次按 Enter 键完成填充，效果如图 14-67 所示。

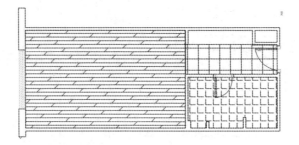

图 14-67　填充后的效果

14.3　添加家具

下面将介绍如何添加家具，其具体操作步骤如下。

步骤01　在绘图区选择如图 14-68 所示的图形对象。

步骤02　在命令行中输入 CP 命令，按 Enter 键确认，在绘图中指定任意一点为基点，水平向右移动鼠标，单击鼠标，按 Enter 键完成复制，效果如图 14-69 所示。

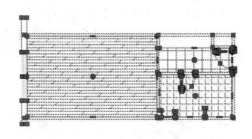

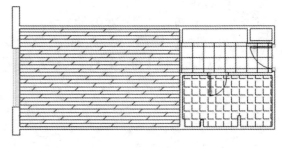

图 14-68　选择图形对象　　　　　　　　　　图 14-69　复制对象

步骤03　按 Ctrl+O 组合键，在弹出的对话框中选择【家具.dwg】素材文件，如图 14-70 所示。

步骤04　单击【打开】按钮，按 Ctrl+A 组合键，再按 Ctrl+C 组合键，切换至【酒店房间平面图】场景文件中，按 Ctrl+V 组合键进行粘贴，在绘图区中指定合适的位置，效果如图 14-71 所示。

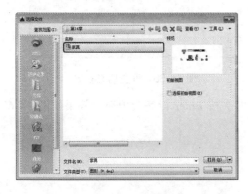

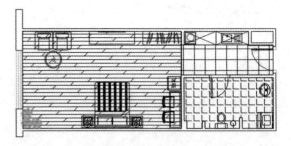

图 14-70　选择素材文件　　　　　　　　　　图 14-71　添加家具后的效果

第 15 章 项目指导——服装店 平面图的绘制

服装店装修不是简单地理解为装饰问题，而是需要着力于人群、顾客、空间的分析，继而去探索美好的环境。本章将介绍服装店平面图的绘制，其效果如图 15-1 所示。

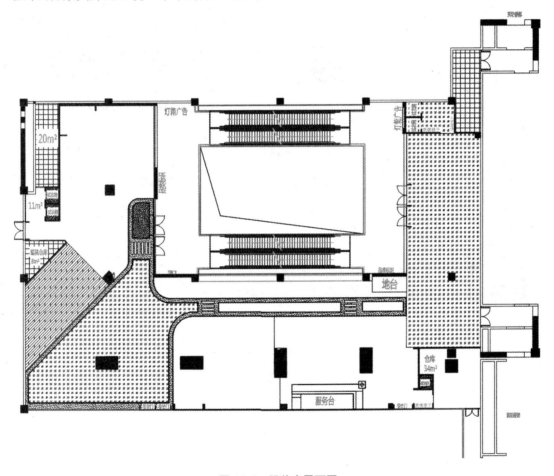

图 15-1 服装店平面图

15.1 创建布局图

在制作服装店平面图之前，首先要构思好户型的结构布局，然后创建辅助线，最后根据辅助线将户型图的结构布局绘制出来。

15.1.1 创建辅助线

在创建布局图之前，为了更好地操作，首先要创建辅助线，其具体操作步骤如下。

步骤01 启动 AutoCAD 2016，按 Ctrl+N 组合键，在弹出的对话框中选择 acadiso 图形样板，如图 15-2 所示。

步骤02 单击【打开】按钮，按 F7 键取消栅格显示，在弹出的【图层特性管理器】选项板中单击【新建图层】按钮，将其命名为【辅助线】，单击其右侧的颜色块，在弹出的对话框中选择 6，如图 15-3 所示。

图 15-2 选择图形样板

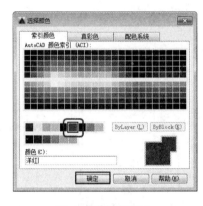

图 15-3 选择颜色

步骤03 单击【确定】按钮，在【图层特性管理器】选项板中单击【置为当前】按钮，将选中的图层置为当前，如图 15-4 所示。

步骤04 关闭该选项板，在命令行中输入 LINE 命令，按 Enter 键确认，在绘图区中的任意一点单击，根据命令提示输入(@0,-50033)，按两次 Enter 键完成绘制，如图 15-5 所示。

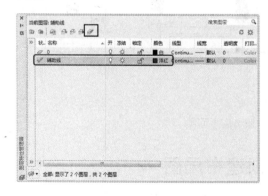

图 15-4 将新建的图层置为当前

图 15-5 绘制垂直直线

步骤05 选中绘制的直线，在命令行中输入 O 命令，按 Enter 键确认，以直线上方的端点为基点，分别向右偏移 100、1150、8500、16900、25300、33700、42100、43140、45100、45864、46500、50500，按 Enter 键完成偏移，效果如图 15-6 所示。

步骤 06　在命令行中执行 LINE 命令，在绘图区中以左侧直线上方的端点为第一点，根据命令提示输入(@60411,0)，按两次 Enter 键完成绘制，如图 15-7 所示。

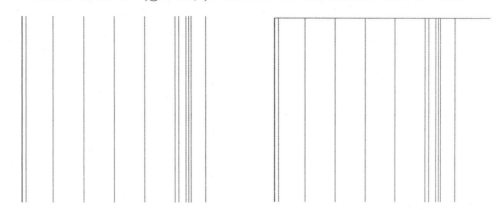

图 15-6　偏移直线　　　　　　　　　　　　图 15-7　绘制水平直线

步骤 07　选中新绘制的直线，在命令行中输入 M 命令，按 Enter 键确认，以该直线左侧的端点为基点，根据命令提示输入(@-6471,-3896)，按 Enter 键完成移动，如图 15-8 所示。

步骤 08　继续选中该水平直线，在命令行中输入 O 命令，按 Enter 键确认，以该直线左侧的端点为基点，分别向下偏移 2550、4750、7500、16150、24300、27050、29250、31800、32350、36950、41600，如图 15-9 所示。

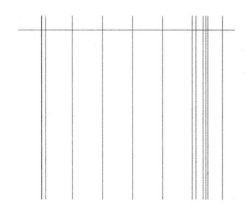
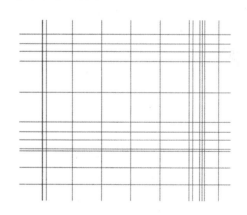

图 15-8　移动直线　　　　　　　　　　　　图 15-9　偏移水平直线

15.1.2　创建墙体

下面将介绍如何创建墙体，其具体操作步骤如下。

步骤 01　在命令行中输入 LAYER 命令，按 Enter 键确认，在弹出的【图层特性管理器】选项板中单击【新建图层】按钮🗔，将其命名为【墙体】，单击其右侧的颜色块，在弹出的对话框中选择 1，单击【置为当前】按钮🗸，将该图层置为当前，如图 15-10 所示。

步骤 02　设置完成后，关闭该选项板，在命令行中输入 MLSTYLE 命令，按 Enter 键确认，在弹出的对话框中单击【新建】按钮，如图 15-11 所示。

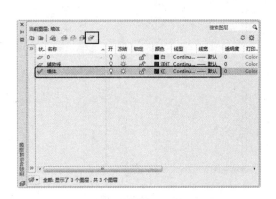

图 15-10　新建图层并置为当前　　　　　　　　图 15-11　单击【新建】按钮

步骤03　在弹出的对话框中将【新样式名】设置为【墙100】，如图 15-12 所示。

步骤04　单击【继续】按钮，在弹出的对话框中将【偏移】分别设置为 50、-50，如图 15-13 所示。

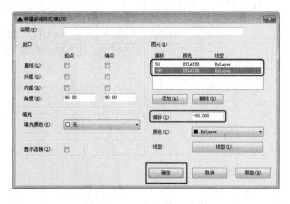

图 15-12　设置多线样式名称　　　　　　　　图 15-13　设置偏移参数

步骤05　设置完成后，单击【确定】按钮，在返回的【多线样式】对话框中单击【新建】按钮，在弹出的对话框中将【新样式名】设置为【墙 120】，单击【继续】按钮，在弹出的对话框中将【偏移】分别设置为 60、-60，如图 15-14 所示。

步骤06　单击【确定】按钮，使用同样的方法创建【墙 200】、【墙 400】、【墙 500】，如图 15-15 所示。

提 示

在创建其他多线样式时，偏移的数量是墙的 1/2，如【墙 200】的偏移数量分别为 100、-100，其他的以此类推。

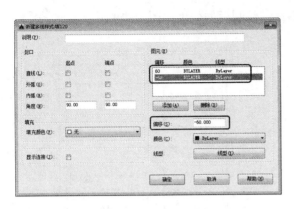

图 15-14　新建多线样式

图 15-15　新建其他多线样式

步骤07　设置完成后，单击【确定】按钮，在命令行中输入 ML 命令，按 Enter 键确认；根据命令提示输入 J 命令，按 Enter 键确认，输入 Z 命令，按 Enter 键确认；输入 S 命令，按 Enter 键确认；输入 1，按 Enter 键确认，输入 ST 命令，按 Enter 键确认；输入【墙 200】，按 Enter 键确认。在绘图区中以图 15-16 所示的端点为多线的起点，根据命令提示输入((@0,2550)，按 Enter 键确认；输入((@-1400,0)，按 Enter 键确认，输入((@0,-2550)，按 Enter 键确认，输入((@-3000,0)，按 Enter 键确认；输入((@0,-4950)，按 Enter 键确认；输入((@-42000,0)，按两次 Enter 键完成绘制。效果如图 15-16 所示。

步骤08　在命令行中输入 ML 命令，按 Enter 键确认，在绘图区中以图 15-17 所示的端点为起点，根据命令提示输入((@2500,0)，按两次 Enter 键完成绘制。效果如图 15-17 所示。

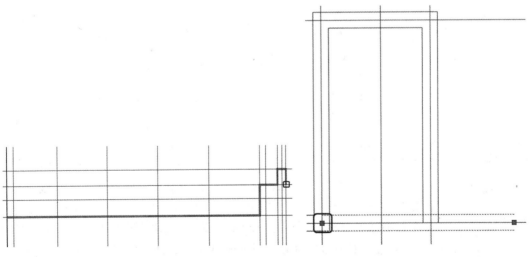

图 15-16　绘制多线　　　　　　　　　　图 15-17　绘制墙体

步骤09　在命令行中输入 ML 命令，按 Enter 键确认，在绘图区以图 15-18 所示的端点为起点，根据命令提示输入(@-1100,0)，按两次 Enter 键完成绘制，效果如图 15-18 所示。

步骤10 使用同样的方法绘制其他多线，绘制后的效果如图 15-19 所示。

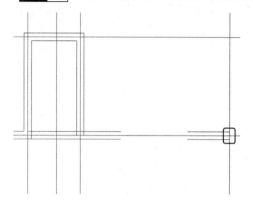

图 15-18　绘制长为 1100 的多线　　　　图 15-19　绘制其他多线后的效果

步骤11 选中绘制的多线，双击该多线，在弹出的对话框中选择【角点结合】选项，如图 15-20 所示。

步骤12 选择该选项后，在绘图区中对多线进行修剪，修剪完成后，按 Enter 键完成修剪。修剪后的效果如图 15-21 所示。

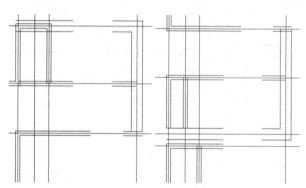

图 15-20　选择【角点结合】选项　　　　图 15-21　修剪多线

步骤13 再在绘图区中双击任意一条多线，在弹出的对话框中选择【T 形合并】选项，如图 15-22 所示。

步骤14 在绘图区中对绘制的多线进行 T 形合并，修剪后的效果如图 15-23 所示。

步骤15 在命令行中输入 LINE 命令，按 Enter 键确认，在绘图区中对多线进行修补，效果如图 15-24 所示。

步骤16 在命令行中输入 REC 命令，按 Enter 键确认，以图 15-25 所示的端点为矩形的第一个角点，输入(@-700,700)，按 Enter 键完成绘制，效果如图 15-25 所示。

步骤17 选中绘制的矩形，在命令行中输入 M 命令，按 Enter 键确认，以该矩形右下角角点为基点，根据命令提示输入(@350,-350)，按 Enter 键确认，移动后的效果如图 15-26 所示。

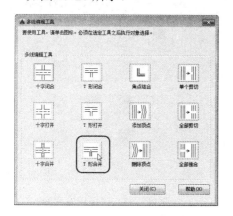

图 15-22　选择【T 形合并】选项

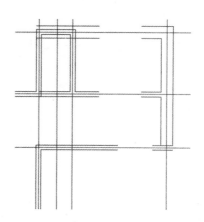

图 15-23　T 形合并后的效果

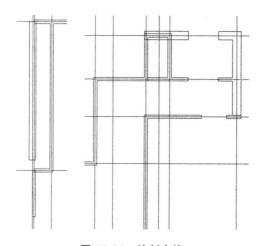

图 15-24　绘制直线

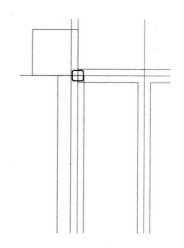

图 15-25　绘制矩形

步骤 18　在命令行中输入 HATCH 命令，按 Enter 键确认，在绘图区选择前面所绘制的矩形，根据命令提示输入 T，按 Enter 键确认，在弹出的对话框中单击【图案】右侧的 ⬚ 按钮，在弹出的对话框中选择【其他预定义】选项卡，然后选择 SOLID 选项，如图 15-27 所示。

步骤 19　选择完成后，单击【确定】按钮，在返回的对话框中将【颜色】设置为 ByBlock，如图 15-28 所示。

步骤 20　设置完成后，单击【确定】按钮，按 Enter 键完成图案填充，效果如图 15-29 所示。

步骤 21　选择填充的图案与矩形，在命令行中输入 CP 命令，按 Enter 键确认，以矩形的中心点为基点，依次向右复制 5 个矩形图案，复制完成后，按 Enter 键完成复制，效果如图 15-30 所示。

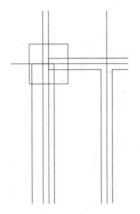

图 15-26　移动矩形后的效果

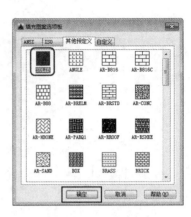

图 15-27　选择填充图案

图 15-28　设置填充图案颜色

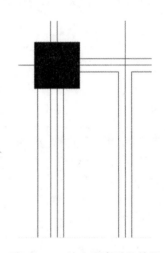

图 15-29　填充图案后的效果

步骤22　在命令行中输入 REC 命令，按 Enter 键确认，在绘图区中以图 15-31 所示的端点为角点，根据命令提示输入(@200,-200)，按 Enter 键完成绘制，效果如图 15-31 所示。

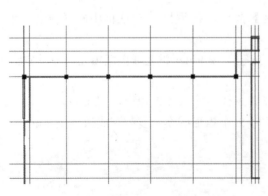

图 15-30　复制矩形图案后的效果

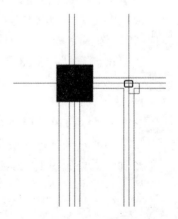

图 15-31　绘制矩形

步骤23　选中绘制的矩形与图案，在命令行中输入 M 命令，按 Enter 键确认，以新矩形左上角的端点为基点，根据命令提示输入(@-100,100)，按 Enter 键确认，如图 15-32 所示。

步骤24　在命令行中输入 HATCH 命令，按 Enter 键确认，在绘图区中选择新绘制的矩形，按 Enter 键完成填充，效果如图 15-33 所示。

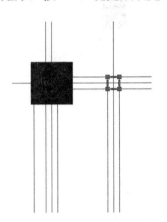

图 15-32　移动矩形后的效果

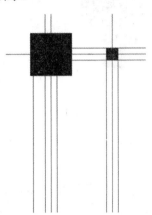

图 15-33　为矩形填充图案

步骤25　在命令行中输入 REC 命令，按 Enter 键确认，在绘图区中以图 15-34 所示的端点为新矩形的第一个角点，根据命令提示输入(@-400,-450)，按 Enter 键确认，绘制后的效果如图 15-34 所示。

步骤26　在命令行中输入 HATCH 命令，按 Enter 键确认，在绘图区中选择新绘制的矩形，按 Enter 键完成填充，效果如图 15-35 所示。

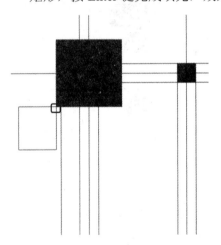

图 15-34　绘制矩形

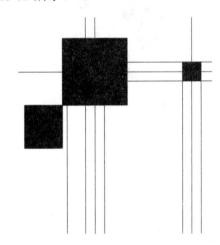

图 15-35　填充矩形

步骤27　选中绘制的矩形及填充的图案，在命令行中输入 M 命令，按 Enter 键确认，以该矩形右上角的端点为基点，根据命令提示输入(@450,0)，按 Enter 键完成移动，如图 15-36 所示。

步骤28　在命令行中输入 REC 命令，按 Enter 键确认，以前面所绘制矩形右下角的端点为第一点，根据命令提示输入(@400,-500)，按 Enter 键完成绘制，如图 15-37 所示。

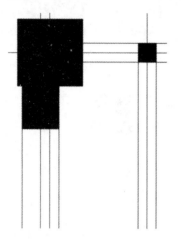

图 15-36　移动矩形以及图案

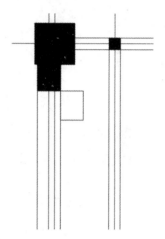

图 15-37　绘制矩形

步骤29　在命令行中输入 HATCH 命令，按 Enter 键确认，在绘图区中选择新绘制的矩形，按 Enter 键完成填充，效果如图 15-38 所示。

步骤30　选中绘制的矩形及填充的图案，在命令行中输入 M 命令，按 Enter 键确认，以该矩形左上角的端点为基点，根据命令提示输入(@-400,-600)，按 Enter 键确认，移动后的效果如图 15-39 所示。

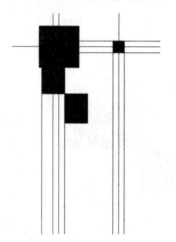

图 15-38　为矩形填充图案

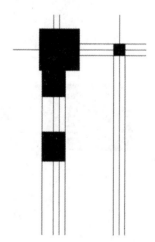

图 15-39　移动矩形后的效果

步骤31　在绘图区中选择上一步移动的矩形，在命令行中输入 CP 命令，按 Enter 键确认，以该矩形左下角的端点为基点，根据命令提示输入(@0,-1100)，按两次 Enter 键完成复制，如图 15-40 所示。

步骤32　选中复制的矩形，将光标移动至矩形下方的顶点上，在弹出的快捷菜单中选择【拉伸】命令，如图 15-41 所示。

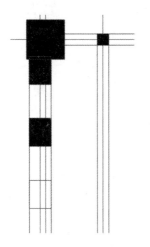

图 15-40　复制对象

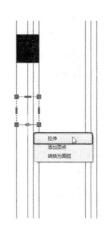

图 15-41　选择【拉伸】命令

步骤33　根据命令提示输入((@0,-5050)，按 Enter 键完成拉伸，效果如图 15-42 所示。

步骤34　在命令行中输入 HATCH 命令，按 Enter 键确认，在绘图区中选择拉伸后的矩形，按 Enter 键完成填充，效果如图 15-43 所示。

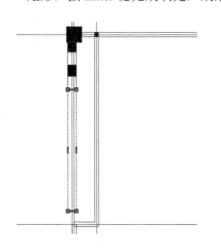

图 15-42　拉伸矩形后的效果

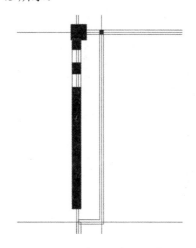

图 15-43　填充图案后的效果

步骤35　填充完成后，在绘图区中选择图 15-44 所示的矩形及图案填充。

步骤36　在命令行中输入 CP 命令，按 Enter 键确认，以选中矩形左下角的端点为基点，根据命令提示输入((@0,-8400)，按 Enter 键确认；输入((@0,-16800)，按 Enter 键确认；输入((@0,-29362)，按两次 Enter 键完成复制。效果如图 15-45 所示。

步骤37　在绘图区中选择图 15-46 所示的矩形及图案填充。

步骤38　在命令行中输入 CP 命令，按 Enter 键确认，以选中矩形右下角的端点为基点，根据命令提示输入((@8400,0)，按两次 Enter 键确认。完成后的效果如图 15-47 所示。

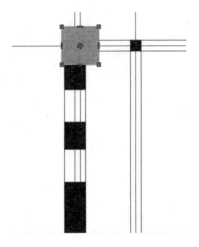

图 15-44　选择矩形及图案填充

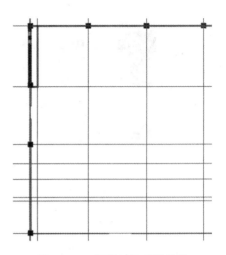

图 15-45　复制对象后的效果

图 15-46　选择矩形及图案填充

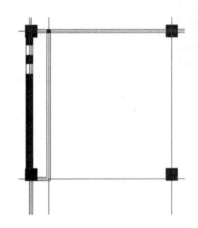

图 15-47　复制对象后的效果

步骤 39　复制完成后，再在绘图区中选择图 15-48 所示的矩形及图案填充。

步骤 40　在命令行中输入 CP 命令，按 Enter 键确认，以选中矩形的中心点为基点，根据命令提示输入(@8400,0)，按 Enter 键确认；输入(@16800,0)，按 Enter 键确认；输入(@25200,0)，按 Enter 键确认；输入(@33600,0)，按 Enter 键确认；输入(@42000,0)，按两次 Enter 键完成复制。效果如图 15-49 所示。

步骤 41　使用同样的方法在其他位置绘制矩形并填充图案，效果如图 15-50 所示。

步骤 42　在绘图区中选择任意一条多线，双击该多线，在弹出的快捷菜单中选择【全部剪切】命令，如图 15-51 所示。

步骤 43　选择该命令后，在绘图区中对多线进行修剪，修剪后的效果如图 15-52 所示。

步骤 44　在命令行中输入 REC 命令，按 Enter 键确认，在绘图区中以图 15-53 所示的端点为矩形的一个角点，根据命令提示输入(@900,1000)，按 Enter 键完成绘制，如图 15-53 所示。

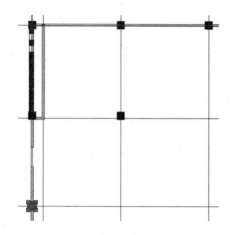

图 15-48 选择图案填充及矩形

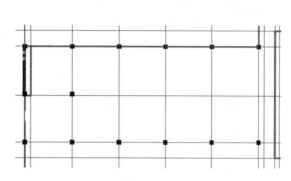

图 15-49 复制矩形及图案填充后的效果

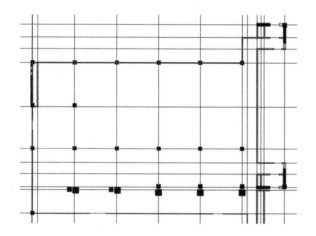

图 15-50 绘制其他矩形并填充图案后的效果

图 15-51 选择【全部剪切】选项

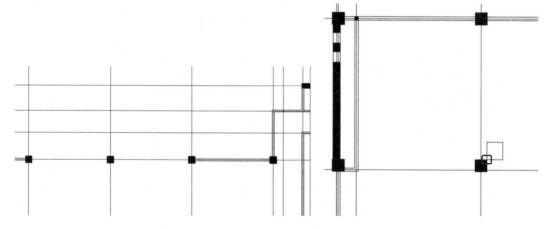

图 15-52 修剪多线后的效果

图 15-53 绘制矩形

步骤45 在命令行中输入 HATCH 命令，按 Enter 键确认，在绘图区中选择新绘制的矩形，根据命令提示输入 T 命令，按 Enter 键确认。在弹出的对话框中单击 按钮，在弹出的对话框中选择 ANSI 选项卡，然后选择 ANSI31 选项，如图 15-54 所示。

步骤46 单击【确定】按钮，在返回的【图案填充和渐变色】对话框中将【比例】设置为8，如图 15-55 所示。

图 15-54 选择填充图案

图 15-55 设置图案填充比例

步骤47 单击【确定】按钮，按 Enter 键完成图案填充，效果如图 15-56 所示。

步骤48 选中该矩形及图案填充，在命令行中输入 M 命令，按 Enter 键确认，以该矩形左下角的端点为基点，根据命令提示输入((@-700,-850)，如图 15-57 所示。

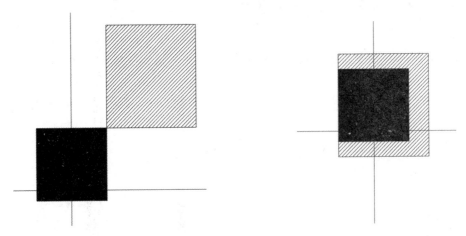

图 15-56 填充图案后的效果　　　　　　图 15-57 移动后的效果

步骤49 选择移动后的矩形并右击，在弹出的快捷菜单中选择【特性】命令，如图 15-58 所示。

步骤50 在弹出的【特性】选项板中单击【颜色】右侧的下三角按钮，在弹出的下拉列表中选择【选择颜色】选项，如图 15-59 所示。

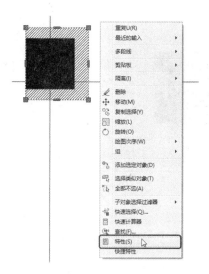

图 15-58　选择【特性】命令　　　　　　　图 15-59　选择【选择颜色】选项

步骤51　在弹出的对话框中选择颜色 146，单击【确定】按钮，将该选项板关闭，在命令行中输入 REC 命令，在绘图区中以图 15-60 所示的端点为角点，根据命令提示输入((@200,-700)，按 Enter 键确认完成绘制，如图 15-60 所示。

步骤52　在命令行中输入 PL 命令，按 Enter 键确认，以新矩形左下角的端点为起点，根据命令提示输入((@200,0)，按 Enter 键确认，输入((@-200,700)，按 Enter 键确认，输入((@0,-700)，按两次 Enter 键完成绘制，如图 15-61 所示。

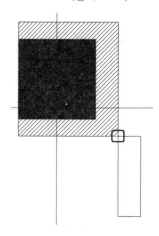

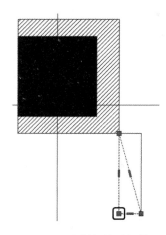

图 15-60　绘制矩形后的效果　　　　　　　图 15-61　绘制多线后的效果

步骤53　在绘图区中选择前面所绘制的矩形及多线并右击，在弹出的快捷菜单中选择【特性】命令，如图 15-62 所示。

步骤54　在弹出的【特性】选项板中单击【颜色】右侧的下三角按钮，在弹出的下拉列表中选择【洋红】选项，如图 15-63 所示。

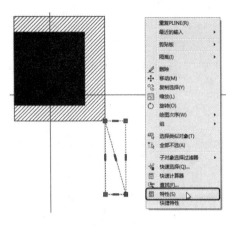

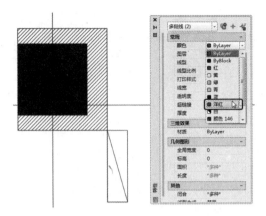

图 15-62　选择【特性】命令　　　　　　　图 15-63　选择【洋红】选项

步骤55 关闭该选项板，在命令行中输入 HATCH 命令，按 Enter 键确认，在绘图区中选择前面绘制的多线，输入 T，按 Enter 键确认，在弹出的对话框中将【图案】设置为 SOLID，如图 15-64 所示。

步骤56 设置完成后，单击【确定】按钮，按 Enter 键完成图案填充，效果如图 15-65 所示。

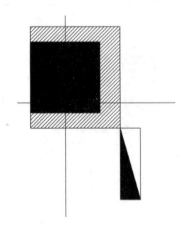

图 15-64　设置图案填充　　　　　　　　图 15-65　填充图案后的效果

步骤57 在绘图区中选择图 15-66 左图所示的对象，在命令行中输入 M 命令，以选中矩形左上角的端点为基点，根据命令提示输入(@-200,750)，按 Enter 键确认，移动后的效果如图 15-66 右图所示。

步骤58 在命令行中输入 C 命令，按 Enter 键确认，在绘图区中以图 15-67 所示的端点为圆心，根据命令提示输入 75，按 Enter 键确认，完成圆形的绘制，效果如图 15-67 所示。

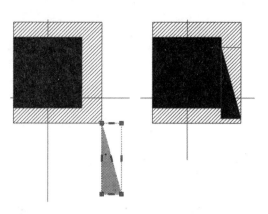

图 15-66　移动对象后的效果　　　　　　　图 15-67　绘制圆心

步骤59　选中绘制的圆形，在命令行中输入 M 命令，按 Enter 键确认，以圆心为基点，根据命令提示输入((@-85,100)，按 Enter 键完成移动，效果如图 15-68 所示。

步骤60　选中移动后的圆形，在【特性】选项板中将【颜色】设置为【洋红】，如图 15-69 所示。

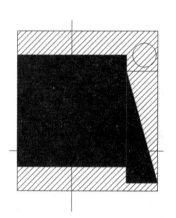

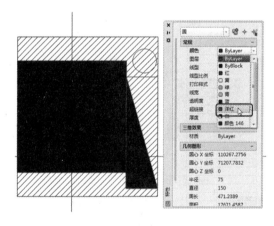

图 15-68　移动圆形后的效果　　　　　　　图 15-69　设置圆形颜色

步骤61　设置完颜色后，在绘图区中选择图 15-70 所示的图形。

步骤62　在命令行中输入 CP 命令，以选中矩形左下角的端点为基点，在绘图区中指定第二点，效果如图 15-71 所示。

步骤63　在命令行中输入 REC 命令，按 Enter 键确认，在绘图区中以图 15-72 所示的端点为第一个角点，根据命令提示输入((@990,990)，按 Enter 键完成创建，效果如图 15-72 所示。

步骤64　选中绘制的矩形，将其颜色设置为【颜色 146】，在命令行中输入 RO 命令，按 Enter 键确认，以该矩形左下角的端点为基点，根据命令提示输入 45，按 Enter 键确认，旋转后的效果如图 15-73 所示。

步骤65　选中旋转后的矩形，在命令行中输入 M 命令，按 Enter 键确认，以矩形下方的端点为基点，根据命令提示输入((@-550,-1050)，按 Enter 键确认，完成后的效果如图 15-74 所示。

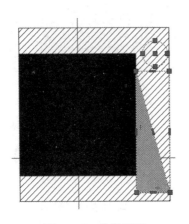

图 15-70　选择图形

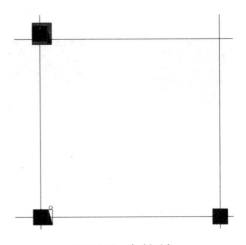

图 15-71　复制对象

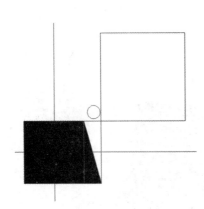

图 15-72　绘制矩形

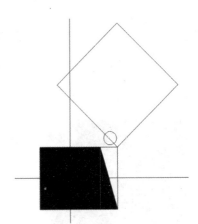

图 15-73　旋转矩形后的效果

步骤66 选中移动后的矩形，将光标放置在图 15-75 所示的顶点上，在弹出的快捷菜单中选择【添加顶点】命令，如图 15-75 所示。

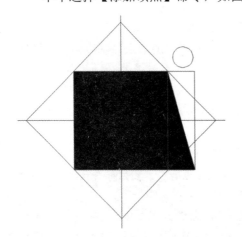

图 15-74　移动后的效果

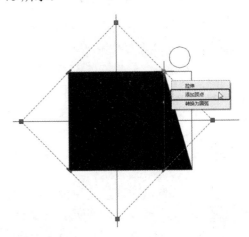

图 15-75　选择【添加顶点】命令

步骤67 在该边线的中点添加一个顶点，以相同的方法在另一条边线上添加一个顶点，在绘图区中调整顶点的位置，效果如图 15-76 所示。

步骤68 在命令行中输入 HATCH 命令，按 Enter 键确认，在绘图区中选择调整后的矩形，根据命令提示输入 T 命令，按 Enter 键确认，在弹出的对话框中将【图案】设置为 ANST31，如图 15-77 所示。

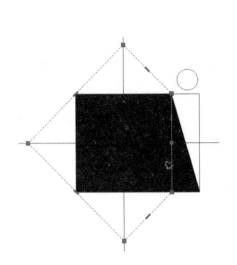

图 15-76 调整顶点的位置

图 15-77 设置图案填充

步骤69 再在该对话框中单击【添加：选择对象】按钮，在绘图区中选择图 15-78 所示的对象。

步骤70 根据命令提示输入 T 命令，按 Enter 键确认，在弹出的对话框中单击【确定】按钮，按 Enter 键确认，完成填充，如图 15-79 所示。

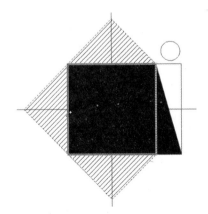

图 15-78 选择对象

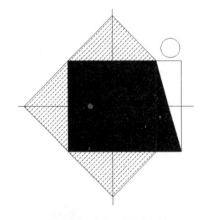

图 15-79 填充图案后的效果

步骤71 填充完成后，在绘图区中选择图 15-80 所示的图形。

步骤72 在命令行中输入 CP 命令，按 Enter 键确认，在绘图区中为其指定复制的位置，并对复制后的图形进行调整，效果如图 15-81 所示。

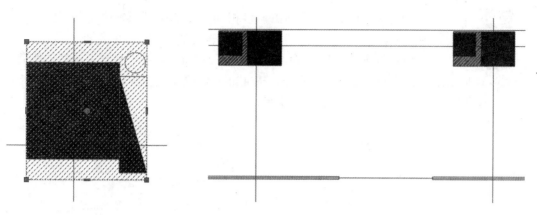

图 15-80 选择图形   图 15-81 复制图形并进行调整

步骤 73 根据前面所介绍的方法创建其他相同的图形，并对创建的图形进行设置，效果如图 15-82 所示。

步骤 74 在命令行中输入 REC 命令，按 Enter 键确认，在绘图区中以图 15-83 所示的端点为第一个角点，根据命令提示输入((@-900,250)，按 Enter 键确认，绘制后的效果如图 15-83 所示。

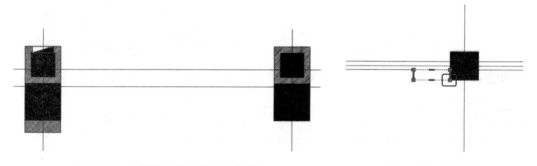

图 15-82 创建图形并调整后的效果   图 15-83 绘制矩形

步骤 75 在命令行中输入 REC 命令，按 Enter 键确认，以新绘制矩形的左上角端点为第一个角点，根据命令提示输入((@-100,-700)，按 Enter 键完成绘制，效果如图 15-84 所示。

步骤 76 再在命令行中输入 REC 命令，按 Enter 键确认，以新绘制矩形的左上角端点为第一个角点，根据命令提示输入((@-3500,-250)，按 Enter 键完成绘制，效果如图 15-85 所示。

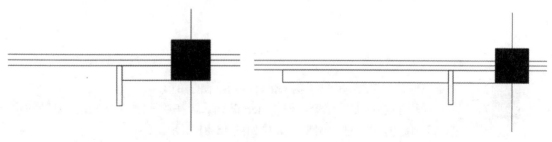

图 15-84 绘制矩形   图 15-85 再次绘制矩形

步骤 77　在绘图区中选中新绘制的 3 个矩形，将其颜色设置为【颜色 146】，在命令行中输入 HATCH 命令，按 Enter 键确认，在绘图区中选择新绘制的 3 个矩形，并按 Enter 键完成填充，效果如图 15-86 所示。

步骤 78　在命令行中输入 PL 命令，按 Enter 键确认，以步骤 76 所绘制的矩形的左上角端点为起点，根据命令提示输入(@0,-3000)，按 Enter 键确认；输入(@700,0)，按 Enter 键确认；输入(@0,-100)，按 Enter 键确认；输入(@-700,0)，按 Enter 键确认；输入(@0,-8150)，按 Enter 键确认；输入(@-1500,0)，按 Enter 键确认；输入(@0,450)，按 Enter 键确认；输入(@100,0)，按 Enter 键确认；输入(@0,-350)，按 Enter 键确认；输入(@1300,0)，按 Enter 键确认；输入(@0,1500)，按 Enter 键确认；输入(@-1300,0)，按 Enter 键确认；输入(@0,-350)，按 Enter 键确认；输入(@-100,0)，按 Enter 键确认；输入(@0,800)，按 Enter 键确认；输入(@100,0)，按 Enter 键确认；输入(@0,-350)，按 Enter 键确认；输入(@1300,0)，按 Enter 键确认；输入(@0,1500)，按 Enter 键确认；输入(@-1300,0)，按 Enter 键确认；输入(@0,-350)，按 Enter 键确认；输入(@-100,0)，按 Enter 键确认；输入(@0,-350)，按 Enter 键确认；输入(@-50,0)，按 Enter 键确认；输入(@0,100)，按 Enter 键确认；输入(@-1450,0)，按 Enter 键确认；输入(@0,7950)，按 Enter 键确认；输入(@100,0)，按两次 Enter 键完成绘制。效果如图 15-87 所示。

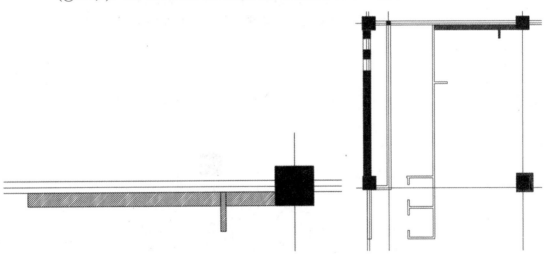

图 15-86　填充矩形后的效果　　　　　　　　图 15-87　绘制多线

步骤 79　在命令行中输入 REC 命令，按 Enter 键确认，在绘图区中以图 15-88 所示的端点为矩形的第一个角点，根据命令提示输入(@600,-100)，按 Enter 键确认，完成矩形的绘制，如图 15-88 所示。

步骤 80　绘制完成后，在命令行中输入 PL 命令，按 Enter 键确认，以上一个矩形左上角的端点为起点，根据命令提示输入(@800,0)，按 Enter 键确认，输入(@0,-100)，按 Enter 键确认，输入(@-800,0)，按两次 Enter 键完成多段线的绘制。效果如图 15-89 所示。

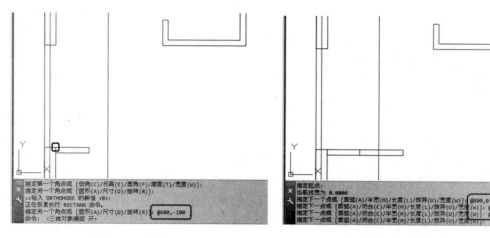

图 15-88　绘制矩形　　　　　　　　　　图 15-89　绘制多段线

步骤81　在命令行中输入 PL 命令，按 Enter 键确认；以多段线右上角的端点为起点，根据命令提示输入((@2554,0)，按 Enter 键确认；输入((@176,-250)，按 Enter 键确认；输入((@-4130,-4130)，按 Enter 键确认；输入((@0,320)，按两次 Enter 键完成多段线的绘制。效果如图 15-90 所示。

步骤82　在绘图区中选中新绘制的多段线，在命令行中输入 O 命令，按 Enter 键确认，将选中的多段线向内偏移 100，偏移后的效果如图 15-91 所示。

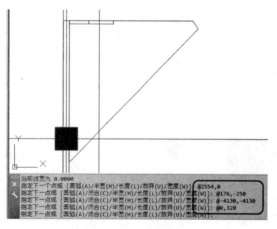

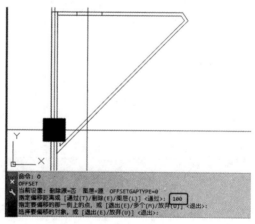

图 15-90　绘制多段线后的效果　　　　　　图 15-91　偏移多段线后的效果

步骤83　偏移多段线后，在绘图区中选择图 15-92 所示的对象。

步骤84　在命令行中输入 TR 命令，按 Enter 键确认，在绘图区中对选中的对象进行修剪，修剪后的效果如图 15-93 所示。

步骤85　修剪完成后，在绘图区中选择图 15-94 所示的对象并右击，在弹出的快捷菜单中选择【特性】命令。

步骤86　在弹出的【特性】选项板中将【颜色】设置为【颜色 146】，如图 15-95 所示。

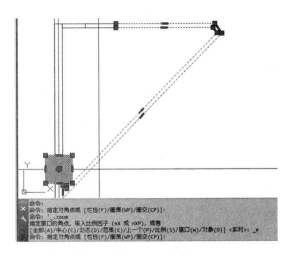

图 15-92 选择对象

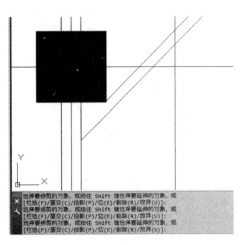

图 15-93 修剪对象后的效果

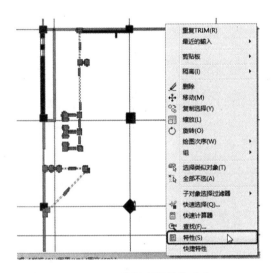

图 15-94 选择【特性】命令

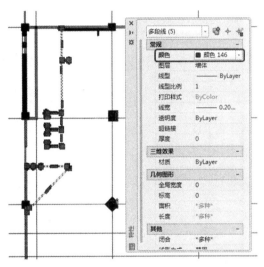

图 15-95 设置选中的对象的颜色

步骤87 设置完成后，关闭该选项板，在命令行中输入 HATCH 命令，按 Enter 键确认，在绘图区中拾取内部点，如图 15-96 所示。

步骤88 拾取完成后，输入 T 命令，按 Enter 键确认，在弹出的对话框中将【图案】设置为 ANST31，将【比例】设置为 8，如图 15-97 所示。

步骤89 设置完成后，单击【确定】按钮，按 Enter 键完成填充，填充图案后的效果如图 15-98 所示。

步骤90 在命令行中执行 REC 命令，按 Enter 键确认，在绘图区中以图 15-99 所示的端点为矩形的第一个角点，根据命令提示输入(@21550,-100)，按 Enter 键完成矩形的绘制，效果如图 15-99 所示。

步骤91 选中新绘制的矩形并右击，在弹出的快捷菜单中选择【特性】命令，如图 15-100 所示。

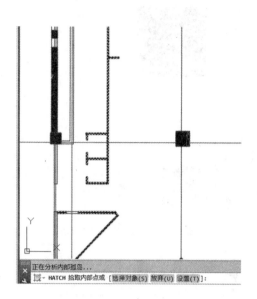

图 15-96　拾取内部点

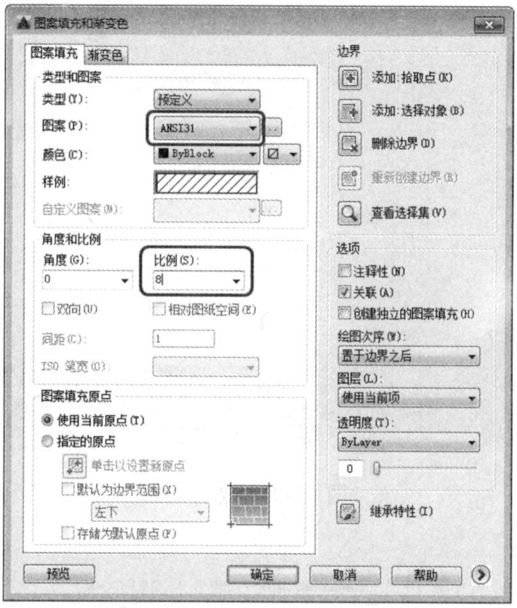

图 15-97　设置图案参数

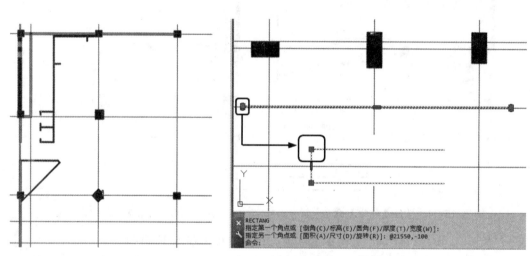

图 15-98　填充图案后的效果

图 15-99　绘制矩形

步骤92　在弹出的【特性】选项板中将【颜色】设置为【颜色 146】，如图 15-101 所示。

步骤93　继续选中该矩形并右击，在弹出的快捷菜单中选择【绘图次序】|【置于对象之下】命令，如图 15-102 所示。

步骤94　执行该操作后，在绘图区中选择辅助线对象，如图 15-103 所示。

步骤95　选择完成后，按 Enter 键完成移动。在命令行中输入 HATCH 命令，按 Enter 键确认，在绘图区中拾取内部点，如图 15-104 所示。

步骤96　输入 T 命令，按 Enter 键，在弹出的对话框中将【图案】设置为 ANST31，将【比例】设置为 8，如图 15-105 所示。

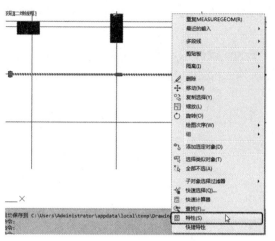

图 15-100　选择【特性】命令

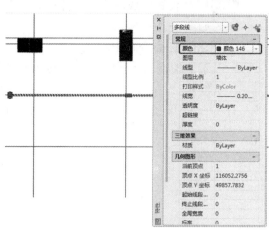

图 15-101　设置图形颜色

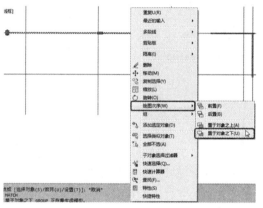

图 15-102　选择【置于对象之下】命令

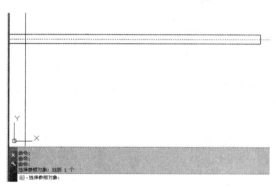

图 15-103　选择辅助线对象

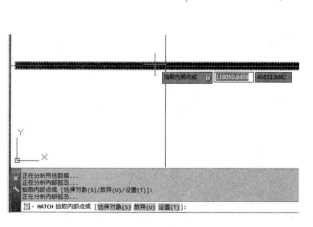

图 15-104　拾取内部点

图 15-105　设置填充图案

步骤97 设置完成后，单击【确定】按钮，按 Enter 键完成图案填充，填充后的效果如图 15-106 所示。

步骤98 在命令行中输入 REC 命令，按 Enter 键确认，在绘图区中以图 15-107 所示的端点为矩形的角点，根据命令提示输入(@200,500)，按 Enter 键完成矩形的绘制。

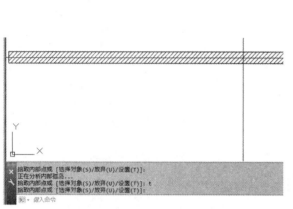

图 15-106　填充图案后的效果　　　　图 15-107　绘制矩形

步骤99 将该图形的【颜色】设置为【颜色 146】；选中该矩形，在命令行中输入 M 命令，按 Enter 键，以该矩形左下角的端点为基点，根据命令提示输入(@-40,0)，按 Enter 键完成移动。效果如图 15-108 所示。

步骤100 在命令行中输入 HATCH 命令，按 Enter 键确认，在绘图区中拾取内部点，输入 T 命令，按 Enter 键确认，在弹出的对话框中将【图案】设置为 ANSI31，将【比例】设置为 8，如图 15-109 所示。

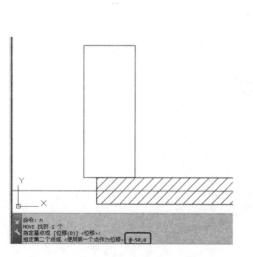

图 15-108　移动矩形后的效果　　　　图 15-109　设置图案填充参数

步骤 101　设置完成后，单击【确定】按钮，按 Enter 键完成填充，然后在绘图区中选中矩形及图案填充，如图 15-110 所示。

步骤 102　在命令行中输入 CP 命令，按 Enter 键确认，以选中矩形的左下角端点为基点，根据命令提示输入((@2940,0)，按两次 Enter 键完成复制。效果如图 15-111 所示。

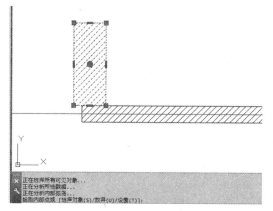

图 15-110　选择矩形及图案填充

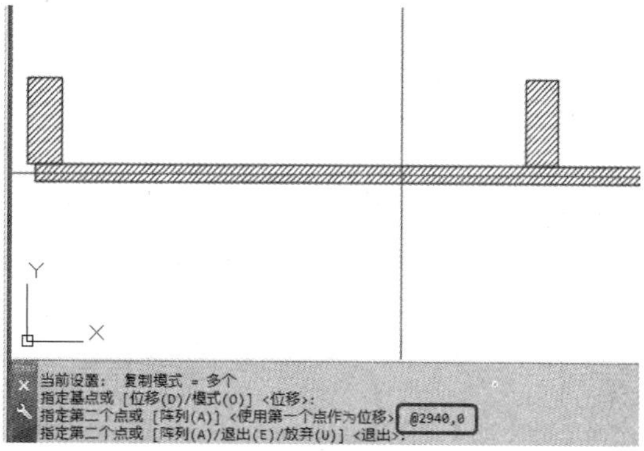

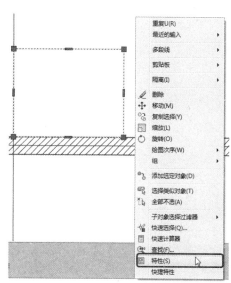

图 15-111　复制图形及图案

步骤 103　在命令行中输入 REC 命令，按 Enter 键确认，在绘图区中以图 15-112 所示的端点为基点，根据命令提示输入((@640,500)，按 Enter 键确认，如图 15-112 所示。

步骤 104　在绘图区中选中新绘制的矩形并右击，在弹出的快捷菜单中选择【特性】命令，如图 15-113 所示。

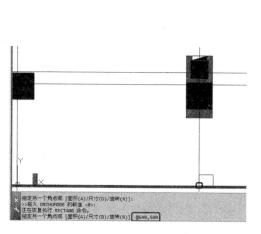

图 15-112　绘制矩形

图 15-113　选择【特性】命令

步骤 105　在弹出的【特性】选项板中将【颜色】设置为【颜色 146】，如图 15-114 所示。

步骤 106 为该矩形填充图案，选中填充的图案及矩形，在命令行中输入 M 命令，按 Enter 键确认，以选中矩形左下角的端点为基点，根据命令提示输入(@-40,0)，按 Enter 键完成移动。效果如图 15-115 所示。

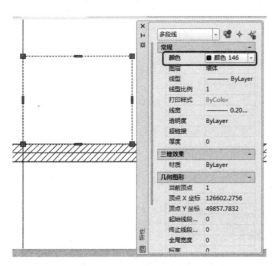

图 15-114 设置图形颜色

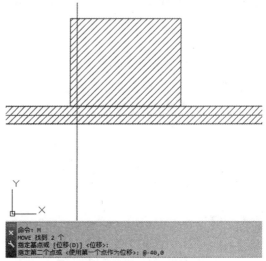

图 15-115 移动矩形及图案的位置

步骤 107 再在命令行中输入 REC 命令，按 Enter 键确认，以移动后的矩形的右上角的端点为基点，根据命令提示输入(@40,-500)，按 Enter 键完成绘制，效果如图 15-116 所示。

步骤 108 将新绘制的矩形的颜色设置为 ByBlock，使用同样的方法绘制其他墙体，如图 15-117 所示。

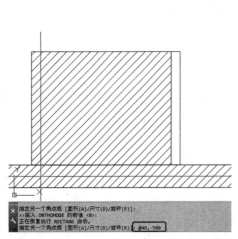

图 15-116 绘制矩形

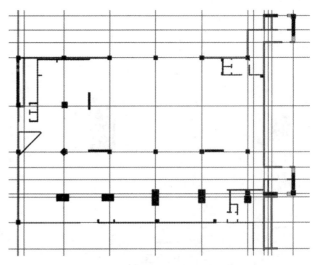

图 15-117 绘制完成后的效果

15.2　创建门窗

下面将介绍如何创建门窗，其具体操作步骤如下。

步骤01　在命令行中输入 LA 命令，弹出【图层特性管理器】选项板，隐藏【辅助线】图层的显示，新建【地面造型】图层，将【颜色】设置为【白】，将【线宽】设置为 0.25mm，将【地面造型】图层置为当前图层，如图 15-118 所示。

步骤02　使用【矩形】工具，在 A 点处绘制一个长度为 12、宽度为 5900 的矩形，在 B 点处绘制一个长度为 12、宽度为 7200 的矩形，以 C 点处作为起点，向上引导鼠标，绘制一条长度为 5900 的直线，得到第一条垂直直线，在距离该线段的左侧绘制一条长度为 16100 的直线，如图 15-119 所示。

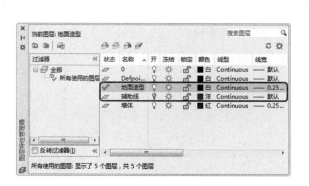

图 15-118　新建图层

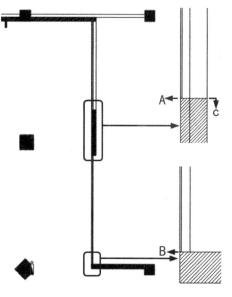

图 15-119　绘制完成后的效果

步骤03　在命令行中输入 LA 命令，弹出【图层特性管理器】选项板，新建【玻璃隔断】图层，将【颜色】设置为【绿】，将【线宽】设置为【默认】，将【玻璃隔断】图层置为当前图层，新建【门】图层，将【颜色】设置为【白】，将【线宽】设置为【默认】，如图 15-120 所示。

步骤04　使用【矩形】工具，绘制一个长度为 12、宽度为 5900 的矩形，如图 15-121 所示。

步骤05　将【门】图层置为当前图层，在空白位置处使用【矩形】工具，绘制一个长度为 12、宽度为 900 的矩形，使用【直线】工具，以矩形右下角为起点，绘制一个长度为 886 的直线，使用【起点，端点，方向】工具绘制圆弧，如图 15-122 所示。

步骤06　使用【镜像】工具，将绘制的门进行镜像处理，镜像完成后将下侧的线段进行删除，如图 15-123 所示。

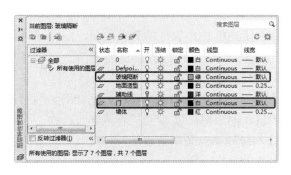

图 15-120　新建图层

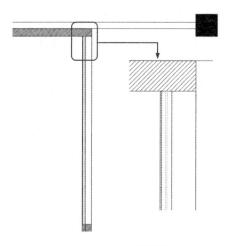

图 15-121　绘制矩形

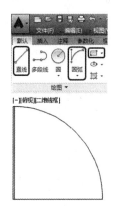

图 15-122　绘制门

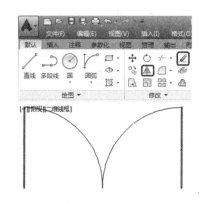

图 15-123　完成后的效果

步骤 **07**　使用【直线】工具，以右侧矩形的右下角作为直线的起点，向右引导鼠标，输入 200，按两次 Enter 键进行确认，如图 15-124 所示。

步骤 **08**　使用【镜像】工具，以所绘制直线的中点作为镜像线的第一点，按 F8 键开启正交模式，向上引导鼠标，在任意一点单击，镜像后的效果如图 15-125 所示。

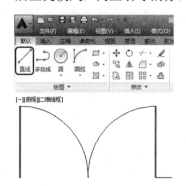

图 15-124　绘制直线

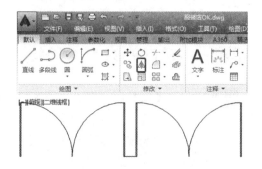

图 15-125　镜像对象

步骤 **09**　使用【直线】工具，以右侧矩形的右下角作为直线的起点，向右引导鼠标，输入 1800，按两次 Enter 键进行确认，如图 15-126 所示。

步骤10　将【玻璃隔断】图层置为当前图层，使用【矩形】工具，绘制长度为1600、宽度为 12 的矩形，继续绘制一个长度为 12、宽度为 900 的矩形，使用【矩形】工具，将其放置在合适的位置，如图 15-127 所示。

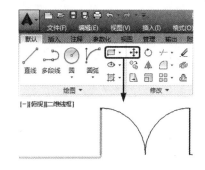

图 15-126　绘制直线　　　　　　　　图 15-127　绘制矩形并移动对象的位置

步骤11　使用【镜像】工具，以 A 线段的中点作为镜像线的第一点，按 F8 键开启正交模式，向上引导鼠标，在任意一点单击，镜像后的效果如图 15-128 所示。

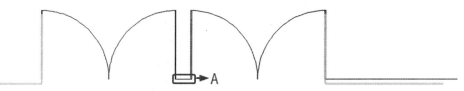

图 15-128　镜像对象

步骤12　使用【矩形】工具，绘制两个长度为 12、宽度为 900 的矩形，然后绘制一个长度为 200、宽度为 12 的矩形。调整矩形的位置，如图 15-129 所示。

图 15-129　绘制完成后的效果

步骤13　选择绘制的对象并右击，在弹出的快捷菜单中选择【组】|【组】命令，然后使用【旋转】工具，旋转对象的位置。使用【移动】工具，将其移动至合适的位置，如图 15-130 所示。

步骤14　使用同样的方法绘制右侧的对象，如图 15-131 所示。

步骤15　确认当前图层为【玻璃隔断】图层，使用【直线】工具，指定 A 点作为起点，向右引导鼠标，输入 7700，使用【偏移】工具将线段向上偏移，将偏移距离设置为 10，使用同样的方法，绘制右侧的线段，如图 15-132 所示。

步骤16　将【地面造型】图层置为当前图层，在图 15-133 所示的位置处绘制直线，使用【矩形】工具，绘制一个长度为 50、宽度为 100 的矩形，按照上面介绍过的方法对其进行填充，使用【移动】工具将其放置在合适的位置处。

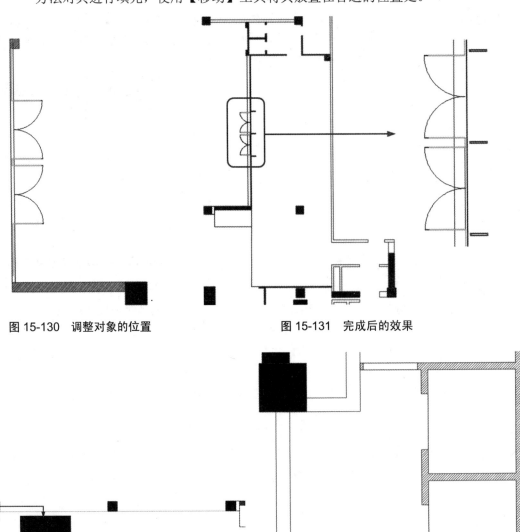

图 15-130　调整对象的位置　　　　图 15-131　完成后的效果

A点处放大后的效果

图 15-132　偏移后的效果　　　　图 15-133　完成后的效果

步骤 17　选择上一步绘制的矩形和直线并右击，在弹出的快捷菜单中选择【特性】命令，弹出【特性】选项板，将【颜色】设置为【颜色 146】，如图 15-134 所示。

步骤 18　使用【直线】工具，绘制两条直线，如图 15-135 所示。

步骤 19　使用【矩形】工具，绘制两个 400×50、375×25 的矩形，使用【复制】工具，复制对象，将【门】图层置为当前图层，再次使用【矩形】工具，绘制两个 100×50、850×50 的矩形，将其调整至图 15-136 所示的位置处。

步骤 20　使用【镜像】工具，将绘制的对象进行镜像，然后使用【起点，端点，方向】工具绘制圆弧，如图 15-137 所示。

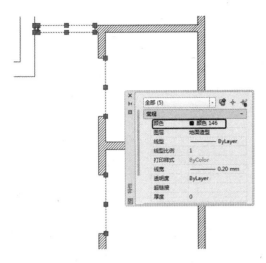

图 15-134　改变对象的颜色

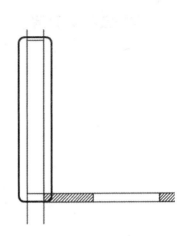

图 15-135　绘制直线

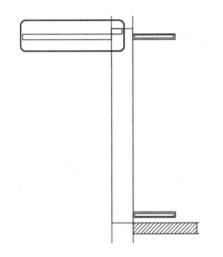

图 15-136　绘制矩形

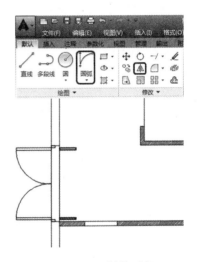

图 15-137　镜像对象

步骤21 使用【矩形】工具，绘制一个长度为 50、宽度为 2600 的矩形，将绘制的矩形更换为【地面造型】图层，再次使用【矩形】工具，绘制一个长度为 12、宽度为 2600 的矩形，将绘制的矩形更换为【玻璃隔断】图层，如图 15-138 所示。

步骤22 确认当前图层为【门】图层，使用【矩形】工具绘制一个长度为 3300、宽度为 100 的矩形，再次使用【矩形】工具绘制两个 50×400、25×350 的矩形，使用【移动】工具，将其移动至合适的位置，如图 15-139 所示。

步骤23 使用【复制】工具，将其向右依次复制，将复制距离设置为 1500、3000，如图 15-140 所示。

步骤24 使用【矩形】工具绘制一个长度为 2000、宽度为 100 的矩形，使用【移动】工具将其移动至图 15-141 所示的位置处。

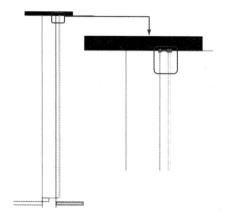

图 15-138　完成后的效果

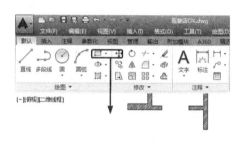

图 15-139　绘制卷帘门

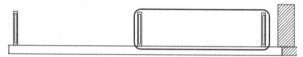

图 15-140　复制对象

图 15-141　绘制卷帘门

步骤25 使用【矩形】工具，分别绘制两个 50×400、25×350 的矩形，使用【移动】工具调整位置，如图 15-142 所示。

步骤26 选择刚绘制的两个矩形，使用【复制】工具将其向右复制，将距离设置为 1850，如图 15-143 所示。

图 15-142　绘制矩形

图 15-143　绘制卷帘门

步骤27 将【地面造型】置为当前图层，绘制一个长度为 1800、宽度为 20 的矩形，将其放置在合适的位置，然后使用【直线】工具绘制直线，如图 15-144 所示。

步骤28 使用【矩形】工具绘制 75×100、50×100、50×850 的矩形，如图 15-145 所示。

步骤29 使用【直线】工具，以矩形的右下角点作为直线的起点，绘制一条长度为 1650 的直线，使用【起点，端点，方向】工具绘制圆弧，如图 15-146 所示。

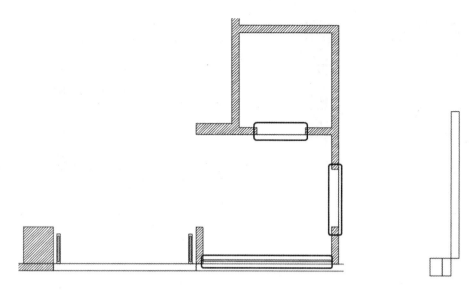

图 15-144　绘制矩形

图 15-145　绘制完成后的效果

步骤30 使用【镜像】工具，选择除直线以外的对象，对其进行镜像处理，然后将直线删除，如图 15-147 所示。

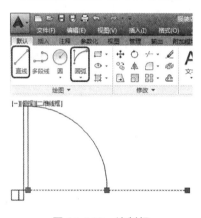

图 15-146　绘制门

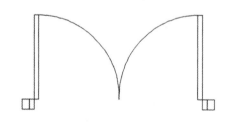

图 15-147　镜像门

步骤31 使用【旋转】工具将对象进行旋转，使用【移动】工具将对象移动至图 15-148 所示的位置处，使用【直线】工具绘制直线，如图 15-148 所示。

步骤32 使用【复制】工具将绘制的门对象进行复制，然后使用【直线】工具绘制直线，如图 15-149 所示。

步骤33 使用【直线】工具绘制直线，如图 15-150 所示。

步骤34 使用【矩形】工具绘制一个长度为 20、宽度为 50 的矩形，使用【圆】工具将圆的半径设置为 20，然后使用【直线】工具绘制直线，如图 15-151 所示。

步骤35 使用【矩形】工具绘制一个长度为 199、宽度为 1960 的矩形，将绘制的灯对象放置到合适的位置，如图 15-152 所示。

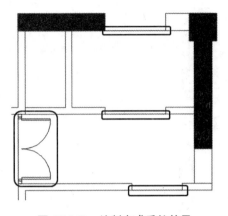

图 15-148 绘制完成后的效果

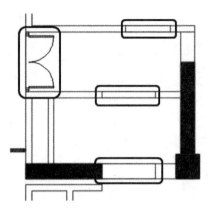

图 15-149 绘制完成后的效果

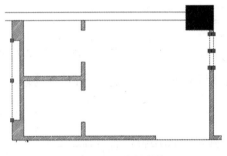

图 15-150 绘制直线

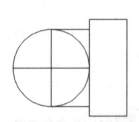

图 15-151 绘制灯

步骤 36 使用【复制】工具,将灯对象进行复制,然后将其移动至图 15-153 所示的位置处。

图 15-152 将灯对象放置
到合适的位置

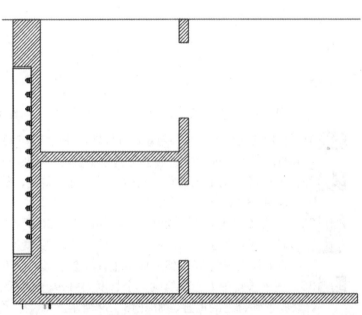

图 15-153 完成后的效果

步骤 37　使用同样的方法绘制大门，如图 15-154 所示。

步骤 38　使用【移动】工具，将其放置到图 15-155 所示的位置处。

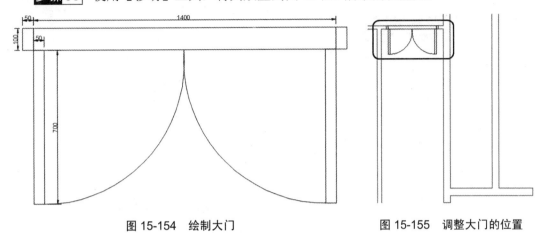

图 15-154　绘制大门　　　　　　　　　　图 15-155　调整大门的位置

15.3　绘　制　扶　梯

下面将介绍如何创建扶梯，其具体操作步骤如下。

步骤 01　在命令行中输入 LA 命令，弹出【图层特性管理器】选项板，新建【挑空线】图层，将该图层置为当前图层，如图 15-156 所示。

步骤 02　然后绘制图 15-157 所示的挑空线，选择绘制的线段并右击，在弹出的快捷菜单中选择【特性】命令，弹出【特性】选项板，将【线型比例】设置为 1，将【线宽】设置为 0.30mm，如图 15-157 所示。

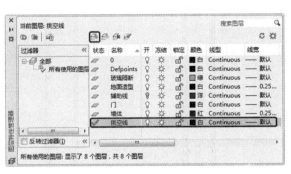

图 15-156　新建图层

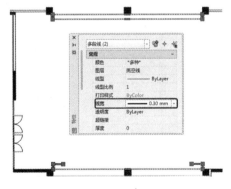

图 15-157　绘制挑空线

步骤 03　新建【电梯】图层，在空白位置处使用【矩形】工具，绘制长度为 1650、宽度为 13800 的矩形，如图 15-158 所示。

步骤 04　在命令行中输入 OFFSET 命令，将偏移距离设置为 50，将上一步创建的矩形向外偏移，如图 15-159 所示。

步骤 05　在命令行中输入 RECTANG 命令，绘制两个 83×10950 的矩形和一个长度为 60、宽度为 11852 的矩形，对其进行调整，如图 15-160 所示。

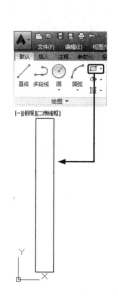

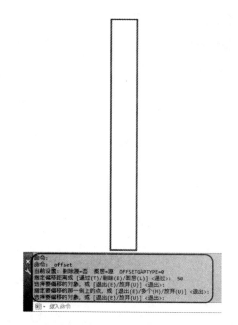

图 15-158　绘制矩形　　　　　　　　　　图 15-159　偏移矩形

步骤06 使用【倒角】工具，将第一个倒角距离设置为 80，将第二个倒角距离设置为 80，然后对其进行倒角，如图 15-161 所示。

步骤07 将绘制的对象调整至合适的位置，然后使用【镜像】工具，将上一步绘制的对象进行镜像处理，如图 15-162 所示。

步骤08 使用【矩形】工具绘制一个长度为 1098、宽度为 9900 的矩形，如图 15-163 所示。

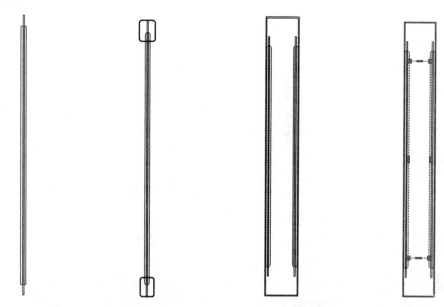

图 15-160　绘制矩形并　　图 15-161　倒角矩形　　图 15-162　调整位置并　　图 15-163　绘制矩形
　　　　　调整位置　　　　　　　　　　　　　　　　　　　　对其做镜像处理

步骤09 使用【分解】工具将绘制的矩形进行分解，然后使用【矩形阵列】工具，选择分解的下侧边，将【列数】设置为 1，将【行数】设置为 40，将【介于】设置为 247，如图 15-164 所示。

步骤10 使用上面介绍过的方法，使用多段线绘制箭头，如图 15-165 所示。

图 15-164　阵列对象　　　　　　　　图 15-165　绘制箭头

步骤11 使用【镜像】工具将绘制完成的对象进行镜像处理，如图 15-166 所示。

步骤12 使用【直线】和【多段线】工具，绘制图 15-167 所示的对象。

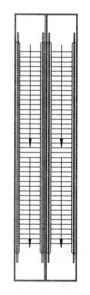

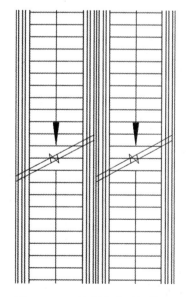

图 15-166　镜像处理　　　　　　　　图 15-167　绘制完成后的效果

步骤13 使用【分解】工具将绘制的楼梯进行分解，使用【修剪】工具将多余的直线进行修剪。完成后的效果如图 15-168 所示。

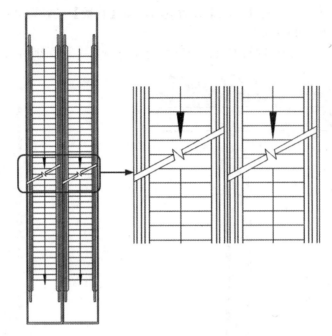

图 15-168　最终效果

步骤14 绘制完成后，选择图 15-169 所示的对象并右击，在弹出的快捷菜单中选择 【特性】命令，弹出【特性】选项板，将【颜色】设置为【绿】，如图 15-169 所示。

步骤15 使用【旋转】工具旋转电梯，然后使用【复制】和【移动】工具，将其放置 在图 15-170 所示的位置处。

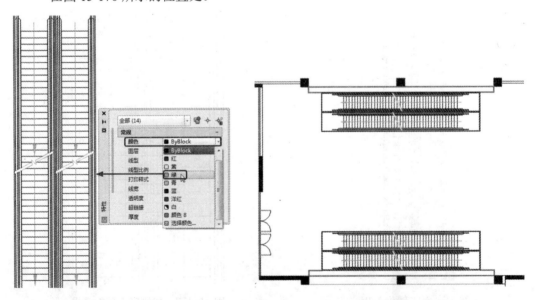

图 15-169　设置特性颜色

图 15-170　完成后的效果

步骤16 使用上面的方法绘制挑空线和玻璃隔断，如图 15-171 所示。

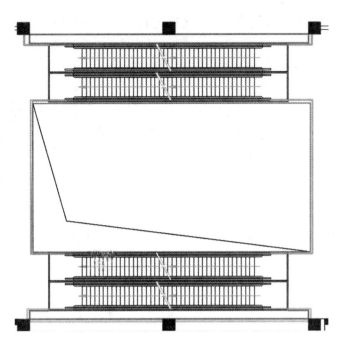

图 15-171　绘制完成后的效果

15.4　服装店平面图铺装

下面将介绍如何创建服装店平面图铺装，其具体操作步骤如下。

步骤01　将【地面造型】图层置为当前图层，在命令行中输入 INSERT 命令，弹出【插入】对话框，单击右侧的【浏览】按钮，如图 15-172 所示。

步骤02　弹出【选择图形文件】对话框，选择随书附带光盘中的"CDROM\素材\第 15 章\素材 1.dwg"图形文件，单击【打开】按钮，如图 15-173 所示。

图 15-172　单击【浏览】按钮

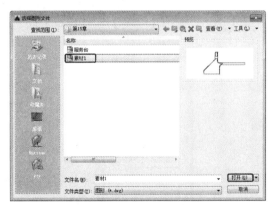

图 15-173　选择图形文件

步骤03　返回至【插入】对话框，在【插入点】选项组中选中【在屏幕上指定】复选框，在【旋转】选项组中选中【在屏幕上指定】复选框，在该对话框的左下角处，选中【分解】复选框，单击【确定】按钮，如图 15-174 所示。

步骤 04 根据命令行的提示将其放置到图 15-175 所示的位置处。

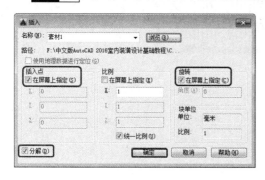

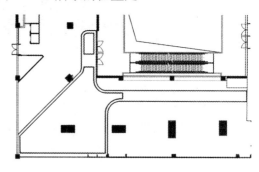

图 15-174 完成后的效果   图 15-175 插入块

步骤 05 使用同样的方法，将【服务台】图块插入至该图纸中，如图 15-176 所示。

步骤 06 使用【直线】工具绘制直线，如图 15-177 所示。

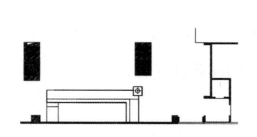

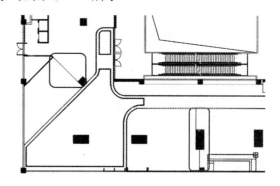

图 15-176 插入图块后的效果   图 15-177 绘制直线

步骤 07 使用【矩形】工具，绘制一个长度为 200、宽度为 1200 的矩形，使用【移动】工具，将【矩形】移动至合适的位置，如图 15-178 所示。

步骤 08 使用【复制】工具将矩形向右进行复制，如图 15-179 所示。

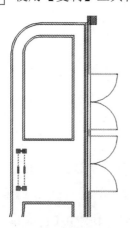

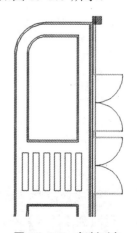

图 15-178 绘制矩形并调整位置   图 15-179 复制对象

步骤 09 使用【矩形】工具，分别绘制 400×50、350×25 的矩形，并使用【矩形】工具将其放置在合适的位置，如图 15-180 所示。

步骤10　继续使用【矩形】工具绘制矩形，然后使用【复制】和【移动】工具绘制图 15-181 所示的对象。

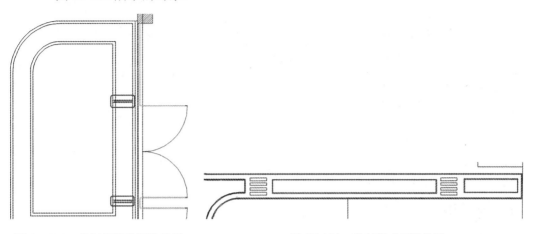

图 15-180　绘制矩形并调整位置　　　　　　图 15-181　绘制完成后的效果

步骤11　新建【图案填充】图层，使用【图案填充】工具，将【图案填充图案】设置为 DOLMIT 图案，将【角度】设置为 45，将【图案填充比例】设置为 30，然后对其进行填充，如图 15-182 所示。

步骤12　使用【图案填充】工具，将【图案填充图案】设置为 GOST_GLASS 图案，将【角度】设置为 0，将【图案填充比例】设置为 50，然后对其进行填充，如图 15-183 所示。

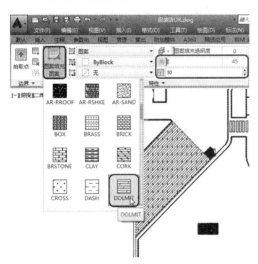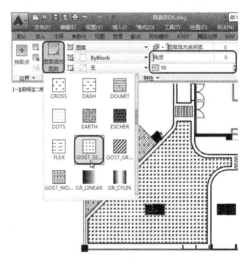

图 15-182　填充图案　　　　　　　　　　图 15-183　填充图案

步骤13　使用同样的方法对其他部分进行填充，新建【文字标注】图层，将【颜色】设置为【绿】，在绘制区中进行多行文字标注，至此，服装店平面图就制作完成了，其效果如图 15-184 所示。

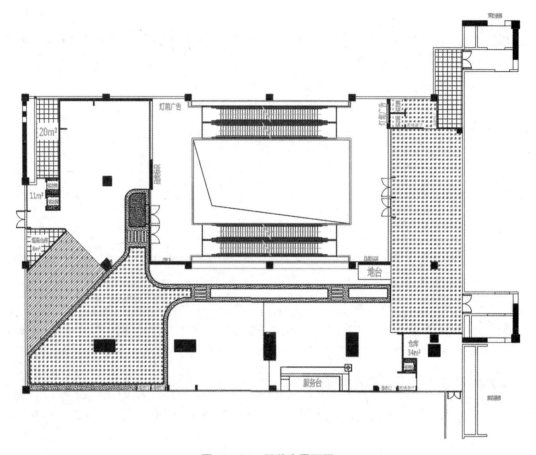

图 15-184　服装店平面图

第 16 章　项目指导——办公室立面图的绘制

本章以绘制办公室立面图为例，进一步讲解了 AutoCAD 2016 在室内设计中的应用，同时也让读者对不同类型的室内设计有更多的了解。下面通过两个实例详细讲解办公室的绘制方法。

16.1　制作办公室立面图 A

步骤01　首先在命令行中输入 LAYER 命令，打开【图层特性管理器】对话框，单击【新建】按钮，就会弹出以【图层 1】为默认名的新图层，选中新建图层，然后单击即可对其进行重命名为【墙体】。按照同样的方法创建【填充】、【文字标注】、【尺寸标注】等图层。选择【墙体】图层，单击【置为当前】按钮将其置为当前图层，如图 16-1 所示。

步骤02　在命令行中执行 RECTANG 命令，绘制一个长度为 6350、宽度为 3200 的矩形，如图 16-2 所示。再在命令行执行 EXPLODE 命令，将绘制的线段进行分解。

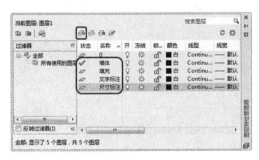

图 16-1　创建图层

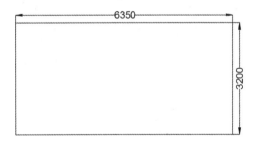

图 16-2　绘制矩形

步骤03　在命令行中执行 OFFSET 命令，将最上边的线段向下偏移 450，最左边的线段向左偏移 450 的距离，如图 16-3 所示。

步骤04　在命令行中执行 TRIM 命令，对偏移的线段进行修剪，修剪效果如图 16-4 所示。

步骤05　在命令行中执行 OFFSET 命令，将新偏移的垂直线段分别向右偏移 1000、4900，将新偏移的水平线段向下偏移 500，如图 16-5 所示。

步骤06　在命令行中执行 TRIM 命令，对偏移线段进行修剪，修剪效果如图 16-6 所示。

步骤07　在命令行中执行 OFFSET 命令，将修剪好的图形对象进行偏移，将左边的线向右偏移 800，将右边的线向左偏移 800，偏移效果如图 16-7 所示。

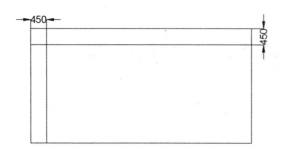

图 16-3　偏移线段

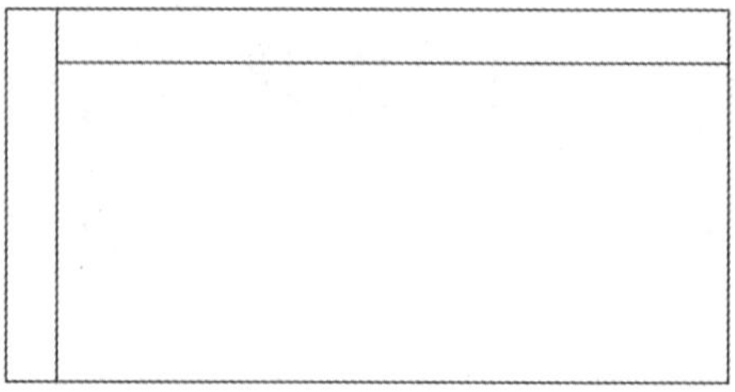

图 16-4　修剪效果

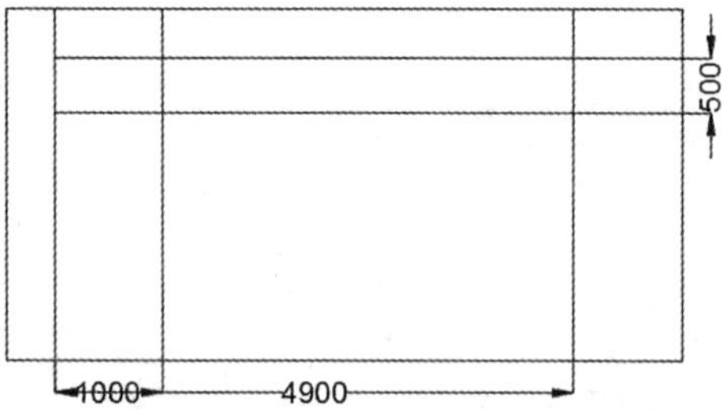

图 16-5　偏移线段

图 16-6　修剪效果

步骤 08　在命令行中执行 BREAK 命令，根据命令行的提示打断于点，打断后的选中效果如图 16-8 所示。

图 16-7　偏移线段

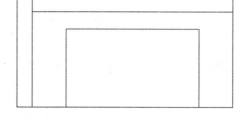

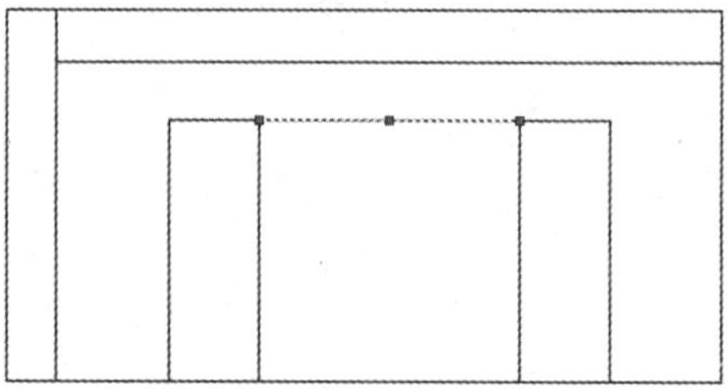

图 16-8　将线段打断于点

步骤 09　在命令行中执行 OFFSET 命令，将打断的两侧的线段向下分别偏移 600、1200、1800，偏移效果如图 16-9 所示。

步骤 10　在命令行中执行 RECTANG 命令，绘制 6 个长度为 600、宽度为 400 的矩形，并放置在图 16-10 所示的位置。

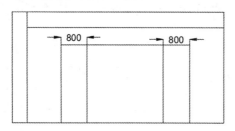

图 16-9　偏移线段

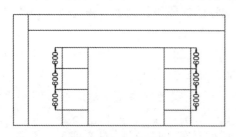

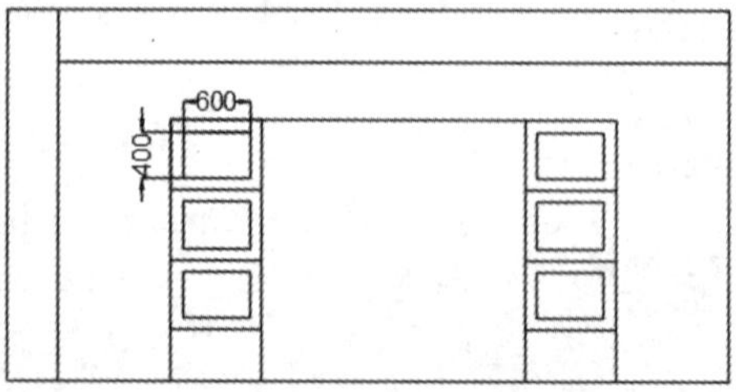

图 16-10　绘制矩形

步骤 11　在命令行中执行 OFFSET 命令，将绘制的 6 个矩形分别向内偏移 20，偏移效果如图 16-11 所示。

步骤 12　再在命令行中执行 OFFSET 命令，将最下面的线段向上偏移 500，偏移效果如图 16-12 所示。

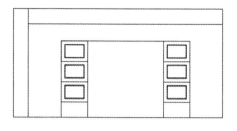

图 16-11　偏移矩形

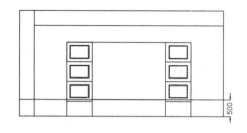

图 16-12　偏移线段

步骤 13　在命令行中执行 TRIM 命令，对偏移对象进行修剪，修剪效果如图 16-13 所示。

步骤 14　在命令行中执行 RECTANG 命令，绘制一个边长为 1500 的矩形，将其放置在合适的位置，如图 16-14 所示。

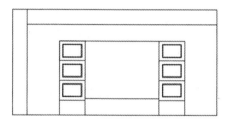

图 16-13　修剪线段

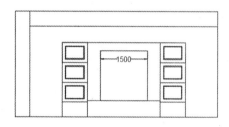

图 16-14　绘制矩形

步骤 15　在命令行中执行 OFFSET 命令，将绘制的矩形分别向内偏移 50、100，偏移效果如图 16-15 所示。

步骤 16　在命令行中执行 LAYER 命令，选择【填充】图层，单击【置为当前】按钮，将【填充】图层置为当前图层，如图 16-16 所示。

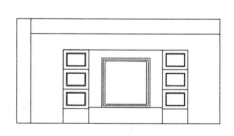

图 16-15　偏移矩形

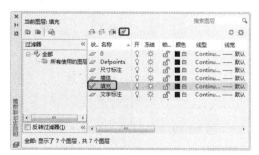

图 16-16　将【填充】图层置为当前图层

步骤 17　在命令行中执行 HATCH 命令，根据命令行的提示输入 T 命令，按 Enter 键确认。弹出【图案填充和渐变色】对话框，单击【类型和图案】选项组中的【图案】右侧的 按钮，弹出【填充图案选项板】对话框，在【其他预定义】选项卡中选择 AR-CODN 选项，并单击【确定】按钮。返回到【图案填充和渐变色】对话框，在该对话框中将【角度和比例】选项组中的【比例】设置为 50.0，单击【确定】按钮，如图 16-17 所示。进入到绘图区中，在需要填充的位置单击即可填充。效果如图 16-18 所示。

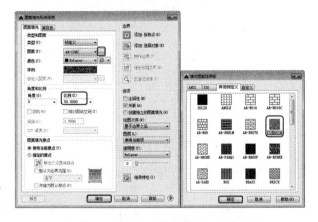
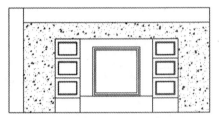

图 16-17　设置填充参数并选择填充图案　　　　　图 16-18　填充效果

步骤 18 再在命令行中执行 HATCH 命令，根据命令行的提示输入 T 命令，按 Enter 键确认。弹出【图案填充和渐变色】对话框，单击【类型和图案】选项组中的【图案】右侧的 ... 按钮，弹出【填充图案选项板】对话框，在【其他预定义】选项卡中选择 DOLMIT 选项，并单击【确定】按钮。返回到【图案填充和渐变色】对话框，在该对话框中将【角度和比例】选项组中的【比例】设置为 200，单击【确定】按钮，如图 16-19 所示。进入到绘图区中，在需要填充的位置单击即可填充。效果如图 16-20 所示。

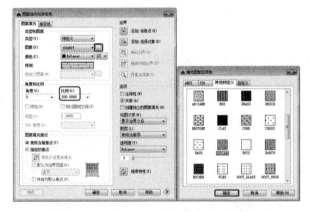
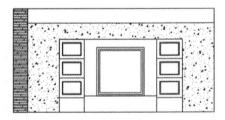

图 16-19　设置填充参数并选择填充图案　　　　　图 16-20　填充效果

步骤 19 继续执行 HATCH 命令，选择 HONEY 选项，将【比例】设置为 500.0 进行填充，填充效果如图 16-21 所示。然后选择 CORK 选项，将【比例】设置为 700.0，进行填充，填充效果如图 16-22 所示。

步骤 20 打开随书附带光盘中 "CDROM\素材\第 14 章\办公室" 素材文件，选择合适的装饰物放置到合适的位置，如图 16-23 所示。

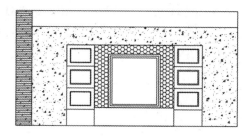

图 16-21　填充效果

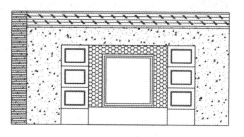

图 16-22　填充效果

步骤 21　在命令行中执行 DIMSTYLE 命令，打开【标注样式管理器】对话框，在该对话框中单击【新建】按钮，弹出【创建新标注样式】对话框，将【新样式名】设置为【办公室尺寸标注】，如图 16-24 所示。

图 16-23　添加装饰物

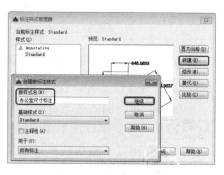

图 16-24　新建标注样式

步骤 22　然后单击【继续】按钮，弹出【新建标注样式:办公室尺寸标注】对话框。在【符号和箭头】选项卡中将【箭头大小】设置为 100.0，如图 16-25 所示。

步骤 23　切换至【文字】选项卡在，在【文字外观】选项组中将【文字高度】设置为 150.0，在【文字对齐】选项组中选中【与尺寸线对齐】单选按钮，如图 16-26 所示。

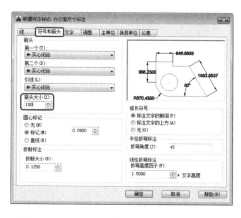

图 16-25　设置【箭头大小】选项卡参数

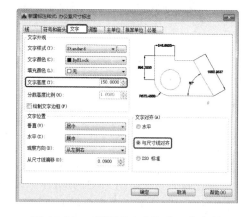

图 16-26　设置【文字】选项卡参数

步骤 24　切换至【主单位】选项卡中，在【线性标注】选项组中将【精度】设置为 0，如图 16-27 所示。

步骤 25 设置完成后单击【确定】按钮，弹出【标注样式管理器】对话框，在该对话框的【样式】列表框中可以看到新建的标注样式，单击【置为当前】按钮，将新建样式置为当前，然后单击【关闭】按钮，如图 16-28 所示。

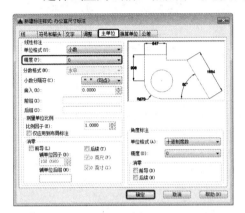

图 16-27　设置【主单位】选项卡参数　　　图 16-28　将新建样式置为当前

步骤 26 进入绘图区，在命令行中执行 LAYER 命令，将【尺寸标注】图层置为当前图层。对绘制的图形对象进行尺寸标注，标注效果如图 16-29 所示。

步骤 27 将【文字标注】图层置为当前图层。在命令行中执行 MLEADERSTYLE 命令，弹出【多重引线样式管理器】对话框，单击【新建】按钮，弹出【创建新多重引线样式】对话框，在该对话框中将【新样式名】设置为【办公室立面图】，如图 16-30 所示。

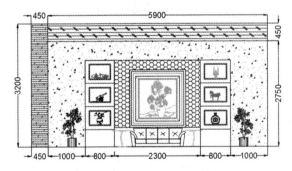 

图 16-29　尺寸标注效果　　　　　　图 16-30　新建文字标注样式

步骤 28 单击【继续】按钮，进入【修改多重引线样式:办公室立面图】对话框，在【引线格式】选项卡中将【常规】选项组中的【颜色】设置为【红】，将【箭头】选项组中的【大小】设置为 100，如图 16-31 所示。

步骤 29 切换至【引线结构】选项卡，在【基线设置】选项组中将【设置基线距离】设置为 5，如图 16-32 所示。

步骤 30 切换至【内容】选项卡中，在【文字选项】选项组中将【文字高度】设置为 150，如图 16-33 所示。

步骤 31 单击【确定】按钮，返回到【多重引线样式管理器】对话框，在【样式】列表框中可以看到新建的引线样式，单击【置为当前】按钮，将新建引线样式置为当前样式，然后单击【关闭】按钮，如图 16-34 所示。

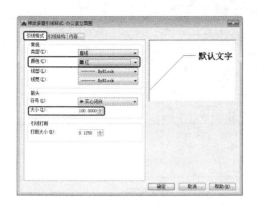

图 16-31 设置【引线格式】选项卡参数

图 16-32 设置【引线结构】选项卡参数

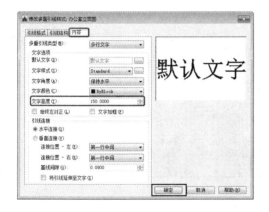

图 16-33 设置【内容】选项卡参数

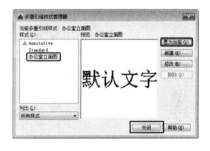

图 16-34 将新建文字样式置为当前

步骤 32 在命令行中执行 MLEADER 命令，根据命令行的提示指定需要标注的位置进行标注，标注完成效果如图 16-35 所示。

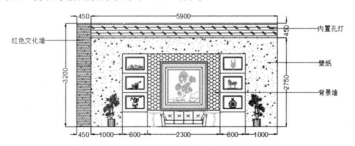

图 16-35 文字标注效果

步骤 33 在命令行中执行 PLINE 命令，根据命令行的提示将多段线的宽度设置为 100，在所绘制的立面图下方的合适位置绘制一个长度为 6784 的多段线，如图 16-36 所示。

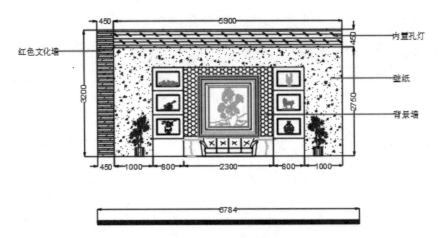

图 16-36　绘制多段线

步骤 34　在命令行中执行 TEXT 命令，根据命令行的提示将文字高度设置为 600，将旋转角度设置为 0，然后输入文本【办公室立面图 A】，完成效果如图 16-37 所示。

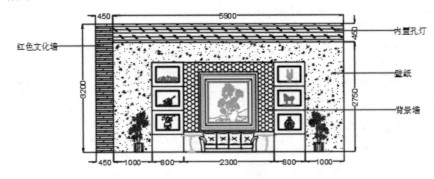

图 16-37　输入文本

16.2　制作办公室立面图 B

步骤 01　首先在命令行中执行 LAYER 命令，打开【图层特性管理器】对话框，创建【填充】、【家具】、【尺寸标注】、【文字标注】等图层。选择【墙体】图层，单击【置为当前】按钮 ，将其置为当前图层，如图 16-38 所示。

步骤 02　在命令行中执行 RECTANG 命令，绘制一个长度为 7350、宽度为 3200 的矩形，如图 16-39 所示。在命令行中执行 EXPLODE 命令将绘制的矩形分解。

步骤 03　在命令行中执行 OFFSET 命令，将最上面的水平线段向下偏移 450，如图 16-40 所示。

步骤 04　将【家具】图层置为当前图层。在命令行中执行 RECTANG 命令，绘制一个长度为 1060、宽度为 1800 的矩形，并将其放置在合适的位置，如图 16-41 所示。

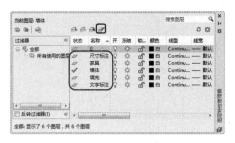

图 16-38　创建图层

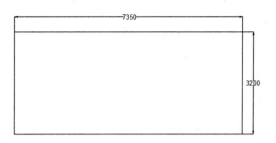

图 16-39　绘制矩形

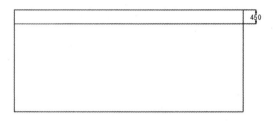

图 16-40　偏移线段

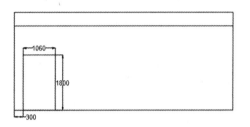

图 16-41　绘制矩形

步骤05 在命令行中执行 EXPLODE 命令，将新绘制的矩形分解。然后在命令行中执行 OFFSET 命令，将最左边的线段向右偏移 100，将最上边的线段向下偏移 100，将最右边的线段向左偏移 100，偏移效果如图 16-42 所示。

步骤06 在命令行中执行 TRIM 命令，将偏移的线段进行修剪，修剪效果如图 16-43 所示。

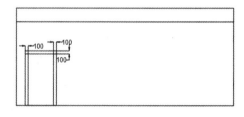

图 16-42　偏移线段

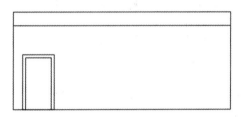

图 16-43　修剪线段

步骤07 在命令行中执行 OFFSET 命令，将修剪好的线段的最上边一条水平线段向下偏移 700、1000，偏移效果如图 16-44 所示。

步骤08 在命令行中执行 RECTANG 命令，绘制一个长度为 50、宽度为 100 的矩形，如图 16-45 所示。

步骤09 在命令行中执行 EXPLODE 命令，将新绘制的矩形分解。然后在命令行中执行 ERASE 命令，根据命令行的提示，选择刚分解的矩形最上面和最下面的两条线段将其删除，删除效果如图 16-46 所示。

步骤10 在命令行中执行 CIRCLE 命令，绘制一个半径为 25 的圆，并将其放置在图 16-47 中合适的位置上。

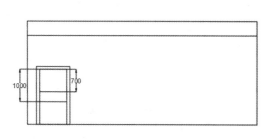

图 16-44　偏移线段

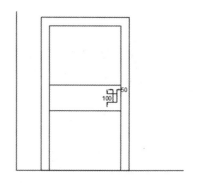

图 16-45　绘制矩形

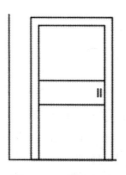

图 16-46　删除线段

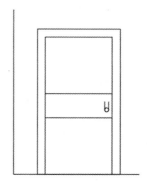

图 16-47　绘制圆

步骤11　在命令行中执行 TRIM 命令，将绘制的圆的上半边剪掉，修剪效果如图 16-48 所示。

步骤12　在命令行中执行 OSNAP 命令并确定，弹出【草图设置】对话框，选择【对象捕捉】选项卡，在该选项卡中选中【启用对象捕捉】复选框，在【对象捕捉模式】中选中【中点】复选框，然后单击【确定】按钮即可，如图 16-49 所示。

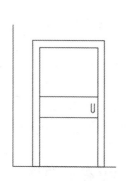

图 16-48　修剪圆

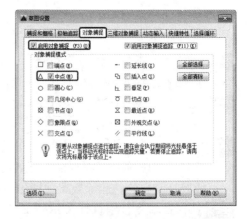

图 16-49　选中【中心点】复选框

步骤13　在命令行中执行 MIRROR 命令，根据命令行中的提示进行操作，选择剩下的半圆作为镜像对象，将两条竖线段的中点连线作为镜像线进行镜像。命令行的具体操作步骤如下。

命令:MIRROR　　　　　　　　　　　　//在命令行中执行【镜像】命令
选择对象:找到 1 个　　　　　　　　　//选择半圆作为镜像对象
选择对象:指定镜像线的第一点:　　　　//选择竖线段的中点作为第一象限点
指定镜像线的第二点:　　　　　　　　//选择另一个竖线段的中点作为第一象限点
要删除源对象吗? [是(Y)/否(N)] <否>:　//按 Enter 键确认即可完成镜像操作,完成
　　　　　　　　　　　　　　　　　　后的镜像效果如图 16-50 所示

步骤14　在命令行中执行 POLYGON 命令,以圆心为中心点绘制一个边长为 20 的正六边形,如图 16-51 所示。

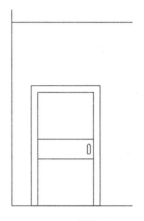

图 16-50　镜像效果

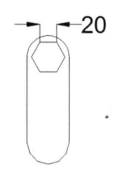

图 16-51　绘制正六边形

步骤15　在命令行中执行 OFFSET 命令,将绘制的六边形向内偏移两次,偏移距离分别为 5、10,偏移效果如图 16-52 所示。

步骤16　在命令行中执行 MIRROR 命令,将新绘制和偏移得到的六边形进行镜像,镜像效果如图 16-53 所示。

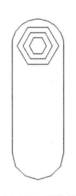

图 16-52　偏移效果

图 16-53　镜像效果

步骤17　在命令行中执行 PLINE 命令,绘制一个图 16-54 所示的多边形。

步骤18　在命令行中执行 TRIM 命令,在图形中将一些多余的线段删除,修剪效果如图 16-55 所示。

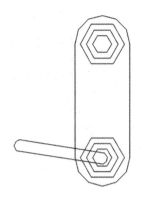

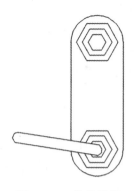

图 16-54　绘制多边形　　　　　　　　　　　　图 16-55　修剪效果

步骤19　在命令行中执行 OFFSET 命令，将最右边的垂直线段向左偏移 1500，偏移效果如图 16-56 所示。

步骤20　在命令行中执行 TRIM 命令，对图形对象进行修剪，修剪效果如图 16-57 所示。

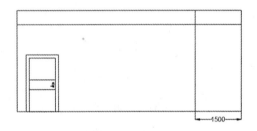

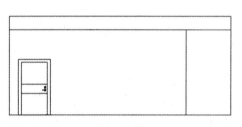

图 16-56　偏移效果　　　　　　　　　　　　　图 16-57　修剪效果

步骤21　在【默认】选项板中，单击 修改 ▼ 按钮，在弹出的展板中单击【打断于点】按钮 ，如图 16-58 所示。打断于点选中效果如图 16-59 所示。

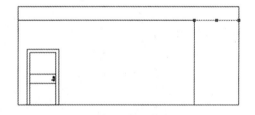

图 16-58　单击【打断于点】按钮　　　　　　图 16-59　打断选中效果

步骤22　在命令行中执行 OFFSET 命令，将打断于点的较短的线段分别向下偏移 100、1000、2000、2650，偏移效果如图 16-60 所示。

步骤23　在命令行中执行 RECTANG 命令，绘制一个长度为 2300、宽度为 1400 的矩形，并将其放置在合适的位置，如图 16-61 所示。

步骤24　打开随书附带光盘中的 "CDROM\素材\第 14 章\办公室" 素材文件，选择合适的装饰物放置到合适的位置，放置效果如图 16-62 所示。

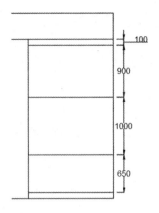

图 16-60　偏移效果

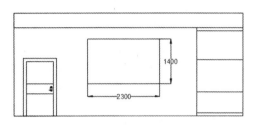

图 16-61　绘制矩形

步骤 25　将【填充】图层置为当前图层。在命令行中执行 HATCH 命令，根据命令行的提示输入 T 命令并按 Enter 键确认。弹出【图案填充和渐变色】对话框中，单击【类型和图案】选项组中的【图案】右侧的 按钮，弹出【填充图案选项板】对话框，在【其他预定义】选项组中选择 CORK 选项，并单击【确定】按钮。返回到【图案填充和渐变色】对话框，在该对话框中将【角度和比例】选项组中的【比例】设置为 700，单击【确定】按钮，如图 16-63 所示。进入到绘图区中，在需要填充的位置单击即可填充，效果如图 16-64 所示。

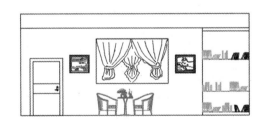

图 16-62　装饰物放置效果

图 16-63　选择 DOLMIT 选项

步骤 26　在命令行中执行 LINE 命令，沿窗帘两侧的画框绘制矩形，沿窗台的下边沿绘制一条图 16-65 所示的线段。在命令行中执行 HATCH 命令，在【填充图案选项板】对话框中选择 AR-CODN 选项，在【图案填充和渐变色】对话框中将【角度和比例】选项组中的【比例】设置为 50.0，单击【确定】按钮，进入到绘图区中，在需要填充的位置单击填充，然后将绘制的直线段删除。完成填充效果如图 16-66 所示。

步骤 27　在命令行中执行 DIMSTYLE 命令，打开【标注样式管理器】对话框，在该对话框中单击【新建】按钮，弹出【创建新标注样式】对话框，将【新样式名】设置为【办公室立面图尺寸标注】，如图 16-67 所示。

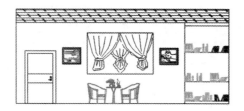

图 16-64　填充效果

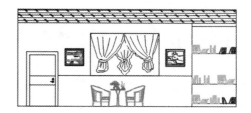

图 16-65　绘制线段

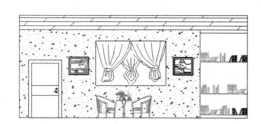

图 16-66　填充效果

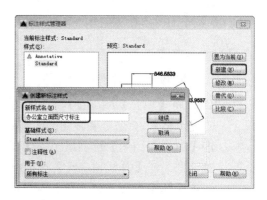

图 16-67　新建样式名

步骤 28　然后单击【继续】按钮，弹出【新建标注样式:办公室立面图尺寸标注】对话框，切换至【符号和箭头】选项卡，在【箭头】选项组中将【箭头大小】设置为 100，如图 16-68 所示。

步骤 29　切换至【文字】选项卡，在【文字外观】选项组中将【文字高度】设置为 150，在【文字对齐】选项组中选中【水平】单选按钮，如图 16-69 所示。

图 16-68　设置【符号和箭头】选项卡参数

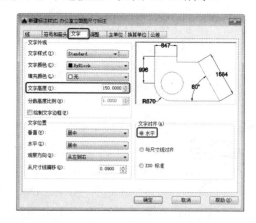

图 16-69　设置【文字】选项卡参数

步骤 30　切换至【主单位】选项卡，在【线性标注】选项组中将【精度】设置为 0，如图 16-70 所示。

步骤 31　单击【确定】按钮，返回到【标注样式管理器】对话框中，此时可以在【样式】列表框中看到新建的标注样式，单击【置为当前】按钮，将新建的标注样式置为当前，然后单击【关闭】按钮即可，如图 16-71 所示。

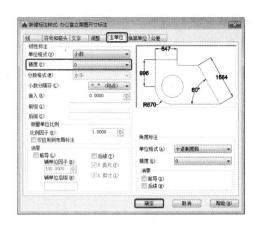

图 16-70　设置【主单位】选项卡参数

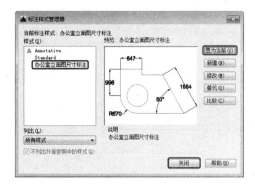

图 16-71　将新建样式置为当前

步骤32　将【尺寸标注】置为当前图层，利用【线性标注】和【连续标注】对图形对象进行标注，尺寸标注效果如图 16-72 所示。

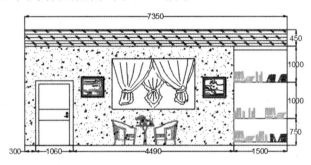

图 16-72　尺寸标注效果

步骤33　将【文字标注】图层置为当前图层。在命令行中执行 MLEADERSTYLE 命令，弹出【多重引线样式管理器】对话框，单击【新建】按钮，弹出【创建新多重引线样式】对话框，在该对话框中将【新样式名】设置为【办公室立面图文字标注】，如图 16-73 所示。

步骤34　单击【继续】按钮，进入【修改多重引线样式:办公室立面图文字标注】对话框，打开【引线格式】选项卡，在【常规】选项组中将【颜色】设置【红】，在【箭头】选项组中将【大小】设置为 150，如图 16-74 所示。

步骤35　切换至【引线结构】选项卡中，在【基线设置】选项组中将【设置基线间距】设置为 5，如图 16-75 所示。

步骤36　切换至【内容】选项卡，在【文字选项】选项组中将【文字高度】设置为200，如图 16-76 所示。

步骤37　单击【确定】按钮，返回到【多重引线样式管理器】对话框，用户可以在【样式】列表框中看到新建的多重引线样式，单击【置为当前】按钮，将新建多重引线样式置为当前，单击【关闭】按钮，如图 16-77 所示。

步骤38　在命令行中执行 MLEADER 命令，根据命令行的提示指定需要标注的位置进行标注，标注完成效果如图 16-78 所示。

图 16-73　新建文字样式

图 16-74　设置【引线格式】选项卡参数

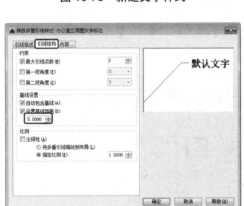

图 16-75　设置【引线结构】选项卡参数

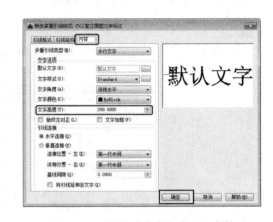

图 16-76　设置【内容】选项卡参数

图 16-77　将新建样式置为当前

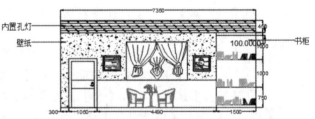

图 16-78　文字标注效果

步骤39 在命令行中执行 PLINE 命令，根据命令行的提示将多段线的宽度设置为 100，在所绘制的立面图下方的合适位置绘制一个长度为 7611 的多段线，如图 16-79 所示。

步骤40 在命令行中执行 TEXT 命令，根据命令行的提示将文字高度设置为 600，将旋转角度设置为 0，然后输入文本【办公室立面图 B】，完成后的效果如图 16-80 所示。

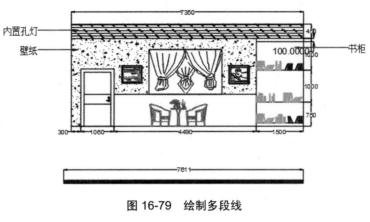

图 16-79　绘制多段线

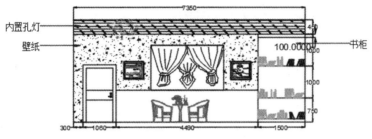

办公室立面图B

图 16-80　输入文本